我编写这本书并非为了普通农民、护林人和伐木工的利益，

而是为了绅士和上流社会人士的乐趣和消遣……

——约翰·伊夫林

新森林志

[英] 加布里埃尔·赫梅吕 GABRIEL HEMERY 萨拉·西蒙伯尔特 SARAH SIMBLET 著
陈朋 译
陈莹婷/李方方 审校

后浪

THE NEW SYLVA

遇见树木的科学、历史与艺术

A DISCOURSE of FOREST & ORCHARD TREES for the TWENTY-FIRST CENTURY

海峡出版发行集团 THE STRAITS PUBLISHING & DISTRIBUTING GROUP | 海峡书局

目 录

致读者

'绿色大苹果'（'Bramley's Seedling'）在1809年到1813年间由诺丁汉郡绍斯韦尔镇的一个年轻女孩，玛丽·安·布雷斯福德（Mary Ann Brailsford），从一颗种子种植起来。它们是以她家后来的主人——马修·布拉姆利（Matthew Bramley）命名的，他允许当地的苗圃工人亨利·梅里韦瑟（Henry Merryweather）首次嫁接繁殖。此处描绘的果实生长在科斯托克（Costock）村庄附近的老果树上。

350年前的1664年，英国皇家学会在伦敦出版了由日记作者兼知识分子约翰·伊夫林（John Evelyn）编写的一本名为《森林志》（*Sylva*）的书。*Sylva*源自拉丁语的“森林”一词，这本书作为最早的森林学实用手册之一，帮助人们改变了对树木和森林的认知，并且启发土地所有者们更好地管理他们世代传袭的林地。

《新森林志》是为了纪念伊夫林的作品而出版的，通过历史、科学和艺术的综合赞颂了人类与树木之间的关系。这部畅销的当代学术综述在行文和哲学方面均受到伊夫林的启发，并通过将可持续林业的本质介绍给现代读者，来致敬他对变革的深刻恳求。

《新森林志》作为一本具有启发性的指南，反映出伊夫林原作中的大量内容和结构。本书详细介绍了种植、管理森林和果园的现代方法，其中许多方法在17世纪的英国还是未知的。不同于伊夫林的《森林志》,《新森林志》拥有超过200幅钢笔画，专门描绘英国林地的多样性。它们包括成熟的树木个体和小的籽苗，植物学部分的细致描绘，比如叶、花和果实，以及精选的相关动物和林地花卉。每一幅插画都是为了帮助读者超越仅仅观赏的层次，实现充分观察、理解树木和森林的美丽、复杂和奇妙特性而绘制的。

今天的社会更加远离自然世界。孩子们鲜少无人看管地在我们的林地中玩耍；人们生活在木制品的环绕下，却因森林里电锯的声音而焦虑；公众对林业的看法往往是消极的，而且对乡下的工作有着深深的误解；我们有许多森林都处于无人管理的状态，而木材则从海外进口或用人造材料替代。这就是我们的木文化，呈现出一派死气沉沉。

然而，树木、森林和木材如今扮演着一个重要的角色，尽管这个角色并非前所未有。随着社会持续经历环境变化，树木将变得更加宝贵而且更加被需要。它们不仅是塑造景观和城市公园的美丽元素，确认了我们的地域和传统意识，可能还是我们最重要的自然资源。

树木与人类交织在一起。它们支撑起文明的摇篮，为我们所有的生命提供了框架。我们都很清楚，倘若没有树木，地球上可能就不会有生命存在，但是我们的一举一动经常透出忽略其存在价值的讯息。在创作《新森林志》的过程中，我们希望鼓励人们接受并振兴木文化：种植树木；赞叹林地的美丽和富饶；了解林业的艺术和科学；为使用由管理良好的森林提供的木材而自豪。未来的一代人将根据森林的效用以及我们给予树木的爱和尊重，对我们当今的社会做出评判。

加布里埃尔·赫梅吕（Gabriel Hemery）&
萨拉·西蒙伯尔特（Sarah Simblet）
2014年4月

引言说明

——来自森林志基金会

欧洲野苹果小而酸的果实可以长到直径4厘米，成熟后变成黄色。图中，它们密集地生长在幼枝上。果实会在树上一直挂到冬天，在路边树篱中鲜明可见。

350年来，一棵森林橡树的根部几乎没有发生任何变化。毕竟，这对橡树的木材生长来说，不过只是两到三代的生命长度。然而在人类社会，17世纪似乎不仅是一个过去的时代，还简直是一个不同的纪元。

在每个男人、女人和孩子的心中，树木的产品和果实都有着稳固的地位。它们在生活中必不可少，房屋、马车、船只、机械、日用器材和食物全都来源于此。即使在当代新兴的科学革命中，树木和森林的主题不断涌现出来似乎也不足为奇。《森林志》是皇家学会的第一本印刷书籍。我们几代人都要向约翰·伊夫林致以谢意，感谢他发出了对英国的树木、森林和木材采取行动的呼吁。

在21世纪早期的今天，我们正在经历一场新的革命。一如既往，树木和森林对我们的生存至关重要。但是它们拥有足够的潜力，以我们才刚开始理解的方式影响我们的生活。作为一名专业工程师，我一直为新兴技术感到兴奋。不过在后来的岁月里，我的激情和兴趣又重新聚焦到了自然世界，并认识到将科学进步与我们的木文化复兴相融合的需求。

这是我在2008年与加布里埃尔·赫梅吕共同创办森林志基金会的愿景，我们希望能促进林地的良好管理，鼓励森林产品的可持续利用。我很高兴森林志基金会能够支持《新森林志》的出版，它绝不只是对伊夫林馈赠的颂扬。它为当代创造崭新的木文化吹响了号角，这或许将有助于确保我们每个人都能拥有一个可持续发展的美好未来。

马丁·伍德爵士（Sir Martin Wood），

森林志基金会联合创始人和受托人

第一章

约翰·伊夫林和《森林志》

探索一切，保持最佳。[J. E.]

第2—3页：在萨里郡兰尼米德附近的欧洲红豆杉的树枝下，约翰国王封存了大宪章，这是英国宪法的基础，最终导致森林法的消亡。这株欧洲红豆杉的树龄未知，但肯定超过2,000年，并且它的周长至少有8.5米

约翰·伊夫林是17世纪英国的一位知识渊博的艺术家、博物学家。作为皇家学会的创始成员之一，他是开展科学革命的核心。他与皇室和查尔斯二世联系密切，并且在他的朋友中被视为社会杰出人物之一。这些朋友包括化学家罗伯特·博伊尔（Robert Boyle）、建筑师克里斯托弗·雷恩爵士（Sir Christopher Wren），以及同为日记作者的塞缪尔·佩皮斯（Samuel Pepys）。伊夫林的日记从1631年他11岁时开始写起，一直写到去世前几个星期，是一份对英国最动荡的世纪之一所做的广泛而重要的记录。他见证了查尔斯一世和奥利弗·克伦威尔的执政、君主制的复辟、大瘟疫和伦敦大火。

伊夫林最伟大的文学成就是《森林志：一份关于林木的论述，以及在国王陛下的领地内木材的增殖》（*Sylva, or, A discourse of forest-trees, and the propagation of timber in His Majesties dominions*）。《森林志》于1664年出版，第1版由皇家学会印刷，此后在伊夫林的一生中再版3次，并在他死后又再版7次。这部关于树木管理的里程碑式的专著始创于1662年，作为一份报告，它回应了英国皇家海军针对解决内战和政权空白期造船木材短缺的问题而发出的呼吁。这是由一位杰出的哲学家在国王个人的直接支持下完成的著作，反映了木材在17世纪英国社会的重要性。

森林学和早期的书面用语

伊夫林并不是第一位关心树木和森林的作者。1627年，哲学家弗朗西斯·培根（Francis Bacon）的博物志杂集作品《木林集》（*Sylva Sylvarum*）出版，其中也包含关于树木的内容。在伊夫林的《森林志》出版的同一年，《木林集》的第8版问世。然而在英格兰，关于森林及其管理的最早记载来自法律条例。根据完成于1086年的《土地赋税调查书》（*Domesday Book*）记载，当时全国森林覆盖率大约在15%左右。1215年，《大宪章》（Magna Carta）被封存在兰尼米德的欧洲红豆杉树枝下，其中关于土地所有权的记录也包括那些与森林相关的土地。到了1217年，在亨利三世的统治下，《大宪章》逐步发展为《森林宪章》（Charter of the Forest），赋予了自由人进入皇家森林的权利，包括在林地放养猪和砍柴的权利。1457年，英格兰通过了一项鼓励种植树木的法案；1483年，为了防止放牧动物，另一项法案允许针对新林地的圈地行动。1503年，基于森林遭到"彻底摧毁"的情况，苏格兰颁布了一项支持树木种植的法律。

到了16世纪，图书出版印刷已经成熟，“第一本详述树木的专著”这一荣誉或许应该授予菲茨赫伯特（Fitzherbert）在1523年出版的《畜牧业之书》（*Book of Husbandry*）。这是一本从马匹管理到养蜂和修理犁耕无所不包的实践手册，其中包含了关于树木的实用性建议，例如嫁接、砍伐和销售、种植和修剪，以及如何设置树篱等。关于本书作者究竟是知名法律学者兼法官安东尼爵士，还是他的兄弟约翰，历史学家们一直争执不休。

1577年，伊丽莎白一世统治期间，霍林斯赫德（Holinshed）在他的《编年史》（*Chronicles*）中特别指出，“树木的种植开始以实用为目的”。20年后，英国药剂师约翰·杰勒德（John Gerard）出版了《草药书和植物史略》（*The Herball, or, Generall Historie of Plantes*），这是17世纪最受欢迎的书籍之一。他的书写因其准确性和生动活泼而流传至今，例如他对核桃的描述：“蓬勃生长在肥沃多产的土地上，而非普通高地。”

¶ 17世纪的森林

在伊夫林出生7年之前，农业作家阿瑟·斯坦迪什（Arthur Standish）发表了《下议院诉状》（Commons Complaint）。这是一篇由国王亲自批准的文章，专注于减缓森林的破坏。文中，出于“或许可以保证国家永远拥有数量可供一切用途的木材”的希望，他主张在荒地上种植树木，并提议播种24万英亩*森林。

在17世纪，人们对木材缺乏的担忧司空见惯。不过，考虑到木材对于家庭取暖和烹饪，工业过程（通常需要木炭）和造船的重要性，这种现象倒也不足为奇。对国家资源的战略理解在15世纪至16世纪期间已经发展成熟。亨利八世对英国的森林资源保持着强烈的兴趣，特别是涉及为海军造船厂提供木材方面。木材储量承受着很大的压力，并且人们普遍认为，那些木材具有很高价值的树木正遭到滥砍滥伐，被浪费在本可以用较低质量的木材，或由灌木林来满足的用途上。这导致在1543年诞生了第一部《木材保护法》（Timber Preservation Act），有时也被称为《森林法规》（the Statute of Woods）。这是一部高度规范的法律，允许在严格的指导下砍伐树木：每英亩要保留12棵成材的树木；砍伐后的灌丛必须封闭，以保护它们免受放牧动物的啃食，诸如此类。

在伊丽莎白一世的时代，1588年通过了一项法案，禁止在炼铁工业中将木材作为燃料“浪费”。法案规定，所有生长在通航航道14英里**内的适合木材，都只能砍伐专供造船之用。发展至16世纪后期，种植园的概念从欧洲大陆传到了英格兰。1580年，人们在温莎大公园播种了13英亩橡子，这是关于橡树种植园最早的纪录之一。詹姆斯一世这位伊丽莎白的继任者也鼓励树木种植，但是他的继任者查尔斯一世认为，国内的森林无甚意义。随之而来的，是英国内战的蹂躏，以及针对农业用地的圈地运动，都对森林产生了显著的影响，导致在查尔斯二世恢复王位的时候，森林的退化已经引发了巨大的恐慌。

历史学家不赞同林地的减少和木材供应的缺乏与当时报道的一样严重，有人认为这是侍臣为了催促查尔斯二世采取行动而夸大了现状。近期对英国及其邻国的证据调查提示，当时或许确实存在局部的木材短缺，但在18世纪之前不可能出现木材普遍缺乏的情况。据估计，16世纪初的英格兰至少有400万公顷林地，而到了17世纪中期仍有300万公顷。在复辟时期，尽管全国只有68片明显状况不佳的皇家森林，其中仍包含一些优良的木材。17世纪只通过了一项重要的法案，即1668年的《迪恩森林木材增长和保存法案》（the Increase and Preservation of

三年生的欧洲红豆杉籽苗。它在亲本树冠的浓密树荫下发芽。

第6—7页：狭叶欧洲野榆（*Ulmus minor* subsp. *angustifolia*）生长在东萨塞克斯郡塞尔梅斯顿（Selmeston）附近的谢灵顿庄园（Sherrington Manor）。这些树都歪斜了，变得根基不稳，可能是由于受到耕作扰动。远处是萨塞克斯郡，它为防治荷兰榆树病提供了重要的屏障。

*1英亩＝0.4公顷，下同。

** 1英里＝1609.34米，下同。

Timber），该法案的颁布导致 1.1 万英亩土地被用于树木种植，这被视为首个由政府主导的造林运动。在这片新森林中，6,000 英亩的土地因准备用于种植树木而被封闭，但是在伦敦大火和英荷战争（Anglo-Dutch Wars）的影响下，种植工作始终没能完成。

海军从森林中获取木材的行动，对树木的生长和国家政治都具有重要的意义。建造一艘单独的战舰，比如“玛丽玫瑰号”（*Mary Rose*），我们从对它的残骸进行的考古学研究中得知，共计消耗了大约 1,200 棵树，足以清空 75 英亩土地上所有的树木，相当于 40 多个现代足球场的面积。而且，于 1509 年至 1511 年间建造的玛丽玫瑰号还不是一艘特别大的船。像那个时代所有的船只一样，用于建造它的大部分木材都来自橡树，不过龙骨是由 3 棵大榆树制作而成的。后来建造的更大型的船只甚至要用多达 2,000 棵橡树。在 1730 年至 1789 年间，据说英国六大造船厂每年消耗 4 万立方米的橡木，大约相当于 8,000 棵树。

海军对木材有着贪婪的胃口，靠近通航水域的林地——必须能够把木材运到造船厂——都受到了巨大的影响。伊夫林写道：“我听说，在 1588 年（西班牙无敌舰队）伟大的远征中，指挥官下达了明确的指令，要求他们在登陆后无须征服我们的国家和获求战利品补偿，只要确保迪恩森林中不留一棵树。”尽管同时代的经济学家甚至船长都鼓动植树造林，他们的呼吁却收效甚微。《森林志》首次出版后不久，约翰·史密斯船长（Captain John Smith）在 1670 年写道：“曾经有一段时间，英格兰到处都是郁郁葱葱的树林，砍伐这些树木是有利可图的。但那个时代已经过去了。”

¶ 约翰·伊夫林

1620 年 10 月 31 日，约翰·伊夫林出生于沃顿，此地位于距伦敦市中心以南约 30 英里处

的萨里郡。伊夫林家族属于二流绅士阶层，拥有大量土地。他们依靠火药制造发家，这给他们带来了沃顿庄园和一笔重要的财产。伊夫林的父亲，理查德·伊夫林（Richard Evelyn）同时担任苏塞克斯郡和萨里郡的郡治安官。鉴于火药厂对于皇室有着举足轻重的战略重要性，伊夫林家族与皇室关系密切也就不足为奇了。

约翰·伊夫林一直在家接受教育，直到鼠疫的爆发迫使家人将他送到位于刘易斯市的祖母家。他在日记中写道："这是瘟疫爆发的一年，伦敦每周都有5,000人死亡。我清楚地记得，在我们通过的道路上要经过严格的监测和检查；不久之后，我就发烧了，病情相当凶险（我听到的是那样说的），医生都对我绝望了。"

1637年，17岁的伊夫林被牛津大学贝利奥尔学院录取，进入牛津大学学习。然而，他并没有认真对待自己的学业。后来他也亲口承认，在牛津的时间"对我来说收获微乎其微"。伊夫林没能毕业，他在1640年4月退学，追随哥哥乔治进入中殿律师学院（Middle Temple），假装为律师职业进修。然而，父亲的病情（于1640年圣诞节前夕去世）和即将到来的内战，都让他在学习的过程中严重分心。在1640年1月2日的日记中，伊夫林恰如其分地将威胁描述为"英格兰青少年有生以来见过的最大、最惊人的危险"。

父亲去世后，伊夫林的哥哥继承了沃顿庄园。伊夫林当时在伦敦没有家，越来越多地被英格兰因内乱而动荡不安的局面所困扰。1641年5月12日，他目睹并记录了托马斯·温特沃思（Thomas Wentworth）被执行死刑的过程。不久之后的7月16日，伊夫林为了逃离英格兰的动荡，前往联合省（the United Provinces，今日的比利时、卢森堡和荷兰）旅行。1642年10月，他返回英格兰，在军事活动中走了个过场，目睹了保皇派在布伦特福德战役（Battle of Brentford）中的胜利。他主要停留在沃顿，始终保持低调，直到麻烦发展成巨大的威胁。1643年，在获得皇家许可后，他再次前往欧洲大陆，开始了长达9年的旅行。广泛游历了意大利和法国后，他在巴黎定居下来，并于1647年（时年27岁）在巴黎与理查德·布朗爵士（Sir Richard Browne）14岁的女儿玛丽结婚。理查德是国王派驻法国宫廷的大使，也是流亡的保皇党社团的核心人物。1647年，伊夫林在汉普顿宫拜访了查尔斯一世，此后定期与他的岳父通信交流皇室事宜。

伊夫林的旅行非常刺激。他广泛学习，建立起一个令人印象深刻的私人图书馆，访问了欧洲最伟大的文化中心，并与名人权贵展开社交往来。1652年回到英格兰的伊夫林仿佛变了一个人，他战胜了自认不讳的贫乏教育和学术生涯的失败，如今博览古典文学，对科学技术的兴趣日渐浓厚。他经常把个人座右铭写在私人图书馆中书籍的扉页："探索一切，保持最佳"（explore everything; keep the best）。这句话出自《帖撒罗尼迦前书》（I Thessalonians，5:21）。

伊夫林在英格兰的新住处邻近皇家造船厂，位于伦敦南部德特福德的赛斯法院（Sayes Court），这是他妻子家族的祖宅。定居后不久，他就着手把这个有着100英亩劣质草场——包括"一个荒弃的果园和一片欧洲枸骨树林"——的庄园，改造成一座令他迅速因此而知名的花园。在花园改造方面，他深受昔日在法国和意大利的旅行经验，以及强烈的道德和宗教信仰的影响，并且在花园设计方面表现出惊人的天赋。

庄园的改造工作从椭圆形花园开始，最初以种植了许多柏树为特色，随后很快扩增为由300棵果树（苹果、樱桃和梨）、灌木丛（黑加仑和醋栗）和玫瑰组成的大果园。他热衷于种植树篱，在那个时代，这是正规花园设计的重要组成部分，特别是使用地中海鼠李的树篱。他分别在14个区域内种植了法国核桃，最初还有500棵欧椤、欧洲水青冈、榆树、野生花楸、欧洲栗和橡树，随后很快便将另外800棵树添加到花园的其他地方。落成的花园里有宽阔而绵长的步道，两旁通常种有欧洲枸骨。花园还拥有各种不拘一

一段压制的欧洲野榆茎，来自杜波依斯标本馆（Du Bois Herbarium），保存在牛津大学植物科学系（Department of Plant Sciences, University of Oxford）。它的上面标注着"窄叶榆，叶片有杂色"，由伊萨克·兰德（Isaac Rand）"在1715年采集自切尔西的菲齐克花园"，他是切尔西菲齐克花园的首任董事。色彩斑斓的植物对这个时期的植物学家而言有特殊的吸引力。詹姆斯一世时期的药剂师、查尔斯一世时期的植物学家约翰·帕金森（John Parkinson，1567—1650）在他具有影响力的著作《地中海植物》（*Theatrum Botanicum*）中也提到了这个树种，这本书是伊夫林写作《森林志》的一个重要资源。

西洋梨的乳白色杯状花朵在密集的果刺旁盛开着。它们有一种刺鼻的气味，使人联想到氨气。这些苔藓覆盖的茎生长在牛津郡多尔切斯特修道院旁的一棵老果树上。

格的景观，包括一个河流环绕的岛屿，上面专门为他的孩子们种植着芦笋和树莓，以及一个微型宴会厅。

伊夫林的特长表现在整齐有序的种植和设计方面，他看重利用修剪整齐的常绿树篱构成的线条使景色变得更加迷人。在 17 世纪 60 年代和 70 年代，伴随着他在园艺领域声誉的不断增长，登门拜访的朋友和熟人络绎不绝。他们向他寻求建议和设计，而他也总是提倡种类恰当且丰富的树木种植。

君主制复辟后，查尔斯二世在 1660 年登基。对保皇派的伊夫林而言，这是一个生命的转折点。基于他继承的社会地位，以及他的岳父与皇室的紧密关系，伊夫林参与到大量公共事务中，承担起越来越多的社会工作，经常直接与国王展开详细的对话。然而，他发现与皇室“徒劳、恶毒且毫无意义的对话”令他精疲力竭。他对快速发展的自然科学表现出了更多的兴趣，并被选为皇家学会的创始成员之一。

1660 年 11 月 28 日，皇家学会首届正式会议在伦敦格雷沙姆学院（Gresham College）举行。据会议备忘录记载，十几名参会人员聆听了克里斯托弗·雷恩关于天文学的演讲，并在随后同意组成以“推广实验哲学”为宗旨的“社团”。共计 41 名人员被冠以“创始成员”的称谓，约翰·伊夫林被登记在第 9 位。随着学会的发展，

榅桲的大花在春天新叶长出后开放，通常是在5月。大而芳香的黄色果实在晚秋成熟，被用于制作果冻和果酱。这段枝条采集自牛津大学植物园

伊夫林找到了志同道合的伙伴，他们也许是有史以来最伟大的组合，包括罗伯特·博伊尔、罗伯特·胡克（Robert Hooke）、艾萨克·牛顿（Isaac Newton）和克里斯托弗·雷恩。学会每周在大学里讨论科学问题，发表演讲和展开实验分析，内容从声音的传播速度到解剖学无所不包，这极大地拓展了哲学的知识疆域。他们频繁进行以狗、猫和小鼠为对象的实验，包括通过真空、毒物和解剖等手段导致可怕的死亡。

伊夫林是一个卓越且成果丰硕的知识分子，同为日记作家的佩皮斯曾在1665年11月5日的日记中酸溜溜地赞扬："我乘船到了德特福德市，在那里访问了伊夫林先生……总而言之，他是一个最杰出的人，因此必须允许他有那么一点自负；而且，他作为一个如此卓越出众的人，如此做派也无可厚非。"一年后，佩皮斯热情洋溢地写道："他和我一起非常愉快地走在花园里，他是一个非常有创造性的人；我对他了解得越多，就越喜爱他。"

作为一个伟大的公职人员，伊夫林写了很多报告。1661年，他在《烟尘防控建议书》（*Fumifugium*）上就伦敦的雾发表了一篇文章，文中指出"海上运煤船制造的那阴郁且令人厌恶的浓雾"笼罩在整个城市上空。在1662年，伊夫林在应邀调查国家森林状况的同时，还写了一篇关于伦敦街道改善情况的论文，并加入了旨在关心战俘和第二次英荷战争中生病及受伤海员的委员会。他于1663年发表了一份关于皇家造币厂的报告，又在1666年完成了关于修复圣保罗大教堂的报告。1665年，在鼠疫严重爆发期间，据说他是唯一一名在伦敦坚守岗位的专员。在1671年，他任职于贸易和外国种植园理事会（Council for Trade and Foreign Plantations），并被詹姆斯二世任命为理事。1695年，他以75岁的高龄接受了最后一份公职，担任格林尼治海员医院的司库。

作为作家，他的作品主题范围甚广，从建筑与时尚（与他的女儿玛丽合著）到钱币学（货币）、政治、神学、园艺，乃至饮食等方面，无所不包。不过，伊夫林最雄心勃勃的工作是完成一部伟大的园艺百科全书：《至乐之境不列颠》（*Elysium Britannicum*）。这项工作开始于17世纪50年代，但是终其一生也没能完成。他的《霍顿斯年历》（*Kalendarium Hortense*）是一本园艺年鉴，作为《森林志》的附录首次出版于1664年。除此之外，从首版开始便附加在《森林志》中的还有"波摩娜：果树女神；与苹果酒相关的果树附录；制作和几种订购方法"（后文简称"波摩娜"）。

约翰·伊夫林的《森林志》

> 似乎没有什么比木墙那情理之中又臭名昭著的腐朽，更能对这个闻名且丰饶的国家正在衰败（如果不是解体的话）的力量构成致命的威胁……

伊夫林总是提到"我的森林志"，他的名字也单独出现在书的扉页上。他的著作权是通过从英国皇家学会的会议记录、他的日记和存档中收集的历史证据得以确认的，并且在戈弗雷·内勒（Godfrey Kneller）的画像中得到了重要的证实：画像中的伊夫林紧紧抓着一本《森林志》。这部作品最有可能是一个协作的成就，它充分体现了英国皇家学会提倡的"集体探究"精神。尽管显而易见伊夫林是其核心，但他并不是孤军奋战的。皇家学会的4位研究员被邀请参与对皇家海军"若干问题"的回应：约翰·伊夫林，约翰·戈达德（John Goddard），克里斯托弗·梅雷（Christopher Merret）和约翰·温思罗普（John Winthrop）。作为一位知名作家和园艺家，伊夫林将他们的论文汇总。而他对此给出的最具暗示性的信息，则是在《森林志》中对"各位值得尊敬者"的致谢。

1662年9月17日，"若干问题"被提交至英国皇家学会，比约翰·伊夫林向学会呈递

《森林志》早了一个月，其中包含了海军专员彼得·佩特（Peter Pett）的5封推荐信。[直到在1667年的梅德韦战役（Battle of Medway）中，因为降临在海军头上的灾难而成为替罪羊，并因此丢官之前，彼得·佩特都是海军专员。]对于在1663年3月与佩特的会面，伊夫林回忆道："他因世界上最熟练的造船专家身份而备受尊敬。"佩特建议以橡木、榆木、欧梣和水青冈木这些适合造船的树种重建"几乎遭到彻底砍伐且衰败"的皇家森林和公园。他希望可以说服查尔斯二世，这样做将会增强海军，使之足以应对随后与荷兰人（1652—1654）和西班牙人（1654—1660）之间的战争，以及来自荷兰和法国无处不在的威胁，从而发挥至关重要的战略作用。

> "若干问题"触及了在英格兰和威尔士陛下的领地上，如何保护正在生长的树木以及种植更多的问题。
>
> 陛下最庄严的王权被剥夺是不明智的，现在为他的海军供给的木材有如此巨大的缺口，以至于他所有的森林、狩猎场和公园，以及在沿海和任何通航航道20英里范围内，发现的适合为海军种植木材的土地，全部种植橡木、榆木、欧梣和榉木。这样的方式和比例可能更符合陛下的利益和兴趣，但种植这些植物目前也许不会使土地得到更大改善。[罗伯特·莫里爵士（Sir Robert Moray）]

佩特还提出，应该开拓可用于种植新森林的土地，翻耕这些土地，播种除了榆树以外的橡树、欧梣和欧洲水青冈。在那里，"移植榆树苗并不是生产木材最可行的方法"。他还建议国王优先购买私人土地上所有适合的木材，价格由专员和土地所有者商定；在伦敦10英里以内禁止使用橡木建造房屋（地基桩除外）。另外，英格兰和威尔士的全部土地所有者都应该在每100英亩的土地上种植1英亩的橡树或者榆树。

在1662年6月和8月的日记中，法案书记员塞缪尔·佩皮斯提及与佩特和迪恩森林的煤矿管理者约翰·温特爵士（Sir John Winter）的会面。他们"谈论到……那里的木材"。尽管无从知晓伊夫林究竟如何参与到林木和木材的问题之中，但是在"若干问题"呈送给英国皇家学会一个月后，也就是1662年10月15日那天，伊夫林在日记中写道："今天，借着皇家海军专员发给我们某些询问的机会，我向皇家学会递交了《关于林木的论述》。"

1662年11月4日，佩特写信给伊夫林："你在迪恩森林那了不起的工作正在进行中。"他写道，学会已经回复了"若干问题"，"在这个议题上做了很大的扩展"，并要求伊夫林将相关的文章段落带到第二天在格雷沙姆大学召开的会议上。在那次会议上，伊夫林跟进了他最近的一篇文章，提出了一个"关于用世界上最好的船用木材——橡木——种植皇家森林，现在橡木已经消耗殆尽了"的论述。

一年多后的1664年2月16日，伊夫林记录道："我向学会呈递了我的《森林志》。第二天奉献给陛下，也呈给了皇家财务主管和大法官。"这本由皇家学会出版商约翰·马丁（John Martyn）出版印刷的书是伊夫林体量最大的作品，包括"波摩娜"和《霍斯顿年历》。它的出版得到了700多位捐款者的支持，他们的名字列在书的前面。紧接在伊夫林给查尔斯二世的个人报告后面的，是一篇写给读者的冗长赠言。作者在其中指出，自己并没有指导国王的意图，只不过是为了呈现从他人那里收集到的，以及从自己的直接观察中得出的建议。

《森林志》的序言解释了森林对国家战略的重要性，并说明了伊夫林试图阐述森林管理，详述可能"最具使用价值且最适合栽培"的树种的意向。第一章题为"土地，土壤，种子，空气和水"（Of the Earth, Soil, Seed, Air, and Water），讨论的是自然环境的问题。第二章为"苗圃和移

覆盆子（*Rubus idaeus*）分布在英国的大部分地区的野外，开放的林地和树篱中都有它们的踪迹。它们是花园中用于水果生产的杂交种的亲本之一。这段枝条采集自布雷肯国家公园。

栽”（Of the seminary; and of transplanting），是一份关于养护幼树的实用手册。接下来，伊夫林讲述了阔叶林的树种，并按照其经济重要性的顺序呈现。橡树是这本书的核心，占据了大约50页的篇幅。随后的17章以榆树开始，并以柳树结束，内容简短得多。每一章都介绍了树种的繁殖和管理，木材和其他用途。

第二章展示了针叶树和“隐秘”（地中海）树种，范围从落叶松、桑树、松树到橄榄树。随后是“树木的疾病”，一份治疗和预防树木疾病的综合手册——现代的读者可能会被里面古怪的施救措施逗笑，比如用牛粪处理修剪产生的伤口。第三章“灌木林”（Of Coppices）首先提供了一份造林指南，后面依次介绍了修剪、树木老化处理和砍伐、木材风干等方法，最后是法律和法规。第四章是一个关于“敬畏和利用活树林”的独立章节，赞扬了树木对社会乃至全球文化的重要意义。

至于第2版，尽管上面标注的日期是1670年，实际上却是在1669年出版的。其中增加了各种版画，包括用绞车吊起树木根部粗端——这是一种牵引挖掘树木的方法，锯木机和钻孔引擎，烧制木炭和苹果榨汁机等。1679年的第3版中包含了伊夫林的一篇关于土壤的随笔：《大地女神：给一片土地的哲学随笔，作为一篇课程讲稿》（*Terra, a Philosophical Essay of Earth, being a lecture in course*）。1706年的版本首次采用了“Silva”这一拼写，其中包含了一个新的章节："树木学：或森林树木论"（Dendrologia: Or a Treatise of forest trees）。1729 年，作者去世后出版的第 5 版基本没有太大的改动。直到近 50 年后的 1776 年，由亚历山大·亨特（Alexander Hunter）精心编辑的版本问世，约翰·米勒（John Miller）为其绘制了插图。此后的 4 个版本分别在 1786 年、1801 年、1812 年和 1825 年出版。

¶ 《森林志》的馈赠

伊夫林一定从《森林志》获得的成功中体验到巨大的满足。他在 1664 年 10 月 27 日的日记中写道："机缘巧合之下，陛下在怀特霍尔的私人画廊当着各位土地所有者和贵族的面，首先因为我在建筑学方面的书籍而向我致谢，然后就《森林志》向我再次致谢，称赞这本书对于那些问题和主题有着最好的设计和实用价值……"

毫无疑问，这是一个强有力的宣传工具。历史学家们认为，《森林志》对国王的献词和直接呈递，其目的是将英联邦的共和政治和君主制的瓦解与皇家森林的荒废联系在一起。树木与皇室变得紧密相连，难道查尔斯二世不曾被博斯科贝尔橡树（Boscobel Oak）所"拯救"？皇家森林不得不被保护起来，因此，君主制也是如此。不过历史告诉我们，尽管查尔斯二世以书面形式表示支持，但没有付诸行动。例如，他曾允诺佩皮斯结识于 1662 年，并且视之为一个"值得尊敬者"的约翰·温特爵士在迪恩森林里砍伐数以万计的橡树。为英国生产性森林提供正式保护是《森林志》的根本目标，1756 年，在《森林志》第 1 版出版大约 90 年后，一项"经由土地所有者和租户（部分平民）双方同意，以种植或保存适合取材的树木、更有效地防止非法破坏树木为目的"的法案被通过。该法案的出台证实了以前的君主们——特别是亨利八世、查尔斯二世和威廉姆三世——鼓励种植树木和木材生产的尝试是无效的。

作为对造林产生影响的源头，伊夫林曾经与来自德国的作家汉斯·卡尔·冯·卡洛维茨（Hans Carl von Carlowitz，1645—1714）展开激烈的竞争。我们永远不会知道林业的"始祖们"是否曾经亲自相见：卡洛维茨的杰作出版于伊夫林去世 7 年后的 1713 年，书名为《造林经济学：野生树木栽培指导》（*Sylvicultura Oeconomica, oder hauswirthliche Nachricht und Naturmässige Anweisung zur wilden Baum-Zucht*）。据信是卡洛维茨引入了"Nachhaltigkeit"这个术语，代表着可持续性的概念。在 18 世纪初的萨克森州，人们确实担忧采矿业的供应情况，倒不是因为材料的不断减少，而是因为木材的缺乏意味着矿井坑木的不足。作为税务会计师和采矿管理人员，卡洛维茨意识到在酿造、建造、采暖、采矿和冶炼方面，特别是对他的家乡费赖贝格周围的银矿而言，森林资源需要得到可持续的管理。

自《森林志》首次出版的一个多世纪以来，德国在森林教育和技术发展方面持续处于领先地位。1789 年，世界第一所林业学校在黑森州成立，随后又在 1816 年于萨克森州建校，森林设计和管理的新理念在它们的帮助下被传遍包括大不列颠及其帝国在内的世界各地。最重要的，是这其中还包括了林业种植在内的理论，例如为了支持优质木材的生产而将互利树种混合排列种植的方法。在英国，距离《森林志》首次出版的 250 年后，由于推动第一次世界大战攻势的迫切需求，森林管理和造林最终发生了一次重大变革。战时的要求令英国的森林覆盖率锐减至仅有 5%，这促使政府任命阿克兰委员会（Acland Committee，1916—1918）协调造林计划，为国家建立战略性木材储备。1919 年，《林业法》生效，同时国内成立了林业委员会。从那时起，政府的政策，连同木材的全球贸易和逐步发展的社会需求，都开始不断塑造英国的林业活动。

伊夫林的《森林志》是一部杰作，包含所有与英国的树木和森林相关的事务。没有任何其他关于树木和林业的书籍可能产生比它更大的影响，或者得到更广泛的引用。我们如今已经认识到，书中偶尔出现的事实性错误往往是由于当时科学知识的缺乏。现代读者可能会发现，书中不断出现令人棘手的古代引文，这也与伊夫林所面向的贵族读者群体完全吻合。但是,《森林志》经受住了时间的考验，书中每一页都闪耀着伊夫林的热忱与激情。84 岁的伊夫林在他最后的日记中写道："对这本书（《森林志》）的钟爱与投入太多了。" 44 年来，他一直不断为此努力付出。

约翰和玛丽・伊夫林一共生了 8 个孩子，其中只有一个女儿活过了父母的年纪。约翰・伊夫林于 1706 年 2 月 27 日在伦敦多佛街的家中逝世。沃顿庄园和遗产由他的孙子，即后来的第一准男爵约翰・伊夫林爵士（1682—1763）继承。约翰・伊夫林去世 3 年后，玛丽离世。从她的遗嘱中可以捕捉到她 58 年来对丈夫怀有的感情："直到他生命的最后一刻，他对我所受教育的关心，都令他可能会因为这些指导、温柔、感情和忠诚而如同一位父亲、爱人、朋友和丈夫。" 在沃顿的圣约翰教堂墓地，玛丽永眠在她的丈夫身旁。

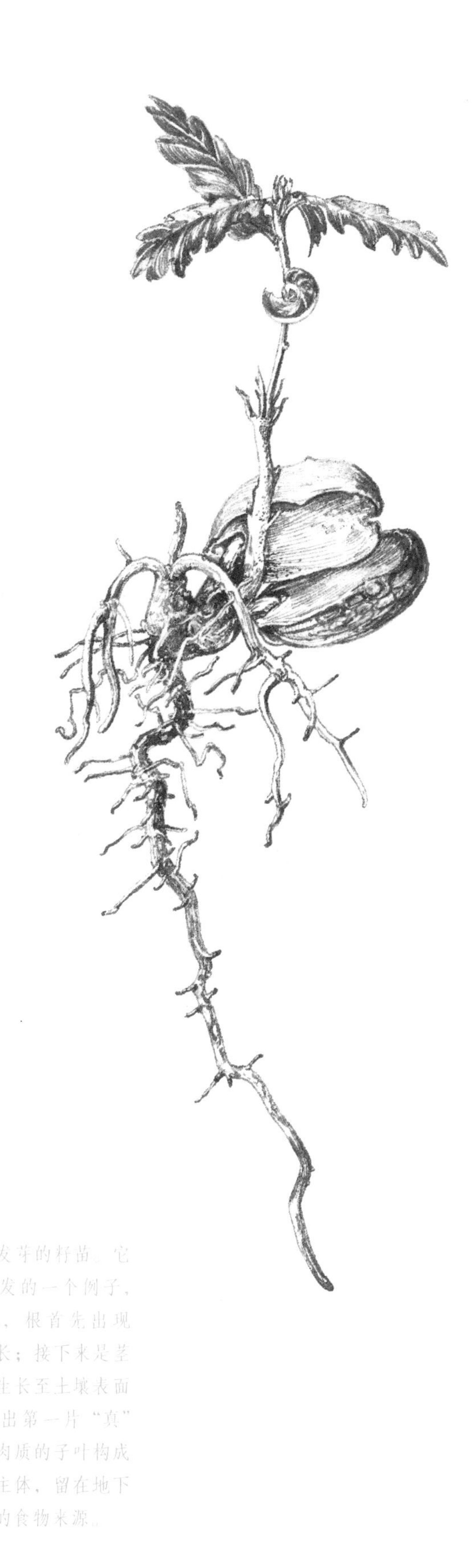

夏栎刚刚发芽的籽苗。它是地下萌发的一个例子，也就是说，根首先出现并向下生长；接下来是茎芽，向上生长至土壤表面以上后长出第一片"真"叶。两片肉质的子叶构成了橡子的主体，留在地下作为幼苗的食物来源。

第二章

土地

……植物和树木的有机体、组成部分和功能是如此令人惊讶，如此美妙……［J. E.］

第20—21页：在珀斯和金罗斯的兰诺奇湖南岸，有一片毛桦和欧洲赤松的混交林。

伊夫林在他的《森林志》的第一章中提及了几个环境问题：土地、土壤、种子、空气和水。但是在17世纪的英国，地球的概念是一个产生自演化的动态世界，由数百万受生态灭绝和地质动荡影响的物种组成，同时还是一个科学之谜和宗教诅咒。博物学者约翰·雷（John Ray，1627—1705）的研究，特别是与化石有关的部分，看起来与圣经的创世论是相矛盾的，但他对宗教的虔诚掩盖了科学的真相。尽管如此，他在物种概念方面所取得的进展仍成为自然历史研究的基础，最终为卡尔·林奈（Carl Linnaeus，1707—1778）在下一个世纪中进行的分类学工作铺平了道路。直到19世纪50年代，查尔斯·达尔文（1809—1882）发表了《物种起源》（*On the Origin of Species*），并在我们对自然的理解中制造出地震级的转变后，演化的概念才正式被定义。维多利亚时期的哲学家们，如约翰·拉斯金（John Ruskin，1819—1900），增进了人类对自身如何影响自然世界的思考，引发了环境保护运动。

如今我们已经知道，世界由许多生态系统组成，包括无生命（非生物）组成部分——空气、土壤、水，和有生命（生物）群体——动物、植物、真菌、微生物，它们在复杂的系统中相互作用。“盖亚理论”（Gaia theory）由詹姆斯·洛夫洛克（James Lovelock）在20世纪60年代末期首次提出，它将地球本身视为一个活的生物体（“盖亚”在希腊语中是“地球女神”的意思），一个能自动调节的单一系统，由一系列相互作用的有机和无机部分组成。

人类是这个生机勃勃的地球的一部分。我们不仅是乘客，也不只是租户和业主。我们是一些有知觉的生命体，但我们才刚刚开始理解自身对地球的影响。护林人作为森林的长久守护者，对这一影响有着独到的见解。护林人的工作类似于参与一场最慢的接力赛，每次接力棒的换手都历经几十年或者人类一生的时间。每一代都以尊重上一代的远见，并为下一代留下馈赠为目标。也许在未来，更广阔的社会环境将会使人类普遍拥有如护林人一般的长远环境观。

环境

物理和化学的环境为地球上的生命提供了基本要素，地理、地质、土壤、空气、光和水共同决定了哪些生命形式在特定的生物群落——覆盖

大面积范围的主要生态系统——中蓬勃发展。最大规模的情况下，一个地点的纬度和湿度决定了该处的生物群落。在生物群落中，生态系统受到海拔、方位和地质变化的影响。每个生态系统中，不同的生境由可利用的光照、降雨量、风的变化和土壤类型来定义，所有这些都会对物种的多样性和分布进行微调。

土壤

土壤的性质，如pH（酸碱度）和结构，在很大程度上决定了哪些树种在该地能茁壮成长，而哪些则会凋亡。土壤pH影响树木的营养吸收和生长，极端的酸度（pH低于4.5）或碱度（pH高于8.5）都会使一些营养物质变得有毒，并令其他营养物质无法被树木所利用。土壤的结构能够影响排水，使之不适合种植某些物种，还可能对木材的质量造成影响：沙壤土与橡木原木开裂的关系已经被公布于众。在种植树木之前，必须对土壤类型和排水状况加以考虑：当地的土壤地图和原生植被可以提供信息和线索。

伊夫林曾热切地写下关于“伟大的智慧和心灵手巧的人”的思考，在他看来，这些人试图用“果酒”和“化学溶媒”来改善边缘土地或者“贫瘠寒冷的地方”，使之适于种植粮食作物的举动，无疑是在浪费时间。相反，伊夫林认为，土地所有者可以通过在这些土地上种植树木和灌丛而变得富有。“即使是在最反常和棘手的土壤里，有什么是一把结实的犁、一个冬天的熟成和一个夏天的加热，辅以肥沃的草皮，或者借助少量石灰、土壤、沙子与腐熟堆肥谨慎地制作的混合物（视情况而定）所不能达到的呢？”

如果土壤不适合树木的种植，我们可以对其加以改善。伊夫林通过耕作、松软沃土和其他机械操作有力地推动了土壤的“改良”。到了20世纪，这些都已经发展成为标准做法。在这个世纪中，工业规模的造林热潮在高地泥炭地最为极端，那里的生态环境遭到破坏，里面幽暗密集地种满了一排排针叶树，如巨云杉和美国黑松。泥炭湿地被消耗殆尽，经常需要通过直升机或飞机施用化肥。在缺失了天然有机物质的耕地上，初期的阔叶树种植园面临缺乏营养物质的问题，土地所有者们发现人造肥料——特别是氮肥往往不可或缺。

生境的丧失和由此对景观造成的影响，以及后来土壤受到的侵蚀，引发了人们的环保意识，导致人们在20世纪末改进了相关做法。对土壤在碳循环中重要作用的深入理解，是促使苏格兰、爱尔兰以及所有泥沼质土壤高地在造林方面发生重大变化的另一个因素。近几十年来，改善土壤肥力的替代方法不断被开发出来。其中最有效的方法之一是使用固氮植物，例如三叶草、苜蓿或秋橄榄等，来伴生或“养育”木本作物。

伊夫林终其一生都没有认识到土壤中微生物的重要性。他在对现有林木的移植建议中提出，这些场地应该清除一切木材和进行开荒作业：“要勤勉地除掉根系的旧残余和隐藏的树桩，因为它们的霉烂和其他有害的特质会重创土地并具有毒性。”我们现在知道，这样的土壤中充满了微生物，这些微生物因其与植物的共生关系而在林地健康方面起到至关重要的作用。菌根真菌生长在大多数植物的根部，与之形成相互关系或所谓的“共生”：它们帮助植物吸收水分和矿物质，并相应地从植物那里获取碳水化合物和其他物质。它们还可以提高植物对疾病、干旱和土壤毒素（如重金属）的抵抗力。在林业科学中，人们对于菌根的了解相当有限。某些树木，如欧洲水青冈、橡木和松树等，需要有它们的存在才能茁壮成长。如今，一些树木苗圃会供应已经接种菌根的树苗。至于其他一些树种，例如桦树和槭树等，菌根则不是必需的。

空气和光

通过光合作用，树木补充大气中的氧气并消耗二氧化碳。它们可以清除大气污染物，自身却并不耐受污染；一些物种，如常见的欧梣、欧洲落叶松和欧洲赤松等，都对空气污染特别敏感。

雪滴花（*Galanthus nivalis*）是一种冬季开花的多年生球茎植物，常见于欧洲的林地。在它开花的冬季，落叶树没有叶片的树冠保证了有充足的阳光照射到土壤。

树木和森林在气候变化中发挥着关键作用，既能降低气候变化的影响，又可以帮助我们适应气候变化。它们在碳循环中也具有重要功能，能够吸收二氧化碳和其他温室气体。为获取木材而采伐树木，意味着将碳长期锁定在木制品中，例如建筑物或家具。如果不受干扰，树木通过根部提供的“下沉通道”可以在地下进行有效的碳转移。当木材燃烧或土壤受到干扰时，碳就会迅速返回大气。但如果在砍伐后重新种植林地，则会构成“低碳”循环。

树木还带来了一些不太明显的好处，帮助我们应对气候变化，并减轻我们对环境构成的冲击。在城镇和城市中，它们可以通过提供阴凉来减少人们对空调的需求。到了冬季，尽管它们对阳光的拦截可能会造成热能需求的增加，但同时可以通过降低风速而减少人们对供暖的需要。风可以影响树木的生长甚至生存，幼树如果暴露于风中，可能会丢失大量的水分。在林业方面，各种措施被用于尽量减少此类损害，包括使用生物可降解塑料管制成的林木保护管。风在树木生长过程中不断地为其塑形，这一现象使沿海悬崖和山脉上的树木呈现出梦幻般的形态。当风与极端海拔的影响联合发挥作用时，会产生随风弯曲并且发育矮小的树木，被称为高山矮曲林（krummholz）。

光的管理是林业实践的核心要素之一，既要保证树木直立良好的生长，也要支持生物的多样性。不同物种在对光线的反应和需求方面差别很大。耐阴的树木可以在较高物种的冠层之下生长，或者忍耐一段时间直到占据主导地位，又或者在浓密的阴影下重获新生，而耐阴较弱的物种则难以再生。耐阴的树木包括欧洲水青冈、栓皮槭、鹅耳枥、美国梧桐、大冷杉、欧洲云杉、异叶铁杉和北美乔柏等。许多树木，如普通欧梣等，在不同的生命阶段对光照水平的耐受力也会发生变化。需光物种难以接受来自其他树木对光的竞争，需要良好的管理确保特定的条件才能茁壮成长。这些树种包括桦树（茸毛的和银色的）、落叶松（欧洲、日本和杂种）、松树（科西嘉欧洲黑松、美国黑松和欧洲赤松）和胡桃（黑色、普通和杂种）。

水

一棵树重量的80%～90%由水构成，这些水由其根系从土壤中抽取而来。水通过一种叫作蒸腾作用的过程沿着树木边材（木质部）的管道向上移动，经由叶片水分的不断蒸发通过整棵树木。一棵大橡树可能在一个夏天使用4万升水，成熟桦木的消耗量为橡树的一半。

水对树木至关重要，但是在极端大量的情况下，水同样可以杀死它们。一些树种比其他树种更耐涝；柳树和桤木的根部长期处于潮湿环境，但都能茁壮成长。水在其他方面也发挥着至关重要的作用，例如种子的传播，沿欧洲河网分布的赤杨就是如此。

除了柽柳等适应干旱的物种之外，大多数树木的根系都不能触及深层地下水。相反，它们通过靠近地表的细根获取土壤中的雨水。一般情况下，壤质土几乎可以包含一棵树在整个生长季节中需要的水（假设没有来自其他植物的竞争）。然而，沙质土壤中含有的水分通常不到壤质土的一半，所以生长于这种土壤上的树木更容易受到干旱的影响。在大雨时期，树木可以通过减缓河流流域的径流速度或拦截城市的雨水来降低洪水泛滥的风险。

森林

地球上最早的维管植物出现在大约4.2亿年前的志留纪。在泥盆纪中期（约3.8亿年前），瓦蒂萨属（*Wattieza*）演化出了类似现代蕨类植物的原始树种，它们拥有大叶片，树高约8米。后来，在所谓的“泥盆纪爆炸”（Devonian Explosion）期间，植物迅速演化发展，出现了第一批真正的树木。石炭纪（3.6亿—2.9亿年前）时期，广阔的森林主导着整个地球，包括40米高的石松类植物、株高超过9米的木贼类植物和蕨类植物等。它们的沼泽沉积物如今为我们提供了煤炭。到了随后的三叠纪（2.52亿—2.01亿年前），裸子植物（具有“裸露的种子”的植物，如针叶树）与恐龙一起开始占领我们的森林；发展至白垩纪（1.44亿—0.66亿年前）期间，它们中出现了第一株被子植物（开花植物）。冰河时代的来临削弱了更新世热带雨林在全球的统治地位，在一些地方——特别是在北半球，它们让位于温带森林。

生物群落

今天的森林覆盖了约三分之一的地球陆地面积，其中包含各种生物群落。三大森林生物群落分别是热带、温带和寒带（针叶林带）。树木也在草原、苔原和沙漠生物群落中发挥着重要作用。

地球的热带森林拥有最丰富的物种多样性，在森林生物群落中独树一帜。那里没有冬季，只有旱季和雨季之分。它们出现在延伸至赤道南北各23.5度范围内的一条分布带上，并且全年保持12小时的固定日长。热带雨林的各种亚类群包括常绿雨林（无旱季）、潮湿或干燥落叶雨林（旱季长度不同）、半常绿雨林（较长的旱季）和季节性雨林（非常潮湿地区的短暂干旱时期）。

通常，热带森林的植物群高度多样化。其中可能包含100多个树种，树高可以达到35米。粗壮的树干支撑着大量的茎，但根部通常较浅。这些树木主要是常绿树种，大大的叶片能充分利用透过多层树冠到达较低高度的微弱光照。它们的冠层可以供养凤梨科植物、蕨类植物、苔藓、兰科植物和藤本植物，以及无数鸟类、昆虫和哺乳动物，每根树枝还能够支撑微观生态系统和若干栖息地。地球上超过一半的热带森林已经因为砍伐，或为农业和城市发展铺路而遭到破坏。

中欧、西欧、东北亚和北美东部的森林属于温带森林，季节分明，拥有寒冷的季节。这是英国森林所在的生物群落区，温和的气候使生长季节可以延长至200余天，最多可有6个月的时间免于极端寒冷。与热带森林一样，温带森林生物群落也有一些由降雨量决定的亚类群：地中海群落（每年降雨量不足1,000毫米，雨季主要在冬季）；干旱针叶树群落（高海拔、低降水）；温带阔叶群落（冬季气候温和，降雨量超过1,500毫米）；温带针叶群落（冬季气候温和，降雨量超过2,000毫米）；湿润针叶树和常绿阔叶群落（潮湿的冬季和干燥的夏季）。与热带森林相比，温带森林的物种多样性较低，每平方千米有3～4个树种。阔叶林中生长着落叶树，允许光线进一步穿过森林冠层，腐烂的叶片则肥沃了森林的土壤。

最大的陆地生物群落是北方针叶林，或称针叶树林地带，分布在北纬50度到60度之间。约三分之二的北方针叶林位于西伯利亚，其余的横

内生真菌可能存在于所有树木的韧皮部，不过，它们至少在树木健康时是不可见的。在树木和真菌之间可能存在一种互惠互利的关系。真菌能够阻止病原菌入侵，增强树木获取水分和营养的能力。一些真菌能够集合它们的菌丝（与根相似），形成一种直径可达5毫米的索状结构，如白线般在落叶层和腐烂的原木中清晰可见。此处，索状真菌二色树脂菌（*Resinicium bicolor*）以合作网络的形式，在实验室的多个接种木块间觅食。图中显示的是实际生命体的尺寸。

贯阿拉斯加、加拿大和斯堪的纳维亚半岛。它们的特点是拥有漫长而且非常寒冷的冬季，以及相对较短且潮湿的夏季，生长季节只有130天。降水量相对较低（每年可达1,000毫米），主要以下雪为主。树冠主要是常绿和针叶型，几乎没有光线能够穿透，这就导致北方针叶林只有有限的林下植被和一层薄而贫瘠的酸性土壤。

¶ 森林生态系统

森林生态系统，也就是一片“森林”，可以被定义为一个具有高密度树木的小型生物群系，其中包含一个彼此间以及与环境间均相互作用的生物群落。26种主要的森林类型被分为6大类：温带针叶林、温带阔叶混交林、热带潮湿森林、热带干燥森林、稀树草原以及人工林。

欧洲三分之一的土地面积被森林覆盖，包含上述除了热带森林以外的各种类型，然而只有5%的森林还没有受到人类影响。数千种依赖森林生存的哺乳动物、鸟类、真菌、无脊椎动物和维管植物等，在欧洲的数量和分布均在下降。有些森林对于生物多样性特别有价值，包括原始森林（处女林）和半天然森林（仍被原生乔木和灌木覆盖，可能进行了管理，但是尚未开始种植）。也有人担心，由于国家和地区之间广泛地分享树木资源，可能会导致树木种群遗传多样性的丧失，以及病虫害和病原体的扩散。气候变化已经对季节性、霜冻程度、盐度、火灾和干旱模式、最高和最低气温、病虫害和病原体的分布等造成了影响，所有这些又都会从根本上影响森林生态系统。除了环境变化的影响之外，把土地用于居住和农业种植也会破坏森林与其供养物种之间的纽带，尤其是与那些季节性迁徙的物种之间的联系。总而言之，人类对森林生态系统的影响是巨大的。

从更积极的角度而言，如今欧洲以国家为基础的林业政策支持可持续森林管理，例如倡导高比例地使用生物多样性丰富的枯木。欧洲每年砍伐木材的数量远低于年增长量，而且欧洲是世界上唯一一片森林面积不断扩大的大陆。

英国没有古老的或者真正的原始林留存。在我们的景观中，完全天然的林地包含了丰富的动物多样性，其中许多已经被猎杀至局部灭绝的地步，包括麋鹿、棕熊、海狸和野猪等。不过，依然有一些古老的林地存在，它们被定义为英格兰和威尔士自1600年（在苏格兰为1750年）以来连续有林地覆盖的区域。截至20世纪30年代，由于开发或者其他方式的破坏，例如改种外来的针叶树等，英国失去了大约一半的古老林地。仍然保存下来的区域往往小而分散，近半数面积都不到5公顷。在英国，或多或少以自然的方式，或者受到最少干扰地发展起来的林地被称为“古代半野生林地”。这种类型的森林覆盖了我们森林面积的20%，拥有丰富的野生生物资源。在过去的100年间，超过40种生存在英国阔叶林地的动物和植物灭绝，其中许多都依赖于古代半野生林地。

树种 ¶

数千年来，大不列颠岛的植物群落受到冰川移动范围的巨大影响。我们可以通过研究花粉的化石得知这一点，而对于伊夫林，这是一门属于未知的科学。旧石器时代晚期（5万至1.5万年前）的北半球，冰盖达到最大范围，在欧洲一直延伸至德国北部区域。植物被不断扩张的冰块毁灭，树种被挤进欧洲大陆，并在这个避难所里逃过一劫。

在大约2.2万年前的高峰期间，大不列颠岛的冰盖扩张到南威尔士和英格兰中部地区，冻土层进一步向南延伸。随着气候开始变暖，北方的冰盖在数千年间逐渐消融，植物和动物也不断从它们的避难所中出来开疆扩土。从公元前1.1万年开始，苔原物种成为第一批在大不列颠岛生长的树木，包括白杨、甸生桦、黄花柳和杜松等，后来形成了北方针叶林。

威尔逊膜蕨（*Hymenophyllum wilsonii*）在英国很少见，只出现在潮湿庇荫的地点。这个样本生长在帕克峡谷（Puck's Glen）垂悬的溪流旁。半透明的叶片上有明显的暗色叶脉，沿着细细的深色匍匐茎生长。由于个体低矮微小，它很容易被忽视。

大约 8,200 年前，大不列颠岛最终与欧洲大陆分离，被地质学家称为“多格兰”（Doggerland）的地区——英国东海岸与现在的德国、丹麦和荷兰相连处，在那时因海平面的上升而覆没。随着气候条件从苔原变为温带，桦树和榛树等先锋物种开始入侵。随之而来的是欧洲赤松，然后是桤木和橡树，接下来是榆树和椴树，此外还有欧梣、欧洲水青冈、欧洲枸骨、鹅耳枥和栓皮槭。这种情况在公元前 4,000 年达到高潮（随后进入一个稳定的阶段），许多地区形成了主要由橡木、桤木、椴树以及欧洲赤松组成的橡木混交林地。没过多久，5 个不同的原始林区在全英国范围内逐渐形成：英格兰低地的椴树区；爱尔兰和威尔士西南部的榛树、榆树区；英国北部的橡木、榛树区；苏格兰高地的松树和桦树区。

这是英国最后一次林地物种迁徙的自然高潮。随着在自然界中主导地位不断加强，人类开始出于自身需求而对森林加以管理，为了满足其他土地的使用而清除原生树木。我们还对植物材料进行运输（影响遗传多样性），并从国外引入新的物种，这些都会对动植物群落造成直接的影响。

本土植物

英国有 60 种甚至更多的本土树——种、亚种或杂交种等，均未经过人类插手而自然形成。有 35 种被认为广泛分布，其中只有 3 种是针叶树种：杜松、欧洲赤松和红豆杉。植物学家们不断地精简这份名单。例如，虽然列表中有 17 种来自花楸属，但都是分布范围最广的种类，还有另外大约 17 个以极少数量存在的种类。引进种有时会被环保主义者带有诋毁意味地称为“异形”或“外来植物”，相比之下，伊夫林将它们定义为“古怪、罕见和特别的”。

在英国，用于定义“本土”一词的时间界限是大约 8,200 年前，当时连接英国与欧洲大陆的陆桥消失了。在北美，普遍采用的时间界限是第一批欧洲定居者于16世纪抵达的时候。

在英国，有许多经常被认为属于本土的树种，实际上是被引进而来的，现在被称为“归化”树种或者“史前归化植物”（如果出现在1500年以后）。本土树种和归化树种之间唯一的区别就是时间。这些归化树种具体包括欧洲水青冈（在英国很多地方）、欧洲七叶树、欧洲栗和悬铃木等。英国对树种命名的倾向使情况更加复杂混乱，如英国梧桐和英国胡桃，事实上都是引进的树种。

与引进的树种相比，本土树种通常拥有更大的生物多样性。 例如，我们的原生橡树拥有的无脊椎动物的物种数量超过欧洲栗的100多倍。本土树种也最适合我们当前的环境条件。几千年来引进的新物种增加了森林、城市街道、公园和花园的多样性，其中一些可能比本土物种对环境的变化有更强的适应性，例如更适应新的有害生物、病害和气候变暖等，这对那些传统上更专注于保护而不是适应的环保主义者构成了挑战。

¶ 植物猎人

伊夫林支持在英国种植新的和外来的物种。他引用了法国的例子：直到法国人在意大利“品尝了美味的葡萄汁”，并将葡萄藤引入自己的国家，法国都是“如此荒芜贫瘠”。伊夫林提到，法国最近引进的树木包括鼠李、乳香树、石榴、桑树、栓皮栎、麻栎和紫丁香。关于雪松，他写道：“除了缺少实验和工业化外，我看不出有什么理由它们不能在老英格兰茁壮成长。”他认为，进一步采集这些和其他需要的物种很有必要，“鼓励所有想象中的产业，例如国外旅行——尤其是对美洲种植园有兴趣的绅士们，从而促进植物和树木（特别是木材）的培养，推广那些或许可以适应英国气候的物种的栽培”。

直到18世纪植物采集热潮出现之前，伊夫林的呼吁都没有得到广泛响应，该热潮在150年后的维多利亚时代达到顶点。不过，在伊夫林

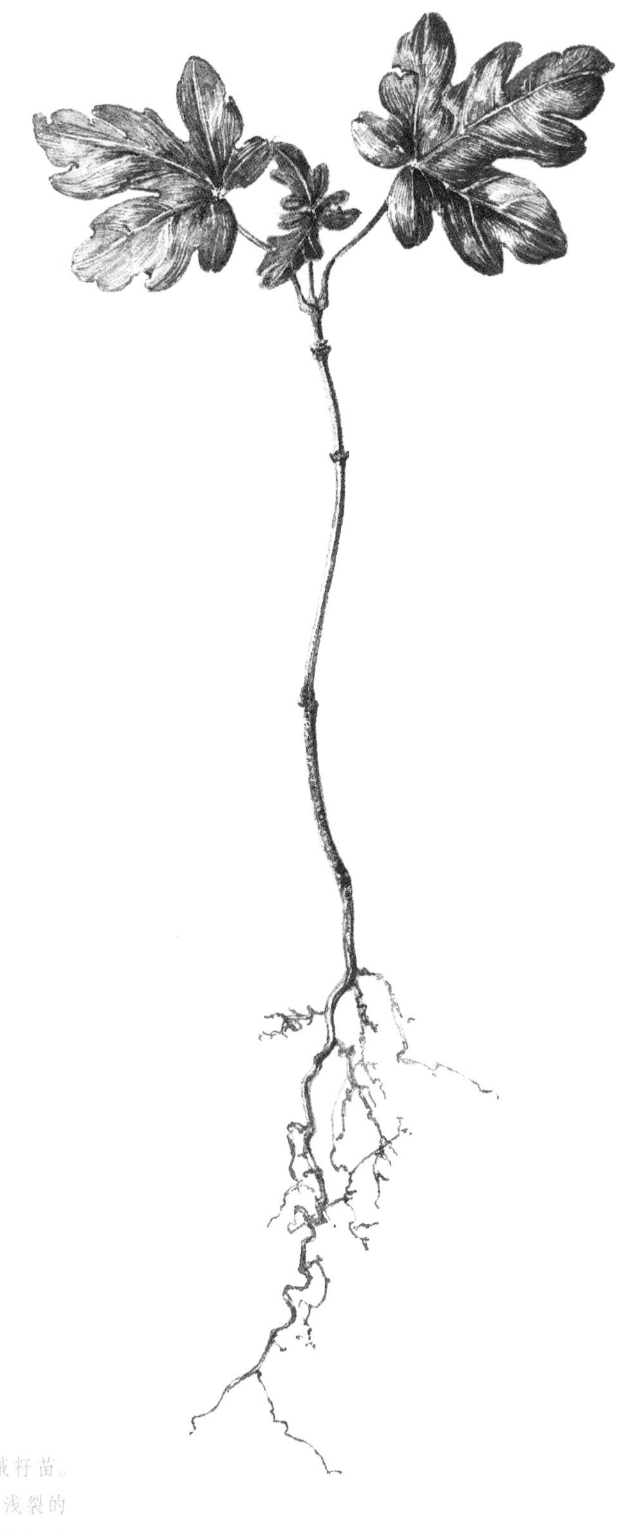

树龄两年的栓皮槭籽苗。它的小而有光泽、浅裂的叶片成对生长。成年后的树木紧密多枝，上面长有细枝，如果生长在开阔的地方，还会形成圆顶树冠。它的叶片在秋天变成具有吸引力的黄色。

英国本土物种

常用名	拉丁名
栓皮槭	*Acer campestre*
欧洲桤木	*Alnus glutinosa*
草莓树	*Arbutus unedo*
垂枝桦	*Betula pendula*
毛桦	*Betula pubescens*
锦熟黄杨	*Buxus sempervirens*
欧洲鹅耳枥	*Carpinus betulus*
欧洲红瑞木	*Cornus sanguinea*
欧榛	*Corylus avellana*
钝裂叶山楂	*Crataegus laevigata*
单柱山楂	*Crataegus monogyna*
沙棘	*Elaeagnus rhamnoides*
欧洲卫矛	*Euonymus europaeus*
欧洲水青冈	*Fagus sylvatica*
欧鼠李	*Frangula alnus*
欧梣	*Fraxinus excelsior*
欧洲枸骨	*Ilex aquifolium*
欧洲刺柏	*Juniperus communis*
欧洲野苹果	*Malus sylvestris*
欧洲赤松	*Pinus sylvestris*
桦叶黑杨	*Populus nigra* subsp. *betulifolia*
欧洲山杨	*Populus tremula*
欧洲甜樱桃	*Prunus avium*
稠李	*Prunus padus*
黑刺李	*Prunus spinosa*
普利茅斯梨	*Pyrus cordata*
无梗花栎	*Quercus petraea*
夏栎	*Quercus robur*
药鼠李	*Rhamnus cathartica*
白柳	*Salix alba*

常用名	拉丁名
黄花柳	*Salix caprea*
灰柳	*Salix cinerea*
爆竹柳	*Salix fragilis*
五蕊柳	*Salix pentandra*
紫红柳	*Salix purpurea*
三蕊柳	*Salix triandra*
欧蒿柳	*Salix viminalis*
西洋接骨木	*Sambucus nigra*
英格兰花楸	*Sorbus anglica*
白花楸	*Sorbus aria*
苏格兰花楸	*Sorbus arranensis*
欧亚花楸	*Sorbus aucuparia*
布里斯托花楸	*Sorbus bristoliensis*
德文花楸	*Sorbus devoniensis*
棠楸	*Sorbus domestica*
圆叶花楸	*Sorbus eminens*
爱尔兰花楸	*Sorbus hibernica*
兰开斯特花楸	*Sorbus lancastriensis*
灰绿花楸	*Sorbus porrigentiformis*
芬兰花楸	*Sorbus pseudofennica*
岩生花楸	*Sorbus rupicola*
楔叶花楸	*Sorbus subcuneata*
驱疝木	*Sorbus torminalis*
血色花楸	*Sorbus vexans*
威尔莫特花楸	*Sorbus wilmottiana*
欧洲红豆杉	*Taxus baccata*
心叶椴	*Tilia cordata*
阔叶椴	*Tilia platyphyllos*
光叶榆	*Ulmus glabra*
欧洲野榆	*Ulmus minor*

的时代有一位早期植物猎人：德国博物学家恩格尔贝特·肯普弗（Engelbert Kaempfer）。17世纪90年代，他不得不秘密地在当时闭关锁国的日本工作，观察和描述日本落叶松（*Larix kaempferi*）、银杏（*Gingko biloba*）、木兰和几种樱桃。另一位先驱是詹姆斯·坎宁安（James Cunningham），他从1698年开始前往中国探索，在1702年发现了日本柳杉（*Cryptomeria japonica*）。近一个世纪后，德国植物学家约翰·西弗斯（Johann Sievers）在中亚的哈萨克斯坦山区发现了广袤的果树林，其中生长着野生苹

三棵巨云杉天然再生籽苗，采集自阿盖尔郡达农附近的帕克峡谷。通常情况下，它的天然再生非常紧密，根和茎紧密交织在竞争性的混杂体中。1831年，巨云杉被引进英国，最终成为主要的商业性林业树种，如今仍是我们最常见的树木。

果（*Malus pumila*）等，它们最初以他的名字命名为 *Pyrus sieversii*。

戴维·道格拉斯（David Douglas，1799—1834）是最著名的树木猎人之一。他被著名的植物学家威廉·胡克（William Hooker，后来任裘园皇家植物园的首席园长）推荐到伦敦的皇家园艺学会，这使戴维能够前往比他的家乡苏格兰高地更远的地方展开植物考察。他最终负责任地给英国引进了约 240 个新的植物物种，其中之一是于 1827 年引种到英国的北美原生物种，如今以他的名字命名的"道格拉斯冷杉"（中国称为花旗松）。这个树种的拉丁名——*Pseudotsuga menziesii*——来自阿奇博尔德·孟席斯（Archibald Menzies），他是道格拉斯的同胞，在 1792 年首次记录了该物种。其他由道格拉斯引进的外来针叶树种包括美国黑松、辐射松、壮丽红杉和巨云杉，以及所有在北欧和其他地区商品林中占据主导地位的物种。道格拉斯在给胡克的信中写道："你或许会觉得我能随心所欲地创造出松树。" 19 世纪其他重要的树木猎人还包括欧内斯特·威尔逊［Ernest Wilson，采集了珙桐（*Davidia involucrata*）和血皮槭（*Acer griseum*）］、威廉·洛布［William Lobb，采集了巨杉（*Sequoiadendron giganteum*）和北美乔柏（*Thuja plicata*）］，以及约翰·杰弗里［John Jeffrey，采集了异叶铁杉（*Tsuga heterophylla*）］。

现代发现

无论在形态学研究（植物形态和结构）还是更近期的 DNA 分析方面，科学的进步都有助于对植物物种进行比过去更加精确的区分。例如，经验丰富的植物学家能够根据形态变异，将几十种花楸属植物分类为不同的亚种。遗传分析有时被用来证实物种的独特性，而在其他情况下，遗传变异的缺乏则暗示曾被认为相互独立的亚种之间发生了融合。

有些树木曾经一度被认为只存在于化石中，如今却发现仍有存活。银杏树或许就是其中最著名的例子：它的化石出现于 1.8 亿年前的侏罗纪岩石中，它却直到 17 世纪才被人们"发现"。1941 年，中国西南地区发现了一棵活的落叶针叶树。后来经鉴定，几百万年前它便已经在北半球广泛生长，诸如格陵兰岛和斯匹次卑尔根岛等地区均有它的化石。

最新的发现是瓦勒迈松，由瓦勒迈国家公园的骑警戴维·诺布尔（David Noble）于 1994 年在澳大利亚蓝山找到。它不是真正的松树，而是南洋杉科的成员，与智利南洋杉有一定的关系。2 亿年前类似树木的化石的发现，使它被描述为活化石或"拉撒路物种"（Lazarus taxon）。一项繁殖计划使瓦勒迈松遍布世界各地，包括苏格兰高地的因弗鲁花园，那里的植物需要忍受冬季低至-10℃的气温。

树木

树木是一种具有多年生且自给自足的木质茎的植物。如何区分乔木和灌木的问题颇为棘手，但是在生物学层面上它们其实是一回事（为了清楚起见，这里同样做此处理）。因此，树木的范围可以从世界上最高的北美红杉——树高可达 115 米——到只有几厘米高的甸生桦树。伊夫林将树木描述为"这种木质的和类木质的植物质地坚硬，有一定高度；厚实坚固地附着在它们站立的地面上"。有趣的是，他还将它们进一步按照"干"（橡树、榆树、欧洲水青冈、欧梣、板栗、胡桃）和"湿"（杨树、白杨、桤木、柳树）进行分类。

树木可以分为两大类：裸子植物（种子"裸露"）和被子植物（种子"隐藏"或开花植物）。后者又可分为双子叶植物和单子叶植物（两个子叶和一个子叶）。单子叶植物包括芦荟、龙血树、棕榈和丝兰。一些单子叶植物通常被当作树木，例如竹子和香蕉等，但实际上并不是，因为它们的茎并非木质，而是由硬叶或茎秆组成的。本书

在阿盖尔郡达农附近的帕克峡谷，自19世纪完成种植后，这些树木就处于无管理状态。这片森林正在天然再生，并且逐渐开始变得与太平洋西北部的古老森林相似，其中的特点之一是树木再生发生在倒塌树干（术语叫作*nurse logs*）的苔藓层上。这些异叶铁杉籽苗生长在一棵倒下的巨云杉树干上。

中所指的树木均是裸子植物或被子植物，并且根据惯例分别被称为针叶树或阔叶树。

所有裸子植物的种子都暴露在空气中，或者说在雌球果内“裸露着”。大多数针叶树上的木质鳞片状结构仅仅是雌球果的一种类型。红豆杉的球果（称作“假种皮”）具有融合的鳞片和围绕裸露种子的、呈浆果状的肉质中心。杜松的“浆果”也是雌球果。雄球果寿命短暂，与雌球果有着明显不同的结构，通常被误认为花。针叶树大约有600种，它们被分为以下几类：松科（冷杉、雪松、落叶松、云杉、松树、花旗松和铁杉）、红豆杉科（红豆杉）和柏科（杜松、红杉、红雪松和柏）。

¶ 叶片

树木通过光合作用合成生存和生长所需的能量。它们的叶片中含有被称为“叶绿体”的细胞器（结构），其中包含将太阳辐射转化为化学物质，进而产生糖的叶绿素（蛋白质）。光能、水和二氧化碳相结合形成葡萄糖，同时产生副产物水和氧气。光合作用负责生产存储在植物的生物质中的碳。

为了充分进行光合作用，叶片必须高效地吸收光和二氧化碳，同时也要保持水分，特别是在干旱环境中。植物叶片的各种不同形状都遵循这一基本原则。叶片的形状和尺寸不仅在物种之间各不相同，在同一物种的不同树木，或者同一棵树的不同部位间也都存在差异。例如，刺状叶只出现在欧洲枸骨下部的枝条上，可以有效防止食草类哺乳动物啃食。通常情况下，子叶与成年树的叶片形状不同，这被视为一种保护幼苗免受啃食的适应性方式。橡树在第二次生长时长出的叶片往往更长且窄。那些暴露于风和强光照下的叶片，通常比在庇荫处长出的叶片更小。表面积较大的叶片通过捕获穿过暖空气层的太阳辐射来促进光合作用，但这同时也加速了水分的流失。较小的表面积和边缘缺口可以减轻这种影响，如橡木（浅裂）、槭树（掌状）、欧梣（羽状）和栗树（边缘有齿）的叶片。

水分流失或蒸腾作用由气孔控制，这些存在于叶片表面的气孔可以打开和关闭，但打开气孔以满足吸收二氧化碳和释放氧气的需求，必须与因此而失去大量水分的危险相平衡。在针叶树中，为了避免阳光直射，仅在叶片下表面存在气孔，并且这些气孔还被蜡质覆盖，进一步减少了水分的流失。很多阔叶树会在阳光最强时关闭气孔，有些甚至向下倾斜叶片以减少暴露在光线中的表面积。中欧或南欧的疲惫的旅行者都会知道，在中午的阳光下，刺槐几乎提供不了多少树荫。常见的桤木和许多桉树几乎没有通过关闭气孔来调节水分流失的能力，因此它们不能生长在易干旱的土壤上，并且还会加重干旱对周围植物的影响。

在夏季，一棵成熟的开花橡树能长出大约70万枚叶片，一棵大型的苹果树能长出5万枚，而松树则全年携带数百万枚针叶。针叶树和阔叶树既可能是落叶性（deciduous，词源为拉丁语*decidere*，“脱落”的意思）的，也可能是常绿的，不过大多数针叶树都是常绿的，而大多数阔叶树则是落叶性的。典型的常绿阔叶树包括麻栎和欧洲枸骨，落叶针叶树如水杉和落叶松。落叶树是对不利的生长条件的一种适应性产物：相比长出足够强健的叶片，舍弃叶片来抵抗极端寒冷或者干旱显然更加高效。不过，常绿的叶片在生长季节较短的地区更有优势，例如发现北部针叶林的北部高纬度地区，因为一旦光线开始增加，叶片便已经为产生能量准备就绪。它们的树脂也能起到防冻剂的作用。在植物生存的极端条件下，比如在苔原和山脉最高海拔的边界处，气候条件更有利于落叶的特性，因为生长可脱落的叶片比耐受极端条件的叶片需要的能量更少。

叶片的脱落发生在叶柄的基部。随着将叶片连接到茎的化学物质被重新吸收，叶柄和树枝之间形成了一道分界线（称为“离区”），这是由光照水平和温度等环境变化触发的。尽管叶片的颜色会因为这种再吸收（脱落）而发生变化，它们依然可能存留在树上。但是一旦出现霜冻，冻融作用就会触发大规模的叶片脱落。落叶树种保留叶片（“凋而不落”）是通过保留叶柄连接段的活组织实现的，尽管这些叶片实际上已经死亡，比如欧洲水青冈和鹅耳枥。它们这样做的原因尚未完全清楚，但很可能是一种防止食草类哺乳动物在冬季啃食嫩芽的机制。在热带气候中，这或许有助于调节水分流失。

叶绿素主要吸收蓝光和红光。电磁光谱中，绿光被吸收得最少，并且被叶片反射，因此叶片便显出绿色的外观。在一些树木中，绿色被其他色素掩蔽，例如紫水青冈木中的红色花青素（仅在阳光下产生，因此叶片在庇荫处呈绿色）。

在生长季节结束时，叶片中的叶绿素开始分解，此前被掩盖的色素（如叶黄素和胡萝卜素）变得明显可见，分别呈现出黄色或橙色。与此同时，残留在叶片中的糖产生大量的花色素苷（可以根据 pH 值的变化呈现出红色、紫色或蓝色）。这一过程需要温暖的气候和光线，而夜晚的寒冷限制了糖在叶片中的运输，所以最丰富的色彩高度依赖于当地气候。到了秋季，加拿大东部和新英格兰的槭树，以及其他树种展现出的惊人色彩吸引了成千上万的观叶人。但是英国普遍缺乏产生绚烂多彩的叶片的理想条件。

对一棵树而言，叶片的生长是一项巨大的投资。在一些针叶树中，包括冷杉、云杉和红豆杉等，针叶可以保留 10 年之久。其他针叶树和常绿阔叶树的叶片也可以留存 3～5 年，并且每年都会继续增长。而落叶树在每年气候最不适宜生长的时候都会落叶，这种现象发生在温带地区的冬季或地中海的夏季。

物候学是对自然界中季节性事件——如树木叶片的爆发生长——的发生时间进行研究的学科。这对树木育种者拥有特别的吸引力，尤其是与欧梣和胡桃等霜冻敏感物种相关时，因为培育晚期萌芽的新品种可以避免对新芽的损害。研究气候变化的科学家已经观察到，如今橡树叶片的生长期比 20 世纪 50 年代早了两周左右，这一现象是由气候变暖造成的。监测秋季叶片的衰老或脱落并不具有可行性，因为外部因素也在同时起作用，比如多风的天气会掩盖叶柄脱落的真实数量。

与我们的常识相悖，树木实际上是会移动的。除了伴随每年增长的逐渐移动外，一棵树还会每天定向调整其叶片方向，从而最大限度地进行光合作用，控制水分流失。这些趋光运动受到了微妙且非常精细的调控。

透过橡木的侧枝垂直向上看，很容易看出各枚叶片如何定位，从而捕捉从上层叶片的缝隙间漏下来的光线。随着太阳位置的变化，叶片不仅发生彼此间的相对移动，它们的上表面迎向太阳的角度也会发生变化。

生长

树是地球上最大的生命体系。据计，北美著名的巨杉“舍曼将军”（General Sherman）质量超过 2,000 吨，是最大的蓝鲸体重的 20 倍。因为需要足够的强度来抵抗重力和风的作用——高度的增加意味着主干直径必须持续增长，它的生长受到了限制。环境中水的供应情况也会影响树高，因为树木生长得越高，水分必须运输到的末端就越远。

生长主要以两种方式发生。茎和枝上的芽形成生长点，既可以延伸现有的枝条，也可以形成新的枝条。以棕榈树为例的许多单子叶植物可能只有一个生长点，而与它们不同的是，生长于温带地区的树木具有多个生长点，因此能很好地适应存在霜冻、火灾和食草动物啃食等伤害的环境。另一种主要的生长方式是在形成层中增加新的木质层和树皮，从而扩增主干和侧枝。在如英国等温带地区，因休眠而变得缓慢的生长会令木材的横截面产生明显可见的年轮。

每个树种都有自己独特的生长方式，这由芽在其主干上的排列决定。这些芽首先形成小

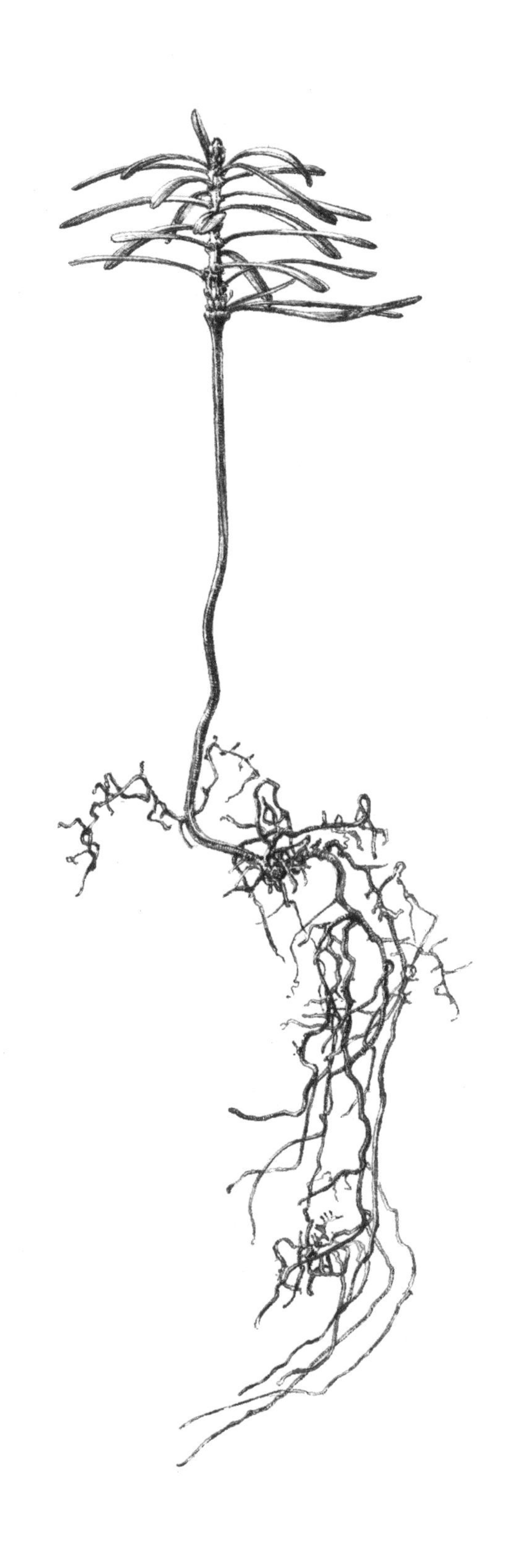

一棵成年花旗松的籽苗，生长在前一张图像的背景中。它的小而柔软的绿色针叶有着独特的圆形尖端，单独出现并环绕茎干生长。

枝，然后长成侧枝，有时还会是主干。如果你观察欧梣的芽，就会发现它们两两相对而生，并且每一对芽与前一对相比，都绕着茎干转过了 90 度。如果从远处观察一棵成年的欧梣，在其侧枝上也可以看到相同的排列。在大多数物种中，这种模式并不是那么清晰。尽管众多因素的组合也许不能简单地描述，但是依然可以提供线索，供有经验的人进行远距离树种鉴定。

温带地区的树木很少产生 8 种以上有序的分枝方式，换句话说，最小的细枝可能与主茎的分枝连接不超过 8 个。为了适应环境并节约资源，树木通过芽点的脱落来控制树冠的形状，或者长出一些更长的侧枝来使产能最大化。许多阔叶树树种保留了休眠芽作为对未来损害的保险，这种习性对橡木林的林业工作者来说是一种挑战，他们必须避免数以千计的小嫩枝从树干或侧枝上生长出来，否则就会造成木材的瑕疵。一些针叶树，如劳森柏树，在重度修剪后无法产生新芽，因此不适合修剪得很低的树篱。然而，大多数阔叶树树种和一些针叶树，特别是红豆杉，都很容易重生新枝，因此适用于树篱、灌丛造型和修剪，例如榛矮林作业，或为获取生物质能而种植白杨和柳树。

物种之间芽的习性存在很大的差异，一位果农揭晓了这一事实：他发现一些种类在“新枝”上结果，另一些则在“老枝”（前一年的枝条）上结果。一些树芽同时包含花芽和叶芽，而另一些只是花芽或叶芽。以樱桃为例，它的芽或是花芽，或是叶芽，如果是前者，在这个生长季就不会再生长。芽的习性对树枝的生长模式和树的整体外观都有明显的影响。

繁殖

树木的花已经演化到可以在父母亲本之间，借助昆虫、哺乳动物、水或风将雄性配子（花粉）转移到雌性。针叶树是风媒传粉的，而阔叶树树种尽管有桤木、欧梣、欧洲水青冈、桦树、榆树、榛树、鹅耳枥、橡树、白杨和鼠李等同样依靠风媒传粉，但还有许多靠虫媒传粉。就花朵而言，风媒传粉的物种在生物学上与虫媒传粉的物种类似，具有相同的结构，但一般没有那么丰富多彩（尽管在显微镜下观察时可能会显示出微妙的颜色）。它们无须浪费能量去创造出一个吸引传粉者的表型，取而代之的，是这些能量被用于实现功能上的完美。比如，桤木、桦树和榛树的雄性柔荑花序可以漂亮地在风中摇摆和舞蹈，借此在微风中释放花粉，而雌性巨大的羽毛状柱头恰好适合捕捉这些花粉。它们以云雾般的形式释放花粉，时机恰好赶在新叶繁茂生长之前，以此避免花粉的分散受到妨碍。早春时节桦树花粉的释放可能会导致一些人花粉过敏。

对一棵树来说，自花授粉是不可取的，因为这会导致近亲繁殖和潜在的不良健康状况。树木使用各种机制避免出现自花授粉，包括自交不亲和等，也就是防止同一棵树的花粉在花柱（雌性器官）上发育——特别是风媒传粉的物种。另一种机制是雌雄蕊异熟，也就是花中的雌性器官和雄性器官在不同的时间分阶段产生。当雌雄同株异花，或者雌雄异株异花时，这种时间差会进一步扩大。在许多针叶树中，同一棵树的雌花和雄花是分开的。以欧洲云杉为例，它在顶部产生雌球果，而雄球果的位置则更靠下。这种区分可能是模糊不清且令人困惑的。欧洲栗能够在雄性葇荑花序的基部产生雌花。欧梣在雌雄方面更是彻底混乱，各种各样的可能性全都存在，包括雌雄同株、雌雄异株和雌雄同花等，并且雌雄还能够随年龄发生变化。

树木使用各种机制来增强花朵对传粉者的吸引力。欧洲红瑞木靠白色的苞片（花朵下方的叶片）来提高它那微小花朵的可见度，而绣球花有大且不育的白色花朵围绕着大花序中央较小的可育花朵。七叶树以艳丽的黄色花朵向昆虫展示自己，但这些花朵一旦受精完毕，就会变成红色以阻止传粉者，让它们把注意力转移到树上其他还未受精的花朵。一些树的花对所有的昆虫都具有吸引力，绽放有许多雄蕊、开放且朝上的花朵。这些花的颜色通常都很朴素，它们依靠明暗对比或者香味来吸引昆虫，包括山楂、花楸和卫矛。蜜蜂、蝴蝶和昼行性飞蛾往往喜欢花的某一种特性，尤其是颜色，而且它们全都被欧鼠李和椴树吸引。英国的一些树木则是通过鸟类吸食花序中的花蜜来传粉的——灰柳的花蜜是蓝山雀重要的食物来源，但是没有任何本地树种适合哺乳动物授粉。

树的种子是繁殖成功的结果，含有一棵微小的胚胎树。它通常由 3 部分组成：胚、营养物质和种皮。胚包含幼根（胚根），并且单子叶植物种子含有一个子叶，几乎所有双子叶植物（大

春天栓皮槭的花朵很小，呈淡绿色或黄色，雌雄异花并且大多数靠昆虫传粉。新叶最初为灰绿色且具有褶皱，像收起的雨伞。细枝上长有茸毛。这段枝条采集自一棵老树，表面还覆盖着地衣。

栓皮槭成对的翅果在秋天转变成浅棕色，此前在整个夏天都呈深粉红色。两颗果实彼此分开并且会被风吹散。这里，成熟的树叶变得平整、乌润，与对页画面中苍白褶皱的新叶形成对比。

多数阔叶树）的种子都含有两个子叶，裸子植物（针叶树）含有两个或更多的子叶。

胚乳是种子的营养储备，为幼苗的生长提供能量。这也解释了为什么有那么多动物（包括人类在内）会消耗大量的种子，因为它们含有丰富的营养。据说，胡桃是被罗马人引种到英国的，每颗坚果对一位行军的百夫长而言都是一个微小而完美的微型便当。

种皮，或者说外种皮，可以保护种子免于机械损伤和水分流失。这层结构可能厚而坚韧（如椰子、杏仁和核桃），也可能非常薄（如桤木）。在同一物种中，种皮也可能存在巨大的差异，这种情况是植物育种者为果园寻找易于收获的坚果时发现的。在中亚山脉生长的一些胡桃树，种子上还覆有一层薄得近乎透明的“外壳”。

人们出于各种各样的原因而对树的种子加以利用。诺福克的霍尔汉姆宫有棵著名的麻栎树，人们认为它演化自混在地中海橡树叶中的橡子。托马斯·科克（Thomas Coke）在他1712年至1718年的盛大旅行中，将这些橡树叶用作贵重物品的包装材料。今天，粉碎的胡桃壳被用作清洁蒸汽轮机和飞机发动机的磨料。

种子的成功传播使新一代的树木从母树上传播出去，是确保物种存活的关键一步。依靠动物、弹射、重力、水和风等，树木已经演化发展出许多巧妙的方法。正是悬铃木依靠风和重力散播种子的方式，启发了“仿生”涡轮机的最新设计，用于海上的能源开发。

一些树生长结出核果，也就是一颗外部呈肉质的种子。像樱桃、欧洲李、橄榄、桃子和梅子等核果对动物和鸟类极具营养价值，形成了很强的吸引力，同时这些动物和鸟类也会通过粪便传播坚硬的种子。其他的核果，包括扁桃仁、开心果和核桃等的果肉很少，它们的种子（坚果）就是主要的吸引力来源。

在裸子植物中，雌球果或孢子叶球内包含着种子。球果的类型随针叶树的种类而变化，通常作为树种鉴定的重要依据。大多数物种的木质球果会对空气湿度做出反应，当空气干燥时，它们便打开鳞片，最大限度地传播微小的风媒种子。红豆杉具有最优良的球果设计，每一颗的红色假种皮都对鸟类很有吸引力，鸟类会在吃掉它们后传播隐藏在里面的种子。这类假种皮是可食用的，但是种子和红豆杉的其他所有部分对哺乳动物都具有毒性。

> 选择完全成熟、沉重并且健全的种子；通常那些容易从树枝上摇落的，或者等到十一月左右，在其自然掉落后立即收集起来的，又或者从最美、最健壮的树木顶端摘取的种子，是最好的……［J. E.］

根

一棵树的根部与它的树冠保持着完美的平

衡，除非在一些外界的影响下被打破。树冠为根部提供食物，根部为树冠提供矿物质和水，同时也储存糖分。如果冠层和根部的尺寸失衡，不适当的压力可能会对它们或者树木的其他部分构成影响。这就是为什么苗圃以容器供应的树木最初是健康的，但是树干和冠层的生长使它们相对于受限的根部变得过大，最终导致整株植物因承受不住压力而死亡。通过精细的肥水管理，在一段时间内可以避免这种情况，但树木会越来越依赖这些干预措施。更根本的解决办法是对树冠进行修剪，使其尺寸缩小至与根部平衡。这项技术可以应用于根部已经因道路和建筑施工而遭到破坏的树木，并在盆景的制作中被用于创造极端的效果。

有很多人相信，树的根部基本反映了树冠的大小和形状，这是一个常见的误解。事实上，树根并不像人们通常以为的那么深，铺展的范围却比想象中更广，通常是树冠的 2～3 倍。有些树的根系靠近地表广泛扩展，这意味着树木在穿透下层土壤和岩石层方面消耗的能量更少，并且拥有更高的稳定性。只有细根（直径 1 毫米或更细）通过尖端的新生根，从土壤中吸收碳水化合物和水；较老的、木质的根系则作为通道，储存水分和营养物质，并且发挥稳固树木的作用。细根在地表附近是最丰富的，在大多数物种中，它们通常出现在土壤顶层 10～15 厘米处。它们竞争资源，因此，控制周围的植被可以对幼树的生存和生长产生巨大的影响。细根和土壤之间的接触通常由根毛辅助，这些根毛有时只有 0.1 毫米粗。不过，针叶树的一些种类完全没有根毛。

把树木种植得太靠近建筑物是城市和乡镇中的常见问题。究其原因，是没有对树木的最终尺寸进行预测——不仅针对其地上的部分，地下的部分也是如此。建筑物的损坏最可能发生在树木的底部附近，此处的树根是最粗的；相比之下，更细的根倾向于沿着阻力最小的路线生长，它们不太可能损坏地基或掀起人行道。树根在寻觅地下排水管道的裂缝方面拥有不可思议的能力，尤

欧洲甜樱桃开单瓣花，大量丛生，从短的木质刺顶端由叶状苞片形成的深杯中伸出。结果实的茎周围环绕着大量的刺。它的芽可能开成花，也可能长成叶芽，这些都会决定树木的整体生长模式。

其是废水管道。这些裂缝比周围土壤的阻力小，而且还能提供营养丰富的水源。

种子大的物种通常在第一年就会长出很大的主根，主根迅速扎入土壤稳固幼苗，获取比相邻的树木们可能竞争到的更深的资源。橡树主根在第一年可能伸展长达 50 厘米，胡桃则会超过 1 米。这些物种无法承受在苗圃中被砍断主根，所以原地从种子生长起来的树木几乎总是比人工移植的长得更好。小种子的树木一般只有很少，或者根本没有主根。

¶ 树皮和木材

一棵活树的树干或侧枝的横截面可以显示出它的许多组成部分。在外部，树皮本身具有多层结构：首先是坚韧的外层树皮（落皮层），然后是一层软木（软木组织），有时还有木栓形成层（栓内层），最后是内皮（韧皮部）。外层树皮可以减少水分流失，同时保护内部的活组织免受啃食、病害和大火的侵扰。树皮的厚度变化很大：包括欧洲水青冈、欧洲枸骨和槭树在内的一些薄树皮的树种没有木栓形成层，它们的树皮会随着树干和侧枝的生长而逐渐伸展，最终变得光滑。而在其他物种中，比如巨型红豆杉和橡树，厚厚的木栓形成层则堆积起来，随着枝干周长的增长而开裂，在树皮上形成脊和沟。从西班牙栓皮栎（*Quercus suber*）上收获的木栓形成层是密封葡萄酒瓶的完美材料，还能保护它们免受霉菌的侵扰。韧皮部含有从叶片向根部输送糖（汁）的活组织，它们还会向整棵树运输贮存在树根的糖分，尤其是在早春时节。

靠近韧皮部的是维管形成层——树皮和木材（木质部）之间的分界线。它是只有几个细胞厚的一层，随着侧枝、主干或者根的延展变粗而向外移动。它的内表面逐渐转变为木质部，外表面在内树皮中产生新的韧皮组织。嫁接时，花卉栽培人员必须确保对齐砧木和接穗之间的形成层，否则两者无法融合。

木质部也分为两层，即外层的边材和内层的心材，其中边材负责向上运输水分。心材没有活的组织，但它含有树胶、树脂和多酚，不仅能够阻止树木汁液的流出，有助于保护树木免受害虫和病原体的侵害，还能令心材呈现更深的色泽。红豆杉是浅色边材和深色心材之间成对比的典型代表之一，该特点长期为家具制造商和木材加工者所利用。在有些树木中，尽管也存在这两种形式的木材，但是两者可能没有明显的差异，而桤木、白杨和槭树等少数种类的树木则很少形成心材。

木质部的细胞壁中存在的硬质物质是木质素，它们强化了硬度并提供了强度。相比阔叶树，针叶树的木材中通常含有更多的木质素，但两种树的主要差异还是在木材结构方面。针叶树的木材通常被称为软木，主要由微小且无生命的空管组成，即管胞，水分由此流经树干。通常情况下，在软木的横截面中，每毫米可能有多达 40 个管胞，每个大约 11 毫米长。每立方厘米的花旗松木材可能含有 187,500 个管胞。这些短管胞的末端都有瓣膜或"凸面"，用来控制水分从树根到叶片的定向运动。一旦涉及木材，针叶树的处理必须与阔叶树有所区别，因为在如云杉等特定的种类中，这些瓣膜会封闭起来，除非木材还葱郁，否则难以用防腐剂处理。

阔叶树或者硬木，具有比软木更复杂的木材特性。传输水分的导管、提供强度的纤维，以及带有树胶、乳胶、油脂、树脂和防御物质的髓部等，共同参与形成了心材。髓射线是从树干中心向外延伸的条带状活组织，它们可以为木材提供独特的美学特征。

在温带树木的横截面中可以清楚地看到年轮，树木年代学家能够据此计算树木的生长年龄和每年的生长量。这些年轮，由不同生长阶段的细胞带形成。树木在春季和初夏快速生长，它们长出叶片、绽放花朵、伸展枝条，形成由大型薄壁细胞组成的"春材"。到了一年的晚些时候，欧洲桤木的花。按照真实尺寸绘制（左下角），展现出长而下垂的雄性葇荑花序［1］、较小的直立雌性葇荑花序［2］和休眠的叶芽［3］。放大（×10）的雄性葇荑花序［4］开出大量红绿色小花，每一朵都有一簇充满花粉的花药，它们从基部逐渐向整个花序的顶端成熟。放大（×5）的雌性葇荑花序［5］从坚硬的苞片中伸出紫红色的柱头，它们成熟后会变成一个木质的锥形结构。放大的影像是通过双筒显微镜从活的材料中得到的。

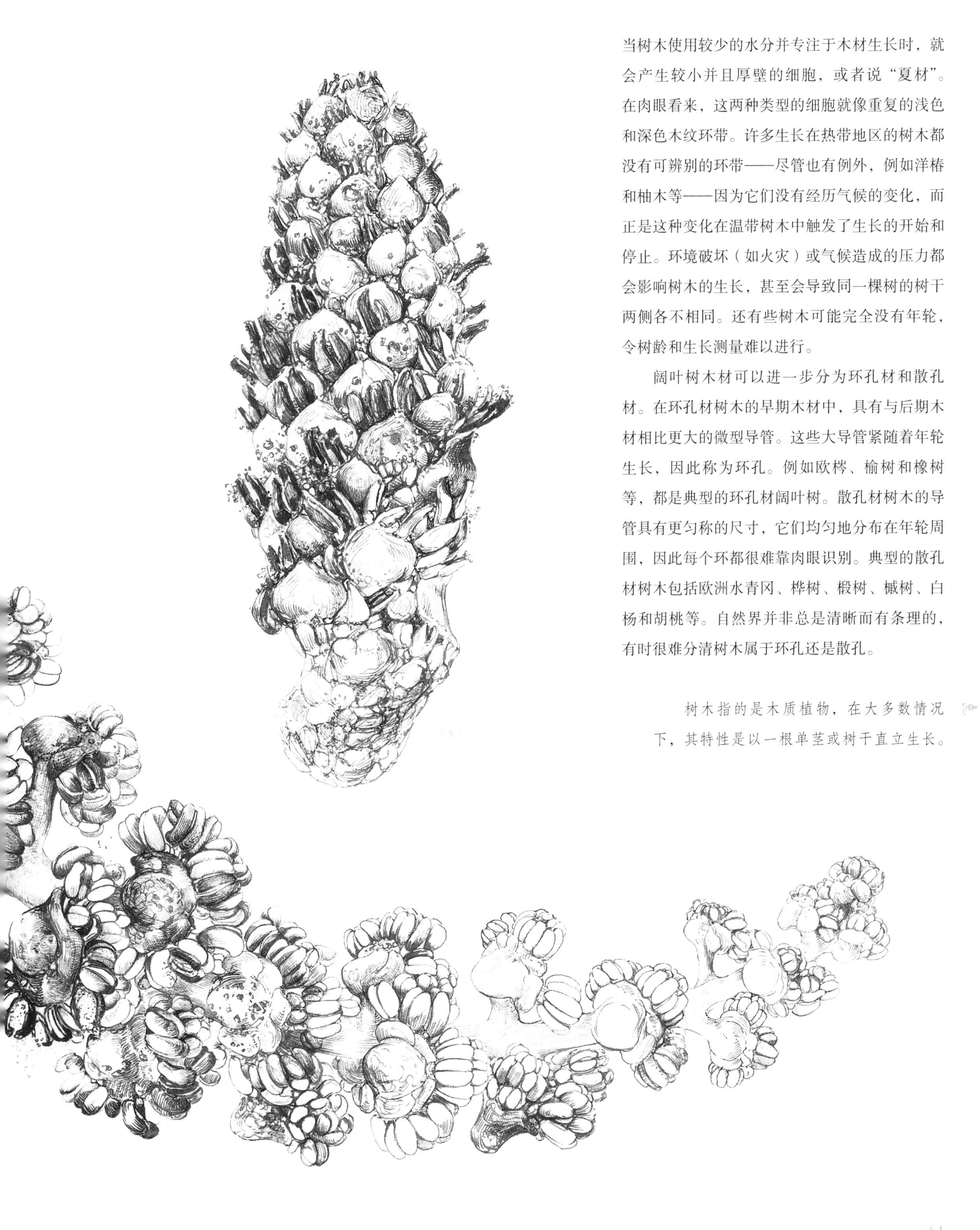

当树木使用较少的水分并专注于木材生长时，就会产生较小并且厚壁的细胞，或者说“夏材”。在肉眼看来，这两种类型的细胞就像重复的浅色和深色木纹环带。许多生长在热带地区的树木都没有可辨别的环带——尽管也有例外，例如洋椿和柚木等——因为它们没有经历气候的变化，而正是这种变化在温带树木中触发了生长的开始和停止。环境破坏（如火灾）或气候造成的压力都会影响树木的生长，甚至会导致同一棵树的树干两侧各不相同。还有些树木可能完全没有年轮，令树龄和生长测量难以进行。

阔叶树木材可以进一步分为环孔材和散孔材。在环孔材树木的早期木材中，具有与后期木材相比更大的微型导管。这些大导管紧随着年轮生长，因此称为环孔。例如欧梣、榆树和橡树等，都是典型的环孔材阔叶树。散孔材树木的导管具有更匀称的尺寸，它们均匀地分布在年轮周围，因此每个环都很难靠肉眼识别。典型的散孔材树木包括欧洲水青冈、桦树、椴树、槭树、白杨和胡桃等。自然界并非总是清晰而有条理的，有时很难分清树木属于环孔还是散孔。

树木指的是木质植物，在大多数情况下，其特性是以一根单茎或树干直立生长。

树干由厚实质密的物质和主体组成，同时长出大而伸展的树枝，整个枝干和外部覆盖着厚实的外皮或皮层。这些“土地之神”（Terrae-filii）就是我们所说的用材树种，也是我们后面要讨论的主要对象。[J. E.]

现在，我们对树木的生物学探索已经基本完成。接下来，我们将深入探究单个树种的无限奇迹。

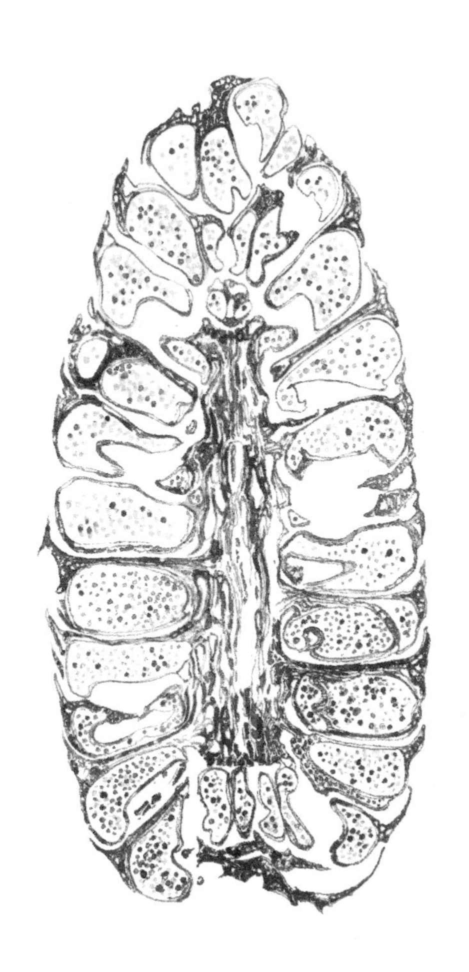

在一棵成年的欧洲赤松上，大量嫩黄色雄性球果在春天形成，密集地生长在叶芽顶端。雄球果会打开释放花粉。此处显示的是双筒显微镜的视野中，一个来自蜡叶标本（真实尺寸，右下）、仅一个细胞厚度的雄球果切片。放大的视野图片（左侧）展现了在精巧的囊内围绕着软核的花粉粒。

一年树龄的雌性樟子松球果的单细胞厚度切片（真实尺寸，下图右）。
对页放大的图片来自标本，展示了未成熟的种子，每颗都覆盖着一层薄薄的鳞片。授粉两年后，成熟的雌性球果在春天打开，释放成对有翅的种子。

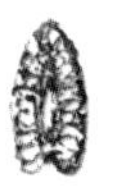
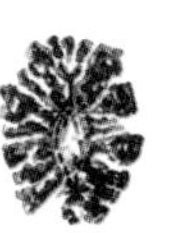

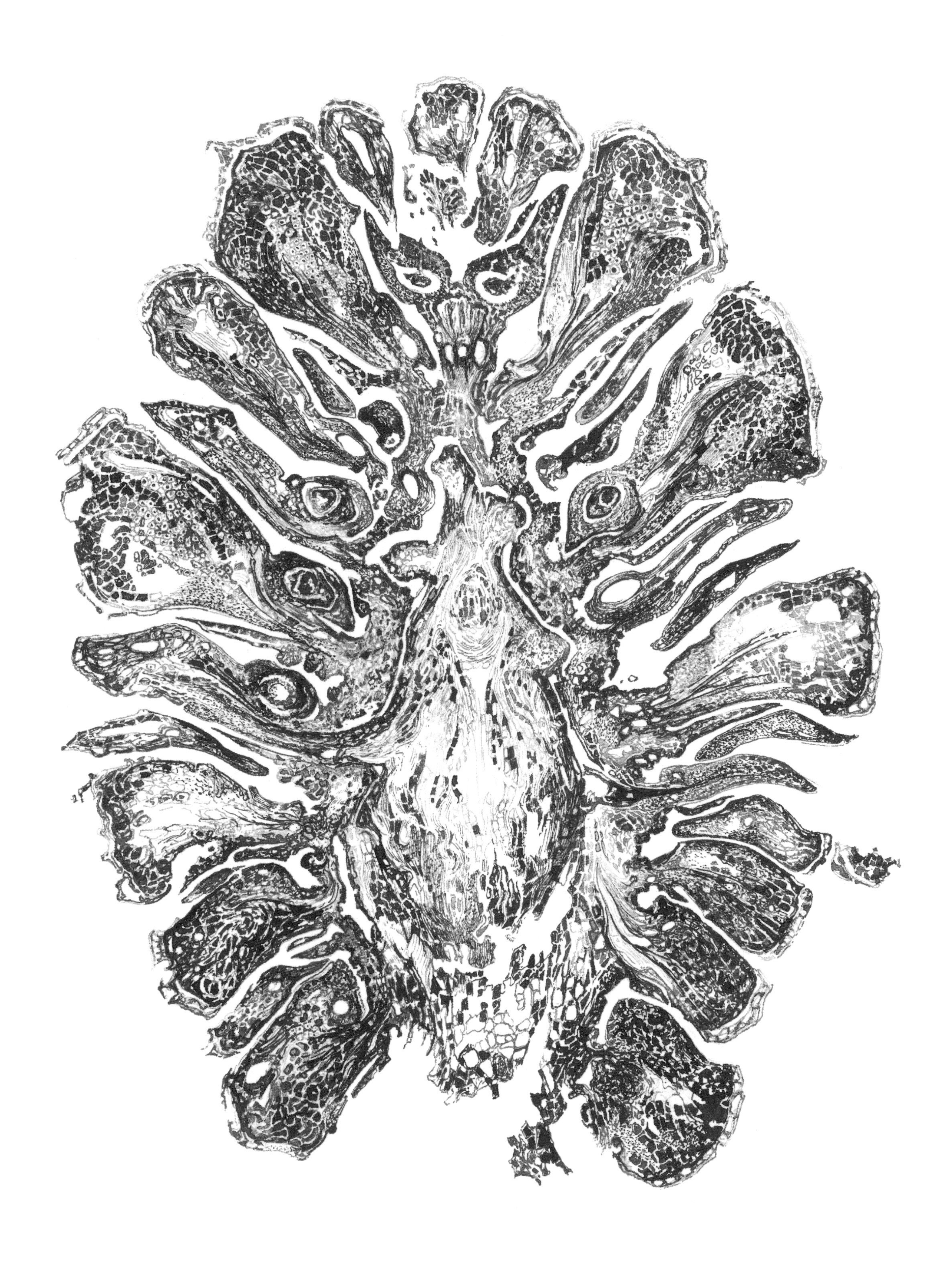

第三章

树木

因为我发现植物学家的意见并不一致……［J. E.］

伊夫林的《森林志》尤为重视橡树，这反映了橡树对17世纪英国经济的重要意义，尤其是作为造船的主要材料。他专注于造林，坚定地致力于培育优质苗木，提高林地生产力，从而满足英国工业的需要。尽管如此，他仍非常清楚地看到许多树木在乡下和城市景观中的重要性，并在书中写到了树篱、法式花园和城市街道内的树木。他意识到它们的生态价值，颂扬树木为鸟类和哺乳动物提供的栖息地，并经常谈及树木的文化价值——无论是体现在食物、药物，还是精神层面。

伊夫林把乡村贵族的经验与古代哲学家的智慧融合起来，创造了他自己的实用理论：

……虽然它们（橡树）能够在潮湿的土地上生长，但是，它们通常更喜欢健康、肥沃、深厚，并且能迅速长霉的松软沃土，而不是过湿和过冷，地势略微上升的土壤。只有前者才能生产出最坚硬的木材：尽管培根阁下更喜欢用那些生长在更潮湿土地上的树木制造船只，因为它们最坚韧，并且不易产生裂缝。但是，让我们听听普林尼的说法。“这是一个普遍的规律，”他说，“无论在山上还是在溪谷，不管什么树木都能存活下来，长得更高，但在地势较低的地方传播得更充分。只是生长在山上的树木——除了苹果树和梨树外——木材品质更佳，拥有更细腻的纹理。”［J. E.］

《新森林志》中出现的树木，被收录的部分原因在于它们出现在伊夫林的原作中。不过，本书也增添了许多在17世纪的英国尚不为人知的新物种，还有一些由于社会优先权的变化而变得更加突出。伊夫林编写《森林志》的时候，各个知识领域正处在一个发现和启蒙的伟大时代的开端，其中包括植物学发现和地理学探索。在他一生，以及随后一个世纪的时间里，世界各地发现了大量的新树种，特别是在北美发现的花旗松和巨云杉等。后来，这些树种在英国变得非常普遍，在林业方面也显示出重要性。

除此之外的选择覆盖了在现代英国的森林、果园、乡村和城市树林景观中，具有经济或文化重要性的大部分树种。令人遗憾的是，一些曾经非常重要的树木到了21世纪已失去其价值。以榆树为例，它就被一种对伊夫林而言难以想象的病害所影响。还有一些树种，它们的产品在伊夫林的时代具有多种用途，如今却不再如此，尽管这些树仍然在景观、生态或环境保护方面发挥重要作用。

对于一些物种的名称和属中列出的物种数量，其不确定性和由此导致的分歧已经存在了几个世纪。对树种及其木材所采用的不同或令人混淆的相似常用名，都进一步造成了词源的困扰。一个物种可能在北美被称为雪松，而到了英国则被称为柏树；红雪松实际上是柏树家族的成员；红杉木材并非来自巨型红豆杉，而是松树；存在着雪松和真雪松，冷杉和真冷杉，诸如此类。

18 世纪，根据卡尔·林奈开发的双名法命名系统（binomial nomenclature system），所有树种都得到了科学命名。尽管这些名称常用其他语言书写，尤其是希腊语，但均遵循拉丁语的语法规则。它们由属名和后面的种名称组成，都以斜体显示。科学家通过引入命名人来对名称加以限定。植物学界命名人姓名的标准体系采用缩写（例如，L. 代表 Linnaeus），如果一个有效名称被移动到一个新的属中，那么括号内的名字代表第一个将其发表的命名人。为了提高本书的可读性，命名人均被排除在正文之外，在第 366—368 页可以查阅完整的命名人清单。

伊夫林按照每个树种对 17 世纪英国的重要性安排论述，即从橡树开始。本书则按照最新的分类学顺序，依次详述 44“组”树种。通常对一个族群中存在的物种数量只能进行估算，随着我们在树木遗传学研究方面的不断进步，这些数量势必在将来会发生变化。本书首先讲到的是针叶树：松科（冷杉、雪松、落叶松、云杉、松树、花旗松和铁杉）、红豆杉科（红豆杉）和柏科（杜松、红杉和红雪松）。它们的分类遵循 Aljos Farjon 的《世界针叶树名录和参考书目》（*World Checklist and Bibliography of Conifers*），以及在线的裸子植物数据库。

接下来，本书将根据开花植物的被子植物种系发生学组 III 系统（APG III）介绍阔叶树。这个系统源自 20 多年来，科学家们对世界范围内所有开花植物的 DNA 进行详细分析的综合结果。科的命名主要依据克莱夫·斯泰斯（Clive Stace）的《不列颠群岛新植物群》（*New Flora of the British Isles*），不过，在适当的地方使用的是最新的分类法：悬铃木科（悬铃木）、黄杨科（锦熟黄杨）、卫矛科（欧洲卫矛）、杨柳科（白杨和垂柳）、豆科（刺槐）、蔷薇科（包含山楂、榅桲、苹果、欧楂、樱桃、黑刺李、欧洲李、梨、花楸、白花楸和美洲花楸在内的一个大群体）、鼠李科（鼠李）、榆科（榆树）、桑科（桑树）、壳斗科（欧洲栗、欧洲水青冈、橡树）、桦木科（桤木、桦树、鹅耳枥、欧榛）、胡桃科（胡桃）、锦葵科（椴树）、无患子科（槭树、欧洲七叶树）、山茱萸科（欧洲红瑞木）、木樨科（梣树）、冬青科（欧洲枸骨）和五福花科（接骨木、欧洲荚蒾、绵毛荚蒾）。

随后的部分首先会介绍各组树木的生物学、分布和生长环境，旨在消除关于它们的命名及与其他树种之间关系的混淆。然后是它们的造林学或园艺学，涉及种子的收集和新一代的繁殖，树种的种植和养护，以及长期的管理要求和收获。它们的木材和其他材料的品质和用途，以及具体的害虫、病害和其他具有威胁的问题也在讨论之列。最后，本书还会根据社会和环境条件的变化对每个树种的未来进行一番考量。

值得注意的是，伊夫林的许多造林知识至今仍然适用。他的散文节选提示，我们可能已经失去了一些他曾如此雄辩而热切地渴望传授的智慧。将其纳入书中，也赞美了在现代造林科学和实践的背景下已经取得的成就。

冷杉

—

科：松科
属：冷杉属

对于这种树木大量，甚至堪称普遍的使用，海陆双方都会为自己加以辩护……［J. E.］

冷杉是英国数量最大的树种之一，但流行的小型圣诞树可能是它更为人熟知的形式。1875年，被种植在阿盖尔的阿德金拉斯森林公园的那棵北美冷杉［大冷杉（*Abies grandis*）］曾一度是英国最高的树木，高度超过了64米。北美冷杉由树木猎人戴维·道格拉斯于1831年从北美引入英国，如今已成为英国最高产的林业物种之一。北美冷杉是三大冷杉之一，在英国森林中地位显著。"冷杉"这个命名使它们有别于黄杉属（花旗松）的其他树木，包括北美太平洋沿岸的本土物种壮丽冷杉（*A. procera*），以及在1603年被引入英国的欧洲冷杉（*A. alba*）等。

生物学、分布和生长环境

现代分类学之父卡尔·林奈将所有的冷杉、松和云杉归类为同一属：松属（*Pinus*）。一个世纪以前，在伊夫林的笔下有两种主要类型的冷杉：他认为雄性的是云杉属（*Picea*，我们今天用来描述云杉），雌性的是银杉。在遗传分析的帮助下，最新的分类学描述了松科下的几个属，包括冷杉属、雪松属、落叶松属、云杉属、松属、黄杉属和铁杉属。

冷杉属有49个物种。这些雌雄同株的常绿树木具有非常统一的结构：一根直立的主干和螺旋状规则排列的侧枝。通常情况下，它们每年生长一个顶芽和两个侧芽，这使它们每年都能形成一个螺旋状侧枝。因此，计算主干上的侧枝数量成为估算冷杉属树龄行之有效的方法。

欧洲冷杉是欧洲本土物种。它广泛地生长于中欧、东欧和南欧的山脉，在法国的汝拉山和孚日山脉，以及德国西南部的山林地区尤为常见。这个树种偏爱无污染的高湿度地区，在那里，它们可以免受极端风暴和寒冷的侵袭。尽管在英国各地都可以找到欧洲冷杉的踪迹，但它们在苏格兰的生长情况最好。我们能找到的最大的欧洲冷杉样本，位于阿盖尔阿德金拉斯森林公园那棵破纪录的大冷杉附近，它拥有超过9米的惊人周长。不过，这并不会使锯木厂兴奋，因为它实际上由多个树干组成。这个物种针叶的背面呈白色或银色，从下面看有很强的吸引力。

大冷杉在美国的加利福尼亚州、俄勒冈州、华盛顿州和加拿大的不列颠哥伦比亚省自然形成了两种不同的生态型或变种。高耸的海岸大冷

[1]
[2]
[3]

杉（*Abies grandis* var. *grandis*）是喀斯喀特山脉的主要物种，生长在花旗松旁边，而另一种大冷杉（*A. grandis* var. *idahoensis*）则生长在这些山脉的东部。在英国种植的是前一种，如今已经成为卓越的用材树种。像欧洲冷杉一样，大冷杉对空气污染和春季霜冻耐受性很差，也不喜欢高度暴露的环境。在英国，它在免受这些恶劣条件侵扰，并且远离海岸的地区生长良好。不过，它更喜欢凉爽和潮湿的地方，在年降雨量超过千毫米的环境中长势最好。

相比之下，壮丽冷杉能更好地应付暴露的环境，这使它成为所有针叶树中最抗风的树种之一。另外，它也比其他的冷杉更耐受霜冻，因此可以在几乎没有起伏的高地上生长。壮丽冷杉的自然分布范围与北美太平洋沿岸的大冷杉相似（尽管它的海拔范围更受限制），据说在华盛顿州圣海伦火山附近还有几处分布记录。据记载，最高的冷杉属树木是一棵高达99.06米的壮丽冷杉。在1980年5月18日被火山爆发摧毁之前，它一直生长在哈莫尼瀑布附近。壮丽冷杉在1831年由戴维·道格拉斯引入英国，此后在潮湿凉爽的英国西部边缘蓬勃生长。和其他冷杉属植物一样，它也难以耐受含盐的海洋空气，但比一些针叶树——特别是巨云杉——对水分的要求少。

¶ 造林学

> ……它们都很容易自果核或坚果生长，可以将它们富含种子的球果置于阳光下暴晒，或者拿到火前略微烘烤，又或者浸入温水之中，令其裂口并准备卸下繁重的负担。［J. E.］

冷杉从大约25岁开始产生种子，40岁后达到最大产量，优良种子作物的收获通常存在2～3年的周期。种子在冷杉球果开裂之前收集完毕，然后在3月播种前进行至少6周的分层及冷冻处理。

前文所述的3种冷杉对种植场地有相似的要求。它们喜欢排水良好但潮湿的土壤，不喜欢黏重土和迅速干燥的土壤，如砾石、泥炭和沙子等。在干燥的地方，由于组织脱水，它们可能会出现茎裂或“干旱裂纹”。

> 一棵冷杉，在前六年看起来生长都是停滞的，或者至少没有明显的生长，但是当它彻底扎根后，这种情况就奇迹般地消失不见了。［J. E.］

在苏格兰，欧洲冷杉可长至50米高（在德国和斯洛文尼亚会超过65米），而大冷杉和壮丽冷杉在北美洲的本土栖息地中树高可达70多米。所有冷杉最初的生长都相当缓慢，这很可能阻碍了它们在英国更加广泛的种植。一旦完成定植，它们的根比云杉扎得更深、更稳固，然后便以每年1米的速度开始生长。它们都耐阴，并且具有生长大量侧枝的习性，除非定植时彼此间确立并保持密集的间距。大冷杉是英国最高产的针叶树之一，每公顷每年能够产出超过30立方米的木材。

欧洲冷杉是阿尔卑斯山单树选择系统（single-tree selection system）的重要组成部分。它们保护陡坡不受侵蚀和应对大雪的能力，使其成为山区的理想物种。在中欧的混合森林，如法国中央高原和比利时的阿登高地，欧洲冷杉耐阴的特性完全符合连续覆盖林业（continuous cover forestry）的要求。即使被遮蔽30～40年，它也会在云杉和欧洲水青冈的树冠下再生。它的上层树冠成熟并占据主导地位后，便可以滋养其他树种。在条件适宜的地方，欧洲冷杉的自然再生获得巨大的成功。它的种子在土壤中一直处于休眠状态，直到上方的冠层出现裂隙，让阳光触及森林地表。大冷杉具有相似的耐阴习性，也非常适合连续覆盖林业系统。壮丽冷杉的耐阴性相对较低，因此不太适合这种林业系统。为了实现充分的生长，它需要更多的干预措施提供足够的

大冷杉的雌球果通常生长在树木最顶端的树枝上［1］。成熟后，它们会分解成纸状的薄层［2］，散播带有双翅的种子。木质的核心仍然附着在树枝上，看起来像根刺［3］。图中绘制的标本由哈科特植物园的一位树木研究者采集，为牛津大学所有。

光照。

木材和其他用途

木材贸易中，冷杉软而轻的木材经常与欧洲云杉同名，即白木。它们在英国的名声很不好。

大冷杉是这个国家最多产的树种之一，但它快速生长和容易干裂的特性导致木材品质不高。种植在连续覆盖系统中的大冷杉生长较慢，这可能使木材密度增加并且瑕疵较少。欧洲冷杉用于纸浆生产（欧洲）和建筑物，尽管这种木材在户外耐久性较差，并且难以进行防腐处理。在美国，壮丽冷杉被广泛用于建筑物和细木工业（轻便性曾一度使其成为飞机的重要结构组件）。壮丽冷杉的木材很容易敲进钉子，同时不容易开裂。不过，耐久性和强度较差还是限制了它的普遍使用。

壮丽冷杉的青蓝色叶片令它成为一种颇受欢迎的圣诞树，欧洲冷杉也出于同样的原因在英国被种植。另一种冷杉，即原产于黑海和西高加索地区的高加索冷杉（*Abies nordmanniana*），由于针叶不尖利、不掉落，而且非常浓密，也已经成为非常理想的圣诞树选择。在其原生地，高加索冷杉可以长到 80 米高，成为欧洲最高的树木之一。

欧洲冷杉的球果可用于提取精油，它的针叶也被用于制造“松香味”化妆品和香水。

病虫害

在英国，欧洲冷杉大面积的植树造林受到银杉棉蚜的阻碍。它们首先引起严重的落叶，紧随其后的是顶梢枯死，最终导致树木的死亡。林业学家们正在尝试更好地理解生境条件与树木在蚜虫侵袭中的恢复能力有何关系，因为他们已经观察到有些树木在凉爽和潮湿的地方重新恢复健康。

不过，欧洲冷杉相比大多数针叶树种都更不容易感染多年异担子菌（*Heterobasidion annosum*，该类真菌感染后会引起白腐病），白腐病在英国的许多种植园中引起了严重的根部和干基腐烂。担子菌类真菌先在间伐或皆伐后的树桩上繁殖，然后沿着死掉的根部传播，感染临近活树的树根。

尽管大冷杉比欧洲冷杉更具对棉蚜的抵抗力，但它更容易感染猝死病菌（*Phytophthora ramorum*）。猝死病菌是一种能引起栎树猝死的病原体。但是，这种病只会在靠近感染源生长时发生，例如落叶松和杜鹃花等都是主要的孢子病源。值得一提的是，到目前为止，英国的壮丽冷杉基本没有受到病虫害侵袭的迹象。

展望

冷杉不太可能从英国未来的气候中受益，但是大冷杉可以在连续覆盖林业系统中发挥重要作用。壮丽冷杉可以更多地混种在云杉种植园中，从而创造更大的林分多样性（有利于景观和树木健康）。不过为了追求产量，在育种和选种方面需要努力提高其木材的品质。

一棵健壮的三年生大冷杉籽苗，展现出水平叶片典型的优雅层次。它光滑的叶片有圆形的顶端和一个轻微的中央缺口，沿着叶片背面还有由气孔构成的两条亮白线。这个样本采集自卡马森郡布雷赫法森林公园的陡峭斜坡上。

雪松

—

科：松科
属：雪松属

至于雪松树木的尺寸：我们通过阅读获悉，八到九个人都不能环抱过来……［J. E.］

黎巴嫩雪松新的雌球果在春天呈银绿色，经过秋天变成紫色，越冬成熟后转为棕色，这时它们慢慢分解释放种子。它的叶片在短刺枝条上向上轮生。小的雄球果在秋季出现，会产生花粉（见背面）

自从被引进英国以来，雪松就成为公园和豪华宅邸中庄严宏伟的焦点，它们主要被当作观赏性的树木种植。但是，这种作为特色大乔木的存在可能蒙蔽了我们对其潜在高产性的认识。在它们的原产地，雪松长期以来都因为木材而备受珍视。北非雪松（*Cedrus atlantica*）原产于北非，产出的木材坚固且具有直行纹理，非常易于使用。雪杉（*C. deodara*）是巴基斯坦的国树，因其树脂含量高、在水中具有很强的抗腐蚀性而受到船只和桥梁制造者的青睐。黎巴嫩雪松（*Cedrus libani*）受到古老的腓尼基人、亚述人和埃及人的尊崇，这不仅仅因为其粗糙、质软的木材所具有的建筑品质，还有它的木屑被用作防蛇的威慑物，树胶被用来治疗牙痛。埃及人还从黎巴嫩进口它的树脂，因为这种树脂的抗菌性能防止木乃伊腐败。

生物学、分布和生长环境

许多树木被称为雪松，但实际上其中有许多在分类上属于柏科（柏树），包括北美乔柏和美洲花柏。松科中的雪松物种才被认定为真正的雪松。

雪松属包含4个不同的分类群（根据不同的分类学解释，可能是2～4种）。北非雪松与黎巴嫩雪松、塞浦路斯雪松（*C. brevifolia*）密切相关，其中塞浦路斯雪松是仅生长于塞浦路斯的濒危物种，在本书中不做进一步讨论。第4种是雪杉，也被称为喜马拉雅雪松。

雪松高大、常绿，并且雌雄同株。它们通常在幼树时期呈角锥状，成熟后长出宽阔的树冠。它们或是长着带有成束针叶的短枝，或者长着较长的顶生枝，单针叶呈螺旋状排列于其上。侧枝通常很重，但不呈螺旋状排列。雄球果每年春季都会产生，而雌球果大约在超过40岁树龄以后产生，并且每2～3年才成熟一次。受精之后，最终破裂的雌球果会释放出大且大致呈三角形的种子，每颗种子均带有一个很大的翅。

北非雪松是北非的本土物种，尤其是在摩洛哥和阿尔及利亚的阿特拉斯山脉。那里一年中有3个月为积雪覆盖，夏天却炎热干燥。北非雪松常在海拔1,000到2,000米之间形成单一树种的森林。有时，它们还会与麻栎、杜松和阿尔及利亚冷杉相伴而生。这些森林为濒临灭绝的无尾猕猴提供了栖息地。北非雪松在1827年首次被“发现”，直到1844年才被带到英国。大约在同一时间，北非雪松的灰蓝色种类（粉绿大西洋雪松）作为一种漂亮的观赏性树种被引进到公园和花园。

黎巴嫩雪松经常出现在基督教的圣经中，被视为权力、繁荣和长寿的象征。伊斯兰教也视其为一种神圣的存在。它起源于小亚细亚，但现在自然地生长在黎巴嫩、叙利亚的山脉，向北延伸到土耳其的托罗斯山脉并进入亚美尼亚。在那里的森林，黎巴嫩雪松在其他针叶树物种中占据了很大比例。黎巴嫩雪松的形象还出现在黎巴嫩的国旗上，这反映出它所蕴含的文化意义。由于过度砍伐，黎巴嫩雪松已经相当稀有。据联合国教科文组织世界文化遗产网站 Horsh Arz el-Rab（Forest of the Cedars of God，“上帝的雪松森林”）介绍，如今在森林中只有不到400棵幸存的黎巴嫩雪松，尽管它们曾经一度覆盖整个黎巴嫩山脉。关于第一棵黎巴嫩雪松在英国的种植时间，始终存在一些争议，但肯定是在1664年第1版《森林志》出版之前：“首先开始于利巴诺斯；那些看起来最古老的东西，确实雄伟庄严。”

喜马拉雅雪松原生于印度、尼泊尔和巴基斯坦，延伸到喜马拉雅山西部和兴都库什山脉的南部斜坡。它被印度教徒尊为圣树，以梵文命名为“*devad ru*”（神木），并被视为权力的象征。喜马拉雅雪松与各种各样的物种一起形成了广阔的森林，包括冷杉、杜松、松树和红豆杉，以及各种不同的阔叶木等。它可以长得很高，在出现第一个分枝之前，又直又洁净的树干能长到20米高。不过，在其惯常生长的英国公园或花园环境中，喜马拉雅雪松通常在任何高度都会产生分枝。

造林学

球果的采集需要在它们变成棕色或者开裂之前完成，或者在其成熟之前摘下长有球果的整枝。一旦干燥，球果就会释放种子，因此绝对要避免它们变干。如果必要的话，可以将球果在温水中浸泡48小时来促进鳞片张开。种子的翅可以通过轻轻的摩擦除去，但是翅上的黏性树脂可能会令这一过程变得困难；将种子装在一个麻布袋内摩擦是一种可行的解决方法。种子无须进行预处理就可以发芽。粉绿大西洋雪松一般通过嫁接繁殖，使用从带有粉状物的样本中挑选的枝条。

在英国降雨量大（年降雨量超过1,500毫米）的地区，黎巴嫩雪松和北非雪松都难以蓬勃生长，但是它们能耐受至少-20℃的低温。这两个物种都非常耐旱，在贫瘠或中等营养状况的土壤中生长状况最好。黎巴嫩雪松是需光性的物种，广阔的树冠使在种植园种植它成为一种挑战。

在英国，种植雪松很少出于经济生产率的考虑。19世纪40年代，迪恩森林和新森林曾尝试种植喜马拉雅雪松（该物种于1831年被引入英国），但是它们竞争不过本土阔叶树和其他外来针叶树种，并受到压制。80年后，在牛津郡的巴格莱林场进行的另一项实验中，喜马拉雅雪松在最初的45年里长到了19米高、直径70厘

秋季，黎巴嫩雪松小而柔软的雄球果在短刺枝条上发育，张开后释放细腻的云雾状花粉。[1] 基部带有两枚叶片的紧闭的雄球果生长在短刺枝条上，正准备释放花粉。[2] 耗尽的雄球果从树上掉落。[3] 鳞片脱落后解体的雄球果尖端（没有种子）。

米粗。当它们在20世纪80年代被砍伐时，牛津大学的林业学家彼得·萨维尔博士（Dr Peter Savill）记录道：“（它们）给人留下了非常深刻的印象——高大、笔直，有着修长而洁净的树干。我记得它们产出了一些非常好的锯材。”

木材和其他应用

黎巴嫩雪松的木材轻，呈红棕色。这种木材非常便于加工，但是也很容易变形，极易发生收缩和翘曲。如果树木生长较慢，例如种植在山区，那么木材会更加稳定。在英国，黎巴嫩雪松成就了庄严的林荫大道景观，成为人们的焦点，如伦敦的海格特公墓等。然而，树木培植家对其掉落树枝的习性总是有所担心，因为树枝的掉落通常没有任何警告或明显的原因。鉴于成熟的侧枝可能重达数吨，城市建设中往往需要以金属线加以支撑，从而降低人身和财产可能面临的风险。

北非雪松产出的木材坚固耐用，散发出极具吸引力的芳香气息，被用于一般的建筑用途和家具制造。北非雪松的木材比黎巴嫩雪松更耐用，非常适合户外建筑。

喜马拉雅雪松芳香的木材具有紧密的木纹和长纤维。尽管它的木材以坚固耐久而闻名，尤其在防水方面，但木质硬脆易折，因此不适合用于制造在较小的横截面上需要高强度的物品，例如椅子等。

病虫害

黎巴嫩雪松基本上不受病虫害侵扰，北非雪松则承受着一系列与劳森柏树和杂交柏树类似的问题，包括柏树蚜虫和柏树溃疡病。它也会被根腐病和偶尔的樟疫霉菌（*Phytophthora cinnamomi*）攻击，这在苗圃中可能是致命的。

展望

尽管在它们的自然分布区内，雪松因其木材品质而受到高度重视，可令人惊讶的是，它们在英国并没有被作为商业物种广泛地种植。

如果干旱变得更加普遍，特别是在英国东部和南部比较干燥的地方，黎巴嫩雪松可以找到更大的生长空间。尽管森林学和遗传学研究可以在改善这一性状方面发挥作用，但是其初期的缓慢生长对林业工作者而言依然是一种挑战。

相同的应用潜力也适用于北非雪松，并且鉴于它表现出更强大的生命力，情况就更是如此。在针叶树中，北非雪松在石灰质土壤中蓬勃生长的能力显得格外不同寻常，这可能会使它成为这种土质环境中一个颇具吸引力的选择。法国林业工作者已经对该物种进行了150多年的实验，并在法国南部成功地建立了大规模的种植园。这些树木可能成为在英国进行实验的种源。

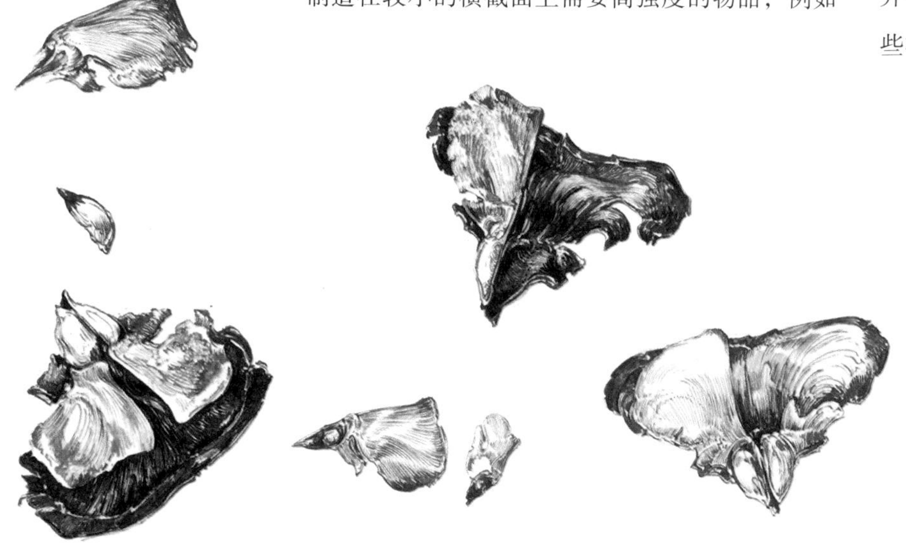

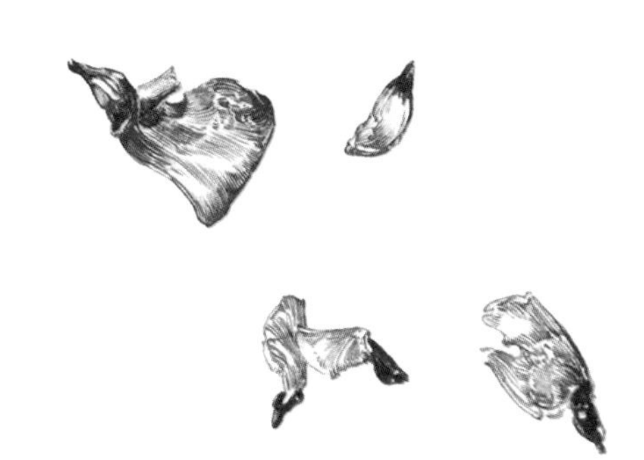

来自黎巴嫩雪松一个解体断球果的木质化鳞片，每个鳞片顶端都有对生的带翅种子，种子被风分离和散播。

日本落叶松的两年生籽苗，长而柔软的灰绿色针叶单独生长在新枝上。在较老的树枝上，针叶在短刺上轮生。

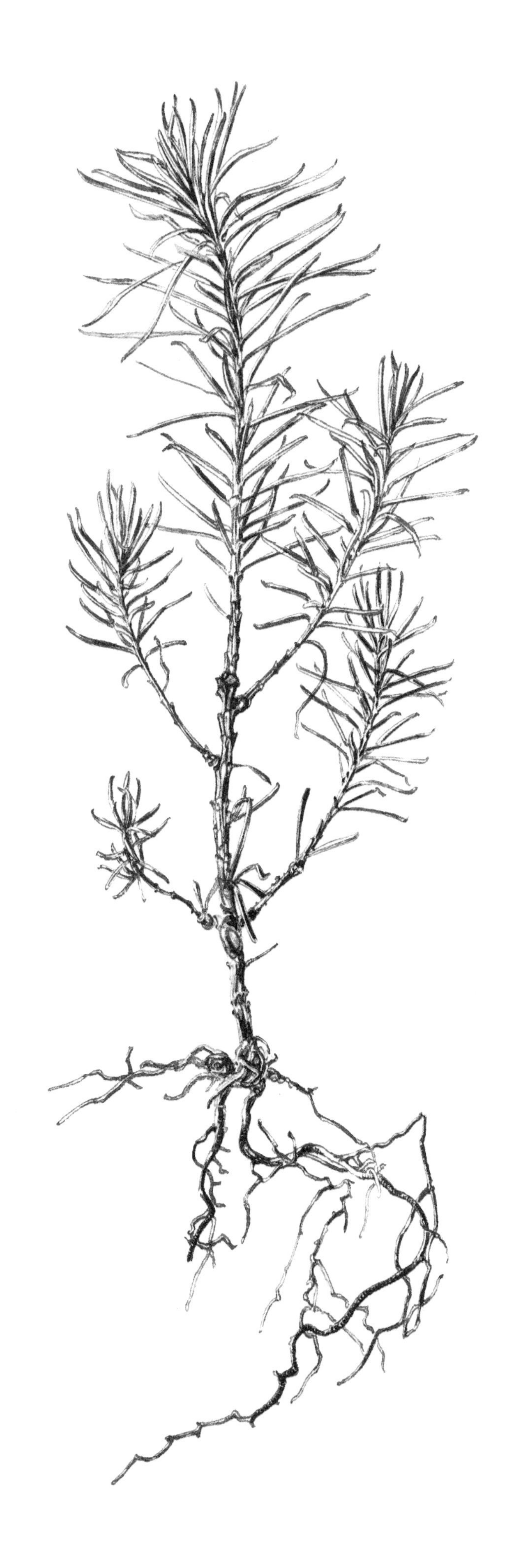

落叶松

—

科：松科
属：落叶松属

老叶片的颜色变化，让我的一个无知园丁把我精心培育出的东西像死物一样彻底铲除了。因此，让这作为一个警告吧……[J. E.]

阿索尔的“种植公爵”（planting dukes）在佩思郡皮特洛里镇北部相当大的庄园内种植了数百万棵针叶树，它们之中的欧洲落叶松（*Larix decidua*）来自1738年从奥地利蒂罗尔州斜坡上收集的树苗。这些落叶树通过公共马车被带回英国，成为接连几代公爵开展大规模种植的种源：据传说，装载落叶松种子的炮弹被发射到难以接近的岩石斜坡上。这些原始树木之一——落叶松之父（Parent Larch），至今仍然存活于邓凯尔德大教堂附近。

生物学、分布和生长环境

欧洲落叶松是欧洲唯一的本土落叶针叶树，与仅产于日本本土的日本落叶松一起，成为英国林业工作者最感兴趣的两种落叶松（总共10种）。第3种，即欧洲落叶松和日本落叶松的杂交树种杂种落叶松（*L. decidua* × *kaempferi*），在英国是一种重要的商业木材物种。它们的球果是用于鉴别的最佳方法。

所有的落叶松都起源于北半球气候凉爽的区域，并且都是落叶乔木。欧洲落叶松广阔的原生范围始自阿尔卑斯山，一路向东延伸至捷克、斯洛伐克、波兰、乌克兰和罗马尼亚的喀尔巴阡山脉。它们在海拔1,000到2,200米之间的高度上生长情况最好，但是会一直分布到林木线。在较低的斜坡上，落叶松经常与欧洲水青冈和欧洲冷杉混生。1629年，草药师约翰·帕金森在《园艺大要》（*Paradisi in Sole Paradisus Terrestris*）中首次记录了落叶松。但在此之前，这种树已经被引入英国，并且埃塞克斯郡的那棵落叶松在1664年被伊夫林描述为“有好身材的一棵树”。

日本落叶松源于日本最大的岛屿——本州岛的长野县，分布在海拔1,200~2,400米的火山上。如今，它不仅在日本广泛种植，成为该国最具经济价值的树种之一，也是最受欢迎的盆景物种之一。1861年，德文郡的一名苗圃主人焦耳·古尔德·维奇（J. Gould Veitch）将其引入英国。第一批植物的长势不佳，有失公允地让它在林业工作者中落得很差的名声。尽管随后采收自日本不同居群的树种很快就改写了记录，但对林业工作者和园丁而言，这还是给他们上了一堂关于种源重要性的实用课程。

在19世纪末，阿索尔公爵的住处，即邓凯尔德庄园附近林荫大道上的11棵日本落叶松的种子被收集起来。另外还有两棵欧洲落叶松也生长在这里。这些种子被人们继续种植，据称到了1904年，长成的幼树非常旺盛，它们的嫩枝颜色比亲本的更淡。就这样，落叶松的杂交种被发现了。

¶ 造林学

从大约33个英国种子站中可以收集到欧洲和日本落叶松的种子，其中有两个注册的种子站旨在培育杂种落叶松。除此之外，林业学家还推荐来自捷克和斯洛伐克的欧洲落叶松种源，最好收集自300～800米的海拔高度。在英国种植时，来自阿尔卑斯山脉的种源似乎更容易受到落叶松溃疡的影响。不幸的是，阿尔卑斯山脉的种源曾经是英国落叶松种植园的共同选择。

当雌球果在早春受精后，迅速成熟的落叶松种子在同年秋季便可收获。树木在20～30岁开始产出种子，到了40～60岁时达到顶峰，并且每3～5年就出现一次种子的高产（大年）。3月播种前，用分层法对种子进行为期3周的预处理将更有利于萌发。

这里讲到的落叶松种类更喜欢排水良好、阳光充足的生长环境。然而，不同于其他适应山地的树木，它们并不需要夏季的高温。相比欧洲落叶松，日本落叶松需要更高的湿度，它们无法在年降雨量小于700毫米的地区生长。尽管欧洲落叶松在形态和生长速度方面都比生长在无遮蔽地区的其他树种面临更大的困难，但是英国所有的落叶松都生长在高海拔地区。另外，欧洲落叶松在沿海地区的生长情况也不乐观，它们对污染的耐受性也很低。落叶松在春季抽芽较早，顶芽和球果可能受到霜冻的损伤。这不仅会损害和削弱生长，而且还可能增加它们对落叶松溃疡的易感性。

在英国，落叶松是一种很受欢迎的造林树，3个树种覆盖了近6%的森林面积。它们都容易栽种，并且可以在广泛的地域范围快速生长，通常比形成竞争的杂草——甚至蕨类植物长得更快。落叶的形态和在秋季的色彩使它们具备了作为景观和美化树种的价值，不过，林业工作者也经常将它们用于防火带（宽阔的树枝或许有助于阻止火势蔓延），并用来伴生阔叶林。3种落叶松在种植园中的形态都是高度多样化的。当涉及间伐的时候，系统方法（参见323页）会因为过于粗糙而不起作用。林地应该进行选择性间伐，

欧洲落叶松小而柔软的黄色雄球果在春天释放花粉，它们生长在紧贴茎的红色鳞片状苞片中。雌球果呈淡粉红色，成熟后变成淡棕色。无论茎呈何种角度，所有的球果都向上生长。大簇的雌球果可能会将冬季的枝条淹没，如图中所示，这是这种落叶树的一个与众不同之处。

这样更有利于获得直立的树干和良好的产量。落叶松的天然或自我整枝情况很好，但也可以通过人工修剪多达树木高度 66.7% 的侧枝，从而大大提高其木材在特定市场中的质量和价值。不过，受限于现代劳动力成本，这种方式如今已经很少被采用。

欧洲落叶松和日本落叶松都不是产量大的树种（不过这被大约 45 年相对较短的循环周期所抵消），欧洲落叶松的年产量通常为每公顷 6～9 立方米，日本落叶松的年产量为每公顷 12～14 立方米。杂种落叶松在活力、直度和年产量等级方面都优于它的亲本。

木材和其他应用

落叶松的木材材质坚韧，能抗冲击，含有树脂并且纹理细腻。红棕色的心材天然耐用，浅黄色的边材则可以用防腐剂进行处理。因此，它适用于户外，例如细木工制品、围栏、大门和船只等。当通过良好的造林修剪使木材没有节疤时，它是制造游艇最受欢迎的选择之一。所谓的"船用落叶松"，必须是从早期便修剪得没有节疤（即高修剪）、木纹细密（生长缓慢），并且拥有大直径（可能至少要够 100 岁）的木材。

温莎大公园内萨维尔大楼那令人惊叹的巨大叶形屋顶，使用的是生长在当地公共林地的落叶松。其中格栅的设计灵感来自贝壳，体现了近期建筑领域对把可持续采购的木材与现代工程技术相融合的兴趣。短且无长度缺陷的落叶松木材采用指形接合形成单梁或板条，在某些情况下可横跨整个 90 米长的屋顶。

病虫害

落叶松易感导致根部和干基腐烂的真菌多年异担子菌，尤其是蜜环菌（*Armillaria mellea*）。落叶松溃疡（*Trichoscyphella willkommii*）是落叶松面临的主要问题；溃疡病可能导致枝干甚至周围的树木畸形，造成顶梢枯死。对日本落叶松威胁最大的是猝死病菌，这种病菌非常易感，感染后树木通常在一年内死亡。2009 年，当病原体从杜鹃花传染到英格兰西南部的日本落叶松后，林业专家都大为震惊。在不到两年的时间内，它已经蔓延到英国的大部分地区——尤其是大西洋西部边缘，还感染了欧洲落叶松。在美国，同样的原因导致橡树突然死亡。在那里，猝死病菌自 2000 年首次被鉴定以来，已经以另一种不同的形式（交配型）杀死了数百万美国原生橡木和密花石柯。到目前为止，尽管杂种落叶松对猝死病菌表现出抗性，但鉴于其亲本的性状，不难预测未来它们也可能被病菌的突变体侵染。

展望

除非通过天然或人工手段在防止疫病方面取得进展，如病害治疗或育种等，否则欧洲落叶松和日本落叶松在英国森林中扮演的角色都会受到限制。

这个美丽优雅的景观树种拥有壮丽的树形、春季柔绿的针叶和秋季金黄的色彩。落叶松作为伴生树种，给其他树木提供了巨大的造林效益，并且其自身也是珍贵木材的生产树种。希望人们能投入更多的精力来确保它们的未来。

云杉

—

科：松科
属：云杉属

……可以用作桅杆等。来自普鲁士和挪威，尤其来自哥德堡和里加的云杉是最好的；除非我们在新英格兰种植园开展更多的贸易，而这将是最可取的方式……［J. E.］

欧洲云杉的雌球果可以长到15厘米长，它们在成熟后变成浅棕色，并且很特殊地呈下垂状，通常见于向上生长的树枝下方。雌球果高高地生长在树冠上，而雄球果则出现在最低的树枝上，从而使自花授粉的概率最小化。这段树枝由格洛斯特郡韦斯顿伯特植物园的一位树木研究者爬到树顶后采集。

云杉是最恶劣的森林环境——北半球的北方森林中王者般的存在。在瑞典的一个遥远地区，一棵有着“世界上最古老的树”（Old Tjikko）称号的欧洲云杉（*Picea abies*）被认为是世界上现存树木中最古老的。它的树干大约600岁，根部却可以追溯到9,550年前。作为构成所谓的“高山矮曲林”的矮化树的一个古老代表，Old Tjikko与华盛顿地区的巨云杉（*P. sitchensis*）形成了鲜明的对比，后者树高近8米，胸径（dbh）超过5米。巨云杉是太平洋海岸带的本土物种，1831年被引进英国。20世纪早期和中期阶段，它是林业委员会和私人森林投资者造林的重要选择。如今，巨云杉作为最普遍的树种，大部分分布在北英格兰、苏格兰和威尔士，覆盖面积达692,000公顷，几乎是松树的2倍。巨云杉木材以强度大和重量轻而著称：1903年，莱特兄弟用它制造出世界上第一架飞机的螺旋桨和机身。

生物学、分布和生长环境

云杉属大约有33个种，彼此之间都非常相似。在松科中，云杉跟松的关系最紧密，但是仍然存在区别。尽管欧洲大陆有2个本土物种，即欧洲云杉和塞尔维亚云杉（*Picea omorika*），英国并没有土生土长的云杉。英国商业性林业中，最重要的两个云杉树种是欧洲云杉和巨云杉。

欧洲云杉自然分布在欧洲主要山脉，向东延伸至巴尔干半岛和俄罗斯，向北远至冻土带边缘。科学家们认为，随着冰盖的消退，欧洲云杉在北方森林中的优势地位已经显著降低了火灾的发生率，并因此在很大程度上对这些森林的生态系统产生了影响。欧洲云杉在16世纪前便已经被引入英国，而且很可能是生长在这里的最坚韧的云杉种类，不仅可以很好地适应大多数气候条件，还能在降雨量超过800毫米的地方茁壮成长。像许多针叶树种一样，欧洲云杉也很难适应海风或城市污染，并且比巨云杉更不适合无遮蔽的环境。

尽管巨云杉的名字得自阿拉斯加的锡特卡岛（更广为人知的名字是巴拉诺夫岛），但它的天然分布范围沿着狭长的太平洋海岸向南延伸，从威廉王子海湾直到2,900千米外的加利福尼亚。巨云杉在内陆生长的最远距离是大约400千米，主要生长在向西的山坡上或河谷中，被几乎永不消散的雾气所笼罩。阿奇博尔德·孟席斯对巨云杉进行过描述，戴维·道格拉斯收集到它的第一颗种子，并写道：“它可能与花旗松一样或者更加重要，因为在表层贫瘠潮湿的土壤中，它具有生长至巨大尺寸的重大优势……毫无疑问，这值得我们进行一番深思熟虑，因为它能够在英国这样一个欧洲赤松都找不到庇护所的地方茁壮成长。它将会成为一个重要并且有用的树种。”

然而，巨云杉在1831年被伦敦园艺学会引进后，由于首先被种植在公园和花园中展示其优雅的枝条，并没有立即引起林业工作者的兴趣。巨云杉杰出的气势和形态很快便使其脱颖而出，林业工作者逐渐开始欣赏它在大多数极端环境下的生长能力，并且似乎鲜有负面影响。

太平洋海岸巨云杉生长最好的两个地区成为英国林业工作者经常出没的地方（阿拉斯加的种源尽管强大，但其生长速度对于在英国进行的生产性种植过于缓慢）：一个是仅在1900年被标记为自然保护区的华盛顿州奥林匹克岛的温带雨林，另一个是不列颠哥伦比亚省海达瓜伊群岛的雾岛，也就是以前的夏洛特皇后岛（那里的树木经常被林业工作者称作“夏洛特皇后岛种源”）。夏洛特皇后岛种源最适合苏格兰高地，出自华盛顿州的种源会被推荐到苏格兰沿海和威尔士，俄勒冈州的种源则更适合康沃尔的一些特定区域和威尔士南部。

造林学

欧洲云杉具有云杉中最令人印象深刻的球果，然而它在英国很少产出有活力的种子。种植在家庭苗圃中的树木种子大多收集自欧洲大陆，并且是最适合英国条件的东欧种源。必须注意免受从英国的树木中收集可育种子的诱惑，因为这些种源容易出现萌发早、生长缓慢、对霜冻敏感等问题。欧洲云杉在5月长出球果，待种子成熟后，可在接下来的秋季进行采收。在开花前，它们的树龄通常已经达到30年，等到树龄超过50

欧洲云杉紧闭的未成熟雌球果，生长在两颗小的雄球果之间。这段枝条采集自树木的一半高度处。

欧洲云杉短暂的淡黄色雄球果密集生长，它们在春天打开释放丰富的花粉。这段枝条采集自树木最低的侧枝。

年后，这些树木便能提供最好的种子。采集的种子可以立即播种，或者储藏到来年的春季再播种。不过，在后一种情况下需要首先对种子进行分层筛选。

巨云杉的繁殖与欧洲云杉非常相似。但是，考虑到物种的经济价值，林业工作者会遵循一套始于1963年的遗传改良程序，进行更加精细的筛选。种植在英国的约1,800棵来自夏洛特皇后岛种源的树木个体（后代），在早期的几十年内展现出优越的特性，特别是在枝干的品质、高度和树干直径的增长等方面。对此，英国政府的科学家们进行了样本采集。20年后，这些超级云杉开始产出收益，比如材积比原始树种可增加多达30%。在接下来的几十年里，改进还在继续，科学家们从最好的树种中通过择优采集，创造出240棵“超+”树木。对产自“超+”树种的木材进行的机械测试显示，种植改良树种（它们的商业价值体现在结构用途方面）的种植园在增加产量的同时，并没有付出损失木材强度的代价。通过对最好的个体进行微体繁殖，许多这样的二代“超+”树种已经被运往市场销售，供新的种植方案使用。如今，商业领域的林业工作者几乎专门种植转基因的巨云杉，甚至不惜花费2倍的价格从苗圃购买苗木。

欧洲云杉偏爱肥沃潮湿甚至涝渍的土壤——灯芯草和其他湿地植物可以为找到适宜环境提供线索。在干燥的石灰质土壤中，树木的顶梢容易枯死，有时候由于缺乏铁元素还会发生萎黄病（缺乏叶绿素）。欧洲云杉在能够扎根的深厚土层中长势极好，但在这些土地上也很容易被风吹倒。欧洲云杉中度耐阴，因此可以被成功地引种到其他树下，并能很好地适应修剪打薄，尽管会因环境影响而延迟生长。在种植后的前1～2年中，它们也会出现生长缓慢的现象。这些特性使欧洲云杉在混交林，特别是与阔叶树混种时，能够起到理想的保护作用。在最初的20多年中，它能与橡树和谐地生长在一起，因为此时两种植物的生长状况十分相似。但是，如果后期缺乏仔

在欧洲云杉雌球果深处的每个鳞片上，带翅的种子于其上部和底部成对生长。它们分离后被风吹散，黑褐色的种子很容易从蜜色的翅上脱落。

细管理，橡树和其他大多数阔叶树种的生长就会受到抑制。欧洲云杉的产量一般是每年每公顷10～13立方米，有时会高达22立方米。

巨云杉在英国西部和北部潮湿的高地中生长情况最好，通常是海拔高达600米遮蔽最佳的地带，那里年降雨量超过1,000毫米。贫乏的种源选择曾一度是春季种植要面临的一大难题，来自其原生地区温暖气候的种源对英国的霜冻天气非常敏感。巨云杉能够适应多种土壤类型，在排水良好的泥炭土上长势最好。但是，它对养分的需求和维护成本都很高，与扭叶松相比这一点尤其明显，因此后者更适合在比较干燥的山地上种植。巨云杉不能很好地自行疏枝，持久不落的枝条组成厚厚的树冠，除非进行修剪，否则会使种植园难以透光。在肥沃土壤生长时，轮生枝的间距可达70厘米，在其他土壤则只有30厘米左右，这样的分枝特性会造成结构强度差的多茎节木材。巨云杉的平均产量是每年每公顷10～14立方米，高产时能达到24立方米。在种植后的前15年，它能够获得与欧洲云杉同样的产量。因此，如果一个地区可以任选一个树种的话，那么显而易见，巨云杉是令产量最大化的选择。

木材和其他用途

两种云杉生产的木材相似，但欧洲云杉密度略小，生长速度决定了它的木材较轻。干燥木材时很难避免发生扭曲和变形，因为其中不含树脂、强度低，并且通常质地粗糙。由于这些原因，云杉的木材更适合被制成纸浆，它的长纤维能产出高质量的纸张和刨花板。云杉的木材还适用于轻型货板，如果进行过防腐处理，还可用作围墙栅栏和外部装饰。如果进行严格分级，云杉的木材适合打造房梁和建筑内部框架，但必须先完成防虫和防腐处理。在这一点上，由于木材不吸收防腐剂，因此实际上很难实现有效的预防。

巨云杉尤其能够产出质量上好的锯材（特别是来自良好管理的“超+”云杉），并且有很高的强度-重量比。挪威战船曾一度从斯堪的纳维亚进口欧洲云杉的完整树干，用其制作桅杆。云杉被广泛地用于早期飞机的机翼和机身，包括第一次世界大战中的“骆驼”战斗机（Sopwith Camel）、SE5a战斗机，以及第二次世界大战中的蚊式轰炸机（Mosquito bomber）。甚至直到今天，巨云杉还被用于滑翔机和风力发电机的桨叶。

在满足3种主要因素的情况下，云杉适合作为结构材料使用：没有扭曲（尺寸的稳定性），弯曲强度高且具有适当的弹性模量（硬度）。结构木材一般被锯成47毫米或者75毫米的厚度，偶尔也会达到250毫米，标准长度为2.4米、3.0米、3.6米、4.2米和4.8米。一旦完成切割，木材会在一个被称为“强度分级”的过程中（在欧洲依据EN14081-1）被根据密度、强度和硬度分类，并且得到一个C值——大多数软木材的C

值范围是C14～C50。建筑师会在设计中对结构木材的C值提出明确的要求。

当欧洲云杉生长缓慢时，它的木材特别容易产生共振，这令它非常适合制作小提琴、中提琴、大提琴和低音提琴顶部和琴体侧边的共鸣板（它们的背面更多由装饰性的槭木制成）。钢琴、竖琴、木吉他的“共鸣板”，以及有些电吉他的箱体也是由欧洲云杉制成的。这两个树种较大的枝干可以被制成赛马的栏架。制作圣诞树时，欧洲云杉也是最受欢迎的树种之一，它的枝条常常被编进花环。

巨云杉的根部柔韧，北美太平洋沿岸的海达（Haida）族人曾经用它们捆绑桦树皮制作独木舟。在寒冷的环境中，云杉可食用的叶片和嫩枝是维生素C的丰富来源。

¶ 病虫害

欧洲云杉是受病害侵扰最少的针叶树种之一。然而，它会受绿色云杉蚜虫感染，这是一种对巨云杉破坏性更大的害虫，会导致巨云杉严重落叶，甚至生长都可能受到抑制。巨云杉也易感蜜环菌（这一点和许多其他树种一样）。与大多数针叶树种相比，云杉尤其容易受到多年异担子菌感染。这种会导致烂根病的真菌是北半球森林中最具经济意义的病原菌之一。

¶ 展望

在20世纪由林业委员会领导推动的伟大造林运动中，巨云杉的优势使它成为许多英国高地从开阔地向森林转变的过程中不幸的主角。许多种植园都已经完成了第一次树种转换，并且正在使用范围更广的混合树种进行重新造林。而其他种植园因在经济层面不具备采伐的可行性，可能会在更长的时间内保持原样，转变成“老龄林”。尽管近期人们对增加英国森林覆盖率的兴趣渐浓，但出于环境和景观方面的考虑，在同样潮湿的高地地区如此大规模地种植巨云杉不太可能再次成为目标。

为了林业生产而在巨云杉的育种上投入的大量精力，可能会降低它的遗传多样性，尽管林业工作者已经努力确保种植材料的变化性。这一点，结合广大地区种植单一物种的实际情况，可能使巨云杉更容易受到新型病虫害的攻击。作为一种可以用于增加阔叶林和针叶树林多样性的物种，欧洲云杉或许会引起人们更多的兴趣，也有望在低地地区更多地种植。

松

—

科：松科
属：松属

在苏格兰高地到处都是有着完美高度的树木……
它们生长在如此难以接近的地方，远离海洋，正如有人曾经说过的，它们似乎是上帝为了培育种子并监督我们的产业而种植的……［J. E.］

一棵两年生的欧洲赤松籽苗。它在冬季抽芽，新芽在主枝顶端被养肥。长而坚硬的叶片成对生长，在基部被微小的苞片结合在一起。雌球果（左侧）已经打开并散播它的种子。

第68—69页：泰赛德兰诺赫的黑森林是古苏格兰松林为数不多的残余之一。它曾一度作为英国的皇家森林，对其进行的大规模木材开采始于17世纪中期。这棵“奶奶级”的松树曾在幼树时期受到损伤，使它在低处长出一簇新芽。它因严重分叉而不能被用于木材生产，这使它活到了很高的树龄。它与附近的年轻树木笔直的树干形成明显的对比，那些树木的主干在生长过程中未受伤害。

英国唯一的本土松树是欧洲赤松（*Pinus sylvestris*），这是一个先驱物种，在公元前8500年左右随着冰盖的后退来到这里。作为苏格兰的象征，欧洲赤松是古苏格兰松林的基石，那是一片曾经覆盖了苏格兰150万公顷的云雨密布之地。如今，松林中栖居着包括松鸡和红松鼠在内的珍稀物种。同时，欧洲赤松高且直的树干也是船桅杆和矿坑支柱的珍贵原材料，300年来的利用令松林面积减少到几千公顷。

20世纪中期，保护现存松林的工作正式启动。与此同时，乡村大面积引进的扭叶松（*P. contorta*）和科西嘉欧洲黑松（*P. nigra* subsp. *salzmannii*）成为战后造林工作的一部分。松树是如今英国第二常见的树木（位居云杉之后），大约占森林组成的17%。然而，它们作为生产性树木的前景正受到严重病害的威胁。在英国，几个相对较新的松树种类在生产性林业种植园中表现出巨大的潜力。但是，除非找到治疗红斑松针枯萎病的有效方法，否则这一潜力都只存在于理论层面。

生物学、分布和生长环境

世界上现存的所有树木中，生长在加利福尼亚的一株长寿松（*Pinus longaeva*）被认为是最古老的。据估计，它的树龄已经超过4,800岁。在温带和亚热带地区分布着大约115种不同的松树，其中有11种是欧洲大陆的本土物种、归化物种，或者普遍种植的种类。

松属十分复杂，属内的物种又分为2个亚属：约60%被归类到松亚属（黄松和硬松类），其余的归类为白松亚属（软松和白松）。松亚属中的种类每2～3根松针成一束，包括扭叶松、欧洲赤松、辐射松（*P. radiata*）和欧洲黑松（*P. nigra*）。欧洲黑松有2个亚种：原亚种（*nigra*，包括奥地利松）和科西嘉欧洲黑松，后者还有3个变种，科西嘉松便是其中之一。白松亚属中令林业感兴趣的树种通常是每4～5根松针成一束，包括马其顿松（*P. peuce*）和北美乔松（*P. strobus*）。

在布朗湖附近，湖和小山之间，它们的数量如此之大，自然倒下、死亡和腐烂的树木相互交叠，竟达到一人多高。它们部分被苔藓覆盖，部分被泥土和杂草（腐烂、覆满并再次生长）掩埋。所有这些形成了一座相当可观的小山，随着时间的推移几乎达到顶峰。这是一个偶然出现的奇迹，我想应该提一下。[J. E.]

欧洲赤松是世界上分布最广的针叶树之一。在英国，它们于大约公元前6,000年达到最大扩张程度，随后在许多地方被橡木、桦树和其他物种所取代。真正的本土古苏格兰松林已经丧失了99%：据估计如今仅余17,882公顷，分布在84个地点。高地的其余部分被称为“潮湿的荒原”。

被尊称为“奶奶级”的松树通常有短而倾斜的树干和扭曲枝条形成的宽大树冠，它们是阴性选择后的遗留物。3个世纪以来的开发管理逐渐剔除了那些不良的树木，筛选出最适宜木材生产的树种。17世纪期间，皇家测量师为海军而做的勘察确定了可以开采松木的地点，尤其是在靠近航道的地方，巨大狭长的海湾为船只进入森林提供了畅通无阻的道路。这是松林首次非本地用材的大规模开采，而且后续势头丝毫没有减弱的迹象。最后几场重大的伐木事件之一发生在第二次世界大战期间，当时加拿大林业公司在兰诺赫的黑森林砍伐了8,000棵树木。

1959年，H. M. 史蒂文（H. M. Steven）和A. 卡莱尔（A. Carlisle）出版了《苏格兰本土松林》（*The Native Pinewoods of Scotland*）一书，这本书改变了人们的森林观，并且突出强调了苏格兰森林的重要性和脆弱性。从此以后，保护工作被认真开展起来，以扩大松林为目标的再造林工作也同时开始进行。这些工作在娱乐、狩猎、景观、旅游和生物多样性方面的价值，如今得到了充分的证明。

健康的古苏格兰松林适合种植欧洲赤松。欧洲赤松可以利用扰动后裸露的矿物土壤，除非生长在限制性的土壤中或基岩上，否则都可以生出强壮的主根。树木在前50年迅速生长，100年后达到最大高度25米。此后它们的直径继续增长，直到胸径长至1米。欧洲赤松属于喜光的物种，因此通常形成均匀的冠层。

古苏格兰松林拥有丰富的生物多样性，并保护了许多具有国际意义的栖息地。曲芒发草（*Deschampsia flexuosa*）和帚石楠（*Calluna vulgaris*）通常与欧洲赤松伴生，此外还有各种不同的树木组合，包括橡木（夏栎和无梗花栎）、桦木（毛桦和垂枝桦）、白杨、花楸和杜松。

在松林中，林奈花（*Linnaea borealis*）是一种罕见而美丽的物种，可以作为长期林地栖息地的可靠指标。哺乳动物种类丰富而且具有标志性，包括“幽谷之王”马鹿（*Cervus elaphus*）、欧亚红松鼠（*Sciurus vulgaris*）和松貂（*Martes martes*）。

鸟类也是多种多样的，通常每种都独一无二，从黄雀（*Carduelis spinus*）和大斑啄木鸟（*Dendrocopos major*），到凤头山雀（*Lophophanes cristatus*）、红交嘴雀（*Loxia curvirostra*）和西方松鸡（*Tetrao urogallus*）等特有种。由于狩猎和栖息地的丧失，它们已于1785—1837年在当地灭绝。许多稀有的无脊椎动物也依赖松林生存，特别是在朽木生境中。另有大约369种地衣在洁净的空气中蓬勃生长。

如今正在进行的工作不仅旨在保护残存的古苏格兰松林，还要通过控制鹿的数量、驱逐某些区域所有的食草动物、利用适当的基因材料种植新的区域等手段，促进松林的自然再生。由不同树龄的树木混生形成平衡的生态系统这一愿景，或许有望确保松林再次成为苏格兰丰富的文化和生物传承的核心。

造林学

在这里提供的造林建议必然会受到下述事实的反驳：除非发现一些针对红斑松针枯萎病的防

←一棵被发现生长在卡马森郡布雷赫法森林公园陡峭斜坡上的两年生马其顿松籽苗。

右下角：来自附近一棵亲本树的成熟雌球果。

治方法，否则并不推荐大多数松树在英国的商业种植。

松树在5月和6月产生球果，种子在第二年的冬季成熟，并于来年的春季释放。通常情况下，大多数种类的松树至少在10岁之前不会产生种子，更常见的情况是在20岁时产生种子，并且往往每隔3～5年有一个种子年。

本章中讲到的3种松树对场地的要求各不相同。欧洲赤松在欧石楠丛生的荒野，以及如砂卵石层等排水良好的土壤中长得最好。快速生长可能会导致树干形态不良，因此土壤肥沃的地点并不适合生产木材。不同于欧洲赤松不能耐受深层而湿润的泥炭土壤，扭叶松在严酷的高原地区蓬勃生长。1853年，这个物种被成功地引入英国。对冬季的严寒、暴晒、空气污染和高盐水平（例如在经过处理的冬季道路旁）的承受能力，使它们能够生长在鲜有其他树木存活的地方，从而在英国20世纪的造林时期被广泛使用。在扭叶松的故乡不列颠哥伦比亚省，它们是野外大火后最先出现的树木之一：球果被树脂密封，需要点燃或加热才能释放种子。

科西嘉欧洲黑松可以在各种类型的土壤中生长，但在白垩地面长势不佳。这是一种适合东安格利亚低地的物种，那里相对较少的冬季降雨和温暖的夏季温度都为它们提供了理想的生长条件。英国最大的低地松树林，位于诺福克-萨福克交界处的塞特福德森林，在第一次世界大战后由林业委员会首次创建时，广泛种植了科西嘉欧洲黑松。

在种植园里，欧洲赤松可以生长到35米高，但在英国鲜少在纯林中生长。如果需要优质无节的木材，就必须修剪去除侧枝。伊夫林主张在修剪后的创口处涂抹牛粪，从而减少树脂的渗出，“忽视这一点让我付出了高昂的代价，它们很容易把树胶流光”。不过，牛粪如今已经不再被推荐用于修剪后的创口。对阔叶树而言——特别是欧洲水青冈，欧洲赤松是很好的伴生种，因为它们不会疯长，并且能够产出各种尺寸的珍贵木

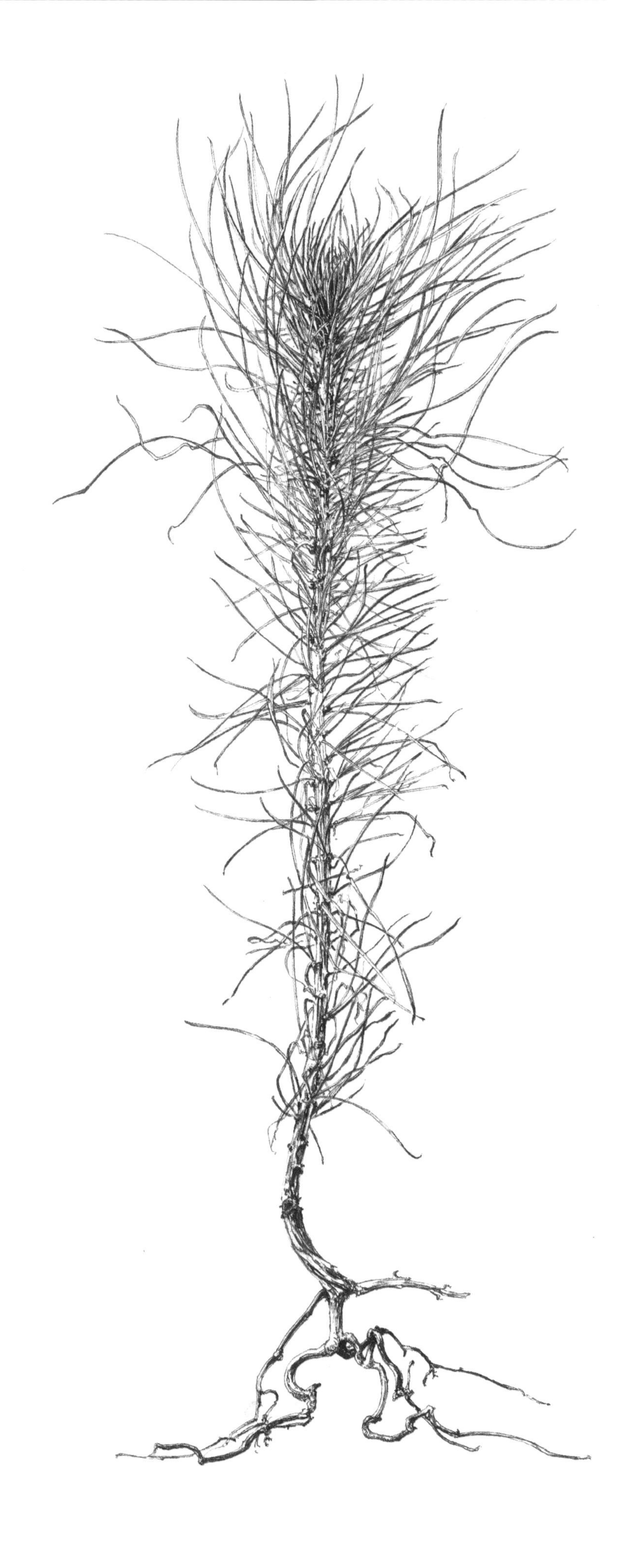

充满活力的两年生辐射松籽苗展示出长而柔软、蓬松参差的针叶。它们呈翠绿色，与顶端淡色的新生叶片形成对比。

材。扭叶松有 3 个不同的亚种，在生长方面差异极大。例如，扭叶松原变种沿着太平洋沿岸，生长在从加利福尼亚州到不列颠哥伦比亚省的各种严酷环境中，包括沼泽地和沙丘。它在北美被称为海岸松，在英国种植时是 3 个亚种中生长最旺盛的，却也是树形最差的。在每个亚种中，都必须对正确的树种来源加以筛选。在英国，来自其天然分布范围（如不列颠哥伦比亚省的斯基纳河）内的扭叶松更具优势，但如果作为伴生物种，来自阿拉斯加生长缓慢的种源则更合适。在高地造林计划中，扭叶松曾经被用作巨云杉的伴生种。尽管巨云杉的生长速度已经得到了很大的提升，但相比之下，扭叶松的生长还是太过旺盛。扭叶松在 20 世纪被广泛种植，种植面积仅次于巨云杉。它的平均产量为每年每公顷 6～10 立方米，最高可达 14～18 立方米。

直到最近，科西嘉欧洲黑松才成为英国低地相当重要的木材生产树种。它们可以长至 40 米高，平均每年每公顷产量约 18 立方米。科西嘉欧洲黑松在贫瘠的沙质土壤中生长良好，到了夏季凉爽的潮湿区域却几乎总会因感染布鲁氏病菌（*Brunchorstia*）而出现顶梢枯死。科西嘉欧洲黑松也很容易受到春季霜冻造成的伤害，裸根幼苗很难成活。它们对干燥敏感，很容易因处理不当而造成重大损失。由于科西嘉欧洲黑松在最初几年生长非常缓慢，因此更推荐在晚春时节进行容器种植，此后严格控制杂草的生长（这样做也可以在局部适当减少霜冻伤害）。考虑到基于环境变化而对英国“气候空间”所做的预测，科西嘉欧洲黑松已经被林业专家宣告为“未来之树”。然而，红斑松针枯萎病的出现几乎在一夜之间改变了这一切。

¶ 木材和其他应用

科西嘉欧洲黑松和欧洲赤松出产的木材十分相似。两者都是很好的木材，呈现出吸引人的黄色或红色，相对轻巧，并且散发出令人愉快的新鲜气味。心材在黑松木材中占有较大的比例，因此防腐剂更难浸入，使它并不适合户外使用。与云杉相比，所有的松木都具有更好的强度，通常被用作电线杆。

在木材交易中，欧洲赤松往往被称为“红木”或“红松材”，是制造家具和细木工制品——如楼梯、门和壁脚板等时颇受欢迎的选择。它还常被用作屋顶龙骨和篱笆柱中的结构木材，也是纸浆的重要组成部分。历史上，它曾被用于制作直接暴露在水里和潮湿区域中的结构，包括坑木、水车和各种船舶部件，其中最引人注意的就是桅杆。

松针和树脂中含有萜烯，这是松节油的组成成分。从树干上得到的树脂可用于清漆、木材防腐剂和蜡，以及各种医疗产品。弦乐家为了提高对琴弦的掌控力而擦到琴弓上的松香是树脂的一种固体形式，通过加热萜烯至汽化后制成。松香也可用于焊接，还是印刷油墨和急救石膏的成分，并被用作口香糖中的食品稳定剂 E915。

> 我相信，如果雇佣一些勤劳的人来从事这项工作，苏格兰的松树、沥青和冷杉可能会为国王陛下产出大量的优质焦油，所以我很惊讶这竟被忽略了这么久……［J. E.］

松树焦油和沥青是英国海洋经济行业的重要材料，两者均通过对松树根和木材进行高热和高压处理生产出来，同时生成副产品木炭。其中焦油被用作船舶锁具的防腐剂，而沥青（通过煮沸焦油制成）作为密封剂被用于木质船体的防水。英国海员被称为 Jack tar，或者 Royal tar，因为他们经常使用焦油（tar）而使手上沾满污渍。他们还将焦油用作外衣的防水材料，甚至为了防止头发缠绕住绳索而在上面涂满焦油。这促成了海军敬礼掌心向内的传统，水手们把因沾着焦油而令人不适的皮肤隐藏起来。焦油是美洲的早期英国殖民地的主要出口商品，特别是北卡罗来纳州。

松树另一个有价值的部分是可食用的松子，最有名的食用方式之一是作为青酱的关键原料。另外，松子还具有很高的营养价值：在最常见的烹饪用种类意大利伞松（*Pinus pinea*）的松子中，内含物的33%是蛋白质。

病虫害

起源自地中海的松异舟蛾（*Thaumetopoea pityocampa*）如今已经在欧洲大陆迅速繁衍起来，而它们最近在巴黎北部的蔓延则加剧了英国对其即将到来的担忧。和它的近亲橡异舟蛾（oak processionary moth）一样，松异舟蛾也是对树木和人类都会造成严重危害的害虫——它的毛虫以松针为食，并且会脱落刺激性的毛，在人群中引发皮疹和其他过敏反应。尽管迄今为止冬季的气温会限制虫害的进一步蔓延，但是英国最南部松树十分常见的地区很有可能成为害虫舒适的栖息地。而且，根据对气候变化的预测，虫害扩散的风险或许还会增加，使松材生产力的经济状况受到严重的影响。

另一种有害的飞蛾，欧洲松毛虫（*Dendrolimus pini*），是欧洲大陆大部分地区的本土物种，但直到21世纪才出现在英国。在过去10年间，苏格兰因弗内斯以西的几个松毛虫群体已经定居下来，这增加了人们对古苏格兰松林会受到潜在影响的担忧。在东欧，松毛虫造成整片松林脱叶，树木几乎停止生长，并且更容易受到其他病原体的侵害。目前，人们认为英国的气候会限制松毛虫可能造成的影响，但变得越发温暖和干燥的环境将有利于它们的扩散。

欧洲松梢小卷蛾（*Rhyacionia buoliana*）是苗圃和新种植区域的害虫。它的幼虫攻击大多数两针和三针松树，对欧洲赤松的危害程度较扭叶松和科西嘉欧洲黑松更甚。五针松具有相对较强的抗虫害能力。

科西嘉欧洲黑松容易出现多年异担子菌感染引起的根部和干基腐烂，以及由枯梢病真菌引起的顶梢枯死和小散斑壳菌属（*Lophodermella*）引起的松针叶病害。但危害最大的是红斑松针枯萎病，或称红斑松针病。这在20世纪90年代后期成为严重病害，如今在英国的松林中感染率很高。红斑松针枯萎病由杜氏针孢菌属（*Dothistroma septosporum*）引起，前文所述的所有3个物种都会受到侵害。这种疾病很少会真正杀死一棵树，但由于针叶过早脱落，年同比的生长量会显著降低，木材产量和生产力也持续下降。一些国家已经采用杀菌剂进行处理，但是英国的对策则聚焦在选择替代性物种来实现再造林方案，并完善对现有林场的管理。2007年，林业委员会宣布暂停在公共森林中种植科西嘉欧洲黑松。欧洲赤松虽然易感，并且苏格兰也存在这种疾病，但目前古苏格兰松林受到的影响尚不明确，正处于密切监测中。

展望

鉴于红斑松针枯萎病对松树造成的严重限制，人们对马其顿松这种唯一对病害表现出一定抗性的物种产生了与日俱增的兴趣。以威尔士为例，马其顿松正在被当作两针松和三针松可行的替代品进行研究，也可能取代巨云杉成为生产性用材。它的木材品质稳定，但强度比欧洲赤松差。作为景观中引人注目的树种，马其顿松在大范围地区内的种植量正稳步增长。

随着气候的变化，其他松树树种或许会在英国的森林中变得越来越重要，尽管逐渐升高的温度也可能会促发如松枯叶蛾等新的病虫害。以高产的辐射松为例，它在英国西南部每年每公顷可生产18～22立方米木材。又如糙果松（*P. muricata*），这是一个蓬勃生长的物种。通常情况下，它的树形对生产性林业而言很不理想，但它独具特色的树皮和叶片使其在公园和花园中显得格外有吸引力。

辐射松成熟的雌性木质球果质地坚实，呈椭圆形，可长至15厘米长。它们向下倾斜，紧贴枝条并排排列成厚厚的环状。球果可以在树上停留长达20年。

花旗松

科：松科
属：黄杉属

花旗松拥有单生在茎周围的常绿叶片。成熟的雌球果薄且呈锥形，可长至9厘米长。从每个圆形鳞片下方伸出独特的三叉苞片。

花旗松是世界上品质最优良、最有价值的软木之一，其致密的木材在建筑的承重应用方面受到高度追捧。1792年，皇家海军舰艇“探索号”（HMS *Discovery*）上的博物学家（后来成为外科医生）阿奇博尔德·孟席斯在温哥华岛的诺特卡海湾发现了花旗松。在对其木材进行开发利用之前，发现于不列颠哥伦比亚省和北美西北部沿岸的古老森林中的花旗松标本，是世界上最高的针叶树，据说高度至少有120米（如今，这项纪录由北美红杉保持）。在英国，它们始终是最高的树木之一，通常树高可达60米。其中最高的是生长在佩思郡隐士住处的两棵，而位于邓凯尔德大教堂附近的花旗松有达到7米的冠军周长。

¶ 生物学、分布和生长环境

黄杉属（*Pseudotsuga*，意为“假铁杉”）中有6种或7种花旗松，其中3种是北美本土物种，包括花旗松。自从被发现以来，该物种就有大量学名，这种情况被植物学家描述为“命名泥潭”。其他美洲种类还有大果黄杉（*P. macrocarpa*）——在其原生范围内被混淆地称为大果云杉以及墨西哥花旗松，可能是被当作黄杉的亚种。目前识别出来的其他种类，包括日本黄杉（*P. japonica*）、黄杉（*P. sinensis*）和短叶黄杉（*P. sinensis* var. *brevifolia*）等，都是亚洲本土物种，很少在欧洲种植。

花旗松的两个变种生长在广阔的自然范围内，从新墨西哥州和得克萨斯州向北延伸到华盛顿州、俄勒冈州、科罗拉多州、不列颠哥伦比亚省和艾伯塔省。海滨黄杉（*Pseudotsuga menziesii* var. *menziesii*）出现在不列颠哥伦比亚省南部超过2,200千米的地方，然后与一个内部变种在遗传和生理上均发生融合，即沿着落基山脉向南延伸到亚利桑那州和新墨西哥州的落基山花旗松（*P. menziesii* var. *glauca*）。这样一来，它又重新与墨西哥花旗松融合到一起。

1824年，戴维·道格拉斯从华盛顿州的哥伦比亚河下游收获了第一批花旗松种子，这批种子在1827年运抵英国。如今，海滨黄杉已经成为在英国种植花旗松时颇受偏爱的种类。但是，英国境内海洋性气候的区域仍采用华盛顿州沿海低海拔地区的种源，而英国东部更干燥的地区则适合选择来自喀斯喀特山脉以南的种源。

在19世纪，所谓的森林木材估价员——无论是个人还是公司，都在不列颠哥伦比亚省、华盛顿州和其他州寻找有望得到良好木材的大片土地。他们罗列的清单往往十分粗略。胸径小于

24英寸（61厘米）的小树因被视为不可用的物种而被排除在外，如铁杉和冷杉等。对私人投资者来说，花旗松是最高的奖赏，并且政府对广阔森林地区的估价和销售几乎没有控制。根据皇家委员会的一份报告，直到1912年，一项森林法案在不列颠哥伦比亚省生效之前，对花旗松的采伐已经持续了近90年。尽管在温哥华岛麦克米伦省立公园里有一片神殿林，其中有些花旗松的树龄至少有800岁，周长可达9米，但太平洋沿岸的花旗松原始林已经非常稀有。

在英国，花旗松已被广泛种植，大约占森林面积的2%。其中大多数生长在英格兰的西南部，覆盖了那里25%的森林面积。

¶ 造林学

花旗松在4月份产生雄球果。到了9月，此前一直被保护在雌球果中的种子成熟。这些雌球果有3片与众不同的超长苞片，延伸至整体之外。在一则美洲原住民神话中，这种形态被演绎为森林火灾期间，隐藏在球果内小鼠的尾巴和两条小腿。在球果变成浅棕色时，最适宜开始收集种子。尽管这些树在30年树龄后就会结种子，但要到50岁以后才产出最好的种子。显而易见，此时大多数商业种植园已经将树木砍伐，所以必须专门保留生产种子的树木。在用冷冻或分层法进行过至少3周的预处理后，收获的种子可以在3月下旬播种。

这些物种的种植区域范围很广，但是更加湿润的环境可以促进它们更好地生长。因此，英国的西部边缘地区非常有利，特别是英格兰西南部和威尔士地区。花旗松不喜欢日照强烈的环境和石灰质或水涝的土壤，它还是最不耐受洪水和空气污染的英国树木之一，对晚春的霜冻和-10℃以下的持续寒冷期也非常敏感。它们生长在避风山谷（避免出现霜洼）中下部的肥沃土壤上，是英国最有生产力的树木之一，能够产出极具价值的木材。

花旗松是一个深根系的物种，在生长期的前6年里，根系可以长到1.35米。因此在建立新的种植园时，一些耕作是有益的。花旗松可能是最难移植的针叶树种之一，尤其是它的主根很容易在处理时受伤，并且根部在冷藏期间容易失水。在最初的2～3年里，杂草管理至关重要。但是此后，如果它们能迅速压制杂草和其他竞争对手，就能实现快速生长，拥有浓密的树荫。在英国，自然再生通常不足以作为在现有林场中促生新世代的唯一手段。其中既有一部分是因为气候，也有亲本树木在相当年轻的时期就被砍伐的原因。如果树木的砍伐时间被推迟，那么良好的自然再生很可能得到促进。

在美国，人们发现接种菌根真菌有利于树木的移栽成活，其中具有松露状子实体的葡萄酒色须腹菌（*Rhizopogon vinicolor*）和瑰色须腹菌（*R. villosulus*）与花旗松密切相关。在英国，年轻的树木有容易出现基部弯曲（树干在最初几米的地方从底部弯曲）的倾向。尽管尝试过从北美获取不同种源，但问题并没有得到解决。这表明英国气候固有的某种特质促进了这个缺陷。

花旗松不宜与其他物种混种，因为它的树荫实在太大。虽然它会与落叶松和巨云杉相伴而生，但是它对大多数阔叶树都构成了压倒性的影响。它自身比较耐阴，如果砍伐空间足够或在很薄的树冠下面，都可以引种成活。但是，它的耐阴程度并不足以令其成为一种合适的下层物种。

在英国，花旗松的产量为平均每年每公顷17立方米，在最好的种植区域可达24立方米。收获木材通常是在树木长到50～55岁后，以皆伐的方式进行。

木材和其他用途

花旗松木材的密度——大约每立方米530千克——远高于其他大多数软木，这使它成为大型建筑物重要的结构性木材。它通常被称为“俄勒冈松”，无节且直径超过60厘米的木材特别适合作为承重梁，尽管最新的工程创新可以弥补一些木材缺陷。基于这一特质，为了产出较大比例的成熟木材，种植者会砍伐70年树龄的树木。直径较小的木材拥有与松树和云杉相似的市场，使用范围包括围栏、一般细木工和电线杆等。

花旗松的木材呈浅红棕色或玫瑰色，干燥良好的木材性质稳定且易加工，尺寸方面的稳定性以及抗翘曲性使它成为地板、飞行器和船舶建造的热门选择。当木材没有节疤时，它的均匀性也可以提供迷人的纹路。这种木材唯一的缺点就是敲钉子时容易开裂，并且对防腐剂不亲和，因此不适合户外使用。

在古老的林场，树木密集的树荫可能会迅速导致其下层树枝死亡，但花旗松抗腐烂的能力意味着这些树枝会长期存在。那些凭借这种自然修剪过程形成的无分枝根段原木，可能至少有150岁。鉴于英国花旗松的轮伐期通常远远不到这个年份的一半，在林场进行更多的人工修剪可以进一步提高树木的价值。

干净且具有细密纹理的花旗松可以用于制作优秀的传统箭杆，甚至优于美国罗氏红桧（美国扁柏的木材商品名称）板材制品，后者是最受造箭工匠喜爱的木材。在美国，花旗松是一种非常受欢迎的圣诞树，通常会进行大量修剪以形成圆锥形。

病虫害

花旗松在其原生地是60多种本地昆虫的宿主，其中包括几种危害严重的害虫。在英国，最常见的害虫是黄杉种长尾小蜂（*Megastigmus spermotrophus*）。它们在球果中长至成熟的过程并不可见，却会对结种产生严重的影响。另一种害虫是云杉蚜虫（*Adelges cooleyi*），感染后会降低幼林中树木的活力。

尽管花旗松是数以百计真菌的宿主，但是它表现出惊人的复原能力。它对导致干基腐烂的白腐病具有一定的抗性，却容易感染根腐病，这可能导致根基不稳。另外，它还容易感染橡树猝死病，不过这只在接近其他感染源时才会发生。

展望

在英国的森林里，花旗松已经成为一个产量惊人的高产树种，似乎只有可利用的生长地点这一个限制条件。虽然林业工作人员需要对易干旱土壤保持警惕，但是未来的气候变暖只会进一步促进花旗松的生长和生产力的提高。推进花旗松在混生林中的种植，特别是与其他针叶树的混合种植，在经济和生态方面都大有裨益。对于适合英国的材料继续进行遗传改良，也将是非常有价值的工作。

铁杉

—

科：松科
属：铁杉属

异叶铁杉或许是针叶树中最迷人的树种，这种优雅的树在其枝端和顶梢有独特的下垂。它是太平洋沿岸的本土物种，在19世纪中叶被苏格兰植物学家约翰·杰弗里（曾在爱丁堡皇家植物园工作）带到英国。几年后，约翰·杰弗里神秘失踪，突显了这些彬彬有礼的植物猎人在新世界中展开搜索时面临的危险。异叶铁杉是8种铁杉属植物之一，英文中铁杉属与毒堇（*Conium maculatum*）共用同一个常用名hemlock，但实际上并无关系——“铁杉”的名称源自一家英国植物标本馆中加拿大铁杉（*Tsuga canadensis*）的压制标本与伞形科有毒成员的相似性。

¶ 生物学、分布和生长环境

铁杉属生长在缅甸、中国、日本、加拿大和美国。异叶铁杉自然分布在太平洋沿岸的森林中，从阿拉斯加东南部向南延伸至加利福尼亚的南部，在许多地方成为居主导地位的树种，尤其是在阿拉斯加、不列颠哥伦比亚省和北落基山脉。从海平面到海拔2,000多米的高度，它在土壤排水良好、气候温和潮湿的地方茁壮生长。在这些沿海森林中，异叶铁杉通常与巨云杉伴生，而在更不利于巨云杉的较干燥的气候条件下，它的伴生种则变成花旗松。

1826年，戴维·道格拉斯首次发现异叶铁杉。但是直到1850年，一群富有的英国针叶树爱好者聚集在一起组成俄勒冈州协会（Oregon Association），雇用了他们自己的植物猎人约翰·杰弗里后，异叶铁杉的种子才在1851年通过杰弗里寄回家的一批种子抵达英国。杰弗里再也没有回到爱丁堡。他追随道格拉斯的脚步在太平洋西北地区穿越了1,900千米，先是穿着雪鞋行走或乘坐狗拉的雪橇，然后骑马和步行。他不仅找到许多重要的物种，还发现了一种新的松树——加州黄松（*Pinus jeffreyi*）。但是，随着他的足迹继续向南移动，托运种子的行动逐渐减少并最终停止。1854年，他彻底失去了音信。

在异叶铁杉的自然分布范围内，它可以在抓住机会生长为冠层物种之前，在森林下层存活很长时间，甚至长达几个世纪。目前发现的最古老的样本已经有1,238岁，其生长过程便符合这一模式。它的幼苗在丰富的有机森林落叶层中获得新生，在恶劣的环境中，落叶层经常含有被风吹断的腐烂茎干。与大多数顶级种（指在达到稳定状态的自然系统中茁壮生长的树种）类似，异叶铁杉可以生存在浓密的树荫下。

异叶铁杉两年生的籽苗。这个物种能产生大量可育的种子，并且在低光照条件下有非常好的发芽率，因此在一些地区变成入侵物种。

造林学

异叶铁杉在 4 月产生球果和种子，它们从 9 月开始成熟，一旦雌球果从鲜绿色变成黄色就可以采集了。当它们长至 20 多岁的树龄后，基本上每 3 年就会有一次种子丰产期。和许多针叶树一样，异叶铁杉从 40 岁起开始进入种子生产高峰期。采集到的种子不能储存，因此必须在来年的早春时节播种，并且无须进行预处理。

种源地非常重要，通常情况下，不列颠哥伦比亚省温哥华岛的种子都是推荐种源。沿加拿大和阿拉斯加沿海森林继续向北，那里的种源在树干上多有沟槽（纵向凹槽和筋），极大地削减了木材的价值。

根据异叶铁杉自然分布范围内的生态学来看，它们在英国降水超过 1,000 毫米的地区，尤其是海洋性气候的西部长势极佳。虽然在内陆和东部，花旗松是更高产的树种选择，但是异叶铁杉在更干燥的地区也能生长。异叶铁杉在湿润、深层、肥沃和透气性良好的土壤中茁壮生长，不喜欢沙质土壤和黏质土壤。种植在这两种土壤中时，它们在干旱期间可能会出现顶梢干枯的情况。相比其他许多针叶树，异叶铁杉对霜冻、干旱和污染更敏感，偶尔会在主干顶芽受损后重新生长，但这会导致产生多个分叉，对木材生产十分不利。尽管它是浅根系物种，却能抵抗强风，这可能是因为其分支和上部树冠的柔韧性。然而，这样浅的根，连同薄薄的树皮，都令异叶铁杉对森林火灾（和收割设备）造成的损伤特别敏感。

异叶铁杉可能是在英国种植的生产性针叶树中最耐阴的一种，相比开放空间，在树荫下移栽更容易成活。它是连续覆盖系统中的理想物种，特别是在同龄林分的转换期，并且能够在英国的气候条件下大量再生。异叶铁杉也是阔叶树种优秀的伴生物种。它们是英国林业宝库中最多产的针叶树之一，比北美冷杉更适合生长在低地——那里对后者而言过于干燥，也比巨云杉在干燥的旱地土壤上长得更好。

异叶铁杉精致的下垂枝。扁平无光泽的绿色叶片有钝尖。[1]从茎秆上的杯状苞片中伸出微小的雄球果。[2]小的雌球果像铃铛般悬挂，并在秋天散播它们的种子。

木材和其他应用

异叶铁杉灰白且不含树脂的木材有细而直的纹理。就木材性质而言，它的排名通常位于云杉和花旗松之间。在北美洲，它一般被作为铁冷杉的木材销售。木材新鲜的时候含水量高，为了避免翘曲和扭曲，必须缓慢地晾干。一旦干燥，它就成为一种对内部结构和细木工极具吸引力的木材（比云杉更重要）。但是在强度方面的相对不足（与花旗松相比），限制了它在承重情况下的应用。

尽管异叶铁杉在许多方面都可被视为高品质木材，容易刨平且敲钉子不易开裂，但是强烈的色彩（与一些其他软木相比）和高比例的缺陷茎（由于造林不良）限制了它在英国的普及。它不能用于外部环境，也不耐用，难以有效地用防腐剂处理。在北美，尽管在历史上异叶铁杉曾因树皮富含单宁而备受重视，但它现在主要被用于制作纸浆。美国华盛顿州的原住民奎尔尤特人（Quileute）使用它鞣制皮革，还把它用作颜料和洗涤液。

病虫害

异叶铁杉特别容易受多年异担子菌感染而引起根腐病，不过它似乎对蜜环菌有一定的抵抗力。它的两个近缘物种，自然分布在北美东部大部分地区的卡罗来纳铁杉（*Tsuga caroliniana*）和加拿大铁杉，全部受到铁杉球蚜（*Adelges tsugae*）的严重侵害，这是一种在1924年从亚洲入侵的害虫。

展望

异叶铁杉在英国已经很稳定地扎根生长，在很多高地针叶种植园中都可以看到它的身影。鉴于它拥有强大的再生能力，无论后续的管理实践如何展开，它都有望持续生存下去。只要地点适宜，在单一树龄、单一物种的种植园向连续覆盖林业系统转变的过程中，异叶铁杉很可能会变得越来越重要。

[2]
[1]

最左：红豆杉淡黄色的雄球果在春天大量出现，簇生在雄性树木的茎上。

左侧：红豆杉茎尖出现的一种异常生长或者虫瘿，以健康叶片构成的密集莲座丛的形式出现。它由在叶芽中产卵的紫杉五倍子蝇（*Taxomyia taxi*）引起。

右侧：红豆杉的雌球果，只生长在雌性红豆杉上，具有被称为假种皮的红色肉质结构。每个假种皮内包含一颗种子。鸟类食用假种皮，然后通过它们的粪便散播种子。

红豆杉

—

科：红豆杉科
属：红豆杉属

在冬天，他应该注意到在萨里最高的山上覆盖着这些树木构成的整片森林……或许，这一点都不会破坏他的想象力，他可以很容易地幻想自己被带到一些新的或被施了魔法的国家……［J. E.］

欧洲红豆杉在英国广泛种植和培育了数千年，对于基督教和异教徒都具有特殊的精神意义。欧洲红豆杉通常生长在教会庭院中，伊夫林认为这是因为它们是极长寿命或不死的象征。但实际上，许多基督教教会都建立在异教徒祭拜的古代遗址上，那些地方到处生长着红豆杉。对此，另一种理论则认为，红豆杉是被故意种植在教堂里的，主要是为了阻止农民牧牛。红豆杉的叶片与其他大部分结构都含有剧毒，这肯定是它们长期与死亡密不可分的因素之一。

生物学、分布和生长环境

红豆杉原生于欧洲、俄罗斯、中国、日本、印度、缅甸、越南、北美、墨西哥、危地马拉和萨尔瓦多。这些雌雄异株的针叶树有 7 个种，其中欧洲红豆杉是唯一的欧洲本土物种。欧洲红豆杉的分布地向东穿越土耳其，一直延伸至伊朗北部，只在东欧强大陆性气候地区、阿尔卑斯山脉和喀尔巴阡山脉最高的山区没有它们的踪迹。欧洲红豆杉（以下简称红豆杉）是英国本土的 3 种针叶树之一，自然生长在浅薄干燥的土壤上，如英格兰南部的白垩丘陵地、英格兰北部的石灰岩，以及沿海悬崖区域。红豆杉一旦开始生长，就会形成以它为主导的林地，虽然在英国偶尔会伴生欧梣、欧洲水青冈和欧洲枸骨。多年生山靛（*Mercurialis perennis*）似乎是少见的能够在红豆杉林地上生存的维管植物之一。

红豆杉的种子通过鸟类广泛传播，其幼苗可以在水涝土壤以外的许多林地作为小众物种出现。它的枝条接触地面后便可以形成不定根，有时比原生树干存活得更长久，成为一种有效的无性繁殖方式。红豆杉的栽培品种有数百种，其中最受欢迎的是爱尔兰红豆杉——‘锥形’欧洲红豆杉（*Taxus baccata* ‘Fastigiata’）。18 世纪末，当地农民乔治·威利斯（George Willis）在北爱尔兰弗马纳郡的山里采集到这种直立（锥形）品种的 2 棵幼苗。他把一棵种在自己的花园里，另一棵给了他在佛罗伦萨法院的房东——这棵红豆杉一直存活至今。作为一棵只能通过扦插繁殖的雌树，它是世界上数百万棵红豆杉的母亲。

红豆杉是生长缓慢且寿命极长的树种。红豆

杉古树的树干——尤其是周长超过 4.5 米的——和大树枝总是很容易腐烂，并且由于它们没有年轮的空心形态而无法精确计算树龄。尽管围绕计算红豆杉树龄的可靠方法仍争论不断，但我们几乎可以肯定，直径超过 4 米的树木至少存活了 2,000 年之久。英国有许多非常古老的树木，其中最古老的两棵是佩思郡的福廷欧红豆杉和康威的兰格尼维红豆杉，树龄至少都有 4,000 年。生长在西苏塞克斯克利威尔国家自然保护区的扭曲的古老红豆杉，是欧洲最具生态意义的红豆杉林之一。

造林学

> 这种英格兰的红豆杉树很容易结出种子，把种子从浆果中洗涤和清理出来，在 12 月选取任意时间埋藏在沙子里，干燥至略微湿润的程度，然后就这样放在室内的容器中保存过冬（在国外则要整个夏天都保存在阴凉的地方），等到春天播种：有些人把它们像山楂似的埋在地里，通常要等第二年的冬天才能看到它们顶着"帽子"微微露头……［J. E.］

繁殖可以通过种子、扦插、嫁接、压条和微体繁殖来实现。这种树长至 70 岁左右才会成熟，它们在春天产生球果，雄性植株的球果体积微小，雌性植株的种子在秋季成熟。雌球果呈现出显眼的红色，像浆果一般，被称为假种皮。它们必须在 11 月被非常小心地收集起来，将果肉碾碎后取出坚硬的种子。这些种子具有强毒性，并且在春天播种前必须先经过至少一年的分层储存。在 1～2℃的条件下，种子可以储存 5 年时间，如果含水量低至 10%，时间或许还可以更长。

红豆杉一般不会被当作用材树种。它可以在许多地方繁茂地生长，但无法在水涝的土壤或霜冻地区生存。它很耐干旱，却对火敏感。对针叶树而言非比寻常的一点，是它对空气污染具有很高的耐受性。

尽管单一种植红豆杉的林场具有可行性，但把它们与其他物种一起混种，在造林和经济方面都更有利。在一种有趣的混交林中，红豆杉和欧洲水青冈、欧洲落叶松混合生长。落叶松能迅速创造林地条件，改善小气候，并且引导欧洲水青冈和红豆杉向上生长。10～15 年后，适用于围栏木材市场的落叶松木材被砍伐，让欧洲水青冈和红豆杉作为长期的下层林木茂盛生长。

在下层林木中有红豆杉的现有林地中，可以通过砍伐上层树木促进红豆杉生长，此举会促使它们成为冠层的主导。然而，如果红豆杉在与其他物种——通常是欧梣和欧洲水青冈——混合生长时被砍伐，并且对这些树种并非同时进行砍伐的话，那么红豆杉将仍会作为下层树种生长。

由于红豆杉的生长速度缓慢，它通常不被视为商业木材生产树种加以考虑，尽管它的木材实际上非常有价值。红豆杉比较矮小，树高通常不超过 25 米，但它们（迟早）会长出在直径上难以被超越的茎。这些短茎上有深深的凹陷，并且布满了嫩条。红豆杉木材的价值正在于这些特征的存在，它们被看作红豆杉罕见之美的源泉。

不同于其他针叶树种，红豆杉能耐受反复修剪，因此无论作为树篱还是进行树木造型都非常受欢迎。除了欧洲水青冈和黄杨外，它一直是正规花园设计中的重要物种。红豆杉也可以进行无性繁殖，但这在任何地方都没有实行。

木材和其他应用

> ……做箱子的艺术家、细木工人、镶嵌者（尤其是镶嵌木地板的）最喜欢选用它。在德国，他们把这种材料的板子用作火炉的护壁板，也用来制作磨坊的齿轮、竖立在潮湿土地的支柱和强调耐久性的车轴，没有其他材料可与之媲美。除此之外，它还可以被制成鲁特琴的主体和希西奥博（一种长颈的

鲁特琴）、保龄球、车轮和滑轮的插脚；当然，也包括单柄大酒杯……［J. E.］

与大多数阔叶树相比，红豆杉的软木材更硬、更重。它的白色边材很容易与色彩丰富的心材进行区分，后者从金棕色到粉色和大红色变化很大，通常具有条纹外观。心材非常耐用，边材却容易受蛀虫侵害。由于红豆杉木材的高密度，将其锯开时的动作必须缓慢。因为复杂的纹理在木材中形成了多维的张力和应力，这些力的作用通常会夹住锯片，或在木材被锯开后引起开裂。一旦干燥后，木材就变得很稳定。和橡木一样，它在潮湿的时候会与钢铁发生反应，导致木材染色。红豆杉木材细腻的纹理使它可以被处理得光滑如镜面一般，令家具、嵌板，以及各种各样的车削和雕刻物品呈现极佳的效果。红豆杉的饰面薄板非常有价值，尤其是在嫩条形成“瘤疤”的部分，如果切割自稀有的红豆杉芒刺部分就更是如此。鉴于锯木工因木屑致病的情况时有发生，木工们应该警惕红豆杉的锯屑，并佩戴合适的防尘口罩。

红豆杉种植园曾经有其成立的专门目的：制造中世纪长弓。在地位低下但经验丰富的英格兰和威尔士弓箭手的操控下，这种战争工具是百年战争期间（1337—1453年）他们在克雷西、普瓦捷和阿金库尔战役中，对阵重装法国骑兵时取得重大胜利的原因所在。种植园尤其需要确保树木有笔直的纹理，并且没有结点和小芒刺（由嫩枝引起）。红豆杉木材经常从欧洲大陆进口，例如在1510年，亨利八世寻到4万根木材，并得到威尼斯总督的进口许可。

1971年发现的玛丽玫瑰号揭示了关于长弓的许多秘密，这艘船自1545年沉没以来，一直躺在索伦特海峡底部。许多2米长的长弓从此重见天日。据计算，这些长弓具有令人难以置信的拉力，76厘米的拉弓长度上的拉力可达84千克，鲜有现代的弓箭手可以拉动这个重量。弓箭由单一的木材制成，内侧使用心材（抗压缩）、背侧使用边材（抗张力），充分利用了红豆杉木材固有的特性。

伊夫林准确地将红豆杉描述为“致命的”植物。除了果肉样的假种皮外，在红豆杉的所有部位都含有毒性物质紫杉碱，其中以叶片毒性最大，尤其是在干燥之后。通常情况下，对成年人而言，50～100克就足以致命。种子的毒性也很强，但依然可以被鸟类传播。而且众所周知，如果未经咀嚼的话，它们可以安全通过人体而不引起任何不良反应。据说假种皮具有甜味，可以起到利尿和通便的作用。

化疗药物紫杉醇由红豆杉修剪下来的枝条制成。它的半合成制造需要活性原材料，为红豆杉的修剪创造了重要的市场。两家英国公司，友谊房地产和莱姆豪斯有限公司，鼓励拥有大量红豆杉和树篱的业主在每年的7～9月提供切条。

病虫害

相对而言，红豆杉很少受到害虫和致病菌的严重侵害。但如果根部受损，可能容易引发真菌感染。樟疫霉菌被认为是最近苏格兰红豆杉种群爆发根腐病的罪魁祸首。

展望

在连续覆盖系统中，红豆杉可以作为一种珍贵的临时物种来增加生物多样性。丰富深厚的文化历史会使它在森林之外的地区持续受到大众的欢迎。

刺柏

—

科：柏科
属：刺柏属

刺柏；如果在这样的巨人之后，我们声称那些不起眼的灌木（在我们身边比比皆是）与最高的雪松有亲缘关系，那就似乎显得不合时宜了……［J. E.］

以带有芳香气味的球果闻名的欧洲刺柏鲜有栽培，尤其是在英国。人们对这种常绿针叶树种的兴趣主要基于各种保护措施，例如使高地种植园边缘和林中空地的物种多样化，以及恢复现有种群的残存部分等。它们在花园中很受欢迎，容易修剪且非常耐寒，就像伊夫林描述的那样："在这样的花园和庭院中对小旋风开放"。

生物学、分布和生长环境

欧洲刺柏是50种刺柏中唯一的英国本土物种，它们的自然分布区域包括北美、欧洲、亚洲和非洲。在全球范围内，欧洲刺柏是所有针叶树种类中分布最广泛的，具有高度的多样性，在英国有时被记录为3个独立的亚种。其中，原亚种（*J. communis* subsp. *communis*）是最大和最广布的种类，矮生亚种（*J. communis* subsp. *nana*）是在英格兰北部、威尔士和苏格兰的山脉中发现的匍匐型种类，半球亚种（*J. communis* subsp. *hemisphaerica*）仅在康沃尔郡和彭布罗克郡的海岸悬崖上存在2个小种群。

这种雌雄异株的针叶树在树高方面变化极大，既有蔓延的灌木，也有10米高的树。在其他柏科树种中，未成熟的针状叶会迅速被紧密排列的典型鳞状成熟叶片取代，欧洲刺柏却无限期地保留其未成熟的叶片，形成有效的针叶屏障。

带须根的两年生刺柏籽苗。短、尖、硬的叶片会造成刺痛，这是可用于鉴别的一个突出特征。

到了春天，黄色的雄球果出现在枝条末端，风媒传粉的雌球果则形成不起眼的鳞片簇。它们成熟后长成浆果样的球果，最初呈绿色，随着成熟逐渐变成深蓝紫色。每个球果通常含有3～5个三角形的黑色种子，被鸟类摄食和传播。

在英国，欧洲刺柏正受到来自过度放牧、竞争树种和缺乏合适生境的威胁。古苏格兰松林中，它通常在大型树木（如欧洲赤松和桦树）出现之前作为过渡物种存在，其多刺的叶片为黑琴鸡（*Tetrao tetrix*）越冬提供了重要的覆盖物。在凯恩戈姆山脉，它生长在林木线的尽头，延伸至高达1,000米的高山荒野地带。在英国更往南的地方，它自然地分布在石灰质和酸性草原、石灰岩地区、碎石坡和悬崖上。欧洲刺柏过去多生长在低地荒野地带，但烧荒和过度放牧已经令它们踪迹全无。

造林学

为了让它长得高大，把它的茎修剪干净；雄性树种是最好的。谨慎地松动树根周围的土壤，这也奇妙地阻止了你的期望，因为在突然之间，它便蔓延到适合一千种优美应用的灌木丛中……［J. E.］

在树龄 7 到 10 岁期间，欧洲刺柏的球果和种子开始产生。在英国南部，种子至少需要 2 年才能成熟，在北方则需要 3 年，到了山上甚至要等上 4 年。由于发育速度缓慢，通常在同一棵树上可以看到正处于不同成熟阶段的球果。那些已经变成黑色的就可以收获了。

种子发芽所需的时间长，并且变化性高。这些种子需要放在腐殖土和沙砾的混合物中经过漫长的分层处理，时间长达 15 个月，并且在最终发芽前需要进行一些加温处理。尽管如此，也只有一部分会绽放生命。如果耐心的园丁愿意给予其他种子足够的时间，它们需要至少 5 年才会发芽。

虽然在良好的生长条件下，这个生长缓慢的物种每年可以生长 28 厘米，但在苏格兰，它们通常每年只长 3～5 厘米。在许多哺乳动物眼中，欧洲刺柏都是美味可口的代名词，所以良好的防护措施（例如安装护栏）至关重要。考虑到这一物种长速缓慢，杂草的控制也很关键。研究表明，如果不清除竞争性杂草，栽植的树苗只有一半可以存活。由于欧洲刺柏不耐阴，所以开放生境最适宜其生长。如果给予足够的光照并进行杂草控制，它能够适应各种不同的土壤条件。

木材和其他应用

……它们保持着单一主干生长，我们可能会看到其中的一些长成可作用材的树木；适合各类稀奇的物件、桌子、橱柜、花格镶板、镶嵌、地板、雕刻等。［J. E.］

刺柏属的一些物种可以生长两种不同形式的叶片：短、尖、匕首样的幼叶，和柔软、有鳞片的成熟叶片。欧洲刺柏终其一生只有一种尖的叶片。雌球果是肉质的，呈淡绿色的球形，成熟后变成深蓝色，表面开出土灰色的花。

刺柏的木材芳香而且色泽金黄，除了最小的尺寸外，很少会被用到。这是一种对于雕刻和车工工艺很有吸引力的木材，在欧洲的一些地方被用于制作烹饪工具。刺柏木及其干燥的叶片有时还被用于烟熏食物。

欧洲刺柏的雌球果，或者说“浆果”，是杜松子酒中的传统调味品。在加拿大、克罗地亚、意大利和美国有一些商业种植园，欧洲的精品酿酒厂和家庭酿酒作坊则以野生种群为原料。传统上，人们用长棍将富含萜烯的球果从树上敲打下来，收集到木制的篮子里。它们也被用于制作一种搭配野味的甜酱：将一小把浆果压碎，与洋葱和葡萄酒混合后慢慢煮熟即可。

伊夫林写道：“除了作为一种还过得去的胡椒，它对于我们疯狂的林业工作者，也承担起世界上最普遍的救护措施之一：吞下浆果，立即缓和风湿疼痛。”传统应用中，刺柏的其他药用用途包括清洁尿道和自然避孕。它们也被用于榨取香水以及（特别是男士用品中的）芳香精油。

病虫害

直到近期，针对欧洲刺柏的主要威胁都是过度放牧。但是在2011年，北奔宁山脉的欧洲刺柏中首次发现南方疫霉（*Phytophthora austrocedrae*）的侵染。这种疫病会给树木带来致命的影响。欧洲刺柏也容易被锈菌珊瑚形胶锈菌（*Gymnosporangium clavariiforme*）、角状胶锈菌（*G. cornutum*）和刺柏枯萎病真菌（*Phomopsis juniperovora*）侵染。

展望

关于气候变化可能对欧洲刺柏产生的影响，人们目前知之甚少。但考虑到它们特殊的发芽要求和缓慢的生长速度，不难想象所有因素都对其不利。结合过度放牧带来的持续影响，以及气候变化甚至可能导致森林火灾风险增加的情况，欧洲刺柏的未来不容乐观。由于缺乏经济价值，它们的生存掌握在环境保护主义者手中。

红杉

—

科：柏科
属：巨杉属、红杉属、水杉属

阿盖尔郡本莫尔植物园内的一条巨杉林荫道。它从1863年开始种植，其中一些树木的高度超过了50米。巨杉的树皮有深凹槽，呈柔软的纤维状，可以发挥防火材料的作用，有温暖的触感。树木群落中的其他针叶树种也在此处生长。

巨杉和北美红杉（*Sequoia sempervirens*）是生长在地球上的最大的植物之一。加利福尼亚红杉国家公园的“舍曼将军”巨杉拥有目前记录到的最大体积——1,473 立方米，树干直径超过 8 米，冠幅相当于 3 辆公交车的长度。据一项活叶生物质的研究估算，一棵巨杉拥有约 28 亿枚叶片，是已知最大的花旗松的 5 倍。在现存的最古老的巨杉中，有许多树高超过 90 米。对已被砍伐的树木进行的树木年代学研究表明，许多树木可以存活超过 3,000 年。

北美红杉没有这么长寿，存活时间很少超过 2,000 年，但它们一直是世界上最高的树种。大多数成熟标本的高度超过了 100 米，并且据目前所知，已有数十棵超过 110 米。

¶ 生物学、分布和生长环境

红杉是独立属种内 3 个物种共享的名称：巨杉（*Sequoiadendron*）、红杉（*Sequoia*）和水杉（*Metasequoia*）。在分类学上它们属于柏科中的同一亚科：红杉亚科（Sequoioideae）。

巨杉只自然生长在大约 70 个林场中，均位于加利福尼亚州内华达山脉的山地森林西坡。在那里，形成相对单一种群的生长习惯促进了它们令人惊叹的高度。1841 年，先驱约翰·比德韦尔（John Bidwell）发现巨杉；1853 年（惠灵顿公爵去世后的第一年，因此这些树木又被称为 wellingtonia），在加利福尼亚州卡拉维拉斯森林收集的第一批种子由法学博士马修（J. D. Matthew）送回英国。但是，在英国生长的大多数原始树木都来自威廉·洛布于同年进行的一次规模更大的采集。

最初，很少有人相信或理解早期植物猎人描述的这些树木的规模，甚至连展览中陈列的厚达 60 厘米的巨大树皮都被视为骗局。这些树木在英国的大型花园里非常受欢迎，并且苏格兰西部的气候似乎尤其适合它们的生长。加利福尼亚州之外最大的巨杉位于阿盖尔的本莫尔植物园（帕克峡谷附近）。它们种植于 1863 年，现在有些已经超过 50 米高。另外一片大型树林位于威尔特郡的朗利特庄园，由巴思侯爵（Marquis of Bath）在 18 世纪 50 年代种植，如今每年都有数以千计的游客前来参观。

与此同时，在 19 世纪末的原生地，伐木公司已经崭露头角，一些小树林几乎被摧毁殆尽，其中包括 3,500 英亩的匡威盆地林场。苏格兰裔环境保护先驱约翰·缪尔（John Muir）领导了一场公众抗议活动，最终促成美国的第二个国家公园（继黄石公园后）——美洲杉国家公园的建立。然而，对原始林的砍伐一直持续到了 20 世纪 20 年代末。这些物种在原生地受到的另一种影响，来自善意的自然资源保护主义者们对天然林火灾的防范。除了最严重的火灾之外，胸径超过 20 厘米的树木几乎不受影响，它们厚厚的树皮保护了形成层。巨杉将从树皮下无数休眠芽中重新生长，它们的冠层也会得到再生，而周围其他种类的树木则或被烧死，或受到严重损伤。因此，火灾有助于维持巨杉在自然景观中的统治地位。目前，林业工作者试图模拟不同强度和持续时间的火情，来确保它们的自然再生。

北美红杉的自然分布区域仅限于美国，从俄勒冈州西南到加利福尼亚州西北部狭窄的海岸范围（距离海洋 60 千米）。在那里，海雾对当地的生态环境至关重要。相应地，北美红杉生长在较低的海拔，通常在 300 米以下，只有极少数达到 1,000 米。巨大的根系仅仅扎进土壤 4 米深，还没有主根，但它们会扩展至四周约 25 米的范围内，与邻近树木的根系交织在一起，形成非常抗风的状态。这个物种难以承受暴露在含盐的海风中，因此在海岸线附近很少见到它们的身影。它们更喜欢有着潮湿淤泥质土壤的庇荫地带。大多数情况下，北美红杉都是单一成林，偶尔也会与劳森柏树或花旗松伴生。后两个物种都试图与它们的巨人同伴展开竞争，因此被促进长到了创纪录的高度。现存最大的北美红杉原始林均分布在加利福尼亚州的几个保护区，特别是大盆地红杉州立公园、洪堡红杉州立公园（包括位于洛克菲勒森林的世界上最大的林场）及红杉国家公园和州立公园。

北美红杉和所有红杉一样，都是雌雄同株的。它们从 15 岁开始产生种子，尽管这些种子很少发芽。当树龄达到 250 岁后，它们的生存能力达到巅峰状态。北美红杉是能够无性繁殖的少数针叶树种之一。在受到自然干扰，特别是发生了火灾之后，它们可以从树皮或芒刺的不定芽处

巨杉木质化的雌球果在硕大而拥挤的簇中大量生长。此处展示的是一根带有两颗雌球果的嫩枝，以及在柔软多叶的嫩枝顶端未发育成熟的雄球果。

下图：每颗种子都有两片短圆的翅，两侧各一片。

再生新的叶片，甚至从根部长出新的无性系繁殖苗（成熟树木的茎被保护在厚实耐火的树皮内，免于受到严重破坏）。这种从茎上生长新芽的能力在生态学上具有重要意义。在成熟的样本上，树冠通常由多棵树组成，在它们的接合处可以容纳大量的水资源。同时，这些茎和树枝还养护了无数的哺乳动物、鸟类、植物、无脊椎动物、真菌、苔藓和地衣——如此丰富的生命形态，实际上，在北美红杉的单一树冠中，便存在着一个完整的生态系统。

1769 年，在一次由西班牙人领导的远征中，欧洲人发现了北美红杉。相关的进一步报告分别来自 1795 年的阿奇博尔德·孟席斯和 1831 年的戴维·道格拉斯。英国的第一批北美红杉可以追溯到 1843 年，一名代表圣彼得堡植物园的收集者将种子送到切尔西的苗圃种植。最早的英国种植园（即一片用材树木的树林，而不是单一的观赏植物）位于威尔士浦附近的莱顿，由 33 棵于 1858 年作为盆栽植物进口的树木构成。其中一些树木现在为皇家林业学会所有，并受其管理，树高已经远远超过 50 米。在这个地方，有一棵被风吹倒的树横陈在林地上，昔日的许多侧枝都已经长成相当可观的“大树”，每一棵都仍然连接在原始的树干上。

被认为仅存在于化石记录——这些化石遍布包括加拿大在内的许多国家——中的第三种红杉，即水杉（*Metasequoia glyptostroboides*），在 1941 年作为一棵活树被一名中国林业工作者“重新发现”。直到植物学家在 1947 年将生物样本与化石记录联系起来之前，这都被认为是一个新的物种。由于它与水松（*Glyptostrobus pensilis*）相似，因此被命名为水杉。水杉是一种落叶性雌雄同株的针叶树，分布在四川省和湖北省之间、海拔高度在 750 到 1,500 米范围内的华中地区。由于受到人类活动的影响，它们的分布范围极其有限且高度分散。水杉属于河滨树种，在自然分布范围内喜欢潮湿的下坡和庇荫的溪谷。在湖北，最大的种群大约有 6,000 棵树，大部分在 20 世纪 50 年代遭到砍伐。此后，人们又在湖南省发现了一个与此无关的种群。尽管水杉的生境仍然面临巨大威胁，但是它们如今已经受到法律保护，砍伐被明令禁止。

在第一个雄球果出现前很多年，年轻的水杉便可以产生雌球果，但在树龄 25 岁之前得到的种子都不能发芽。雄性和雌性球果都出现在早春时节，很可能遭遇霜冻。含有成熟种子的球果呈下垂状，有长达 30 毫米的花梗（短茎），其中小而轻的种子在 12 月前释放完毕。树龄只有 40～60 岁的树木，产生种子的数量大幅减少。

水杉并没有巨人的基因，只能长成 50 米高、胸径约 200 厘米的中等体量。尽管它们表现出令人印象深刻的生长气势，树龄不到 50 年的树木就能达到 30 米高，树干却通常有深槽，木材质脆，并不具备作为商业用材物种的吸引力。尽管如此，水杉在英国仍然是颇受欢迎的美化树种，即使在更干燥的土壤中也可以生长良好，并且由于看起来优雅醒目而特别适合大型花园种植。在世界各地的植物园和公园中，水杉可能和其他非原生栽培的植物一起，在未来的物种保护方面发挥重要作用。

造林学

巨杉每两年产一次种子。不同寻常的是，这些种子会被活的绿色球果保存多年，有时甚至可达几十年。它们的花梗会在生长过程中产生年轮，可被用来确定球果的年龄。种子的释放一般由特殊的应激事件触发，通常是火灾，但有些种子会被零星地释放。在人工繁殖中，人们收集最老的球果，通过长时间加热促使带有小翅的种子被释放出来，例如将球果放在阳光明媚的窗台上。这些种子是不休眠的，可以播种在潮湿的堆肥上面，或许再在上面薄薄覆盖一层它自己的针叶。任何幼苗都容易受干旱影响，但同时也不耐受水涝。

在英国的大型乡村庄园和植物园中，巨杉占

有突出地位，在着眼于生产木材的种植园中却少有种植。造林方面的尝试不得不应对树木早期生长缓慢和需要严格控制杂草的挑战。由于种源非常有限，1989年在格洛斯特郡的韦斯顿伯特植物园和肯特郡的贝奇伯里国家松树园进行的一些种植，后来成为一系列国际实验的一部分。由美国苗圃提供的10棵无性繁殖的“优株”树木，生长速度比选自加利福尼亚州洪堡县的野生种群快得多。这个物种易于繁殖的特性意味着可以非常简单地繁殖所需的基因型，例如选育耐寒或优势品种。

一旦定植，巨杉能够以每年80厘米的速度快速生长，很快就会超过伴生的物种。巨杉属于低要求的树种，虽然下层树枝会因受到自己的遮蔽而死亡，但它们不会自行脱落。如果将木材生产问题也考虑进来，高修枝的规范方法必不可少。红杉种植园的间伐作业或许会刺激树桩或根冠一侧的嫩条，林业工作者想要增加年龄多样性时可以利用这一点。

北美红杉从15岁树龄时起就可以产生种子。然而在英国，雄球果经常因霜冻而受损，因此产生的种子往往难以发芽。北美红杉可以通过取自幼树或者新枝的枝条进行插条繁殖，也可以采取组织培养的方式，后者有更高的成功率。

所有能找到的可育球果都应该在秋季成熟时进行收集，这时，它们的颜色会从绿色变为黄色，或者出现开裂的情况。球果需要在空气中先干燥约一周时间，然后再通过摇晃或滚动取出种子。这些种子是不休眠的，可以立即在潮湿的矿质土壤上播种，然后为幼苗保证高湿度的环境。据报道，北美红杉的种子可以在存储长达10年后仍然具有萌发的活力。

这个物种可以在不易发生霜冻的庇荫场所茁壮生长，偏好中性或微碱性的土壤。像巨杉一样，北美红杉在生长的早期阶段对杂草的竞争很敏感，所以需要仔细照料，但幼树也不喜欢周围的土壤被烈日暴晒。不同于巨杉，北美红杉高度耐阴，因此可以在其他树木的冠层下定植，这种特性解决了幼树不喜欢土壤受太阳炙烤的问题。由于会有下层树枝存留，想要获得产出优质木材的洁净树干，高修剪至关重要。北美红杉无性繁殖的能力意味着它们可以通过修剪助长：在共计种植了51公顷北美红杉的朗利特庄园，这已被证明是一种可行的再生方法——如果萌发的枝条随后能被单独挑选出来的话。

威尔士中部的布雷赫法海拔高度约200米，平均年降雨量为1,700毫米。在那里，北美红杉的种植园比巨云杉生长更快，产量为每年每公顷30立方米。从那里和其他地方得到的观察结果表明，应该少量但经常地对树冠进行疏枝，并且修剪是必不可少的。伐木的经验虽然有限，但足以表明原木在被送到锯木厂切割之前，可以在庇荫的地方保存数月。

木材和其他应用

19世纪，在美国的原生林中砍伐壮丽的巨杉需要耗费史诗般的人力：每棵树都需要由15人组成的小队耗时22天完成砍伐。然而，这也只能产出少量重要部位的木材。脆性纤维质的树干会导致许多树木在砍伐的过程中发生爆裂。工人想方设法防止这种情况发生，包括在挖掘的坑里填满碎屑（来自树枝顶端）来缓冲冲击力等。这些巨型树木的大部分木材都被切割至较短的长度，制成矿柱来支持（字面意义上）当时的淘金热。它们似乎已经被贴上低质木材的标签。然而，最近的造林研究表明，树龄不那么古老的树木很容易被砍伐，而且能够产出高品质、无树脂、高度耐用的木材，即使不作结构之用，仍具有许多潜在用途。

木工们应该意识到，商人们在英国销售的“红木”通常指的是来自芬兰、俄罗斯或瑞典的松木，这个名字可以使它们与云杉的“白木”加以区分。巨杉的木材是极难得到的。

北美红杉的木材以其尺寸的稳定性，和从大红色到浅粉色的不同色彩而闻名。它质轻却坚固，不含树脂（降低了火灾风险），并且经久耐用（特别是心材），因此被广泛应用于北美建筑，包括户外设施。不过作为一种软木，它很容易产生凹痕和开裂，尤其是使用不够锋利的工具处理时。从管理不善的林场产出的原料——特别是那些没有修剪过的，大多存在很多因锯木厂砍伐而产生的节疤。和许多可以无性生殖的树种一样，小枝和嫩枝的出现似乎与产生芒刺的能力有关。当削制板材时，这一特性可以令木材表面呈现迷人的图案。在英国，这种木材在商业上几乎无人知晓。

病虫害

一般情况下，巨杉和北美红杉都能抵抗主要的病虫害，北美红杉在它的原生地只有极少数叶面病原菌。像许多针叶树一样，这两个物种都可能感染多年异担子菌和蜜环菌，引起根腐病，从而导致根或树干断裂。

展望

在英国，巨杉和北美红杉都有很大的潜力成为用材树种。令人惊讶的是，尽管至少100年来，红杉都被视为未来物种，但鲜有林业工作者付诸科学或实际的行动，来开发和利用这一潜力。

凭借其卓越的木材和耐受各种条件（包括耐阴）的能力，北美红杉在英国似乎拥有最大的潜力。鉴于我们的林业实践不断地向混交异龄林的方向发展，例如连续覆盖系统等，期待通过实现更大的物种多样性来应对不断增长的新型害虫和病原体，以及我们可能日益增长的对木质纤维的需求，北美红杉应该能激励任何一位放眼未来的林业工作者。

生长在苗圃内的两年生北美乔柏。扁平的叶片呈蓝灰色，带有甜美的芳香。单片的叶片短且呈鳞片状，但在幼嫩的主枝上明显更长一些。

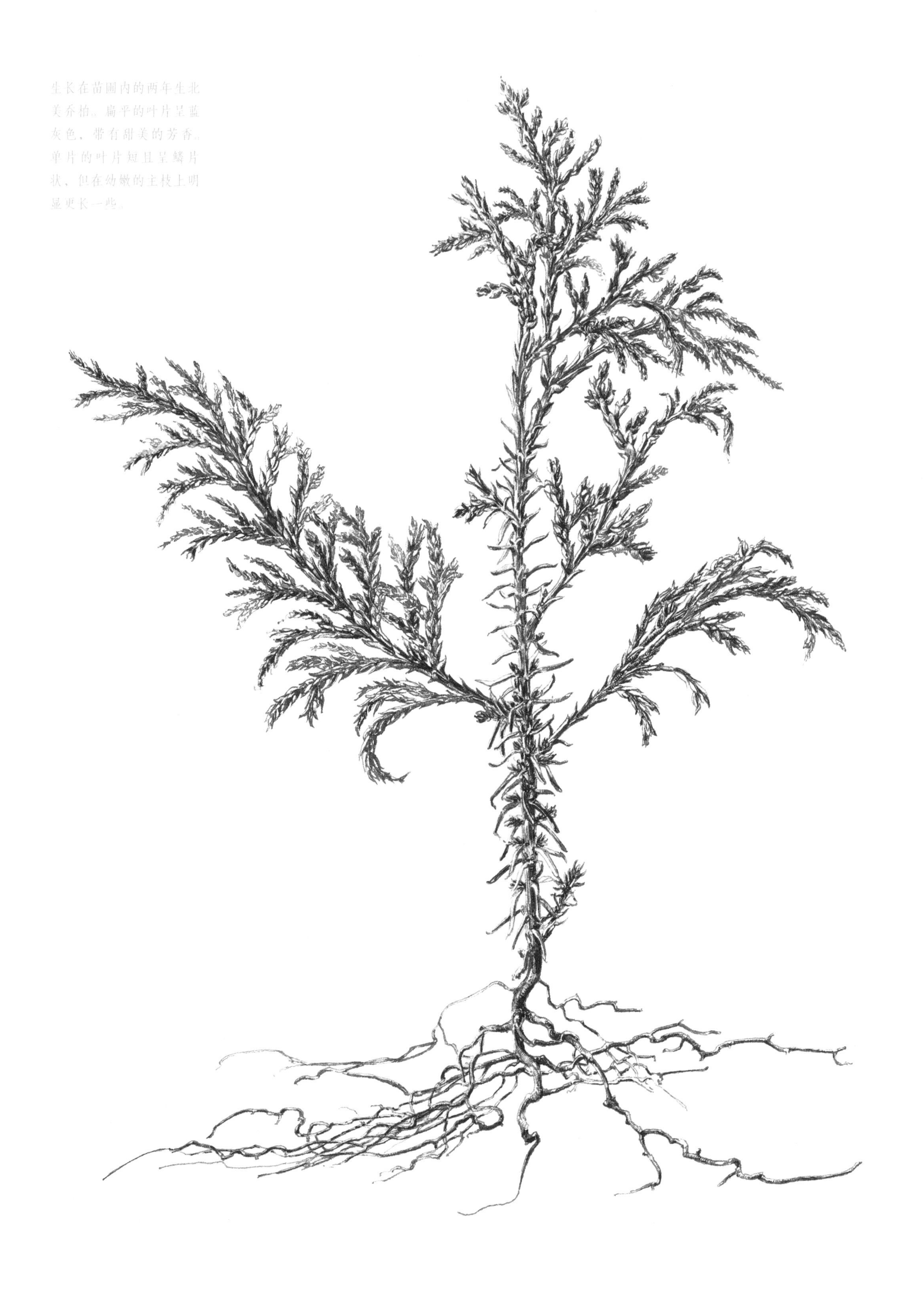

北美乔柏

—

科：柏科
属：崖柏属

北美乔柏，一个巨人中的王者，在其本土北美洲很少单独形成林场。但是，它们巨大而美丽的身姿、逐渐变细的树干和优雅的分枝习性，都令它们不容忽视。作为东北太平洋地区的基础树种，北美乔柏拥有极高的文化价值和现实意义：建造房屋的板材、厨具和船桨，都是用倒下的树木劈开后凿成的；它还能用来雕刻独木舟。它的树皮很容易剥离并切碎，可以用于布料、卫生巾和毛巾的生产。树根则被用来捆绑日常物品。

生物学、分布和生长环境

尽管常用名为红雪松，但它实际上并不是雪松，而是一种柏树。它是崖柏属（*Thuja*）5 种植物中最大的一种，也是在英国林业中唯一有重要意义的。它与日本柳杉无关，尽管后者有时也被称为日本红雪松。北美乔柏自然生长在从海平面到海拔 1,500 米之间的地方，分布范围包括加拿大不列颠哥伦比亚省、艾伯塔省，美国从阿拉斯加和华盛顿州南部到加利福尼亚州，以及沿北纬更靠内陆的蒙大拿州。已知最大的北美乔柏树龄已有 1,000 余年，并且其中许多都发现于温哥华岛的西海岸。在那里，它们的高度超过了 50 米，树干直径近 6 米。

通常与其他针叶树伴生的北美乔柏能够在高降雨量的地区繁荣生长，成为一种重要的经济林业树种，但是为了防止严重的环境破坏，如今已经注意避免从其生长情况最好的潮湿山谷底部进行砍伐。在落基山脉，北美乔柏可能是最多产的树种。在其自然分布范围内，它们给鸟类和哺乳动物提供了庇护场所，熊、浣熊和臭鼬把中空的树干用作自己的洞穴。不过，它们美味的叶片可能由于鹿、麋鹿，以及家牛的啃食而出现严重的脱落。

作为雌雄同株的常绿树种，北美乔柏有着深色且有光泽、呈鳞片状的扁平叶片，它们生长在顶端上翘的水平短枝上。北美乔柏的球果朝树枝末端丛生，向上排布在短花梗上。树干通常从巨大的板状根生长起来，表面附着红色纤维状的树皮。北美乔柏并没有主根，但是形成了丰富的细根网络，在距离主干很远的地方铺展成浅层。

1664 年，当伊夫林写下崖柏属“有锯齿状的叶片，和柏树没有什么不同，只是略微有点扁平”的时候，毋庸置疑，他描述的一定是北美香柏（*Thuja occidentalis*）。1597 年，北美香柏作为杰勒德的英国花园中茁壮生长的树种，也曾被他提到。它的一个变种，“莱茵黄金”北美乔柏（Rheingold），因其金色的叶片和矮小的树形，如今成为一种很受欢迎的花园针叶树种。直到1791年，由西班牙人资助的环球航行在意大利人亚历山德罗·马拉斯皮纳（Alessandro Malaspina）的带领下抵达努特卡湾，北美乔柏才被欧洲人发现。1795年，阿奇博尔德·孟席斯在同一个地点采集了样本。但是，在令人起敬的威廉·洛布着手研究之前，第一批种子始终未被采集。直到1835年，威廉寄回英国的种子才被播种培养。

造林学

北美乔柏大约从树龄20岁起开始产生种子，至少要到40岁时才能达到最高生产率。在开放条件下生长的树木，种子的产量也更丰富。像许多针叶树一样，虽然北美乔柏每年都产生种子，但是每3～4年会出现一个高产期。它在春末产生雄球果，到了第二年秋天，当绿色的雌球果变成黄色，并且在鳞片之间能够看到棕色种子的尖端时，才可以开始采收种子。北美乔柏的种子是“浅休眠”的，应该在4℃的温度下储存6周作为预处理，然后在2月到3月间播种。大部分种子是正常可育的，因此可以期待实现较高的发芽率。北美乔柏能够很容易地通过扦插繁殖，花园中许多观赏品种都是通过这种方法培育的。

种源非常重要，因为有些种源的树木已经表现出过度的树干凹槽和分叉的倾向。尽管还缺乏相关的森林学知识，适合英国的种源可能包括温哥华岛和华盛顿州奥林匹克山北坡上的那些林分。

海拔200米以下的区域最适宜种植北美乔柏，在英国北部甚至要更低一些，超过800毫米的年降雨量比较理想。北美乔柏的最佳生长环境是具有潮湿的——甚至是充满湿气、有时水涝的肥沃土壤的庇荫低地。它对干旱敏感，不喜欢沙质土。不过，如果给予足够的遮蔽，这个树种也能够生长在石灰性土壤上。

北美乔柏通常不会单独种植成林，在与其他针叶树种和阔叶树种混合种植时价值极高。它的树高增加得相对缓慢，树冠比较狭窄，意味着它在一片阔叶树林中——比如欧梣、欧洲水青冈、樱桃、橡树或者胡桃——不仅不占据主导地位，相反还照料了它们。此后，由于高度耐阴的特性，它在其他树木的树冠下很好地生存下来。当北美乔柏单独成林生长的时候，能够产出高质量的木材。和其他耐阴的针叶树种一样，它不会自我修剪，因此有必要制定高修剪的策略。它的产量等级从每年每公顷12立方米到24立方米不等。

木材和其他应用

北美乔柏木材以其耐久性而出名，它的心材呈饱满的红棕色，并在饱经风霜后转变成银灰色。北美乔柏木材含有欧侧柏酚，使它不仅拥有强大的抗真菌和细菌感染能力，也散发浓郁的芳香。直径大的锯材原木具有相当高的价值，不过，直径较小的材料中不耐用的边材比例过高，外部应用价值不大。对于较长的木材，例如可用于制作旗杆和橄榄球杆的长木材，存在小型专业市场，而更短的材料则可以不经处理地用于木栅栏。小型锯材被用于蜂箱、史蒂文森百叶箱（气象）、桑拿设备、花园围栏木板和木棚的制造。轻盈的材质意味着将它用作内挂板很容易安装，此外卓越的保温和隔音特性，再加上吸引人的色彩和纹理，也使其极具适用性。不锈钢或者镀锌嵌固件必须与北美乔柏一起使用，因为它的天然油脂对黑色金属能发挥抗腐蚀的效果。

传统的北美乔柏墙面板和木瓦都砍削自它们容易劈开的木材，在北美很受欢迎。但是，有一部分北美乔柏来自英国的种植园，比美国本土的树木生长速度更快，对市场需求而言，强度和耐久性都较差。产自英国的木材表面总是存在大量的小节疤，不仅令木材难以劈开，并且在进行刨平或者造型处理时可能引起开裂。因此，尽管一些锯木厂开始供应英国生长的木料，但是大部分的北美乔柏木材还是从美国和加拿大进口。

北美乔柏在它的自然分布范围内被赋予崇高的精神意义，人们认为它可以提供能量和疗愈之力，并把它的嫩芽和种子用作药物。在现代，一些木工长时间暴露于心材后，报告出现了急性过敏性皮炎的症状。

在英国，北美乔柏平展的叶片备受花店和花环制造商的喜爱，因为它们能在采集后很长时间内保持绿色。这给以提高木材质量为目的进行的修剪提供了一种可以赢利的副产品。

病虫害

这个物种高度易感蜜环菌和多年异担子菌。柏树蚜虫（*Cinara cupressivora*）引起的叶片褐变会妨碍树木生长，在极端情况下还可能引起顶梢枯死。蚜虫产生的蜜露会促进黑霉菌的滋生，削弱光合作用和树木的生长。

展望

我们应该鼓励英国的林业工作者延长轮作时间，以便长出心材含量更高的粗大树干，这可能会相应地给本土生产的北美乔柏打开新的市场，并增加木材的价值。天然的耐久性使北美乔柏成为那些依赖化学防腐处理的木材极具吸引力的替代品。根据预期的气候变化，这个物种可能会在提高保护性针叶林的多样性方面发挥更为突出的作用。鉴于北美乔柏极度耐阴，它可能会在连续覆盖系统中起到重要作用。

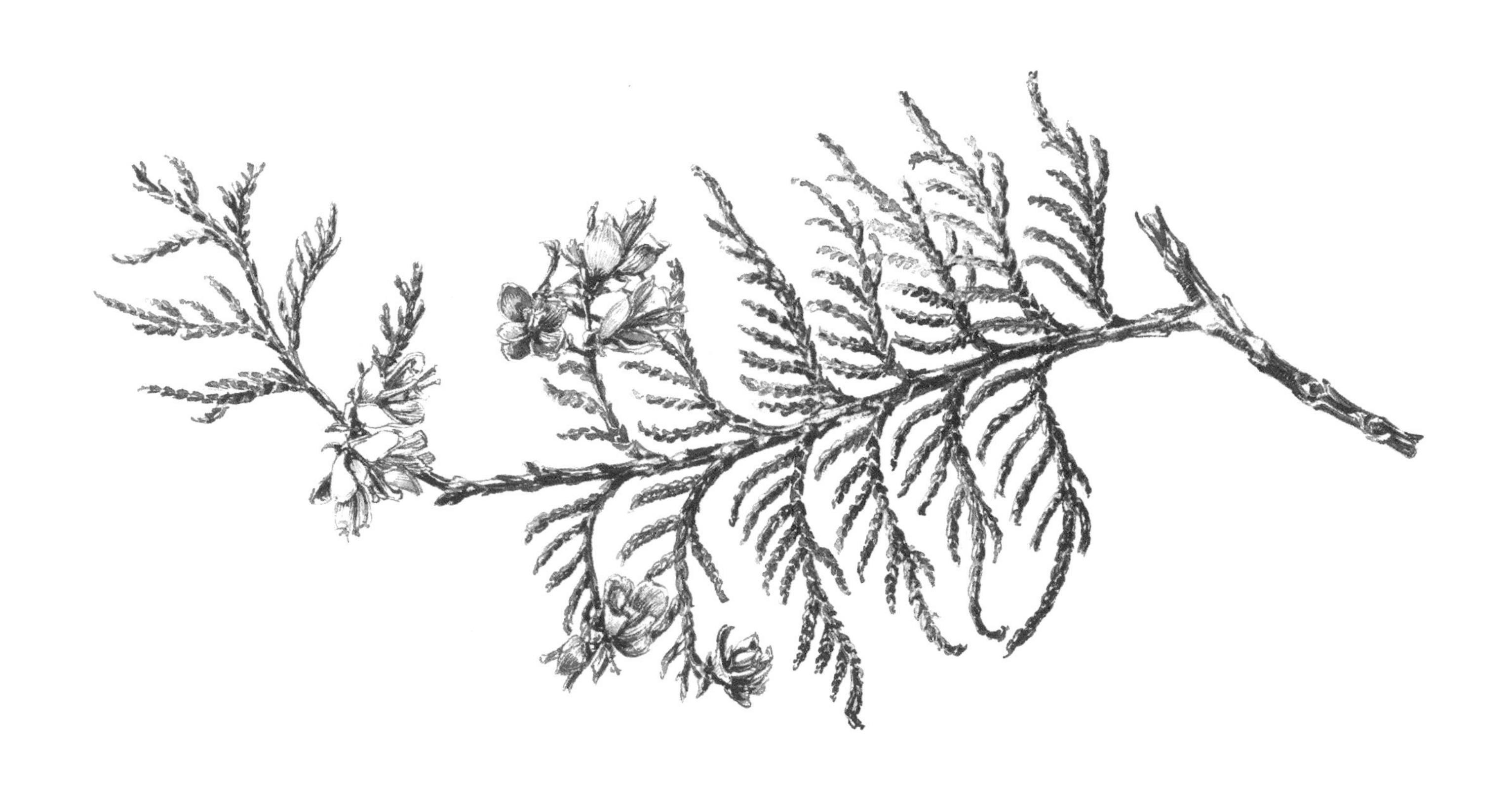

北美乔柏的叶片平整，在背面有白色的斑纹。它小小的雌球果释放种子，每颗种子都被两片短而薄的翅环绕。

[1]
[2]
[3]

悬铃木

—

科：悬铃木科
属：悬铃木属

我相信，只要投入一般的心血，它们就有可能被培植成伟人住宅的小路和林荫道上令人难以置信的装饰。[J. E.]

英国梧桐掌状深裂的叶片最初是多毛的（被茸毛），完全成熟后（达到25厘米宽）变得光滑而有光泽（无毛）。它微小的花按照雄花序［1］和雌花序［2］分群生长。雄花序在释放花粉后脱落，雌花序发育成瘦果（一种干果）的聚合簇［3］。

我们并不清楚伊夫林在《森林志》中提到的悬铃木具体是哪个种，但在1664年的英国，这种树一定不同寻常。正是由于伊夫林对其观赏价值进行的正面描述，二球悬铃木（英国梧桐，*Platanus* × *hispanica*）很快便被广泛地种植在英国的街道、公园和路边。随着欧洲大城市的发展，英国梧桐保持着与其他树种截然不同的繁荣生长状态，这要得益于它具有抵抗常见城市风险的能力：污染、压实且容易干旱的土壤，根部生长受到的限制，恶劣的整枝和修剪方案。如今，它不仅是英国最普遍的悬铃木物种（世界范围内大约有11种），还是伦敦所有树种中最常见的，构成了一半以上的城市树木。

生物学、分布和生长环境

英国梧桐是一个可育的杂交种，由三球悬铃木（法国梧桐，*Platanus orientalis*）和名字令人迷惑的单球悬铃木（美国梧桐，*P. occidentalis*）杂交产生——此处的美国梧桐与槭树科的美国梧桐是不相关的两个物种。法国梧桐原生于地中海地区和西亚，它的自然分布范围在经过几个世纪的栽培后已经很难确定。不过，它经常在包括老普林尼在内的古希腊人和古罗马人的作品中被提到。人们相信，是罗马人将这个树种引进到欧洲的许多地区的（尽管直到16世纪中期才到达英国），因为它的树荫和宏伟的结构具有巨大的价值。在欧洲南部，它的树干能够达到36米高，直径粗达9米。

美国梧桐土生土长于美国东半部，向北延伸进入加拿大的安大略省。17世纪被引进到欧洲后，它在西班牙曾被种植在法国梧桐旁，由此诞生了一个新的杂交树种：英国梧桐。

英国梧桐的花序和叶片介于它的两个亲本之间。它的每颗种子都被包在瘦果里，这些瘦果聚集在一起形成一对有刚毛的球形种球（不同于美国梧桐只有1个种球，法国梧桐有3～6个）。它的叶片比美国梧桐的叶片深裂，但比法国梧桐的叶片浅裂。作为一种非本土的物种，它不支持太多相关的生物多样性，但是也给大城市的野生生物提供了庇护。

树艺学

悬铃木在乡镇和城市中往往采用培植树木的管理方式，而不是植树造林的方法。培植树木关注的焦点在于单棵树的树形和健康，而非种植园的木材生产潜力。

在英国，英国梧桐引人注目的瘦果虽然呈现出饱满的外形，但是可育种子的比例通常较低。因此，这个物种一般依靠扦插进行繁殖。许多城市的园艺师都知道，英国梧桐的枝条很容易生根。正常情况下，在早秋时节收获并置于户外的25 厘米长的硬木（休眠的）插条，到了春天便能够生根。或者将春天收取的插条放置在一个底部加热的支架上，通常 3～4 周就能生根。

法国梧桐一般通过种子培植，在秋季和整个冬季，只要瘦果变黄并干燥，便可以收集种子。无须在春季播种前做任何预处理。

美国梧桐喜欢充足的阳光，以及潮湿、肥沃、土层深厚且排水良好的土壤。它们在自然分布范围内成为行道树的优选树种，对污染、道路盐碱和重度修剪都具有耐受力。美国梧桐生机勃勃、耐寒并且长寿，理论上非常适合在英国生长，但是它们高度易感由真菌 *Apiognomonia veneta* 引起的悬铃木炭疽病。

英国梧桐的几个栽培品种扩大了园艺师在面对英国梧桐和法国梧桐时的选择。如果需要获得引人注目的树皮，那么“Augustine Henry”“Hackney”“London”和“Westminster”都是很好的选择。这些栽培品种也具有吸引人的宏伟树冠。广泛种植的“Pyramidalis”具有深绿色的光滑叶片，但是它的树皮朴实无华，并且树冠由于直立分枝生长的习性而缺乏吸引力。

似乎很少有环境条件会对悬铃木造成不利影响，它耐寒、高度抗污染并且极耐干旱，只有非常潮湿和极度碱化的土壤不适宜它的生长。悬铃木是喜光树种，无论树冠还是根系都能够长至巨大的尺寸，这些特性必然受到城市规划者和房产拥有者的青睐。

英国梧桐是著名的抗风树种，一度被视为（在 1987 年的飓风之前）永远不会被风吹倒。在城市环境中，它通常是安全的，很少掉落大型的树枝，尽管近期新出现的一种病原体能够引起突然的树枝掉落。和其他所有树木一样，英国梧桐较小的树枝也经常在大风中被吹落。

英国梧桐定期脱落树皮，最明显的是在暴风雨过后。但是，这能帮助它们更新树皮，排出污染物。大而坚韧的叶片在一些城市可能会引起废物处理的问题。

生长在城市中的悬铃木通常需要经过重度修剪，从而限制它们的尺寸（和保险索赔的可能性）。它们被频繁地种植在不适宜的位置，例如高空电缆的下面、过于靠近建筑物或者路边的地方等。截头处理是一种常用的管理技术，即把主干砍至距离地面 2 到 4 米之间的高度。

嫩叶和瘦果上的茸毛可能使人出现支气管的问题，包括干草热症状等。因此，园艺师们通常会将树木修剪的工作推迟到夏末，或者直至理想的休眠季节，避免对健康造成不良的影响。

英国梧桐的果实是小而干燥的单种瘦果，当起支撑作用的球形结构解体时，它们就会随风传播。每个瘦果都是圆锥形的，基部有硬毛帮助它们在远离亲本的微风中飘动。

木材和其他应用

悬铃木的木材结构薄弱、不耐久，外观平平无奇（不同于拥有丰富色彩的欧洲水青冈），因此不做商业种植。在街道或者公园里被砍伐的树木通常被不知情的园艺师们切成小块，作为柴火甚至木屑分发出去。然而，这里存在着一种隐藏的美和价值。当把原木锯成 4 块或者切成薄片，暴露出它的髓部射线后，灰白色且有深棕色斑点和射线的木材就会具有精美的装饰性。在贸易中，它们被称为“虫纹木”或“珍珠木”，价值极高，深受人们的追捧。经过蒸制以后，它呈现出一种酒红色泽。虫纹木可以用于雕刻、车削、镶嵌，打造结实的家具和建筑作品，还可以通过砂纸打磨和抛光实现很高的光洁度。

病虫害

所有悬铃木，尤其是美国梧桐，易感悬铃木炭疽病，出现枝条和叶片死亡的情况。2004 年，由 *Splanchnonema platani* 引起的 Massaria 病害从更温暖的地区到达伦敦。这种病害攻击英国梧桐树枝上的树皮和形成层，引起突然的树枝断裂——尤其是较大的树枝。受感染的小树枝通常在 1 年内死亡，较大树枝的恶化时间更长，令感染点难以被定位。通常在树枝的上表面（因此从地面很难看到）可以看到死树皮条带，它们从树枝的分叉位置开始，到更远的另一端结束。其他真菌子实体［如黑木耳（*Auricularia auricula-judae*）］的出现可能是一个警报信号。

具有侵略性的真菌病原体溃疡变色（*Ceratocystis platani*）会从已有的伤口入侵，对欧洲所有的 3 种悬铃木都是致命的。在第二次世界大战期间，这种真菌通过用于包装板条箱的木材从美国进入意大利，如今已经传遍除英国以外的所有欧洲国家。

展望

悬铃木，尤其是英国梧桐，很有可能从全球气候变暖中获益。鉴于我们始终在探索如何在炎热的夏季既不消耗能量，又能降低乡镇和城市的温度，悬铃木的重要性势必与日俱增。然而，值得密切关注的是，侵染这个物种的病害数量正迅速增长。我们必须鼓励园艺学家承担起育种的责任，提高这个物种的遗传多样性。同时，树木健康科学家需要有足够的资源来加强对各种威胁的认识。

锦熟黄杨

—

科：黄杨科
属：黄杨属

……这片树林的优点能够在一定程度上代偿其不太友好的气味，因此，我们以这种实用的灌木来装饰我们寒冷、贫瘠的山丘和斜坡……［J. E.］

生长在白金汉郡契克斯庄园陡峭斜坡上的成年直立黄杨。这些树木表现出供黄杨木材生产的优良形态。茎几乎全部呈灌木分蘖的形式，由此导致的竞争促进了良好的树形。树高9米、胸径在12～19厘米的黄杨至少有240年的树龄。

想要种植一片供获取木材之用的锦熟黄杨树林，实际上需要人们付出终其一生的远见和耐心。锦熟黄杨树干的生长速度异常缓慢，通常每2～3年，直径才增加1毫米，若要达到木工们偏爱的10厘米，则需要花费200年时间。这是能在欧洲产出的最重的木材（每立方米重达950～1,200千克），质地细腻，密度极高，能够进行细致入微的雕琢——这是深为雕刻师所珍视的品质。锦熟黄杨还具有典型的音响效果，因此被用于制作早期的管乐器，如巴洛克双簧管或高音双簧管（hautbois，在法语中的字面意思是“高声的木头”）。

生物学、分布和生长环境

锦熟黄杨的足迹遍布欧洲的大部分地区，尽管它们能够承受低至-25℃的温度，但是在冬季气候温和的地区生长得更加健壮。这是黄杨属中70多个物种之一，属内大部分物种分布在热带或亚热带。在英国，锦熟黄杨被认为是某些地方的本土物种。在那里，它们局部的多产性与在其他地方的普遍罕见性形成对比，因此启发了一些地名的诞生（锦熟黄杨在英语中叫box），如肯特郡的博克斯利（Boxley）和萨里郡的博克斯山（Box Hill）。在下文中，均将其简称为黄杨。自罗马时期以来，黄杨一直被广泛栽培，因此很难确定其自然分布范围。

如今，黄杨在英国南部4个主要地点的数量相当引人注目，其中3处属于具有特殊科学价值的地点，占地面积共计16公顷。最广阔的黄杨林地位于埃尔斯伯勒和金布尔，包括白金汉郡契克斯庄园的一些地方。

黄杨喜欢疏松的土壤，通常是白垩质和石灰质土壤。唯有它们能很好地适应这类土壤，并且在这种其他物种一旦达到中等高度就会变得不稳固的条件下茁壮生长。黄杨的伴生物种在这种条件下会拥有不同的命运，例如欧洲水青冈就会由于不适合在松散的土壤中扎根而倒下。

黄杨通常在高大的树林中作为下层树木生长，其他树木——包括欧洲水青冈或红豆杉等——会作为优势物种形成郁闭冠层。黄杨树丛以一种紧密的形式生长，它们细长的枝条蜿蜒地伸向上方斑驳的光线。在黑暗的冠层下，除了自己的后代，很少再有其他物种生长。一旦条件允许，天然再生的黄杨幼苗就会把地面厚厚地覆盖。与黄杨密切相关的两个物种分别是昆虫黄杨木虱（*Psylla buxi*）和一种罕见的地衣（*Catillaria bouteillii*）。

¶ 造林学

尽管黄杨可以生长在大多数排水良好的土壤上，但在极端酸化或碱化，以及容易涝水的土壤中难以生长。林业工作者可以对它们在陡峭、疏松土壤上独特的生存能力加以开发利用。通常情况下，最好的黄杨种植园以自然再生的方式建立。如果有种植的需要，幼苗可以从剪自侧枝的枝条中挑选，这些枝条很容易生根。虽然一段时期的分层处理有助于惯常的发芽，但是黄杨的种子总体上还是很容易萌发的。

作为天然的下层物种和强耐阴树木，黄杨在种植园中应该被栽种在已有的成熟树木，或者短时间内能够提供充足蔽阴环境的树木的冠层之下。合适的伴生物种包括欧洲水青冈、悬铃木、红豆杉、欧洲云杉和花旗松。

黄杨能长到大约 9 米高，当它们生长在由同类形成的密集拥挤的环境中时，产出的木材最佳。因为在这样的生长条件下，它们的树干可以最大限度地降低变得扭曲的自然倾向。整枝修剪对生产无节疤的黄杨木材效果甚佳，也可以进行大量修剪，甚至从基部进行砍伐，令其以矮林的形式再生。

¶ 木材和其他应用

> 对于这个树种的用途，我无须多言，（随着时间的推移，它们会长得相当高）许多器具都争相以此为原料。它们质地坚硬、紧实，会像铅块一样沉入水中……［J. E.］

黄杨的木材颜色淡黄，很适宜被镶嵌在家具中，并且细密的结构尤其适合精细的拉丝工艺。黄杨木材的硬度令它成为制作锤头和凿子手柄的理想选择，细腻的质地使其适合那些需要强度的物品（如滑轮和渔具），特别是在需要切到非常薄的程度时，例如制作象棋棋子等小的车削和雕刻制品。艺术家和雕刻师会利用端头木纹——而不是像在木刻中那样利用侧面纹理——把它们切割至活字高度（黄杨版画曾经与文字一起排版印刷）。锋利的金属拉丝工具被用于从抛光的木块表面去除细小的木屑。当表面“着墨”并印成黑色的时候，这些抛光的地方便成为图像白色的部分。这种媒介第一位伟大的倡导者是自然史作家、艺术家托马斯・比尤伊克（Thomas Bewick），威廉・布莱克（William Blake）、约翰・坦尼尔（John Tenniel）和古斯塔夫・多雷（Gustave Doré）等人则制作了著名的端头雕刻作品。《森林志》基金会的标志由当代版画复制匠霍华德・菲普斯（Howard Phipps）在黄杨木端头上雕刻而成。

在 18 世纪中期，更廉价且更易于获取的东非黑黄檀（*Dalbergia melanoxylon*）取代了黄杨木，用于早期管乐器的生产。在伊夫林的有生之年，法庭和宫殿中常见的巴洛克笛和双簧管都是由此制成的。然而，如今这种热带木材日益稀缺，而且最近对于使用黄杨木来实现巴洛克乐曲正宗音调的兴趣开始复萌。一位名叫胡・克朗普顿（Huw Crompton）的园林建筑师已经在奇尔特恩的沃姆斯利庄园里，建立起一片用于乐器生产的新黄杨林地。该林地占地面积约 6 公顷，以 1 米 × 1 米的间距种植黄杨，预计需要经过 150 年的等待才能收获。用于乐器制作的黄杨木材以 20～23 厘米长的原木形式供应，使用前需要先将木材劈开，然后再锯成四分之一长度，以备车削。

> ……女士们、先生们，以及其他不喝酒的饮水者们……在炎热的夏季，人们常常到那些天然的巷道和黄杨树间绿树成荫的地方散步、用点心和消遣。没有任何人因为树木

黄杨深色、光滑且常绿的叶片呈椭圆形，略微弯曲，有突出的中叶脉和短叶柄，向光扁平排列。到了春季，雌花和雄花各自开放，随之而来的是三角形的蒴果，通常生长在次生枝的顶端。果荚可以用力释出微小的黑色种子。

的气味而恼火，因为这种气味近来已经从我们的小树林和花园中消失了……［J. E.］

伊夫林并不是唯一重视黄杨作为观赏性树篱植物的人。黄杨小小的叶片和对修剪的耐受力使它们可以被修剪成任意的尺寸和形状，例如进行树木造型等，并令它们在17世纪成为法式花园的重要组成部分。然而，它们的叶片具有如同猫尿般的气味，超出了有些人的承受范围。约翰·杰勒德称其“邪恶且令人厌恶”，安妮女王更是在伊夫林去世后不久便拆除了汉普顿宫所有的黄杨树篱。

黄杨的花能够产蜜，作为一种花蜜和花粉的早期来源，非常受养蜂人的欢迎。在伊夫林生活的时代，以它的叶片榨出的油具有从“治疗性病”到“缓解牙痛”等多种用途。然而，这些叶片对家畜是有毒的，在欧洲一些放牧的地区，这种植物已经被根除。在土耳其西北部，黄杨现在是一个濒危物种［《濒危物种红皮书》（*Red Data Book*）］。

病虫害

众所周知，黄杨对蜜环菌具有一定的抗性，但是如果受到涝水的压力，就可能遭到寄生疫霉菌（*Phytophthora parasitica*）潜在的致命攻击。这个物种也容易感染顶梢枯死病，尤其是子囊菌（*Cylindrocladium buxicola*）引起的。这种病害在20世纪90年代首现于英国，此后在整个北欧都有报道。

展望

在我们的林地中，黄杨一直是一个小种群，在生产性林业系统中也是一个稀有部分。尽管如此，它可能揭示出的隐藏的化学性质，或者在森林中作为下层林木发挥更大作用的潜力，都非常值得关注。

欧洲卫矛

科：卫矛科
属：卫矛属

有一种灌木叫作卫矛（卫矛属），通常生长在我们的树篱中。它的木材非常坚硬，有时会被用于制作中提琴的琴弓。另外，镶贴工使用它来增添色彩，仪器制造者则用它制作机械的齿轮、小型有键乐器的琴键和牙签等。[J. E.]

通常情况下，这种小小的落叶树都被视为灌木。初夏时节，它那深绿色的叶片映衬着绿白色的花朵，显得精巧迷人。但是到了秋季，卫矛创造出大自然最非凡的画面之一，就像一场在我们的冬季树篱中举行的印第安庆典。浆果状的果实呈鲜艳的红粉色，四分开裂，每个部分都展示出橙色的假种皮。再加上叶片构成的浓郁红色背景的衬托，这幅华丽的画面呈现出最引人注目的色彩组合。

生物学、分布和生长环境

170 多个卫矛物种中有许多原生于亚洲，只有一种是英国土生土长的。后文将简称这里所指的欧洲卫矛为卫矛。它们通常能长到 6 米高（少数能达到 10 米，胸径 20 厘米）。卫矛的自然分布范围包括从斯堪的纳维亚半岛到西班牙，向东延伸至土耳其和高加索地区。

卫矛在英国的大部分地区都有种植，只是在苏格兰比较罕见。它们生长在树篱、矮树丛、林地边缘，还能作为落叶林的下层树木。由于具有耐阴能力，它们常见于欧椤、槭树和橡树底下，经常生长在欧洲红瑞木旁边，偶尔也会出现在长有红豆杉的林地。卫矛喜欢排水性良好并且肥沃的碱性土壤，通常生长在白垩质和石灰质土壤中，分布的海拔高度可达 380 米。

卫矛是雌全异株的，意味着它们的一些植株开两性花，而另一些则只有雌花。到了秋季，它们肉质的假种皮为鸟类和其他动物提供了富有诱惑力的食物，继而使这些动物成为种子的自然传播者。像红豆杉——另一个在假种皮中产生种子的树种一样，卫矛的种子被摄入后也会产生毒性。

卫矛多被和欧洲红瑞木、欧洲荚蒾、绵毛荚蒾和山楂一起，种植在英国的矮树篱中。具有讽刺意味的是，卫矛是 20 世纪 60 到 70 年代间，造成农民破坏树篱的根源之一。它是一种主要的农作物害虫——黑豆蚜虫（*Aphis fabae*）的冬季宿主，黑豆蚜虫会啃食蚕豆（*Vicia faba*）和甜菜（*Beta vulgaris*）。卫矛曾一度被视为农业发展的障碍，然而，由于鸟类以它的蚜虫为食，蜜蜂和食蚜虻受到其富含花蜜的花朵吸引，还有大量鳞翅目（Lepidoptera）昆虫依靠它的叶片生存，包括琉璃灰蝶（*Celastrina argiolus*）、醋栗尺蛾（*Abraxas grossulariata*）、地毯蛾（*Ligdia adustata*）和许多微型蛾等，卫矛如今越发显示出重要的价值。

造林学

卫矛的种子在仲秋时节成熟，那时可以将它们小心地从假种皮的果肉中取出来。由于种子是正常成熟的，因此可以干燥和储存，甚至冷冻保存多年后依然保持活力。处于深度休眠状态的种子需要在约15℃的温度下进行长达8～12周的预处理，然后在4℃冷藏8～16周。尽管如此，预处理也只能发挥部分效果，并且可能需要重复几个循环。也可使用软木（活的）和硬木（休眠的）扦插的方式来繁殖，理想情况下会生根。在自然界中，这种植株很容易吸收养分，因此可以通过分层压条法来对这一点加以利用。

卫矛在各种场地和条件下都很容易种植成活，为树篱增添色彩和生态多样性。生长在树篱中的卫矛可以作为山楂的伴生物种，形成“撒克逊”（Saxon）树篱。它可以接受传统的树篱管理方式，如切割、修剪或者铺设等。

卫矛色彩丰富，中国灯笼状的果实看起来极为诱人，对小孩尤其具有吸引力。但实际上，这种果实是危险的毒物。它们含有茱萸苷，这是一种对人体具有类似洋地黄作用的毒性强心苷，误食可导致肝肾损伤，严重时可能致命。

木材和其他应用

卫矛奶白色的木材坚硬而致密，拥有细腻的纹理，是车削成小巧精致物件的理想材料，并且能打磨得非常精细。在可获得的木材中，很少有直径能够达到20厘米的，更常见的尺寸是5～15厘米。它们曾经被制成纺纱锭，用于将羊毛和亚麻纺成纱线，还被冠以“织针”“烤肉叉”和“牙签”等名。长期以来，卫矛的小枝一直被用于制作艺术家使用的高品质炭笔：它的法国名字是le fusain（伊夫林称之为“fusanum”），如今已经成为艺术用炭笔的通用名称——即使当它们由柳树或其他树种制成时。

病虫害

卫矛容易受到叶螨、蓟马和树液吸食性昆虫卫矛矢尖盾蚧（*Unaspis euonymi*）的攻击。其中，卫矛矢尖盾蚧能引起萎缩、顶梢枯死甚至死亡。

展望

与更大陆性气候的国家相比，英国乡村的秋季是如此色彩匮乏，只有卫矛在我们的本土树种间扬起一面活力勃发的旗帜。仅为这一个原因，卫矛就值得在所有地方变得越来越受欢迎。

卫矛有对生的椭圆形叶片，在春天开出绿白色的四瓣花。沿着枝条可以看到4～5个瓣形成的荚状果实。它们最初为淡绿色，在秋季变成粉红色，开裂后露出橙黄色的种子。叶片凋落后，果实依然留在树上，成为节日花环珍贵的特色。

杨

科：杨柳科
属：杨属

黑杨经常在长至人类手臂粗细、八九英尺*高的时候被去梢。在意大利，人们修剪黑杨，以供他们的葡萄藤攀爬和缠绕…… [J. E.]

在约翰·康斯太勃尔（John Constable）的《干草车》（*The Hay Wain*）里，河边那棵高耸在其邻居上方的倾斜的桦叶黑杨，如今是我们最稀有的树种之一。杨树是最芳香和音质悠扬的树木之一。事实上，苏格兰高地最常见的先驱物种欧洲山杨是少数可以仅凭声音被识别的树种之一：正如它的拉丁名指出的那样，它的叶片由于叶柄扁平而无风自动。

生物学、分布和生长环境

科学家已经对杨树进行了广泛的研究：毛果杨（*Populus trichocarpa*）是第一个完成 DNA 测序的树种。在杨科中，共鉴定出约 87 个种和杂交种，自然分布在北半球的大部分地区。有经济效益的杨树主要是桦叶黑杨、欧洲山杨和各种杂交种。此外，银白杨（*P. alba*）在英国的景观中是独一无二的。它有着极力铺展开的巨大树冠，每有清风吹拂，白色的叶片背面就会显露出来。银灰杨（*P.* × *canescens*）在英国非常普遍，它是银白杨和欧洲山杨的天然杂交种。所谓的黄杨树，或北美鹅掌楸（*Liriodendron tulipifera*），通常是北美东部阔叶林中最高的树木，也是优良木材的生产者。它们不属于杨属。

黑杨鲜少在我们周围生长，它比银白杨更高、更强壮，叶片颜色更深，而且数量没有那么充足。在各种庄严的黑杨中，我对意大利波河两岸的那些记忆犹新…… [J. E.]

桦叶黑杨是黑杨（*Populus nigra*）的诸多亚种和变种之一，另一个种是 1758 年在英国布莱尼姆宫的庭院中首次种植的钻天杨（*P. nigra* var. *italica*）。据伊夫林记载，在长达几个世纪的时间里，桦叶黑杨都一直很少见。据估计，如今只有 7,000 棵成年树木（其中大部分生长在英国南部）。而在西欧的其他国家，它们也同样罕见。雌性桦叶黑杨产生的种子包裹在白色丝絮中，使它们呈现出棉花样的外观（因此，北美的其他杨树也被称为“棉花树”）。在很多情况下，这种特性令它们难看而且麻烦，促使人们开始使用来自雄性树木的枝条进行扦插繁殖。这无疑是

* 1 英尺 = 0.3048 米，下同。

导致雌性树木数量下降至不足树木总量 10% 的主要原因，并且致使该物种在英国的遗传多样性很低。桦叶黑杨喜欢生长在河堤和湿地草甸，所以泄水漫滩的做法缩减了适宜黑杨生长的栖息地范围。

> 山杨……（法国人称之为“la trembe”或“quaker”）……留下更具探索性的足迹，并且在这一点上也存在的差异，是它很难忍受头被砍去……［J. E.］

欧洲山杨的分布范围广阔，从挪威延伸到非洲，从西欧直至俄罗斯和日本东部。作为英国本土物种，欧洲山杨广泛地分布在英国北部和西部，虽然数量总是很少。它们在苏格兰高地最常见，通常在桦树旁从海平面一直生长到林木线。欧洲山杨的踪迹通常出现在哺乳动物（特别是马鹿和绵羊）难以接近之地，令它们无法吃到其可口的叶片。在阿盖尔郡的沿岸栖息地，它是深受于 2009 年重新引进的欧亚河狸（*Castor fiber*）喜爱的食物来源。欧洲山杨是一种中等大小而且寿命相对较短的树木，但无性繁殖的能力使其能够存活数千年。它支撑起由地衣、苔藓、无脊椎动物、鸟类和食草哺乳动物等构成的巨大多样性。

在北半球，杂交杨树和变种是最有生产力的阔叶树种之一，其中大多数经桦叶黑杨、毛果杨和东方白杨（*Populus deltoides*）的优良个体杂交发育而来。旺盛的生命活力使它们能够在短轮作期内产出大量的木材，并且因为与生物质能的生产有关而备受关注。20 世纪晚期，人们在杨树杂交育种方面投入了相当大的精力，许多成功的杂交杨树都来自比利时赫拉尔兹贝亨的树木繁育站，包括“Gaver”“Ghoy”和“Gibecq”。

这些种类，以及另外一些早期杂交品种，如“Fritzi Pauley”和“Trichobel”，已被证实比其他杨树对杨树锈病更具抗性。20 世纪 90 年代，英国广泛种植了两个杂交品种“Beaupré”和“Boelare”。最初选中它们是为了抵抗杨树锈病的病原体。但现实往往是，病菌的自然演化远比树木种植者取得成果的速度更快。在很短的时间内，两个品种便在全国大面积范围内受到感染。感染锈病的杨树很少死亡，但会因此而过早落叶，严重影响产量。

造林学

一般情况下，杨树通过取自硬木茎的枝条繁殖。它们可以扦插在苗圃，或者为了降低成本而直接扦插在最终生长的地方。最有效的方法是使用铁杆或长钉，在整备好的土壤中“钻”一个至少 45 厘米深的洞，然后插入长约 60 厘米的枝条，并把它倾斜着固定好。每根枝条都应保留顶芽（插条尖端的主芽），令其在顶部几厘米内指向上方。需要保护杨树幼苗免遭食草哺乳动物的啃食，并且在至少 3 年的时间内清除其周围的杂草，因为它们对竞争非常敏感。

桦叶黑杨杂交产生的品种在夏天炎热的地方生长情况最好，特别是在欧洲南部（如意大利的波河流域）。因此在英国，它们主要生长在南部和东部比较干旱、温暖的地区。毛果杨的变种可以在更广泛的条件下茁壮生长。尽管所有的杨树都能耐受冬季的严寒，但它们对晚春的霜冻非常敏感。排水良好、潮湿且肥沃的土壤最适合杂交品种生长，并且所有的杨树都能在河堤和河边的草地上很好地生长。

一般而言，杂交白杨木材种植园的株距大约为 8 米 × 8 米（每公顷 156 棵），因为它们对光有很强烈的需求。如此宽的株距也就意味着，如果要得到无节疤的树干，高修剪必不可少，尤其是需要适合剥皮的木材时。通常在 20 到 25 年内，树干直径可以长到 45 厘米。对于较老的无性繁殖系个体，典型的产量等级是每年每公顷 14 立方米，而最新的个体能生产 18～22 立方米。

杂交白杨有时会被种植成短期轮作矮林，但这并不像在柳树中那么常见。如果每公顷插条种

加杨（*Populus × canadensis*）在英国广泛种植；它的亲本之一是东方白杨。这里展示的是来自雌树和雄树的枝条。在叶芽打开之前，浓密的深红色雄性葇荑花序［1］上，从保护性的冬季苞片中长出具大量花粉的花药，它们会随着成熟而延伸。开球形花的黄绿色雌性葇荑花序［2］生长在不同的树上。它们在初夏成熟后释放大量覆有茸毛的种子。

植 1 万～1.2 万根，并且在第 1 年将其修剪成矮林，那么通常情况下，从所扦插枝的基部会长出 3 根嫩枝，至少需要生长 4 年后才能收割。与柳树相比，短期轮作矮林中杨树更大的树干尺寸需要特定的收割机械。在最肥沃的土壤上，杨树在产量方面能够超过柳树，但是它们的深根性令退耕还林代价高昂。

欧洲山杨的生长速度比一些其他种类的杨树更慢，但是较高的热值使它具有成为生物能源的巨大潜力。

木材和其他应用

> 杨树叶片的汁液滴入耳朵，可以缓解疼痛；树芽捣碎与蜂蜜混合，是很好的洗眼剂（清洁剂）；还可用作退烧和促眠的药膏。
>
> ［J. E.］

20 世纪中期，英国低地种植了大面积的杂交杨树，以供应火柴和包装箱市场。不幸的是，在单次轮作中，本土种植杨树的成本比进口材料更为巨大。再加上塑料的出现，许多土地所有者的投资因此而损失惨重。

桦叶黑杨的木材曾被普遍用作曲木框架的横梁材料、农业建筑物和手推车的板材，以及船舶的甲板。耐火性也令它在靠近壁炉的地板和刹车片中得到了很好的应用。因为黑杨苍白的木材不会污染食物，因此也成为制作小型厨房工具的理想材料。它们的树枝还可被用作牛饲料。

我们本土的桦叶黑杨有独特的菱形叶片和扁平的叶柄，使它们像欧洲山杨一样能够在最轻微的风中颤抖。桦叶黑杨缺乏其他杨树种类特有的树脂香气。成熟树木的树枝通常向下伸展，形成可辨识的轮廓。

欧洲山杨，我们的樵夫用它来制作环箍、柴火和木炭等。在一些国家，幼树的树皮还被用于制作蜡烛或火炬木。[J. E.]

在景观和生物多样性方面，欧洲山杨都具有很高的价值。但是在英国，这些均因其作为一个多产树种而受到忽略。不过，在传统上，欧洲山杨木材柔韧和轻便的特性使它以多种方式被开发利用，特别是用于箭杆——从都铎王朝的军舰玛丽玫瑰号上发掘了许多实物。

与许多阔叶树相比，欧洲山杨木材的密度较低，但是每立方米大约 450 千克的密度还是高于柳树和广泛种植的巨云杉。高品质的欧洲山杨数量稀少。大部分木材在湿材部分存在褪色、朽烂，以及由倾斜的树干和沉重的枝条引起的挤压，这些都使加工过程变得困难。然而，欧洲山杨树皮容易剥离的特性使它作为非工业用途的木材极具吸引力。它的刨花和碎木料可以被黏合在一起制成复合板，例如建筑用的定向刨花板（或称 OSB）等。

尽管欧洲山杨的热值较欧梣、桦木或悬铃木更低，但快速生长的特性意味着它仍可以被考虑作为生物质能源植物。它原生的树形带来了额外的好处。1995 年始于苏格兰，并且至今仍在继续的无性繁殖实验表明，原生种群在存活和生长方面前景广阔，来自斯堪的纳维亚的材料甚至具有更大的活力。

病虫害

到了夏季，引起杨树锈病的栅锈菌属（*Melampsora*）真菌会释放出大量橙黄色的孢子，附着在叶片的下方（落叶松是替代宿主）。不久之后，这些叶片就会变黑并且脱落。叶片的过早脱落减弱了树木的活力，导致顶梢枯死，有时甚至可能引起死亡。而且一旦树木被感染，就变得更容易受到次要因素影响，比如冬季的寒冷和其他真菌等。想要与快速演化的病原体一决高下，土地所有者们的最佳途径就是种植尽可能多样的无性繁殖种源，令树苗的遗传多样性实现最大化。相比单棵树木，锈病似乎更喜欢短期轮作的矮林。如果树木的生长空间宽阔，并且与其他树种混种（落叶松除外），锈病就很少能造成严重影响。诸如引起各种细菌性溃疡的黄单胞菌（*Xanthomonas populi*）等也能够侵染杨树，尤其是通过开放性伤口。

展望

在理论上，杂交杨树无疑是最有前途的，有时在实践中也确实如此——但只在有限的时期内。我们依靠树木育种来提供持久演化的克隆序列，试图以此保持对抗病原体自然演化的领先地位，但这可能也意味着我们永远无法获得真正有抗性的杂交杨树。无性繁殖杨树的例子，为以有限遗传多样性为基础的林业实践的潜在危险性，提供了突出的教训。

确保桦叶黑杨在乡村不断增加的工作应该继续下去，特别是为了增加生物多样性，以保护我们长远的未来。也许它可以成为河漫滩和河岸的共同特色，形成河漫滩森林，并帮助拦截洪水。

欧洲山杨是预计能在气候变化中茁壮成长的少数几个英国本土树种之一。通过树木育种提高它们的生产力，依靠木材的转化和管理使它们在未来的森林中发挥更重要的作用，欧洲山杨有望成为多样化高地针叶林的重要组成部分。

柳

—

科：杨柳科
属：柳属

我们的英文书籍这样混乱地命名它们：白柳、黑柳、硬黑柳、剑桥玫瑰柳、黑细枝柳、圆长黄花柳、最长黄花柳、爆竹柳、圆叶杨柳、小阔叶柳、银黄花柳、直立宽柳、伏生阔叶柳、红石柳、小阔叶柳、狭叶矮柳、黄矮柳、长叶黄矮柳、伏生柳、黑垂柳、湾柳和奥奇尔柳。［J. E.］

生长在西牛津郡沃顿附近伍德斯托克河畔草地上的一片截去树冠的白柳。这是河漫滩林地的一个重要物种。它光滑向上的树枝不容易折断，如果不经修剪会长得很高。成熟树皮呈灰色，凹凸不平且有很深的垂直裂隙。

在塑料和其他人造材料出现之前，柳树因在各种产品中的广泛用途而非常重要。柳条被编织成篮子、屏风，以及“所有柳条和细枝制品”——就像伊夫林描述的那样。同时，柳树的木材质轻而易于操作，是制作如铁锹柄等日常用品和工具的实惠材料。抗冲击的能力使柳木不仅适用于板球拍——一个至今仍由专业种植者生产供应的市场，也可以用来制造假肢。甚至连它的叶片也能被派上用场，成为牲畜的饲料。

生物学、分布和生长环境

正如伊夫林所述，柳树的种类繁多，并因此而出现了各种不同的名字。全世界范围内，如今人们知道的柳树有450余种，其中至少有18个种和27个杂交种属于英国本土树木。像杨树一样，柳树也可以自由杂交，这使对它们的鉴别工作成为一个不断变化的挑战，甚至物种间的区分也需要用到专业的植物学技能。柳树是长有互生叶的雌雄异株树木，两种性别都有葇荑花序，并且都靠虫媒和风媒传粉。它们微小的种子被包裹在柔软、丝滑的毛中，借助风力传播分散。

白柳可能是英国分布最广、最常见的柳树，在河流和小溪边经常可以看到它们被修剪过树冠的踪迹。其他的种类还有爆竹柳、黄花柳、灰柳和欧蒿柳。紫红柳是许多可以提供柳条的柳树种类之一，突出的特点是它们在篮子编织中的用途。在许多观赏品种中，垂柳和曲柳在公园和花园中最受欢迎。在工业领域，蓝叶白柳（*S. alba* subsp. *caerulea*）主要服务于英国的国民夏季运动，而大量的柳树杂交品种则用于生产生物能源。

亚北极圈的柳树灌丛是英国最罕见和濒危的生境之一。柳树曾经一度是冰盖撤退后广布的植

[1] 黄花柳或者褪色柳，产生大而柔滑的白色雄性葇荑花序，它们在春天展叶前出现在雄性树木上。随着花药成熟并释放花粉，它们迅速变成黄色。

[2] 黄花柳的雌性葇荑花序生长在雌性树上，呈灰绿色，布满粉状物，带有大量独特的深色苞片，位于每个微小子房的基部。叶芽随着雌性葇荑花序的成熟而打开。

[3] 成熟的黄花柳雌性葇荑花序比雄性葇荑花序大，并且散播更大量的毛茸茸的种子。它的叶片是卵圆形的。

[4] 一段春季的白柳小枝，披针状的叶片环绕着未成熟的雌性葇荑花序。它采集自第120页所绘景象中心的一棵雌性树木。

[5] 此处展示的是白柳细长的雄性葇荑花序和成熟的花药，释放出嫩黄色的花粉。这段样品采集自第120页所描绘景象中的一棵雄性树木。

被类型，如今只在苏格兰的一些地方能看到。在那里合适的生长条件下，它们可以大量生长：潮湿的土壤、朝北和朝东的斜坡上 600～900 米的海拔高度，还有久积不化的雪可以保护低矮的灌丛免遭霜冻和啃食。这些灌丛中最常见的是绒毛柳（*Salix lapponum*），还有另外 5 种也比较常见，包括稀有且易受伤害的绵毛柳（*S. lanata*）等。它们都很矮小，和矮桦树非常相似，最高只能长到 1 米。

造林学

柳树与杨树有很多相似之处，它们属于同一个科，都很容易通过枝条扦插繁殖。

在板球拍制造业，专业苗圃种植的树苗每 4 年进行一次收割，为种植者提供可选的枝条。土地所有者认为，应该选择靠近流水、肥沃且排水良好、上覆黏土且地下水位高的最佳地点种植蓝叶白柳，还要避开泥炭和沙壤土。冬季，选中的枝条被种植在用铁棍"钻"成的孔洞里。枝条被稳固地插入，然后填土假植，并且必须立即使用某些防护措施使它们免遭啃食。到了下一年的早春，每个种植点需要再次踩实，以确保土壤紧贴插条，防止插条变干。在至少 3 年内，新种树苗的生长环境中必须保证完全无杂草。

柳树的价值取决于其整齐的纹理和干净的木材；如果不经维护，树木不可能有超过二等木柴的价值。侧枝需要定期修剪，而且只能按照从下到上的顺序（这样可以防止树皮撕裂），所以侧枝从来不会木质化。修剪范围应该根据实际可行性离地面尽可能远，以此获得至少 2 米长的干净木材。树木长到树龄 15～20 岁时便可以砍伐。大部分树木都是根据与专业制造商签订的合同种植，价格（更多建立在质量而不是体积的基础上）在采伐之前便已经商定。采伐由采购商实施。

生产生物质能的短期轮作矮林种植杂交柳树，这是一种与农业的相似之处胜过与林业的系统。理想的种植地点需要中等到较高的降雨量，肥沃、排水良好、pH 中性且地形只有中等起伏的土壤，还要能保证机械进出畅通无阻。土地通常都要耕作，包括必要时会耕松底土，从而确保能徒手或使用机械将枝条插入种植点（长 20 厘米，直径 1 厘米）。它们通常以 75 厘米的间隔排列成两排，密度为每公顷 15,000 根。

扦插后的枝条生长迅速，第一年能长到 2～3 米高。通常在这一阶段需要对其在地面上的部分进行修剪，以促进它们旺盛生长。此后，按照种植质量和终端市场的需求，作物应该以 2～4 年的周期生长。尽管不同种植场地间的确切数据是高度变化的，但是矮林往往在大约 10 次循环后失去活力。种植者应仔细考虑种植柳树对景观的影响，因为茂密的作物在每个周期的高峰可长至 8 米高，或许会造成很大的视觉冲击。

木材和其他应用

> 如今，通过这些水生树木的种植园，显而易见的是，沼泽地和无利可图的荒地的主人们可能会发现一些改进之处，并且附近的蜜蜂也会心满意足；许多畜牧业的工具会变得便宜很多。[J. E.]

挑选出来用于制作球拍的蓝叶白柳树干被切割至 71 厘米的长度，并被制成基础"木块"（型材被切割成若干段）。它们的末端被浸入蜡中，并按照质量进行分级，然后在空气中干燥 1 年。球拍制造商寻求的，是具有良好天然弹性和 6～12 条纹理（球拍木材横截面上的年轮）的木块。缓慢生长的木材（其年轮较为密集）是制作球拍的上好材料，但是它们不耐用：一些专业选手持"高纹理"球拍只能打一局。

在短期轮作矮林系统中快速生长的柳树，定植后短短 3～4 年就能生产高产量的生物质能。一旦收获，柳树在被投入使用前需要先进行切削和干燥处理。一些无性繁殖的最新品种每年每公顷烘干木料的产量可达 18 吨以上。

长期以来，柳树的树皮和叶片因为具有药用价值而备受珍视：白柳的树皮曾经被用于止痛、抗炎、收敛和防腐，还可作为发烧和蠕虫病的常规药物。如今已知柳树的树皮和叶片均含有水杨酸，这是现代阿司匹林和镇痛药的主要成分。可以收获并干燥树龄在 3～6 年的树皮以备后用。

病虫害

由欧文氏菌（*Erwinia salicis*）引起的水纹病是影响蓝叶白柳的严重问题，偶尔也会对黄花柳、灰柳和白柳造成影响。被感染树木的叶片会枯萎，并且从 5 月就开始变红，这种情况会持续整个夏季，因此很容易识别。最先受到影响的是上层树冠，发展到一定程度后，整个树冠都会受到侵染，出现顶梢枯死的症状。木材上会相应地出现斑驳的红棕色及黑色水印，仅是这样的外观就令它难以销售。另外，这种病害也会导致木材变得脆弱，完全无法符合板球拍市场的需求。据了解，细菌通过患病的插条传播，即使所有的材料均已被烧毁，这种病菌仍然会在种植场地存活至少 4 年。

在短期轮作矮林系统中，由栅锈菌属真菌引起的锈病对杂交柳树影响巨大。最好的预防方法就是在每个周期内，通过种植大量不同种源的无性繁殖苗来实现遗传多样性的最大化，并且每次更新苗木时都确保种源有所变化。

展望

柳树快速生长的能力和韧性，使其在各种不同的生长条件下均成为幸存者。尽管柳树的木材产品如今仅适合小众市场，但它在河漫滩地可以发挥稳定河岸的作用，具有巨大的生态价值，有望在我们的乡村拥有长期地位。随着目前对绿色能源的需求不断增加，柳树在生物质能生产中的应用正与日俱增。但是从长远来看，这种高输入系统可能不会出现大规模的扩张，因为它们需要的土地本可以用于种植粮食。而且，随着现有林地的产品得到更多的利用，这项技术本身也有可能被取代。

刺槐

科：豆科
属：刺槐属

……那么多来自美国种植园的实用树木再次提醒了我，我们每天都拥有无限的机会，并能感受到巨大的动励，来利用这些树木改善我们的储备……［J. E.］

刺槐属的属名 *Robinia* 是以让·罗班（Jean Robin）和他的儿子维斯帕西安（Vespasian）命名的。1601 年，法国皇家园艺师维斯帕西安首次在欧洲引种了刺槐（*Robinia pseudoacacia*）。紧随其后的，可能是英格兰的第一批样本：英格兰草药师约翰·帕金森在他 1640 年的那本名为《地中海植物》的伟大著作中，记录了一个在伦敦南部著名园艺学家约翰·特拉德斯坎特（John Tradescant）和小约翰·特拉德斯坎特的花园里长至“惊人高度”的样本。伊夫林欣赏“充满异国情调的叶片和甜蜜的花朵”，并且指出它们值得在行道树中拥有一席之地。最初，这种树被称为 acacia，中译“金合欢”。但在 19 世纪初，多亏了威廉·科贝特（William Cobbett）的狂热，数百万种子被从美国进口，并使这个树种以 locust，也就是“刺槐”的新名称进入市场。自从 1832 年被誉为“树中之树”以来，它的售价已经上升至原来的 6 倍。

生物学、分布和生长环境

刺槐是美国东南部的本土物种，分布在两个独立的区域：阿巴拉契亚山脉的东部和西弗吉尼亚州的一些地区。

刺槐是一种生长在森林边缘和空地上的、生命周期短且需光的物种，它们可以快速无性繁殖，生长在北美鹅掌楸、湿地栎（*Quercus michauxii*）和红槲栎（*Q. rubra*）旁边。在更为潮湿的地区，它们与红花槭（*Acer rubrum*）、美国白梣（*Fraxinus americana*）和黑胡桃（*Juglans nigra*）伴生。如今，刺槐在欧洲广泛归化，在许多国家——尤其是保加利亚、法国、意大利、塞尔维亚、斯洛伐克和乌克兰——都已经成为森林的重要组成部分。在匈牙利，刺槐现在占森林的 20%。

在刺槐属的 6 个物种中，刺槐是唯一让英国林业工作者和园艺师感兴趣的一种。在他们看来，刺槐“Frisia”是一个受欢迎的品种——尽管刺槐有一系列令人费解的常用名。17 世纪首次引进时，刺槐被与北非本土物种金合欢混为一谈。然后，卡尔·林奈给它贴上了 *pseudoacacia* 的标签，这个词经常被错译作“金合欢树”，因此便成为它的另一个常用名。刺槐的属名 *Robinia* 在英国也是广泛使用的一种常用名，尽管在北美，它的常用名长期以来一直都是 locust。

伊夫林叹息，“尽管被刺武装起来”，但是，刺槐的羽状复叶（在中间茎的两侧均有叶片排列）还是让它呈现出秀丽的外观。这些尖刺成对出现在每片叶子的基部和幼枝上，但在老木上没有。乳白色的刺槐花分布在 10～12 厘米长的总状花序上。它们花香怡人并富含花蜜，令刺槐成为蜜蜂的重要蜜源植物。

造林学

刺槐从树龄 15 岁时起便可以大量产生种子，但是在森林里很少能见到它们的树苗。刺槐更常见的自然繁殖形式是根部萌蘖繁殖，萌蘖芽在第一年能长至 3 米甚至更高。想要获得刺槐的种子，需要在秋季收获完整的果荚，然后通过揉搓使种子释放。为了防止吸水，这些种子有坚硬的角质化外壳，因此必须进行预处理，例如用砂纸摩擦种子，或者将大量的种子与沙子混合后，用搅拌机搅拌 2 个小时，这样做可以令种子的萌发率提高 10 倍。将种子浸入刚煮沸的水中，浸泡 2 个小时的处理方法也同样有效。

刺槐具有高度的抗霜冻性，并且相对耐旱，能够耐受广泛的土壤条件。从大气中固氮的能力意味着它可以生长在营养贫瘠的地方，如采矿废弃区，并且与氮肥需求树种伴生。在意大利的阿尔诺河谷，它已经成功地与野樱桃和胡桃混种，并在大量的实验中表现出促进树木活力和改善树形的作用。刺槐作为伴生种的好处对桤木而言更为有利，但是由于它的刺，这种树木实际上不太可能引起种植者的热情，因为将它们引入种植园所必需的修剪，如对胡桃树进行的那种高修剪等，都不是什么令人愉快的工作。

刺槐是一种中等大小的树，树高可以达到 25 米，树干直径可以长至 60 厘米。它们的寿命短暂，树龄 25 岁后生长速度就会变得缓慢。所以，砍伐就是从这个年龄段开始的。刺槐不是一个高产的物种（在最适宜生长的地区每年每公顷最多产出 14 立方米），并且与其他阔叶树相比，它们的树干品质通常很差——尽管在密集种植的情况下，树形已经得到显著改善。

木材和其他应用

刺槐的木材具有深黄绿色调，质密，极其坚固耐用。它的机械强度大于橡木，低收缩、高弹性，并且具有抗压应力（类似欧梣和山胡桃木）。然而，木材干燥的时间高于平均水平，而且由于树干的形状不好，容易出现弯曲和倾斜，从而形成应拉木。因此，避免木材开裂和翘曲成为一项重大挑战。不过，它们还是因为无须进行化学处理而被普遍用于打造户外家具，特别是在游戏设施中，尽管它们会腐蚀各种钢铁配件。

在许多欧洲国家，刺槐在经济方面具有相当大的重要性。但是在英国，尽管它们生长迅速且木材实用，多刺的树枝似乎还是使其受欢迎程度大大降低。刺槐是“槐花”蜂蜜的重要来源，特别是在法国和美国，所以育种工作正在延长这种树木短暂的花期（自然情况下约 10 天）、开花丰度和花蜜含量。这个树种还能生产优质的木柴，并用作生物能源材料。在中欧进行的实验已经证明，在良好的种源选择（无性繁殖系）和理想的生长条件下，每公顷可产出超过 90 吨生物质。

除了花之外，刺槐的所有部分都有毒，但加热或烹熟后是安全的。牛和马的中毒都相当普遍，在食用后 1 小时内便出现腹部绞痛和心律失常。

病虫害

20 世纪初，美国许多地区的刺槐都毁于刺槐黄带星天牛（*Megacyllene robiniae*）的蔓延。幼虫蛀穿茎和侧枝，令树木生长畸形，并且使

刺槐的树枝呈黑色，树皮粗糙。红棕色的嫩枝上，每个叶片的两面都有对生的棘状凸起。羽状的叶片上有精致的成对小叶，沿着微微拱起的中脉下垂。作为豆科植物的一员，白色豌豆形的花悬挂在脆弱且短期的总状花序中。

其容易在风中受损。从外层树皮可以看到它们的活动，在春季表现为湿斑点，到了夏末则出现黄色木屑斑点。如果不是因为这种害虫，刺槐很可能成为中部和北部许多州内最有价值的木材树种之一。在其他国家，刺槐则是光肩星天牛（*Anoplophora glabripennis*）的主要宿主之一。

¶ 展望

在英国，没有开展任何刺槐的育种工作。然而在欧洲的其他地方，树形结构的无性选择表现出巨大的潜力。再加上早期修剪和封闭空间等措施，刺槐作为英国木材生产树种的潜力可能会有所提高。鉴于它的耐寒性和能够改善土壤的特性，以及对农林系统（特别是蜜蜂）的适用性和作为生物质能源的潜力，英国林业工作者有望逐渐意识到它的优势。也许树木育种可以解决尚存的刺的问题，像园艺学家对玫瑰所做的那样，培育出无刺的品种。

上图：到了5月，山楂开放单朵白色的蔷薇型两性花，呈紧凑的伞状花序。小而光滑的叶片在开花前出现，为深裂叶。

右图：山楂果实在秋季成熟时呈红色，如果没有很快被鸟类吃掉的话，它们会留在冬季光秃的树枝上。每个浆果含有一颗坚硬的种子。

山楂

—

科：蔷薇科
属：山楂属

因此，让我们用一些可以快速设置的好树篱，来圈住我们辛苦种植的东西。[J. E.]

作为最优秀的树篱植物，山楂的名字（hawthorn）起源于古英语的“树篱”（hedge）一词——山楂在英国农村如此普遍，以至于它的习性和样子已经成为乡村文化固有的组成部分。传统上，绽放于5月初的白色和粉红色花朵，标志着从春天进入夏天的转变。因此，在它的各种常用名中，就有“五月之树”和“五月山楂”，以及“速度之树”（因为它的快速生长）和“白刺李”（灰白的树皮将其与黑刺李区分开）等，并且它始终在“五朔节”庆祝活动中被当作重生和生育的象征。山楂是绿人雕饰（Green Man carvings）中呈现的树叶种类之一，这与基督教有关：据说，可敬的格拉斯顿伯里荆棘萌芽自亚利马太的约瑟（Joseph of Arimathea）的山楂木手杖。正是约瑟安葬了耶稣。

生物学、分布和生长环境

单柱山楂遍布欧洲大部分地区，一直向东延伸至阿富汗。英国目前发现了两种独立的山楂种类，两者之间经常进行杂交。在两个亲本一起种植的地方，它们之间的渐变特征在后代中表现得很明显。山楂可以生长在几乎所有类型的土壤上，除了那些非常多沙、贫瘠或者水涝的，并且在农村广泛分布，尤其多见于树篱。我们可以看到它们几乎俯伏在毫无遮挡的山地和丘陵，在大气污染严重的城市街道和路边也能看到它们的踪迹，在海崖上还有那些被强风吹弯的身影，这都证明了它们的极度坚韧。红花山楂更普遍地分布在重黏土和平静茂密的林地中。它们在英格兰的中部和东南部都不太常见，在威尔士和苏格兰的一些地点有限地零散分布。

红花山楂比山楂早开花1～2个星期。通过叶片形状可以很容易地将它与亲缘植物区分开：它的叶片通常三浅裂，而山楂叶缘呈锯齿状（深裂），通常为五裂。山楂果（果实）只含有一粒种子（因此是“单果”），红花山楂果则含有2～3粒种子。杂交使两个物种的鉴定变得复杂，为了简单起见，它们从此都被当作山楂处理。

山楂树形很小，很少超过10米高，但是可以存活几百年。从秋季到冬季，山楂果始终存留在树上，是鸟类重要的食物（仅次于接骨木），包括我们常见的欧歌鸫（*Turdus philomelos*）、槲鸫（*T. viscivorus*）和乌鸫（*T. merula*），以及它们在英国越冬的近亲红翼鸫（*T. iliacus*）和田鸫（*T. pilaris*）等。至少有60种鳞翅目昆虫与山楂密切相关，它们的幼虫以山楂为食［包括冬尺蠖蛾（*Operophtera brumata*），这是一种危害巨大的苹果害虫］。相应地，它们又成为以昆虫为食的鸟类的食物。

造林学

> ［山楂］可以通过种子或植株繁殖；但是，有时候它们并不会在第一年发芽，这时你一定不要失望；山楂和许多其他的种子都包有一层非常坚硬的种皮，这往往会令它们在土壤中经受长达两年的雪藏才发芽……［J. E.］

山楂的种子需要用分层法进行长时间的处理。成熟的山楂果必须在秋天采集，并且种子一旦取出，就应该直接在室外播种（防止害虫），以便暴露在冬季的温度下。即便如此，这些种子可能还需要等待两个冬天才会发芽。加速种苗发芽的替代方法是有效的，它们都包括对山楂种子硬且几乎不透水的种皮进行处理。商业上，人们使用硫酸来溶化种皮。还有一种更自然的方法，即让种子在它们自己的山楂果肉中发酵一段时间。如果时间控制得好的话，收集可以在种子仍然“青春”时完成，也就是在种皮变硬之前进行，然后立即将得到的种子播种在室外。嫁接和压条法被用于繁殖特定的树木，尤其是各种为花园特选的种类。

有限的田间实验数据表明，当地种源的山楂发芽较晚。与一些源自欧洲大陆的种类相比，它们多刺，对霉菌抗性更强，并且在高地上生长得更旺盛。这些发现对树木健康和生物多样性均具有重大意义，例如开花和结果的物候学会对相关昆虫造成影响，而多刺的特性则会影响筑巢小鸟的安全。

种植山楂通常不是为了获取木材，它的造林学在很大程度上与它在树篱中的应用有关。它能够耐受各种形式的修剪，包括分层修剪和矮林平茬修剪，多刺的枝条还能形成密实、防止牲畜通过的栅栏——尤其是在树篱中。尽管树篱的艺术与实践保留了下来，但这是一份劳动密集型的工作，主要由保护组织承担，或者当土地所有者得到财政奖励时完成。通常情况下，树篱更多需要靠机械切割或清理。

对野生动物——特别是昆虫、鸟类和小型哺乳动物而言，树篱有着不可估量的价值。光秃秃的树篱如今成为我们在乡村常见的景象，不仅难看，而且荒芜。生长在未经修剪的树篱，或者树篱生长周期（10 年或更长时间）中的山楂树，山楂果的产量是那些每年修剪的山楂树篱的 50 倍。相应地，前者对于野生动物的意义也更重大，不仅作为食物来源，还成为它们的容身之处。

在切实可行的情况下，全国各地的土地所有者都应该种植新的树篱。其中，山楂应该至少占 60%。剩余部分可能包含其他原生树木或灌木，包括黑刺李、鼠李、绣球、卫矛和绵毛荚蒾，按照临时标准还可以有栓皮槭木或欧梣等。这些物种应该采取漂移种植（即同一物种的少数植物种在一起）的方式，在种植时始终注意确保有足够多的连续的山楂，从而形成一道防牲畜的栅栏。控制竞争性的杂草必不可少，可以使用除草剂或以木屑覆盖。还有一项新技术可以采用，即在种植后立即将所有树木修剪至仅有 10 厘米高，然后沿着整排树木铺展可生物降解塑料，并允许切断的茎条穿透塑料。新栽种的树篱植物需要被保护免受啃食：小型林木保护管或环绕式螺旋防护装置都能发挥作用。但是，一旦达到目的后就必须将其移除，否则会对乡村构成视觉污染。

木材和其他应用

> 老山楂树的根非常适合制作盒子和梳子，风格富有奇趣又很自然：我通过阅读了解到，他们用山楂木制作一些小船船体的筋或者容器的龙骨。并且可以肯定，如果他

们按照标准将山楂树单独种植在安全的地方，这些山楂树迟早能够长成高大的树木，对车工来说具有极好的用途，完全不逊于黄杨…… [J. E.]

山楂木极少长到很大的尺寸，传统上常用于制作各种小物件。它们木质坚硬并且非常坚韧，这种特性令其成为制作水车齿轮、锤头，以及其他对耐久性和强度有要求的工具的理想材料。山楂木的表面可以被处理得非常光滑，并且粉红色到红棕色的心材（和黄灰色的边材）使它们与其他木材的嵌合非常有吸引力，例如作为精美家居的镶嵌物。山楂木是雕刻用的极好木材，可以作为黄杨木更便宜且更容易获取的替代品，而且非常适于车削工艺。一般情况下，侧枝被用于制作小盒子和雕刻物品，有些木材由真菌导致的颜色变化也受到车工的欢迎。干燥山楂木而不引起开裂是一项重大的挑战。在地面以下切断的整根树干通常被用于制作手杖、棍棒和木鱼锤。

英格兰人的传统武器铁头木棒（quarterstaff）就是由山楂木制成的。如今，传统棍斗运动爱好者仍会制造铁头木棒，他们主张在冬季砍伐所有高度等于棍斗者头长加 7.5 厘米、最小直径为 2.5 厘米的幼树。这些棍子最初是将树干劈成四份，然后用刨刀制作完成的。

单独的山楂叶片，在叶柄基部有一对大托叶（可获分支）。

山楂木可以作为优质且燃烧缓慢的木柴，因为能比其他树种产生更多的热量而闻名。它翠绿的叶片不仅对食草动物极具吸引力，对人类而言也同样美味可口。传统上它被视为普通食物，不是因为具有果仁的味道，而是作为一项基本饮食。树木的一些部位已经被草药师作为各种心脏疾病的治疗药物使用了数百年，据说可以缓解心绞痛和高血压。

病虫害

山楂树没有明显的健康问题。它们易感能够导致花和枝死亡的火疫病菌（*Erwinia amylovora*），随着病情发展，较大的茎也会枯死并出现腐败。染病部分应该被切至褐变——树皮被剥离以后可见——以下至少 30 厘米处，并彻底烧毁。苹果和梨的商业种植者通常会避免在附近种植山楂，因为这些树木对该病菌也同样易感。山楂至少可能感染 9 种锈病，包括由球状胶锈菌（*Gymnosporangium globosum*）引起的山楂锈病。

展望

山楂树似乎是“防轰炸的”。鉴于山楂在树篱中的作用，它们定义了英国的乡村。为了保持它的健康和繁荣生长，土地所有者需要明智地将种源问题纳入考虑范畴，从而确保遗传多样性和适宜性。

榅桲果实在成熟前多毛，成熟后变成表皮光滑的黄色果实。和其他的梨果（如苹果、梨）一样，榅桲也是假果，因为它们可食用的果肉是花柄末端的膨大部分，而不是子房（真果）——子房构成它们的果核。榅桲果实的基部有很大的萼片，原是托住花瓣的部分。

榅桲

—

科：蔷薇科
属：榅桲属

我们可能读到过，桃树最初被认为是一种无比娇嫩脆弱的树，只有在波斯才能茁壮生长……我可以肯定，我们的西梅、木瓜、欧楂果、无花果和大多数普通的梨，以及其他几种多年生的果树种也是如此；甚至大马士革玫瑰，在英格兰也不过区区百余年：在我看来，这应该是种美好的激励。[J. E.]

长期以来，榅桲（*Cydonia oblonga*）都备受珍视，古希伯来人称之为“金苹果”。在美索不达米亚，也就是今天的伊拉克，由于气候对于种植苹果过于炎热和干燥，榅桲成为这里重要的水果。在古希腊，这种树被当作花园植物，并出现在荷马史诗《奥赛德》（*Odyssey*）中；在希腊神话中，它可能恰好是帕里斯的评判（Judgement of Paris）中的金苹果。榅桲属的属名 *Cydonia* 来源于榅桲果实的古老名称 Cydonian apple，这是以克里特岛西北部已废弃的港口城市科多尼亚（Kydonia）命名的。

榅桲被认为最早由诺曼底人带来英国，比伊夫林推测的时间早很多。14 世纪晚期，杰弗里·乔叟（Giffrey Chaucer）在一首短诗的开头写道：“哦，灰色的榅桲，悬挂在枝头，没有人将你带走，所有路过的农夫都没有，你的花朵凋零摇落。”伊夫林在《森林志》中很少提到榅桲，它或许是温带果蔬中受到赏识最少的一种。

生物学、分布和生长环境

榅桲与苹果和梨的亲缘关系很近，却是榅桲属中唯一的物种。它可能会被与各种不同的物种混淆，例如也能产生可食用果实的日本木瓜（*Chaenomeles japonica*），后者更多以“贴梗海棠”之名为西方园艺师所熟悉。在中东、中亚和地中海国家，榅桲有上千年的种植历史。但是，它们的起源地区被认为横跨高加索地区，包括亚美尼亚、阿塞拜疆、伊朗、俄罗斯西南部和土库曼斯坦等。其中的一些国家至今仍可发现野生榅桲，例如在与里海接壤的沿海森林中，榅桲与扁桃树、樱桃树、欧楂树和花楸树伴生。但是，这些森林正受到人类发展带来的威胁，很可能由此丧失其遗传多样性。

这种小型落叶树的生长速度相对缓慢，最高可以长至 7 米，通常有多个主干。虽然它的花朵很脆弱，但它的木质坚硬，嫩枝也不怕霜冻。花朵在每年 5 月绽放，雌雄同体，经虫媒传粉，呈很有吸引力的粉红色。榅桲要经过一个漫长的生长期，最好生长在阳光充足的环境里，从而获得良好的收成，产出一批个大、金黄、芳香的梨果（一种果实的类型）。这些果实会在晚秋时节成熟。与此相应地，若想形成花蕾，则需要-7℃或者更低的冬季气温。在英国，只有生长在南部的树木才能稳定地结果。

园艺学

榅桲通常通过扦插繁殖，枝条很容易生根，根部萌蘖也易于摘取，然后作为新的植株成活。另外，榅桲也可以进行压条繁殖。如果从种子开始生长，那么就要在晚秋时节从树上或者地面收集梨果，从果肉中取出种子。种子被洗净除去所有残留的果肉后，在空气中温和地风干几天，然后放入湿沙，在低温（但高于冰点）条件下储存大约 8 周。到了 1 月下旬，可以在最终种植地将这些种子播种在容器中或者户外。

榅桲可以生长在大多数土壤中，从松砂地到重质黏土均可，而且适应的 pH 范围很宽。但是，在高 pH 条件下树木可能发育迟缓，出现萎黄症（叶绿素生产不足）的症状。种植时，应给树木保留足够的空间，以便它们吸收充足的阳光。移栽幼树时，建议使用支撑杆。榅桲应该采取与苹果树相似的方式进行修剪，也就是说，简单地去除拥挤或交叉的侧枝，保持良好的空气流动和均衡的树冠。榅桲可以被塑形，呈扇状靠墙生长，这样的植株能被栽种在最小的花园里。然而，考虑到那多样且多节的树干和春天开放的迷人花朵，榅桲还有潜力成为形状独特的景观树。

榅桲的果实在 10 到 11 月间成熟，颜色变黄的同时散发出独特的香气。完全成熟的果实只需轻轻晃动，就可以从树上掉落下来。但是，如果想要持续种植，就应该使用高枝剪摘取果实，使枝条上的果刺不会受到破坏。也可以从地面上捡取果实，但因为它们很容易被碰伤，如此得到的果实无法储存。将从树上摘取的果实擦干，用纸单独包装后可以在阴凉（约 10℃）通风的地方保存 2～3 个月。

在全球范围内，仅有大约 43,000 公顷的商业榅桲生产。大约所有产量的 25% 都在土耳其，其他的种植地点还包括阿根廷、中国、伊朗、摩洛哥和美国。在已知的几个榅桲品种中，有一些结出的果实甜度足以作为新鲜水果食用（例如俄罗斯的“Krymsk”和英国肯特郡基地苗圃的“Iranian Quince”）；其他品种则产出超大型果实（例如塞尔维亚的“Vranja”）。有时被称为“葡萄牙”的“Lusitanica”是一个在 17 世纪被引入英国的古老品种，产出的果实品质好，但产量低，而“Meeches Prolific”是一个极好的花园品种，能结出很大的梨形果实。

数百年来，榅桲一直被作为梨的矮化砧木，长成的树木比其自然形态更小，但果实产量更丰富。从 15 世纪开始，人们便出于这个目的种植榅桲，尤其是在法国西北部的昂热一带，那里来源的砧木被称为“昂热榅桲”。鉴于可供选择的繁多砧木具有一定的不可靠性，在肯特郡东茂林的英国园艺研究所已经给它们制定了标准。

木材和其他应用

种植榅桲的目的并不在于获取它的木材，但是像许多果树一样，如果少量种植的话，还是可以得到一些多用途木材的。这些木材坚硬而稳固，可以被打磨出极其精细的玻璃样表面，并被加工成各种各样的小物件，包括餐具和厨房用具的手柄等。它是细木工匠制作镶嵌物时尤其珍视的材料：作为所有果木中颜色最浅的一种，尽管其自身缺少可识别的特征，但与苹果或胡桃等较暗的木材可以形成极为鲜明的对比。

除了少数品种外，榅桲的果实大多因太硬和酸涩而难以生食，除非进行“腐熟”处理（经霜冻和随后的腐化而变软）或者烹煮。可能仅仅这一点，便足以导致其受欢迎程度远不如苹果和梨等即食性水果。榅桲的果肉在长时间烹饪后会变成深橘红色，制得的果酱或者糊状物通常质地稠厚，是一种与欧楂果酱制法类似的美食。榅桲曾经是保存食物的天然果胶的重要来源，被用于果酱、饮料、馅饼和甜食中。

英文中果酱一词 marmalade 的起源是葡萄牙语“marmelo”，意思就是“榅桲”。榅桲果酱或糊状物以昂贵闻名，在中世纪需要从葡萄牙和其他地中海国家进口到英国。到了 16 世纪，英国才开始自己制作，使之成为更多人能负担得起的食物。这种果酱也被称作“cotiniack”“diasetonia”或者“quiddany”。甜的榅桲果酱被认为有助于消化，经常被在大型宴会后提供。这些稠厚的果酱通常被压平、弯曲或加盖印花，作为餐桌上优雅的装饰品。它们还被当作一种壮阳药，因此 17 世纪的伦敦妓女还有一个昵称：果酱女士。榅桲果酱如今在许多地中海国家——尤其是西班牙——依然受到人们的欢迎。

现代药学中，一种榅桲树皮提取物表现出减轻类风湿性关节炎、胃炎、炎性肠病和癌症引起的慢性炎症的作用。

病虫害

榅桲是蔷薇科中最容易感染火疫病的树种之一，尤其在夏季温暖潮湿的地区。它也受到梨叶斑病（*Fabraea maculata*）、白粉病（叉丝单囊壳属）和锈病（胶锈菌属）的影响，其中梨叶斑病会导致叶片脱落和果实变形。采集自天然分布范围——包括土耳其、土库曼斯坦和乌克兰——的 20 多个独特的天然种类表现出对这些真菌性病害增强的抵抗力，并且可以通过育种计划为商业品种创造增加抗性的机会。

展望

想象一下，在树篱、林地边缘或小树林中偶遇榅桲是怎样的乐趣。我们的果园也同样能因在更常见的果树中增加榅桲而受益，引入它的小花园都将得到美化。榅桲的药用价值才刚刚开始受到关注，这可能会增加这个美丽物种的商业种植。

苹果

—

科：蔷薇科
属：苹果属

……现在，是时候让我们从森林进入田野，考虑一下种植果树会有哪些进步的可能性了。[J. E.]

从伊甸园里的禁果，到艾萨克·牛顿提出万有引力理论的灵感来源，苹果深深地融入了我们的文化洪流之中。它源自中国，沿着丝绸之路向西扩散到欧洲，由罗马人带入英国。从那时起，苹果被培育出成千上万个品种，生长在象征着英格兰花园的果园里。它的产品，特别是苹果酒，已经成为地区荣耀和认同感的来源。

生物学、分布和生长环境

苹果已经被广泛驯化，除了大约30个真正的品种以外，还有成千上万的杂交品种。苹果的分类是最混乱的，并且相当复杂，不仅由于任何未经驯化的种类均被俗称为“野生”而充满谬误，外观（形态学）上的巨大变化也令狂热的植物学家对苹果属植物的命名多达79种——但另一些更保守的人则仅提出8种。

用于果园种植的种类经常被称为*Malus domestica*，但是，正如苹果专家巴里·朱尼珀（Barrie Juniper）提出的不同意见，苹果的正确学名应该为*M. pumila*。苹果与梨和榅桲紧密相关，同属于蔷薇科苹果亚科的梨果类果实。苹果属可能起源于中国南方，在长达4,000英里的丝绸之路上，沿线的大部分地区都有苹果，这使其不可避免地向西分布，并被不断增加的贸易与移民驱动。如今，除了中亚的天山山脉——尤其是哈萨克斯坦、吉尔吉斯斯坦和乌兹别克斯坦——的野生果树森林之外，它们的自然分布支离破碎，均受到人类驯化的干扰。在那些地方，大量的苹果与胡桃和各种李属物种混合生长在一起。

这些森林中发现的苹果在习性（灌木或者乔木）、开花（花瓣的颜色）、多刺，特别是它们的果实（颜色、大小、味道、质地）等方面，都出现了很大的形态变异。但是，它们在植物学上依然属于同一物种。具有苹果芳香的花朵吸引了大量的昆虫传粉者，尤其是蜜蜂。苹果花雌雄同体，不过几乎所有的甜苹果都自交不亲和（不能自花授粉）。与许多种子在大小适中的果实中经鸟类传播的苹果种类相比，甜苹果出产的大果实更适合食草动物或者杂食动物，尤其是人类。它的种子容易通过动物的肠道，经由粪便被散布到林地。

欧洲野苹果（*Malus sylvestris*）有时也被称为“野苹果”，在欧洲大部分地区的林地边缘和

第140—141页：沿着牛津郡阿芬顿白马峭壁下面的旷野边缘生长的野苹果。使用机械树篱修剪机器反复切割，使前方的树枝都被移除，从而促进旺盛的侧生长，并保持蟹足状的外观。许多小而酸的黄色果实悬挂在这棵树棱角分明的枝条上，到了冬季则会铺满地面。

树篱中都能找到它们的踪迹，但从来都不广泛存在。在北美，“野”苹果可以指代各种不同的种类，通常包括南方狭叶花环海棠（*M. coronaria* var. *angustifolia*）和花环海棠（*M. coronaria*）。在英国，花环海棠几乎无处不在，最北可至舍得兰群岛，却被归为“稀有”等级。

甜苹果的野外逸生在树篱中很常见，由于乱丢弃的苹果核，它们经常生长在公路边缘，很容易与真正的野生酸苹果混淆。可以在开花时对两者进行区分：甜苹果花的萼裂片两侧被毛，而酸苹果的萼裂片仅在内表面有毛。如今人们认为，酸苹果在英国甜苹果的演化过程中，并没有发挥曾经一度被认为的重要作用。它的常用名称 crab apple 源于古英语 crabbe，意思是“苦涩或刺激的味道”。这个词现在经常被用于描述为了观赏芬芳艳丽的春花而挑选的品种，如多花海棠（*Malus floribunda*）。

¶ 园艺学

> ……在你们的土地上的每个角落嫁接、栽植和培育树木；工作量少，无须成本，但产品丰硕；你们自己将会变得富足，穷困者将会多少有所收获，以缓解其迫切的需求；上帝将会赏赐你们的善良与勤勉［J. E.］

尽管像其他许多果树一样，甜苹果在农林系统中占有一席之地，园艺学仍是一个比造林学更合适的术语。苹果生长在各种类型的土壤上，并且能够耐受除极端暴晒和严寒之外的所有地区。通常没有苹果树能够在乔林里繁茂生长，因为树高（能达到 10 米）和对光的需求会阻碍它们的生长。在欧洲的一些地区，酸苹果可以在比较老的松林下茁壮成长，因为有足够的光线穿透老化的冠层。一些记录表明，酸苹果有时被纳入英国低密度矮灌木林标准体系中。

作为生长在林地边界和骑乘区的小树，苹果在园林景观和防护中发挥着重要的作用。它们的花朵供养了传粉昆虫，果实则养育了大量的鸟类和哺乳动物。在林地散步时，偶遇一棵“野生”甜苹果树能带来极大的乐趣。这些果实苦涩得难以下咽，但即使作为一个“吐口水的人”，你也是在帮助它们散播种子。

栽培苹果的焦点在于产出苹果。在苹果驯化史的早期，可以通过种子培植出具有令人满意特点的水果。然而，由于甜苹果通常自交不亲和，繁殖出来的树木很少能完全具有亲本的品质，并且扦插或者压条繁殖苹果树一般很难成功。所以，直到大约 2,500 年前嫁接法（它们在罗马帝国时代相当常见）在波斯出现之后，人们才开始能够培育出具有特定品质的苹果树。菲茨赫伯特的《牧师之书》中精确地记述了嫁接技术，这表明到了 16 世纪早期，人们已经掌握了相关的复杂知识。

在英国曾经可以找到的众多苹果品种中，尽管有一些名垂青史，但大部分都只是地区性的。1804 年，英国皇家园艺学会，即当时的伦敦园艺学会成立，旨在解决苹果栽培品种命名混乱的问题。1826 年，首个国家果品收藏馆成立，并出版了一份目录。1831 年出版的更详细的版本描述了大约 1,400 个苹果栽培品种（还有 677 种梨），尽管后来证明有许多是同物异名。“Ribston Pippin”最初在约克郡被发现，但是直到比顿夫人（Mrs Beeton）在 1861 年用其制成一道极好的甜点后，才成为国际知名的品种。它还出现在查尔斯·狄更斯（Charles Dickens）的《匹克威克外传》（*The Pickwick Papers*）中。1740 年，另一种经久不衰的甜点苹果“Blenheim Orange”在牛津郡的布莱尼姆宫庭院里被发现。人们认为它后来被用于培育了许多重要的栽培品种，包括备受推崇的甜点苹果“Cox's Orange Pippin”（1830）和世界著名烹饪用苹果“绿色大苹果”（1809）。和另一种著名的栽培苹果“Norfolk Beefing”（1780）一样，“绿色大苹果”能够结出高酸度、低单宁含量的大果实。

许多不太知名的品种如今已经不复存在了。

从野苹果粉色的蓓蕾中开出白色的花朵。卵圆形的叶片几乎无毛，略带光泽，通常具有褶皱。沿着叶片边缘，小而圆尖的三角形齿清晰可见。

到了20世纪，更多地聚焦于口味而非产量的英国苹果产业发现，自己已经处于不利地位，无法与大量进口的那些生产自气候更温暖的国家的苹果——例如“Golden Delicious”“Granny Smith”和“Red Delicious”等品种——在价格和供应方面展开竞争。20世纪90年代早期，英国引进了能够在本土生长的海外品种，比如来自新西兰的“Braeburn”“Gala”“Jazz”，以及来自美国的“Cameo”。如果品种合适的话，英国相对温和的气候和丰沛的降雨将给苹果的生长提供无与伦比的优越条件。肯特郡的布罗格代尔农场举行的国际果品收藏会包含了2,000个苹果品种（还有500种梨、300种李子、280种樱桃和50种榛子）。

与其他所有苹果酒相比，“特红”（Redstrake）在味觉精准的品尝者中获得了绝对的卓越地位，尤其是在赫里福德郡，它被评为口感最丰富和香气最馥郁的一种……［J. E.］

任何苹果都可以用来制作苹果酒，但是特定的品种已经被培育了几百年。这些苹果主要分为4种类型：甜（例如“Sweet Coppin”）、苦甜（例如“Somerset Redstreak”，曾被伊夫林提到）、苦烈（“Kingston Black”）和浓烈（“Tom Putt”）。不过，苹果酒制造商经常也会采用一定比例的甜点或烹饪用苹果。传统上，法国西北和英国南部（尤其是赫里福德郡、萨默塞特郡和德文郡）通常被视为出产最佳苹果酒的地区，那里使用高单宁（苦甜型和苦烈型）含量的栽培品种，不仅能使苹果酒的口感更加“浓郁”，苹果本身更丰富的纤维结构也有利于挤压过滤。

¶ 木材和其他应用

苹果木作为一种受欢迎的副产品，是一棵可能已经在结果方面充分证明过自身价值的树木，在行至生命终点时献出的最后礼物。在出现分枝前，苹果树很少长得高大，并且经常倾斜和弯曲，因此又直又长的零缺陷木材极为珍贵。苹果木的密度与欧榉、欧洲水青冈和橡木相似。它们需要慢慢地干燥，从而避免出现开裂和弯曲。不过，干燥后的木材性质非常稳定。苹果木曾经被用于制作精密仪器和绘画工具，在车工眼中以及在小物件制作方面仍然具有很高的价值，比如箱子甚至家具。据悉，北美移民将其用于各种用途，包括制作轴承、碗、摇椅、齿轮、球棍和工具柄等。如果不算奢侈的话，苹果木还是一种极好的木柴。

大多数甜苹果树是为了生产水果而种植的。在欧洲，德国是最大的食用苹果种植国，其次是法国，有 60% 的果园种植名为“Golden Delicious”的品种（在美国首次培育）。尽管苹果维生素 C 含量在各种水果中并不突出，但富含抗氧化的黄酮类化合物，如今科学家们正在探索其在降低与老化、哮喘、癌症、糖尿病和心脏病相关的自由基的有害影响方面，发挥了怎样的作用。

伊夫林曾在“波摩娜”中考虑过为酿造苹果酒而种植苹果树的问题。这份附录被添加到第 1 版及此后的各版《森林志》中，被认为是相关主题的第一篇英语论文。伊夫林记述了在诺曼底人对英格兰的军事征服之前，英格兰就已经开始的古老实践进程。几个世纪以来，苹果酒都是一种主要的饮品，含有丰富的营养：挤压苹果保留了大部分的维生素 C，在发酵过程中又产生了维生素 B_{12}——一种在肉类仍是奢侈品的时代非常重要的营养物质（现代经过巴氏灭菌的苹果酒中几乎不存在维生素 B_{12}）。这种苹果酒也是无菌的，因为发酵过程消灭了有害菌。它还成为颇受孩子们欢迎的（通常用水稀释）苹果酒饮料，充当支付租金的货币，甚至在 20 世纪 40 年代末构成萨默塞特农场工人薪水的一部分。

制造苹果酒时，苹果必须被碾碎（压碎）到适当的程度，制成保留果肉碎块的果浆——如果碾压过度就无法释放出果汁，同时还要确保含有氰化物的种子不被碾破。传统上，碾压工作由马拉动一块大石轮完成。几个世纪以来，为了完成这项工作，人们设计出许多灵巧的机器。农学家约翰·沃里奇（John Worlidge，1640—1700）在他 1676 年的著作（*Vinetum Britannicum: or, a treatise of cider, and other wines and drinks extracted from fruits growing in this kingdom*）中对“Ingenio”进行了描述，并给出图示：一种带有圆柱齿辊的旋转压榨机，通过手动将水果从篦子中挤出来，每小时能榨出几吨果浆。

紧接着碾压过程的，是靠压力从果浆中榨取果汁。从中世纪以来，这个过程都靠木螺旋压榨机（通常由榆木制成）来完成。果浆首先被制成有薄层的苹果和麦秆相交替的“奶酪”，其中麦秆形成排水通道以便果汁流出。如今，麦秆已被木质板条和织物所取代，并由液压泵提供压力。尽管在现代工艺中，碾压和榨取之间的时间通常很短，但是在传统上——尤其是在法国，果浆可以被放置或浸渍长达 24 小时，从而让酶能够改善苹果酒的风味。

发酵过程是工业苹果酒和传统苹果酒差异最大的地方。苹果酒的大规模生产需要进行严密的控制，并且有很高的技术含量，而传统酿造则主要依靠制造商的技能，因为存在太多的变量可能会对最终的产品造成影响，所以往往有运气的成分。按照传统工艺酿造的苹果酒几乎没有任何添加剂，不过，二氧化硫通常会被用于控制杂菌和酵母的生长。若将发酵过程控制在瓶内完成，则可以生产出干碳酸苹果酒（在大批量生产中，通过压力将二氧化碳泵入瓶中）。天然甜气泡苹果酒，如诺曼底的cidre bouché，用到了一种名为“酿酒桶”（keeving）的制作方法——压榨的果汁在浸渍过程中静置1周后，其表面会形成一层果胶凝胶，将其挑出后便酿成了清澈的饮料。苹果烈酒，或者所谓的“农家苹果酒”，是一种通常被定义为“粗糙”的不起泡饮料，其中高浓度的乙酸赋予其醋一样的风味。

在英国，苹果酒制造业的命运起伏很大，往往取决于从法国进口葡萄酒的价格，而这又因两国是否处于和平共处状态而异。如今，苹果酒酿造拥有活跃的市场，其中大部分是由跨国饮料公司大规模进行的。 但是，英国的小型苹果酒制造商也在经历一场复苏，至少有100名工匠出于商业目的在酿造苹果酒，此外还有无数业余爱好者。其中之一就是来自牛津郡利特威滕汉的安德鲁·利（Andrew Lea），他在苹果单宁研究方面得到了博士学位，并在布里斯托附近的朗阿什顿实验站工作了13年。该研究所成立于1903年，旨在推动西部乡村苹果酒的创新发展（在2003年关闭）。他在《精酿苹果酒的制作》（*Craft Cider Making*）一书中，写下了苹果酒爱好者关于这一主题可能想了解的一切。

其他的苹果产品还包括苹果白兰地，这是法国西北部的特产。它避开了清教徒和税务人员的视线，由发酵的苹果汁蒸馏制成。在北美较冷的地区，人们酿造出一种叫作“Applejack”的烈酒：将苹果酒储存在户外的桶中，待其中的水分结冰后除去，留下浓缩的酒精。不含酒精的苹果汁依赖与苹果酒相同的技术，只不过制作过程要停止在发酵前（最常使用甜点苹果品种）。相比之下，苹果醋在发酵后制成：苹果酒被存放在有空气的地方，以便细菌将酒精转化为乙酸。在传统医药中，苹果醋的应用可以追溯到古埃及人，而现代的爱好者则认为它能够对包括关节炎在内的许多病症发挥疗效。

病虫害

甜苹果和酸苹果都容易感染苹果疮痂病、蜜环菌、苹果溃疡和霉病，而使用甜苹果制作的水果产品会受蚜虫、果树蜘蛛螨、蚧壳虫、苹果卷叶蛾和各种蛾类幼虫的影响。许多栽培品种都因为对这些害虫和病原菌的抗性而被选中。另外，这也依赖于砧木的选择。

展望

正如同巴里·朱尼珀描述的那样，对于全球农业综合企业尝试控制下一代全球最受欢迎的食物之一，苹果“仍然发挥着坚定、有效并且具有颠覆性的影响”。苹果可以跨越大多数的大陆，它们从栽培和野生种群中自然演化出新品种的能力，意味着在园艺家和育种者没注意到的情况下，不断会有新品种出现。我们中的任何人都有可能偶然发现下一个超级食物。像我们所有的果树一样，一旦土地所有者和规划者允许他们的想象力自由发挥，苹果在农林业系统、林地边缘和树篱中便可以发挥更大的作用。

欧楂果

科：蔷薇科
属：欧楂属

……欧楂，一种阔叶木，我曾见过用其制作的非常漂亮的手杖……［J. E.］

伊夫林可能曾对它的木材品质表示欣赏，但是栽种欧楂树从来不是为了获取木材。欧楂的果实看起来与众不同，个头小，呈棕色，在裂开的花萼下面有一个暗藏的洞或称为“眼”。它们从中世纪起就是英国冬季的一种重要食物，不仅被描绘在挂毯画中，还出现在各种食谱里。后来，它们变成了一种可以和波尔图红酒一起食用的特色餐后食品，尽管为了使果肉变得又软又甜而进行的腐熟或软化很难符合每个人的口味——D. H. 劳伦斯把它们描述为“棕色病态的酒囊”。

生物学、分布和生长环境

作为欧楂属5个物种之一，欧楂（*Mespilus germanica*）原产于小亚细亚和欧洲东南部的一些地区，如黑海和里海沿岸。在被罗马人引入西欧之前，它们在这些地区可能已经有3,000年的栽种史。从中世纪起，欧楂果开始在英国普遍种植和归化。如今，它们广泛分布在除了英国南部和苏格兰以外的其他区域。另一个种，1990年在美国被“发现”的Stern's medlar（*M. canescens*），如今被认为是山楂和欧楂的杂交种（*Crataegus brachyacantha* × *M. germanica*）。

欧楂是一种能长到6米高的小乔木，叶片外观带有热带特色，并且在秋天变成深豆沙红色。白色的花有时带有一点粉红色，和榅桲的花没什么不同。这种树会结一种圆形的果实（梨果），大约3厘米长，成熟后呈棕色。除了大萼片以外，这种果实与小苹果颇为相似。萼片裂口很大，因此给人一种果实中空的印象：它的法语名字cul de chien就很形象地描绘出这一特点，不过此处不做翻译。欧楂果的外观成为16世纪和17世纪文学中许多下流双关语的灵感来源，并且经常被当作卖淫者的象征。在莎士比亚的《罗密欧与朱丽叶》（*Romeo and Juliet*）中，茂丘西奥（Mercutio）嘲弄地说：“此刻他坐在一棵欧楂树下，祝愿他的情人是那种水果，就像女仆们在独自欢笑时口中的欧楂果。”

园艺学

欧楂的梨果通常含有5枚种子，有时多达10枚，必须从果肉的中央把它们取出来。清理之后（最好也最愉快的方式是在食用果肉后吐出种子），这些种子需要在水中浸泡24小时，然后再在4℃的温度下于潮湿的沙子中分层冷藏60

第148—149页：欧楂光滑的叶片呈椭圆形，尖且韧如皮革，紧密地生长在短侧枝上。此处，每根枝条末端都有一个坚硬的棕色果实：欧楂果。它们出现在春天单朵的白色蔷薇型大花朵之后。与某些雄蕊类似，萼片形成的花冠保留在每颗欧楂果的基部。

天。最好在春天将种子播种在2厘米深的土壤中，无论在容器中还是直接种在户外。如果在户外播种前没有对种子进行如上所述的预处理，那么这些种子可能需要经过两个冬天才能发芽。

欧楂也能在秋季通过简单的压条法繁殖。选择一根能够弯曲到地面，并且长度足够使伸出地面的部分有30厘米的柔韧新枝。在接触地面的地方，贯穿芽和周围的树皮做一个3厘米长的切口，涂上生根激素，然后用销钉固定，把包括受伤部分在内的枝条埋在大约10厘米深的地方。用藤条支撑起茎尖，以便促进其直立生长。12个月后，这段枝条应该已经生出了自己的根，于是便可以将其从母体上分离，并移栽到新的地方。

商业上，大多数欧楂都被嫁接到梨或者榅桲的砧木上。有几个品种可供选择，其中最受欢迎的是“EMA”。在不同的栽培品种间，果实的形状和风味变化各异。在英国最常种植的是“Nottingham”，果实口味极佳，但是在成熟的过程中容易开裂、腐烂。“Large Dutch”是一个现代品种，果实生吃时鲜美可口；“Iranian Medlar”的果实较大，最适合烹饪食用。所有的欧楂都是自花授粉，因此即使单棵种植也能结果。

欧楂能够耐受多种类型的土壤，但是在日晒充足、排水良好且湿润的土壤中长得最好。它能够耐受冬季低至-20℃的温度。在春季施用有机覆盖物将有助于生长。少量的修剪很有必要，例如除去过度拥挤或者已死的树枝等，这样做并不会影响结果，因为新旧枝条都会开花。不过，由于果实结在树枝和枝头上，因此如非必要，无需将这些枝条修短。这个缓慢生长的物种栽种3年后就开始结果，并且因100年甚至更长的树龄而出名。

¶ 木材和其他应用

和所有的果木一样，欧楂木材坚硬而有韧性。它极受木材车工的赏识，但是很难得到。

果实应该在树叶落尽后的深秋或初冬摘取。在不能食用的外皮内，腐熟前的果肉通常味道很差。这就意味着需要将果茎放在稻草中，并在阴凉处冷藏大约3周，令肉质的中心部位腐熟成美味的果肉。欧楂果可以被完整地摆上餐桌，然后将萼片和薄膜剥除，用勺子舀出肉质的中心部位。另一种更直接也更愉悦的食用方法是将整个果香浓郁的果实吸进嘴里，再吐出种子。

欧楂果适合制作美味的果酱或者馅料，1千克腐熟的果实可以制作2～3罐果酱。这些腐熟的原料果实需要被切成两半，加水煮沸3个小时。在用粗棉布过滤一整夜后，测量最终获得的液体量：每300毫升液体应添加200克蔗糖和一些柠檬丝。大火猛煮，使这种混合物变得稠厚，呈现出一种浓厚的橘红色或红色。欧楂果酱的口味独特而复杂，既充满乡土气息，又富含异国情调，可以与奶酪、冷盘肉或烤猪肉一起制成馅料。如果延长烹饪时间并且与丁香混合，得到的便是欧楂“奶酪”。传统上，欧楂果酱与榅桲果酱一样，都可以用铜制的模具塑造成新颖的形状，作为餐桌上的甜点。

病虫害 ¶

在春季，冬尺蠖蛾的幼虫会大量滋生。

展望 ¶

到了秋季，欧楂叶片展现出巨大的魅力，不仅能给我们的景观和花园增加一定的多样性，对于我们的饮食也同样如此。

樱桃

—

科：蔷薇科
属：李属

我自己也种植这种树，并且传授给我的朋友们，它们都长得非常繁盛。但是，这种树至今未被林业工作者接受……［J. E.］

生长在奇尔顿山一片林地边缘的欧洲甜樱桃。与众不同的水平裂隙被称为皮孔（lenticels，得名于它们透镜状的形态），在光滑的树皮上清晰可见。皮孔使树木能够呼吸（在内部组织和大气之间进行气体交换），并且能够令这些树种在林地中被清楚地辨别出来。

在春天，欧洲甜樱桃会迎来艳丽的花期，是我们最美的原生树种之一。此外，它们还持续不断地提供受欢迎的果实：我们通过考古遗迹——尤其是那些从厕所遗址中挖掘出来的种子——可以得知，几千年来，欧洲甜樱桃一直是人类喜爱的水果。尽管随着进口欧洲南部更廉价的水果，以及英国果园数量的快速下降，传统的樱桃品种后来逐渐消失。但是从16世纪亨利八世首次推广樱桃树的种植起，樱桃园就变得普遍起来。如果种植在品质最佳的土壤上，并经过严格的除草和修剪管理，欧洲甜樱桃树能够提供用于装饰细木工、家具制造和胶合板的高质量木材。它的心材呈深桃红棕色或蜂蜜色，有着吸引人的图案和随着岁月而不断增强的光泽。

¶ 生物学、分布和生长环境

欧洲甜樱桃也被称为车厘子、洋樱桃或者甜樱桃，是英国本土的两种樱桃之一，另一种是稠李。李属是一个大属，包含200多个物种，因此有一段漫长而混乱的分类史。卡尔·林奈赋予欧洲甜樱桃的拉丁名并没有终结这种混乱，因为他把欧洲甜樱桃翻译成了“bird cherry”，而这是稠李的常用名。另外，在日常使用中它还有无数个常用名。在英国，其他值得注意的李属物种有黑刺李、樱桃李（*P. cerasifera*）、欧洲李（*P. domestica*）和它的亚种。

欧洲甜樱桃能够长到30米甚至更高，在我们其他重要的阔叶树种中，它属于树高很高但是寿命相对较短的一种。它不仅是英国的本土树种，也原生于欧洲大部分地区，其天然的分布范围延伸到北非的最南端，以及黑海与里海之间的西亚边缘。无论在哪里，欧洲甜樱桃都不会形成单物种林场，与此相反，它们零星地出现在其他阔叶树种中。在那里，它们沿着林地的边缘长得比大多数阔叶树更直。然而不幸的是，趋光性会使它们向光倾斜，最终令木材不可用。欧洲甜樱桃可以大量生根，并且形成相同的无性繁殖林。

欧洲甜樱桃幼树的树皮很吸引人，苍白的皮孔与光滑的红棕色树皮形成鲜明的对比。但是，随着树龄变老，树皮会分裂出大而均匀的鳞片。凝固的树液或树胶会在树皮的表面形成黏性的小球。欧洲甜樱桃开雌雄同体的白色五瓣花，松散地挂在长茎上，每簇可多达6朵。昆虫传粉后，这些花簇的位置上会悬挂起红色的球状果实。它们对鸟类很有吸引力，尤其是画眉鸟。当果实落到地面后，也会吸引哺乳动物整颗食用，然后通过排泄物传播种子。

稠李在苏格兰是一种中型树木，树高能达到14米。它们零散地分布在英国大部分地区，在英格兰北部崎岖的林地、威尔士和苏格兰，以及东英吉利海域的荒凉林地中都有生长区。天然分布范围从斯堪的纳维亚半岛向东延伸到俄罗斯和巴尔干半岛，向南则可至伊比利亚半岛。稠李并没有多少作为林用树种的价值，但是，它是阔叶混交林中一个很有吸引力的组成部分，在靠近河岸或者其他受水流冲刷区域的潮湿环境中经常可以发现它们的踪影。有时，在红豆杉林中也能看到它们。稠李喜欢排水良好的土壤，繁荣生长需要良好的光照，并且可以生长在海拔600米以上的高地林场中。不同于欧洲甜樱桃，它不会从根部萌蘖繁殖。稠李的树皮呈暗灰色，通常从树干多茎的中心广泛分枝。白色的花开在直立的白色花序（花穗）上。花序会随着30或更多的花朵逐渐成熟而下垂，并在被昆虫授粉后膨胀。

欧洲酸樱桃（*Prunus cerasus*）是亚洲西南部的本土物种，但是在16世纪就被引种到英国。欧洲酸樱桃的栽培以获取果实为目的，并且它是莫利洛黑樱桃的亲本之一。它的树形娇小，很容易与欧洲甜樱桃的幼树混淆。在英国，大部分的樱桃都是专门种植的，但是偶尔也能在树篱或者林地边缘发现野生种类。

当伊夫林写到“黑樱桃木”的时候，他指的其实是欧洲甜樱桃。而黑樱桃这个在今天被我们称为“秋樱桃”（*Prunus serotina*）的种类，可能是在1724年伊夫林去世后才被引入英国的。秋樱桃是在北美洲大范围分布的本土物种，从新斯科舍省向南延伸，穿过加拿大和明尼苏达州，直至得克萨斯州和亚利桑那州，还有一些个别分布在墨西哥和危地马拉。它不如欧洲甜樱桃那般高大，最高长到20米，却有一个广阔伸展的树冠。如今，秋樱桃广泛分布在英国的林地和荒野区域，根部萌蘖的繁殖方式使其颇具侵入性。

造林学

欧洲甜樱桃在相对年轻——通常不到10岁——的时候就能开花，然后在30岁时达到生产巅峰。每年的4月到5月初是它的花期，甜的红黑色果实在7月成熟。种子的收集通常在9月进行，但是对种子收集者而言，来自狼吞虎咽这些果实的成群鸟类的竞争是一项挑战：在条件允许的情况下，可能需要使用防鸟网。好的种用作物大概每3年可以收获一次。欧洲甜樱桃种子的发芽成功率很高，并且容易繁殖，既可以在秋季立即播种，也可以利用分层法过冬，然后在第二年3月播种。通过采伐嫩枝扦插培育新的后代也很简单易行。

在20世纪90年代早期，英国国际园艺研究所的科学家们发起了一项由政府资助的集中工作，旨在明确欧洲甜樱桃是否适合被纳入新的农林场地。该研究所就是现在位于肯特郡的东茂林研究所。他们从150个优质或“优+”树种中，基于活力、分枝角度和抗病性（特别是抗细菌性溃疡）等进行无性选择。被选中的树木将通过最新的体外微繁殖技术继续培育，由此得到的树木均在20世纪90年代和21世纪初期的田间实验中接受测试。这项工作培育出10个以Wildstar™命名的无性繁殖商业种类，苗圃的供应受到控制，从而确保为土地所有者提供各品种的无性繁殖苗。一些林业专家曾对相当短暂的测试期表示过担心，后期的独立实验也显示，在被测试的5个无性繁殖种中，只有1个能够完全抵抗溃疡病，并且很少长成良好的树形。此外，由于不能保证未来会有更多无性繁殖材料被发布，10个无性繁殖种提供了一个小型基因库来证明如此广泛的推广和采用是合理的。

无性繁殖品种可以有效地替代从品质和来源未知的树木收集种子的方式，特别是在没有种源指引的情况下。对于英国林业，来自东欧的种子尤其不适合种植。事实上，欧洲甜樱桃提供了一个突出的教训，让我们认识到如果被急于保持低成本的苗圃交易所牵制，将要面临多大的风险。许多年来，欧洲大陆的果酱工厂是英国林业中欧洲甜樱桃种子的主要来源。但是，生产这些种子的树种是为提高果实品质而培育的，特性自然与木材生产所需的几乎相反：树干短，侧枝繁多，更多地结出早熟的果实而不是旺盛地生长木材。尽管控制措施最终落实到位，但已经被使用了几十年的劣质种子，依然令许多农场的林地遍布普通的欧洲甜樱桃树。

除非种植在庇荫的地点，否则欧洲甜樱桃的树干容易变形。它在有良好的湿度（但是没有水涝）、光线充足，并且土壤深厚肥沃、pH中性的地区生长状况最好。在许多条件方面，欧洲甜樱桃和胡桃颇为相似，并且和胡桃一样，能够使在最好的田地选取最好的地点播种的土地所有者，同时获得快速生长的珍贵硬木这一奖励。

欧洲甜樱桃容易栽种，并且前3到5年内，其生长状况能从树木的遮蔽和彻底的除草管理中获益。它具有强大的顶端优势，意味着可以从一个中心点开始茁壮生长，而不产生竞争性顶芽，因此通常不需要整形修枝。正因如此，它可能需要比其他大多数阔叶树更宽的株距，最宽可达3米×3米（每公顷1,100棵）。然而，呈螺旋生长的侧枝如果不经修剪控制的话，将会长得很大。侧枝的去除适宜分阶段进行，即一年内只清除一半的轮生枝，次年再处理剩余的部分，并且应该在栽种后的第4年首次进行这种分阶段的修剪。相比欧桦和悬铃木等能够快速有效地进行自我修剪的树种，欧洲甜樱桃需要持续不断的人工高修剪，因为它的枯枝脱落得很慢。对于被选定的树木，在侧枝长得过大之前（直径超过25毫米）应该定期进行高修剪，修剪到距离地面至少5米的位置。但是在任何时候，树冠的深度必须至少是树木总高度的50%。这样做的目的，就像对所有高价值的阔叶木一样，都是为了将侧枝的缺陷限制在一个多节的核心，以便在树被砍伐时，节疤最多只占树干直径的1/3。

欧洲甜樱桃可以与其他阔叶树种和一些生长较缓慢的针叶树种混种，尤其是落叶松。另外，50～60年的轮作年限也使其很合适与欧桦和胡桃种在一起。欧洲甜樱桃的树冠需要保持自由生长（也就是没有邻近的树木形成竞争），应该经常进行重度疏枝，而且不得延误。树冠较大的树木会对疏枝做出最积极的反应。

大约从60岁开始，这个寿命相对较短的树种就会不时遭遇腐烂和顶梢枯死的问题。因此，在木材受到影响前确定砍伐的时间非常关键。理想的树干直径至少要有50厘米，因此对于一个典型的种植园，这种大小的树木通常每公顷有70～90棵。在大部分地区，每年每公顷的标准产量是6～10立方米。

木材和其他应用

> 黑樱桃木有时长得体积庞大，适合制作凳子、柜子、桌子，尤其是色泽更红的那种，可以很好地抛光，还有烟斗和乐器等，树皮也非常适宜用作蜂房……［J. E.］

樱桃木易于加工，干燥后相对稳定，由于应用广泛而受到追捧。这种木材尤其适合车削和塑形，有吸引力的图案和颜色还使其适用于店铺装修和地板，尤其是被用在卧室中时，它能提供比欧桦或槭木更温暖的色调。它还可以用于制作乐器，包括钢琴和小提琴的琴弓等。木材在干燥的过程中很容易变形，粘贴时也需要格外注意减少瑕疵。如果在空气中干燥太久，黏着剂可能会造成褪色。

板材能相对容易地从木材商人手中获得，厚度从20到76毫米不等，长度可达3米。英国当前使用的大部分樱桃木都是从美国进口的黑樱桃木。

在春季，一簇簇娇嫩的白色欧洲甜樱桃花开在环绕光滑树皮的短刺上。在花之间很少出现叶片，更多的叶片随着果实的形成而生长出来。可食用的红色小樱桃是一种核果，在甜的果肉中形成一颗单独的种子。

如今，欧洲甜樱桃诱人食欲的果实依然和以往一样大受欢迎，英国的流行口味是甜而不是酸。在英国，只有大约300公顷的商业樱桃果园。在英国变幻莫测的气候下，矮化的栽培品种通常需要靠塑料大棚来管理，这样做的优势在于产量会在气候变暖前达到高峰。

病虫害

欧洲甜樱桃会面临相当多的树木健康问题。核果树溃疡病菌（*Pseudomonas syringae* pv. *Morsprunorum*）对这个物种而言十分常见，而稠李则尤其易感蜜环菌，这会导致指示性病变和树胶渗出。为了降低发病率，应该注意提高种植的遗传多样性。由布氏叶斑病菌（*Blumeriella jaapii*）引起的樱桃叶斑病会导致早期叶片脱落、树木活力降低、易受霜冻损害，有时甚至可能致命。梅瘤蚜虫（*Myzus cerasi*）能够给樱桃园造成严重的经济损失，引起卷叶病、新枝变形和幼叶脱落，并且还携带其他几种可以在不同品种间传播的病毒。樱桃不受北美灰松鼠的欢迎，但是它的叶片为各种鹿所喜爱。

展望

这个生长迅速的物种与其备受青睐的木材一起，对土地所有者形成了很大的吸引力。尽管在混合林地中，樱桃可能仍然是一个较小的种群，但是如果把它更多地混种在林地边缘，使其成为树篱中的园景树、城市林地中的点缀，以及新型农林复合经营模式中高产的组成部分，将会大有裨益。英国种植的欧洲甜樱桃完全可以与目前主导市场的北美进口亲缘品种展开竞争。它引人注目的花朵和秋季的色彩给我们的景观增添了额外的价值。应该提倡在某些景观和高保护价值的地区种植稠李，因为它在夏季供养了许多昆虫，并在冬天给鸟类提供食物。

黑刺李和欧洲李

—

科：蔷薇科
属：李属

……许多多刺的欧洲李（它们的纹理、色彩和光泽是最好的）可与我们列举的任何种类相比（用于各种各样奇怪的用途）……［J. E.］

早在有记录之前，李子就已经被引入英国，此后完全适应了我们的乡村环境，并深深地扎根于我们的烹饪传统之中。由于甜美的果实大受欢迎，李子得到了广泛的栽培，与自然育种相结合，产生了大量的品种和亚种。它们已经得到多方鉴定，但在分类学上始终存在争议。在英国，广泛分布的李子主要有2种：欧洲李（它的许多亚种和品种包括大马士革李、布拉斯李和意大利李）和樱桃李。近缘的黑刺李是欧洲李和一种英国本土李子的祖先，酸味的紫色果实在杜松子酒中浸泡后可以释放出十足的吸引力。

生物学、分布和生长环境

欧洲李是一种小型树木，最高能长到12米，它的花和叶片在早春时节同时出现。我们能够在绿篱、林缘灌丛、灌木丛和荒地中发现它们的踪迹。欧洲李的核果（一种果实类型），也就是李子，在尺寸、颜色、形状和口味上具有高度多样性。一般认为，欧洲李有3个亚种或变种。欧洲李原亚种（*Prunus domestica* subsp.*domestica*）是经驯化后的形式，可以通过无刺、疏生短柔毛（几乎不存在毛）的小枝和大的果实加以识别。这种果实中含有一个扁平的核。乌荆子李（*P. domestica* subsp. *insititia*）的变化很大，有2种常见的形式：结黑紫色果实的黑西洋李和结黄色果实的“牧羊人”欧洲李（shepherd’s bullace）。两者都有密集的短柔毛和通常多刺的枝条，并且它们球形的果实中都含有一个相对较圆的核。大马士革李是同一个亚种的另一种形式，可以通过更接近卵圆形且通常颜色较深的果实进行区分。

布拉斯李通常被分类为欧洲李的另外一个变种，但是有时它也被单独描述为一个亚种：黄香李（*Prunus domestica* subsp. *syriaca*）。布拉斯李外观呈黄色的圆形，表面多有红色的斑点，比其他李子更小、更甜。最后，还有从形态学研究中鉴别出来的、介于欧洲李和乌荆子李之间的一种过渡类型：意大利李（*P. domestica* subsp. × *italica*）。最近的一项遗传学研究表明它与乌荆子李截然不同。它的果实部分透明，可以透过果肉看到核。

樱桃李有时也被称为樱李（紫叶李），是一

种耐寒的小树，通常野生，或被栽植在绿篱和林缘。它们的生长旺盛，而且比欧洲李更高，树高可达 15 米，还有一个展开的树冠。樱桃李是春天第一批开花的树木之一，甚至比黑刺李还早，这可能会造成两者之间的混淆——如果仔细观察，樱桃李没有刺，而且花的颜色是白色而不是乳白色。到了秋季，它们黄色或者红色的果实也有别于其他种类。在外观方面，樱桃李与布拉斯李的果实、叶片和稀疏带刺的枝条均非常相似，但是遗传学研究表明它们是不同的物种。如今，樱桃李已经被开发出各种栽培品种。由于尺寸小、花朵艳丽且果实可口，红色和紫色叶片的种类深受园艺工作者们青睐。

黑刺李每根侧枝末端的尖刺使它不会被认错。在早春，雌雄同花的乳白色花朵比叶片出现得更早。随后会长出一个深色的小果实，以人类的味蕾尝来味道酸苦。黑刺李遍布英国树篱和林缘，可以形成难以穿透的矮灌木丛。它们为许多鸟类提供了安全的筑巢地点，所有鸟巢都筑在距离地面 1～2 米的高度。这些鸟类包括夜莺、黄鹀和非常罕见的红背伯劳——所谓的屠夫鸟，能够将猎物钉在树木的刺上。黑刺李为至少 150 种昆虫幼虫提供了食物，包括黑棕细纹蝶和燕尾蝶。

¶ 造林学

大多数欧洲李的“野生”种类都是从种子开始种植的，采集到的种子最好立即在户外播种，并且保护它们免遭虫害。种子需要经过 8～12 周的低温层积处理，但是在幼苗出现之前，有时需要挨过两个严酷的冬季。扦插繁殖也是可行的方式，需要在 8 月采集带踵的半木质化枝条。所有种类的欧洲李都能在冬季或春季采用压条繁殖，再在次年冬天将压后枝条从亲本移除。栽培的欧洲李品种全部依靠嫁接，通常选择的都是能够减小树的尺寸并且促进早期结果的砧木。对英国的欧洲李而言，布拉斯李的变种“St Julien”是一个很受欢迎的砧木种类。

欧洲李喜欢具有良好保湿力的土壤，它们能够耐受 pH 相对中性且没有水涝的壤土、黏土和白垩质土壤。尽管在充足的阳光下果实成熟得最早，但是在浅淡的树荫下依然可以结果。在英国，结果最好的是冬季比较寒冷的地区，因为在诸如西南部等更温暖的区域，提早开花会导致霜冻风险的增加。英国的东部和南部尤其适合种植。尽管英国夏季的气候并不可靠，在成熟季节经常出现引起外皮开裂和腐烂的高湿度和降雨天气，但是果实产量和品质随着季节高度可变。

用于水果生产的栽培品种不需要像苹果和梨一样进行严格的修剪，但是它们也能从初期整枝中获益。修剪工作应该在早春进行，以避免感染银叶病，而且移除老的枝条还可以刺激开花结果。

在进口的新鲜水果和罐头产品的影响下，商业欧洲李果园一直在不断减少。鉴于商业种植者遇到的上述困难，肯特郡的东茂林研究所正在进行的水果育种研发十分振奋人心。

像“Victoria”这样的欧洲李老品种，即使在最恶劣的地方也很可靠。这种自花授粉的甜点兼厨用品种可以长至 2～4 米高——取决于砧木，并在 8 月和 9 月结出深红色的果实。针对英国的条件，在成百上千的选择中（包括各种大马士革李和意大利李品种），“Marjorie's Seedling”“Early Laxton”和“Blue Tit”是最适合的优良品种。欧洲李最适合在遮蔽良好的地区以小群落的形式生长，如围墙花园，并且最好对着朝南的墙壁修剪。到了秋天，欧洲大陆的商业果园会通过机械摇落树上的果实。

> ……没有任何一种带刺的灌木比它更耐寒，也没有一种有更壮丽的外观，或更装备精良地适合我们的防御……因为它那可怕的刺几乎不可抵挡，甚至能刺穿一件铠甲……
> [J. E.]

所有种类的欧洲李都是值得推荐的树篱植

黑刺李雌雄同体的乳白色花先于叶片出现，是早春树篱中开出的第一批花。黑色的枝条上长着尖利的刺，使植物成为一片不可逾越的灌丛，非常适合树篱，也是小型鸟类理想的栖息地。较大的枝条可以制成很好的拐杖和传说中的爱尔兰棍棒。

物，易于栽种，修剪后再生迅速。它们的花增加了树篱的视觉多样性和生态丰富度，并为许多生命形式提供了食物。一旦被种植在树篱中，黑刺李可以形成一道真正强大的障碍，但这是一项富有挑战性的工作。它的长刺能够轻易地刺穿肌肤，产生急性局部炎症反应。如果没有立即取出，这种刺会在关节及其周围引起滑膜炎，以及腱鞘周围压痛和囊肿。硫酸镁膏剂和敷料一起使用能够有效地拔出难搞的刺。奇怪的是，刺被拔出后，炎症也会随即消退。这种情况仍然使医学界倍感困惑，虽然未经证实，但各种理论集中于树中存在某些特定的生物碱这一点。

木材和其他应用

欧洲李木材的尺寸或数量使其很难实现商业化。但是，业余爱好者和专业木工都需要它，并且欣赏其丰富美丽的图案。它可以呈苍白或中等浅白色，具有突出的条纹和红色、紫色的波纹，有时还会出现毛刺。欧洲李木材很难做到在干燥时不开裂。它细腻的纹理和天然的光泽可以被加工成非常精细的表面。和其他果木一样，欧洲李木材在制作小装饰品方面受到木工和细木工匠的喜爱。

黑刺李木材同样具有吸引力，但是很少有大尺寸的。这种木材常被用于制作拐棍和传说中称

为“橡木棍”的爱尔兰棍棒。此外，它还可以被雕刻成精美的碗、汤匙和小工具的手柄。干燥良好的黑刺李木材是极好的木柴。

通常情况下，栽培李树更多的是为了生产水果，无论欧洲李、乌荆子李、大马士革李、布拉斯李还是意大利李。每种果实都有各自的厨用特色，它们可以从树上摘下来生吃、干燥后制成供冬季食用的梅子干，或者用于烹饪。大马士革李和乌荆子李——后者更小、更圆一点——的味道很酸，尽管如今已经可以得到完全成熟后很甜的栽培品种，但更常见的食用方式还是制作果酱和馅料。布拉斯李能提供极佳的果肉：大部分商业生产在法国进行，尤其是洛林地区，例如果酱和无色水果白兰地。意大利李则可能是最出色的甜点李子。

传统上，像黑刺李等品种多用于制作利口酒。为了酿造黑刺李杜松子酒，需要在秋季的初霜后采摘成熟的黑刺李（那些可以触摸的），装满空玻璃瓶的一半后，注入上好品质的杜松子酒，放置 3 个月。酿成的利口酒到了圣诞节很受欢迎，还可以用单糖浆（用等量的精白砂糖和水制作）增加甜味。大马士革李酸甜的特性让它们成为浸泡在杜松子酒里的理想选择，与黑刺李相比，它们需要加入的糖更少。大马士革李酒一度被视为可以与波尔图葡萄酒相媲美的英格兰饮料。在斯拉夫国家，人们会用各种各样的乌荆子李制作李子白兰地（梅子白兰地）。

黑刺李树结出的苦涩果实是一种核果，在中心有单独一枚种子。黑刺李果实在秋天成熟后变成深蓝色，并开放土灰色的花。

病虫害

李树尤其易感由紫软韧革菌（*Chondrostereum purpureum*）引起的银叶真菌病。这会引起被感染的叶片出现明显的银色光泽，导致叶片脱落，最终造成侧枝的死亡。在夏季进行修剪可以降低易感性。其他真菌性病害还包括花枯萎病和褐腐病。细菌性溃疡能够杀死整个侧枝。包括李蛾和梅叶蜂在内的害虫的幼虫能钻入果实，使其变得畸形，因外观令人胃口尽失而无法销售。

展望

在春天，确实没有什么比欧洲李、樱桃李或黑刺李在林地边缘和树篱中盛开的花朵更好的风景了，应该鼓励全部的土地所有者把这些充满活力的物种纳入种植地。在气候变暖的情况下，春天开花的时间可能更早，但持续时间也更短。选择栽植耐旱的品种对于果园或许非常重要。

梨

科：蔷薇科
属：梨属

我只希望（出于对普世利益的展望和沉思），在陛下的领地内，每个年身价达到10磅的人都能按照某些必不可少的法规，在自己的树篱中种植最好和最有用的品种……［J. E.］

在普利茅斯北部一个现代娱乐中心停车场周围的古老树篱中，生长着两棵稀有的普利茅斯梨。每天有数百人与它们擦肩而过，却对这个物种的稀有性一无所知，只有最敏锐的植物学家才有可能从其他树篱植物中注意到它们细长的外形

梨树在英国的种植历史跨越千年，它们的引进大约可以追溯到罗马时期。在盎格鲁-撒克逊人的宪章中已经出现了关于梨树的记录，并且在1086年的《土地赋税调查书》中被作为界标。在水果生产方面，数百个品种被开发出来供食用和酿造梨子酒，其中仅格洛斯特郡可用于酿酒的品种就超过100种，它们的名字通常诙谐滑稽："麻布袋""死孩子""撒旦之饮""废物脑壳""快活腿""咕噜头"和"恶臭主教"等。从老果园的树木获得的木材是最珍贵的果树木材之一，它们有精细的图案，表现出色彩和色调的感观变化。这种木材非常坚硬，需要使用锋利的工具，但它们会以丝般光滑的刨花回馈木工，并能呈现最细腻的切口和形状。

¶ 生物学、分布和生长环境

欧洲野梨（*Pyrus pyraster*）是英国的归化种，主要分布在英格兰的中部和南部。它的栽培形式是西洋梨（*P. communis*），有上百个国内品种。这两个种非常相似，尽管欧洲野梨有刺，果实通常不经过软化或者烹饪无法食用，而西洋梨没有刺，并且有可直接食用的粗砂质果实。在欧洲，它们有很大的自然分布区，从法国向东延伸，穿过高加索地区后进入俄罗斯、亚洲，以及黑海以东。在欧洲的南部和东部发现了两个近缘种，分别是雪梨（*P. nivalis*）和扁桃叶梨（*P. amygdaliformis*）。

英国仅有的本土梨树是普利茅斯梨，在英格兰西南部的一些区域都能看到它们，并且正如名字所提示的，尤其以普利茅斯市为多。它们在英国这一地区著名的石墙堤树篱中存活下来。这些树篱中有许多曾经深藏在德文郡南哈姆斯区，后来被城市扩张所吞没，通常（在法律的保护下）生长于令人惊讶的地方。普利茅斯梨是我们最稀有的树种之一，但是并不起眼，树形小、灌木状并且轻微带刺，很容易被忽视。它们在法国的布列塔尼更常见，在英国作为新种植苗木的一个重要来源，被用于提高小种群的遗传多样性，包括种植在我们主要植物园中的样本。

西洋梨的法国变种在历史上主导着英格兰的果园；亨利三世（1207—1272）统治时期的报告记载了从法国进口的梨子。最著名的英国品种是“Black Worcester”或者“Parkinson’s Warden”，它们栽种在如今贝德福德郡的西多会修道院中，并且在1415年的阿金库尔战役中成为英国士兵的主要食物。如今，我们已经意识到它是冬季维生素的一个重要来源，而且能够储藏到来年春天。两个世纪以后，莎士比亚作品《冬天的故事》（*The Winter's Tale*）中的乡下人宣称：“我必须用藏红花给冬梨派上色”，反映出这个古老的品种需要烹饪后食用，但可以变得非常美味的事实。

除了为水果生产而开发的西洋梨变种外，许多梨树作为观赏树木也很受欢迎。原生于伊朗的柳叶梨（*Pyrus salicifolia*）可以长出吸引人的下垂枝条。“Beech Hill”是西洋梨的一个变种，在年轻的时候具有直立分枝的习性。尽管到了秋季，这些枝条会被大量不能食用的果实压弯。

所有的梨树种类都能在叶片还在展开时，开出美丽的、虫媒传粉的白色花朵。它们树形修长，能够长到12米高，树干直径通常有45～80厘米。树皮总是粗糙并且呈鳞片状。众所周知，西洋梨在果园中的存活时间长达300年。和苹果一样，对光的需求和中等高度意味着它们不会出现在乔木林中，而是分散在林地边缘、灌丛和树篱中。梨树能够耐受从河漫滩到干旱的石灰质山坡等广泛的土壤类型和条件，但是非常酸化的土壤除外。

¶ 园艺学

从成熟的欧洲野梨果实中收集到的种子，可以立即在户外播种，或者在1℃的条件下储存2～3个月，到第二年早春时节再播种。在英国，普利茅斯梨很少产生可育的种子，但是众所周知，它们可以通过根部自然萌蘖繁殖。梨的栽培品种必须通过扦插或者嫁接到砧木上进行无性繁殖。它们的种子不会长出亲本的复制品，就像伊夫林观察到的：“无论是谁，期望从馥郁的或者独特的苹果或梨的果核中培育出同类的果实，可能都会遇到许多障碍，并最终大失所望。”梨对不同土壤和气候条件的普遍耐受性，意味着它们可以生长在英国几乎所有的地方，尽管大多数时间里，在这个国家的北部不会结出任何果实。虽然梨树的木材非常珍贵，但是很少有人为了这个目的而种植梨树。

出于两个目的，用于水果生产的西洋梨是嫁接在砧木上的。首先，这样做可以实现亲本克隆，由此得到其所有令人满意的品质。其次，通过砧木的选择，种植者可以实现对成熟果树尺寸的控制——大多数西洋梨幼苗会长得太大而不适合花园，结出的果实也超出了能够摘取的范围。由肯特郡的东茂林研究所标准化过的最常用的砧木，来源于榅桲：“EMA”（最适合无支撑的）、“EMC”（用于单干形）和“EMH”（用于增加一些品种的果实尺寸）。

果园中的梨树在首次定植后必须充分浇水。果园越来越多地被设计成机械化采收，树高被控制在3.3米，种植密度大约每公顷2,500棵，两行之间允许机械装置通过。

欧洲梨树从大约10到200岁都会结果，因此园丁或果树栽培者在选种时必须格外仔细。在欧洲，商业种植最常见的是“Conference”和“Beurré Hardy”（相对较少的是“Doyenne du Comice”和“Concorde”）。但是，其中有些种类的选择更多出于可运输性，而不是口味的考虑。想要得到更好的口味，建议选择传统品种，以及为了味道和口感而繁殖的新品种。在园艺学方面，人们对梨的兴趣比苹果少，但仍然开发出了“Bristol Cross”和“Merton Pride”等新品种。一位超市供应商已经与东茂林研究所合作，使用“Sweet Sensation”这一品种创建英国最大的梨树果园（7公顷），以期与进口梨贸易的主导地位相抗衡。

木材和其他应用

木工对梨树木材的需求量很大，这些木材主要来自老果园中的西洋梨树。虽然很少能获得比较长的尺寸（超过 2 米），但是与苹果和其他果树相比，它们较大的直径和卓越的加工品质仍然值得更高的价格。梨树的木材通常呈浅色调，边材几乎无法与粉红棕色或肉粉色的心材区分。梨木可以通过蒸汽干燥，这种处理方法兼具杀灭钻木类害虫和让颜色变深的优点，使木材呈现出红色的光泽。它容易着色，树木死后变黑的木材可以作为乌木的替代品。梨木多用于制作乐器、小件的家具和橱柜，有时则直接刨切成饰面薄板。

> ……即使缺乏让他们不仅能够享受到美味水果带来的乐趣与利润，而且还能品尝到丰富的苹果酒和梨酒的树篱和土丘，他们也足以喝到世界上最健康、最好的饮料之一……［J. E.］

水果生产是种植梨树最常见的目的，得到的果实既供食用也用于酿造梨酒。自从诺曼征服以来，英国生产了一种不起泡的发酵酒精饮料，在法国被称为 poiré，许多当地的梨树都是专门为了生产这种饮料而种植的。这些树被归类为“苦烈”型，通常结出小而坚硬、充满涩味单宁且不可食用的果实（甜点梨能酿出一种寡淡无味的梨酒）。

采摘并榨取果汁后，静置果渣，利用果实表皮上的天然酵母发酵——这种酵母可以分解单宁。到了 20 世纪，梨酒的生产量开始下滑，但是随着气泡梨酒被发明出来，还是凭借 1953 年的品牌“杯杯香”（Babycham）和 1994 年的“Lambrini”经历了一次复兴。在过去的 20 年里，所谓的青梨苹果酒在饮料市场上赢得了一批拥护者。它由梨浓缩汁和苹果酒等配料混合调制而成，有别于传统的梨酒。

病虫害

在水果生产中，可以选择那些对梨树容易遭受的病虫害有抗性的种类。梨树锈病是一种不可治愈的严重真菌感染，褐色胶锈菌（*Gymnosporangium sabinae*）在夏季引起叶片出现亮橙红色的斑点（病原体需要附近有刺柏充当其奇特的生命周期中的共同宿主）。链核盘菌属（*Monilinia* species）感染所致的褐腐病是一种让果实腐烂的真菌性病害，尤其多见于潮湿的夏季。梨也容易感染火疫病菌，还常遭到苹果蠹蛾（*Cydia pomonella*）侵扰，它们靠啃食果核生存。

展望

由于与栽培品种的杂交和种群规模小，欧洲野梨的稀有性和遗传多样性丧失得令人担心。在欧洲，除了德国进行的一些工作外，相关研究或者为树木繁育方面的投入都很少。为了确保该物种的未来，这一点必须重视。普利茅斯梨也同样令人担心，因为它们极易被忽视，很容易被意外清除。

无论是以哪种形式，梨树都应该被纳入边际土地、城市森林、农林系统、林地边缘和树篱的绿化中，为人类和野生动物造福。

花楸、白花楸和美洲花楸

科：蔷薇科
属：花楸属

据称，播种者从未见过自己的劳动果实，要么是它只能在树龄非常老时结果，要么是人们在考虑到种树前通常如此。但这是一个惊人的错误，因为它们很快就长成树木，而且都是在幼苗时被种植，然后非常茁壮地生长……［J. E.］

生长在德文郡达特姆尔高原塔维裂隙海拔300米以上的一棵风中隐士花楸树。

花楸属包含3种常见且重要的本土物种，它们虽然树形并不高大，却以其色彩令我们的景观变得优美，并且供养了许多野生生物。这个属巨大而且复杂，一些植物学家将它分成几个属，这里使用宽泛的定义。

欧亚花楸也许是英国最坚强的树，也被称为山梨，因为它们具有在我们最高的峭壁上生长的能力（也因为复羽叶在表面上与欧梣相似）。白花楸对不同条件广泛的耐受力与欧亚花楸非常相似。不同的地方在于，白花楸是单叶，叶片的背面有突出的白毛。在刮风的日子里，沿着林地边缘或者树篱的白花楸发出的柔和白光是一种视觉享受。驱疝木是一个稀有的种类，它的存在是英国古老林地或树篱的象征。到了秋季，驱疝木明黄色的树叶是英国所有树木中最具色彩的。

生物学、分布和生长环境

花楸属中的树木是可杂交的，不仅彼此之间，与蔷薇科中的一些近缘种也可以杂交，比如苹果（苹果属）和梨（梨属），这导致了树种、亚种和杂交种的巨大多样性。在巨大的花楸属中，超过40个分类群构成了近一半的英国本土树种名单。这些种类中大部分都非常罕见，它们的个体通常只有几百棵，在包括英格兰西南部（布里斯托白花楸、楔叶花楸）和威尔士［小花楸（*Sorbus minima*）］在内的一些地区以孤立种群的形式被发现。

“新”物种仍在不断被发现，这就造成了属内的复杂性，2005年在布里斯托的埃文峡谷和怀伊河谷附近得到鉴定的76棵白花楸就是典例。棠楸树曾一度被认为是少见的引进树种，更多地生长在欧洲南部地区。1678年，它被记录为伍

花楸光滑的灰色枝条上长有具5～9对单叶的羽状复叶。乳白色的花朵在春天开放，在树枝上以伞房花序结构排列。叶片脆弱，采摘后迅速枯萎。它的拉丁种名*Sorbus aucuparia*来自单词avis和capere，意思是“鸟”和“捕捉”，指的是花楸红色的秋季果实作为捕鸟诱饵的传统用途。

斯特郡怀尔森林中的一种古树。然而1983年，在格拉摩根郡海蚀崖难以接近的岩架上发现了它的一个野生种群。很显然，它们不太可能是被种植在那里的，并且在英格兰南部和威尔士的其他区域也有大约30棵被记录在案。

> 欧洲花楸……这种树在威尔士很常见，那里的人们普遍对其感到害怕，因为没有一个教堂的院子里没有它们的存在（就像我们身边的红豆杉）。因此，在每年特定的一天中，人们都会虔诚地佩戴由这种木材制作的十字架……据说可以形成针对魔力和恶灵的防护。或许正是从那时起，我们开始称之为巫师……［J. E.］

“欧洲花楸”和“巫师”都是花楸的曾用名，它们广泛地生长在整个英国，从低地林地中的次要种类，到海拔超过1,000米处的零星树木。它们在民间传说中非常突出：为了阻挡女巫，花楸通常被种植在房子外面，并且人们认为如果砍伐这些位置的树木就会招致厄运。欧亚花楸在马恩岛被称为cuirn，人们至今仍将其细枝制成十字架，并在5月前夕悬挂在门梁上。此外，水手还在船上藏着一个“crosh cuirn”——一种用羊毛捆扎花楸技制成的十字架，来帮忙抵挡厄运。

欧亚花楸是一种小型树木，树高很少能超过15米。作为需光物种，它通常生长在林地边缘、林中空地以及开阔地。它极度耐寒和抗霜冻，能够经受极度暴晒和大气污染，并且可以耐受除了长期水涝之外的大多数土壤。它的虫媒花自交不亲和，具有伞状花序（顶部扁平的分枝花簇），亮红色的浆果是鸟类喜爱的食物。相应地，这些鸟类在很大程度上负责种子的传播。

白花楸是另一种耐寒的树，树形很小，最高能长到20米。它在英国并不常见，主要生长在这个国家的南部地区，并且能够中等程度地耐忍受树荫遮蔽，尤其是到了树龄较大的时候。白花楸的种子通过鸟类广泛传播，而且尽管在白垩质

土壤和无遮蔽的地方从不多产，却是一个成功的先锋树种。

驱疝木以小而分散的居群形式遍布英国和欧洲的许多地区，但是作为一种地中海的亚种，主要还是在温暖的气候中蓬勃生长。它在重黏土中的生长最普遍。这个物种树形很小，最终达到的最大高度只有20米（因为生长缓慢）。作为一个后先锋物种，驱疝木中度耐受树荫遮蔽，可以在树冠不是过度密集的森林下层生长（比如不能在欧洲水青冈的下面）。在那里，它们甚至对树冠上的小缝隙也有良好的反应，但从来不是一个强有力的竞争对手。它的叶片是锐裂的，第一眼看上去容易与槭树的叶片混淆。不过，驱疝木的叶片在树枝上是互生而不是对生的，并且它的叶脉不像槭树那样从一个中心点辐射分布。这种树和它的果实有时因为果实表面出现的斑点而又被称为“跳棋”。

除了许多稀有且密切相关的本土花楸“小种”外，还有其他非英国本土但是广泛种植的种类。瑞典花楸（*Sorbus intermedia*）和“锥形”图林根花楸（*Sorbus* × *thuringiaca*‘Fastigiata’）可以作为茂盛的行道树，后者的野生种类有时是花楸和白花楸自然杂交产生的不育杂种。

造林学

> 花楸（其中有4种）是由腐熟的浆果培育而成的，（把果肉从果核上完全剥除下来，放在干燥的沙子中，保存至圣诞节之后）大约在9月可以像欧洲水青冈的果实一样播种，再如板栗般在苗圃中培育……［J. E.］

所有花楸物种从种子繁殖的处理方法都是相似的，尽管在英国，驱疝木很少产生可育的种子（就像在其分布范围北端的小叶椴）。通过浸软浆果，可以将种子从果肉中分离出来。得到的种子立即与净砂和泥煤进行等体积混合，然后储藏在一个密闭的袋子或容器中，在1℃左右的温度下存放16周，期间偶尔通风或者搅动。这些种子应该在早春时节播种。

在许多花楸物种中，遗传多样性至关重要。如今，人们正在努力加强许多小种的小种群，而白花楸和欧亚花楸的本土种群有利于确保对英国当前条件的适宜性，因此受到青睐。在英国各地散布的驱疝木种群中出现了低基因流动，并且这种稀有树种存在局部灭绝的隐忧，尤其在生境碎片化的情况下。另外，对驱疝木木材兴趣的增加可能会导致过度使用数量极少的亲本树木。考虑到从本土种子育苗存在的种种困难，这很可能会导致遗传多样性的丧失。

花楸属在经过修剪后容易再生，并且大多数产生根部萌蘖，这通常是驱疝木在英国唯一的繁殖方式。可以收集野果花楸的根部萌蘖，但是它们在被移植后往往生长缓慢。

驱疝木产出的木材价值很高，但是它们在英国生长缓慢的事实，给对其充满欣赏的林业工作者制造了特殊的要求。这个树种既可以生长在森林边缘和开阔条件下的小空地，也可以作为矮林作业法中的标准木。即使是在间伐后期，无论在生长方面还是对于缺乏嫩条的情况，它们都表现良好。至少树高的前3米既需要树木造型也需要高修剪，但是如果想要实现木材价值最大化，那么进行到树高6米处更好。未修剪的驱疝木的树干通常在前端的几米有很多分叉，这妨碍了它们被用作胶合板，因此对木材的价值极为不利。适合制作胶合板的原木来自胸径至少60厘米、没有任何节疤的树干，这可能要大约100年的时间才能生长出来。

对吃草的哺乳动物而言，所有的花楸属树种都非常美味。它们与欧洲云杉、欧梣和甜栗一起，成为最受鹿欢迎的树种。无论在种植期间还是成熟期，它们都需要保护措施。据我们所知，珍贵的驱疝木已经因为被鹿啃食树皮而受到严重且不幸的损害。

木材和其他应用

驱疝木是该属中唯一重要的木材树种，虽然坚硬而紧实的白花楸木材曾被用作轮齿，欧亚花楸也曾被视为制作弓形棍时仅次于红豆杉木的选择。如今，驱疝木是生长在欧洲的最有价值的阔叶木材之一。纹理细腻的木材相对朴素，呈浅色，与梨木颇为相似，有时甚至被当作瑞士梨木销售。但是它也非常质密，具有极好的抗弯强度。幼树灰白色的木材比老树更受欢迎，后者的木材往往会变成红棕色。木材在干燥的过程中可能会开裂并弯曲，但是一旦彻底干燥就会变得稳定。这些木材被用于（酿葡萄酒用的）榨汁机的螺丝、台球杆、飞箭、乐器（尤其是大提琴）、十字弓、枪和手枪的把手，以及各种各样的小件物品。如今，它在家具制造方面极具价值，可用于镶嵌和切成饰面薄板。

花楸属可以产出各种可食用的浆果，所有的浆果都受到鸟类和小型哺乳动物的喜爱。花楸浆果富含维生素 C，长途航行的水手们曾经靠它们来防止维生素 C 缺乏症。尽管花楸浆果生食味酸，但是可以被制成一种美味果酱，在传统上与野味一起食用。白花楸的浆果经过烹饪后也可以食用，还可以与苹果一起制成一种深红色的果酱。驱疝木的浆果经腐熟后可以食用，和欧楂果一样，它们也被认为是新石器时代人类的一种主食。传统上，需要在它们还没有完全成熟时——也就是还没有吸引觅食的鸟类之前进行采摘，用绳子穿成串，成熟后当作甜食款待孩子们。它们还可以被用来改善酒精饮料的口味，浸入威士忌后的味道尤其丰富（就像黑刺李之于杜松子酒），这种酒在英国流行的酒吧中也被称为“Chequers”。

欧亚花楸和白花楸，以及许多栽培品种，都是用于街道和装饰性种植的极好的耐寒小树。它们艳丽的白色花朵、秋季里丰富的色彩，还有可食用的浆果，共同形成了一个季节性的万花筒。

病虫害

对许多严重的病虫害，花楸属的物种通常不容易感染。白花楸易感火疫病菌，并会受到苹果溃疡病的侵害。欧亚花楸和驱疝木会感染紫软韧革菌，随着时间的推移，这种真菌引起的病害可能致命。

展望

英国更温暖的气候有利于驱疝木的生长，使它适宜生长的范围向北延伸，并且有可能繁殖存活。鉴于它的木材具有巨大的价值，这应该能够在英国南部的低地森林成为一种受欢迎的补充。驱疝木耐干旱的能力意味着它能够被更广泛地种植在易干旱的地区。

我们应该尽一切努力来维护和加强英国各地发现的众多花楸属小种的珍贵多样性，尤其是为了应对在我们拥挤的岛屿上生境破碎化造成的影响。

出于色彩和野生动物利益的考虑，应该劝说乡村的每个土地所有者在树篱和林缘种植欧亚花楸和白花楸。同时，我们的街道中也应该增种这些树木，使我们的城市环境更加生机勃勃、绿意盎然。

鼠李

—

科：鼠李科
属：鼠李属

……蜜源开花植物为蜜蜂提供了早期的、奇妙的救济……［J. E.］

鼠李从来不生产任何大尺寸的木材，但是它们的木材仍被广泛使用了几个世纪。欧鼠李在火药制作中起着重要的作用：它是制作起爆装置最好的木炭，因为它能够被研磨成细粉缓慢而均匀地燃烧。人们曾经为了这个目的而将其作为灌木广泛种植和管理，尤其是在火药厂附近，比如伊夫林家族拥有的火药厂。如今，欧鼠李和药鼠李都因其对野生生物的价值而得到认可：它们是钩粉蝶（*Gonepteryx rhamni*）幼虫的主要食物，钩粉蝶在 5 月和 6 月到处飞舞，寻找这些树来产下柱形的卵。

生物学、分布和生长环境

英国本土有两种鼠李，分属于鼠李科的两个属。欧鼠李广布于英格兰和威尔士，而药鼠李广泛分布在英格兰的中部、南部和东部，但在英格兰西南部、苏格兰和威尔士很少见。另外一个引入英国的种类，意大利鼠李（*Rhamnus alaternus*），尤其受到伊夫林的喜爱。

欧鼠李是一种小灌木状树木。它在英国能长到大约 6 米高，主要生长在低地矮林（尽管偶尔可至海拔 450 米）中性到酸性的潮湿土壤中，尤其是泥炭地、荒地、低地泥沼和林地上。通常在桤木旁边发现它，因此它的种名叫作 *Alder*。它的自然分布范围横跨欧洲许多地区，一直延伸到西伯利亚和北非。在英国，欧鼠李通常种植用来生产木炭，尽管现在在苏格兰少见，但它自然分布在英国的许多区域。卡尔·林奈描述欧鼠李这个种为 *Rhamnus frangula*，但是被苏格兰植物学家菲利普·米勒（Philip Miller）在 1768 年的《园丁手册》中重新命名为 *Frangula alnus*，因为它雌雄同体的白绿色的小五瓣花与鼠李属的种类形成对比，鼠李属的花是雌雄异体的四瓣花。欧鼠李纤长的枝条具有细长突出的白色气孔，并且是无刺的，不同于药鼠李。它结出小的浆果，成熟后从绿色变成红色，最终在秋季被鸟类传播的时候，变成深紫色或者黑色。

药鼠李在许多方面与欧鼠李相似，但在植物学上它的花（像上面描述的）和生长在石灰质土壤而不是酸性土壤这一点，均与欧鼠李形成对比。它能够深度耐阴（但是在充足的阳光下生长得更健壮），是一种非常坚强的树种，能够忍耐大部分条件，包括城市的环境。药鼠李比欧鼠李长得高，超过 10 米，并且它细长的灰棕色茎末端通常长有黑刺李一样的刺。它的叶片与欧洲红瑞木的叶片相似，但是有细密的锯齿。在秋季，产出的大量小黑浆果对于人类有轻微的毒性，却是许多鸟类喜爱的食物，因为它们到了冬季仍很好地保留在树上。

大约200年前，药鼠李与欧鼠李一起被引入北美，但是这两种植物很快变成入侵物种。它们现在被作为有害杂草对待，在美国的东北部和中西部一些地区禁止种植，在加拿大安大略省也是如此。除了施用除草剂，这个物种难以控制，因为在收割甚至燃烧后仍很容易根部萌蘖再生。药鼠李能够从它的根部和落叶层产生化感作用分泌物——就像胡桃一样，不过是大黄素而不是胡桃醌——这会导致邻近的其他物种萌发不足而减少竞争。

为了清晰和完整，另一个使用相同常用名的物种也在这里一起介绍。沙棘是英国本土物种，通常生长在海岸边。它和牛奶子（*Elaeagnus umbellata*）相当接近，并且同样在根部有固氮瘤。沙棘具有庞大的根部系统，在沙丘和沿海土壤中大量产生根部萌蘖，耐盐能力使它在竞争中超过所有其他的树种。尽管在稳固脆弱的沙丘系统方面作用突出，它的入侵性往往对其他本土植物造成危害。沙棘的浆果富含维生素和必要的有机酸，有时会被作为瘦身食品。

造林学

欧鼠李和药鼠李的种子在浸泡和清洗之后，需要在晚冬或者早春播种前采用分层法于4℃的温度下处理8～12周。高发芽率（90%或者更高）是预料之中的。两个种都可以通过半木质化枝条来插条或者压条繁殖。

欧鼠李和药鼠李在收割后都能旺盛再生，是极好的野生绿篱植物。它们根部萌蘖的习性可能会给邻近的草地边缘和牧场造成问题，欧鼠李在一些靠近谷物耕地的绿篱中是不受欢迎的。

木材和其他应用

欧鼠李的木材质脆而坚硬（因此它的属名是*Frangula*，“木质脆”的意思），并且色泽嫩黄，被用来制作鞋楦、烤肉叉子和木桩，以及用于火药生产的木炭。如今，它仍然被用于生产供烟火、爆炸引信和各种军事用途的瑞士黑火药。药鼠李木材也具有吸引人的黄色，用于车削和雕刻。

欧鼠李的各个部分都被认为是有毒的，但是它的树皮从中世纪开始就被用作一种温和的泻药。树皮在初夏收获后，必须在使用前干燥并储存至少12个月，否则它会因为含有的蒽醌类物质（一种酚类化合物）致人呕吐。当正确使用时，内树皮在摄入8～12小时后会刺激排便，但过量可能会有害。外树皮用于治疗牙龈疾病和轻微的皮肤病。当树皮被剥离后，会露出嫩黄色的茎。树皮和叶片都可以用来制作染料。

药鼠李具有类似但是更猛烈的泻药作用，很少用于处方：仅仅8个浆果就能产生很强的效果，并且不能被儿童食用。

药鼠李的细枝、侧枝和叶片对生，尽管有时轻微错位。光滑的叶片呈带有短尖的卵圆形，它有一个独特的模式，即长拱形叶脉似乎在尖端相会。这有助于物种的辨识。不过，欧洲红瑞木也表现出类似的特点。药鼠李淡绿色的小花在春天开放，随之而来的是一簇簇光滑的黑色果实。

榆树

—

科：榆科
属：榆属

榆树在森林中生长得不是很好，它们可能更喜欢诸如绿篱和林荫道等空间。在那里，它们的根部可以自由地扩张和蔓延，并且享有同样自由的空气……［J. E.］

英国榆（*Ulmus proerca*）曾经是英国景观中雄伟且非常普遍的树种，却在20世纪70年代和80年代因荷兰榆树病而几近灭绝。这是在遗传多样性的重要性方面一次堪称毁灭性的教训。在任何树种中，无法通过种子再生并且不具有旺盛的根部萌蘖能力（也就是自我克隆）——这两种情况都适用于英国榆——都将导致遗传多样性低。但是，由于一个与树种引进有关的机缘巧合，如今英国所有的英国榆都被怀疑在基因上是完全相同的。

这个树种曾经一度被认为是英国的本土物种，但是如今人们相信它起源于意大利。花粉记录显示，从1世纪开始，英国榆就开始出现在英国，与罗马人到达的时间一致。我们从老普林尼（Pliny the Elder，公元23—79）处得知，英国榆曾被种植在意大利的葡萄园。葡萄藤并非长在棚架上，而是生长在榆树上，葡萄高高地挂于树冠。榆树的叶片需要被修剪掉（作为一种副产品供家畜食用），以便光线能够照射到葡萄上。一棵被称作平叶榆的意大利单克隆英国榆首先被引入西班牙，然后出于栽培葡萄这一特定目的穿越欧洲来到英国。这棵2,000年前的单克隆植株随后被种植在英国各地，最终导致数百万棵基因相同的榆树。

基因遗传多样性低意味着面对新型病害的自然抵抗力弱，并且英国榆出现明显的不稳定性只是个时间问题。1967年，英国首次报道荷兰榆树病。在随后的10年里，仅在英国，据估计就有大约2,500万棵英国榆死亡。

生物学、分布和生长环境

榆树的分类是一个植物学上的难题。欧洲有6种榆树，还有大约19～24个其他种分布在北温带地区。有几个种、亚种和杂交种被认为是英国的本土物种，但是它们的系统分类混乱不清，即使对植物学家而言也难以判断。光叶榆和英国榆通常被认为是不同且独立的两个种，尽管英国榆和一些小种有时作为欧洲野榆的变种被包括在光叶榆内。

纯种的光叶榆不会发生根部萌蘖，并且由于通过种子繁殖而具有遗传多样性。但是，光叶榆与英国榆频繁杂交，旺盛地产生根部萌蘖并因此无性扩散，导致遗传多样性降低。光叶榆也有两个被公认的亚种：无毛亚种（subsp. *glabra*）和山地亚种（subsp. *montana*）。这是一种小乔木，树高仅 20 余米，并且不同于其他榆树，它生长在阔叶混交林和树篱中。

许多英国的榆树——特别是英国榆——最后的大本营都在非常远的东南部。在那里，没有树木的南部丘陵地带和盛行的沿海风都意味着，携带荷兰榆树病的甲虫不愿或无法接近它们，从而免受病害传播的威胁。在这片区域，许多种类的榆树都数量可观，尤其是在库克米尔河的山谷。在靠近东萨塞克斯的阿尔弗里斯顿，可以找到最高大（25 米高）、最健康的英国榆，尽管它们只不过是很高的树篱。仅存的几棵孤立的英国榆全部显示出这种疾病的迹象，通过不同程度的树木外科手术可以延缓它们不可避免的悲惨死亡。

在美丽的东萨塞克斯村庄和城镇，榆树的其他种类常见于街道和公园，并且其中许多表现出对荷兰榆树病增强的抗性。在唐斯大教堂附近的果岭上，繁盛地生长着一棵极好的萨尼亚野榆（*Ulmus minor* subsp. *sarniensis*）。唐斯大教堂是阿尔弗里斯顿的一座 14 世纪的圣安德鲁教堂。在爱弗德庄园里也有一条由同种榆树构成的短林荫道。在一些地方有荷兰榆（*Ulmus* ×*hollandica* ‘Vegeta’）的样本，它们具有广阔伸展的冠顶，尤其是在纽黑文海港学校的一棵“冠军树”。其他种类的存在数量相对较小，包括狭叶欧洲野榆等。

除了东萨塞克斯，英国只分散生长着一些英国榆，大多数都在北部和威尔士，在苏格兰也可以找到一些大型的古老样本和著名样本。

在英国大部分地区的林地边缘和树篱中，光叶榆都很常见。由于这个种很少根部萌蘖，因此遗传多样性较为丰富，能够更好地建立起对荷兰榆树病的抵抗能力。

造林学

（它）喜欢生长在健康、纯净而肥沃的土地上，更倾向于湿润的土壤和生产良好牧草的地方。不过，它也能在砾石中繁荣生长，只要那里有深度足够土槽，它就会在春天生机勃发。若非如此，在地面上种植的话……［J. E.］

英国榆从来不是一个造林树种，却是乡村景观，尤其是树篱中的一大特色。它是一个在开放环境中繁荣生长的需光树种，喜欢肥沃的低地土壤。和其他大多数种类的榆树一样，英国榆对空气污染和盐雾有很强的耐受力，无论这些盐雾是海风吹来的，还是来自盐化地，这使它成为一种重要的行道树种。大多数英国榆都是不育的，通过扦插繁殖。经伊夫林推荐的最早的技术，就是从树篱中收割天然的根部萌蘖。

相比之下，光叶榆在早春叶片出现之前便已经开花，而独特的翅果成熟于晚春时节。种子最好立即播种，以便为下一个冬季的种植生产籽苗。

伊夫林认为，最优质高效的造林系统是创造一个密集种植的“榆树苗圃”。如果“精心培育”，将会在“40 年多一点”的时间里生产出“大量的木材”。

木材和其他应用

榆木是一种有非凡用途的木材，尤其是可以长期用于极端干燥或潮湿的环境中。因此，它适用于给水装置、碾磨、长柄勺和轮底，管道、泵、导水管、尖木桩，以及吃水线以下的船板。一些在沼泽中发现的榆木已经变得像最光滑且最坚硬的乌木，只能通过纹理辨识……［J. E.］

英国榆木材具有抗腐烂的特性，这使它在与水有关的所有方面均展现出前所未有的应用价值。不幸的是，这些功用现阶段都仅停留在理论层面。因为在这个物种能够再次生长到其完整且光叶榆浅绿色的细长枝会变成被软毛覆盖的浅棕色，具有明显的互生分枝模式。它的嫩叶有褶皱，随着成熟而逐渐展平，具有双齿的边缘和平行的叶脉。它的果实产量丰富，每颗果实含有一粒长在淡绿色的半透明翅中心的种子，其顶端有一个缺口。

宏伟的形态之前，将不会有新的英国榆被砍伐。

光叶榆和英国榆都是环孔材，外观呈棕褐色，通常有杂色，并且边材和心材之间差别不大。光叶榆木材有时会呈现绿色色调，或者明显的绿色条纹，并且比英国榆木材更重。

两种榆木都有中等细腻的纹理和通常很吸引人的图案，这让它们成为受到家具制造者和车工喜爱的木材。锯开这种木材可能有一定难度，因为锯子经常被夹住。这就要求锯齿足够宽，尽管由此产生的大切口会造成浪费。榆木的干燥速度相当快，但是高度容易变形。切割好的板材必须非常小心地堆放和贴合在一起，理想的情况是将它们绑在一起或者用重物压在上面。在处理榆木木材的时候，很难得到一个干净的切口，因为它的纹理容易使其翘起或撕裂。因此，在刨平或者成型之后，进一步的抛光很有必要。

在一些国家，榆树叶片至今仍作为一种牲畜的饲料作物，就像在伊夫林时代的英国那样："它们会在吃燕麦之前将其吃掉，然后茁壮生长；你只需要记得把树枝放在谷仓干爽的角落里。"

病虫害

荷兰榆树病是以1921年首次发现它的国家命名的，但是，这种病害并不是源于荷兰的，其影响也不仅仅局限于荷兰榆这种光叶榆和田榆（field elms）的杂交品种。它是由真菌新榆枯萎病菌（*Ophiostoma novoulmi*）引起的，这是荷兰榆树病菌（*Ophiostoma ulmi*）的一种具有高度侵略性的变种，后者很可能存在于远古时期，直到一个环境触发因素创造出新的变异类型。这种真菌主要通过欧洲榆小蠹（*Scolytus scolytus*）在树木之间传播。为了在树皮下面进食和繁殖，这种害虫需要直径至少10～15厘米的榆树。这就是为什么树篱中通过根部萌蘖栽植的榆树看起来一直很健康，然而一旦长到一定的尺寸就可能突然垮掉的原因。感染这种病害的小树通常会在几个月内死亡，最先出现的征兆是树冠顶层的叶片枯萎。

在英国，东萨塞克斯建立起了一个荷兰榆树控制区，此地位于西部的法尔默和东部的佩文西之间，另外还有由郡议会等支持的荷兰榆树病专员。一项“榆树病零容忍”政策正在执行中，任何树木只要表现出病害的征兆就会立即被伐倒。最近，一些控制病害蔓延的新方法已经付诸实践，包括使用一些“牺牲性”树木，即让它们生存足够长的时间来吸引榆树皮甲虫的成虫，但是在新的成虫出现并开始寻找宿主之前，将它们砍伐并杀灭幼虫。这些甲虫似乎会被已经长满其他甲虫或被荷兰榆树病菌感染的病树所吸引，出现这种现象的原因还不得而知。

从20世纪30年代开始，许多国家便已经着手进行选育工作，培育对荷兰榆树病有抗性的榆树树种，一些相关的抗性克隆被筛选出来。1922年，美国的育种者选育出了所谓的美果榆（*Ulmus Americana*‘Princeton’），并且证明该树种对这种病害有极佳的抗性，存活率高达96%。在过去的10年里，英国的种植者已经开始选用美果榆。反复修剪可以对树篱中的榆树起到保护作用，因为这样就会使树木难以长到足以给甲虫提供生存环境的尺寸，从而令其存活下来。

光叶榆也容易感染荷兰榆树病，但是比其他榆树种类概率低。在迪恩森林中进行的长期研究表明，从受该病害影响的树木中旺盛再生、通常密集丛生的光叶榆，往往比生长在茂密的林地树冠下、活力较弱的小而孤立的树木更容易受到病害的反复攻击，后者似乎相对更具有抵抗力。

由拟白膜盘菌（*Hymenoscyphus pseudoalbidus*）引起的欧梣顶梢枯死病令榆树的命运再一次进入公众的意识，这两种病害有许多相似之处。在20世纪70年代，林业工作者和其他相关人员评估了榆树在乡村消失可能造成的影响，提出了在景观（树形和色彩）、木材的生产力和实用性方面可能的替代品。大叶菩提树有宽阔的冠顶，银灰杨有高度，橡树的高度有所欠缺，但是能产出良好的木材，其他种类看起来相似却不是本土植物。事实很简单，榆树在各方面都不可替代，尽管从那时起，它们便缺席于我们的大部分景观。从40年前应对荷兰榆树病的方式中，我们有太多的东西需要学习，尤其是在避免争相砍倒病树方面，这种做法对限制病害的传播速度作用寥寥。

展望

人们只能寄望英国榆的命运不要降临到其他树种上，那些都是我们生活的一部分。如果我们重新回到20世纪60年代早期，告诉人们榆树将很快从我们的城镇和乡村消失，我们一定会受到怀疑。气候变化和新型病虫害的双重影响似乎给我们的树木带来了越来越大的威胁，并且不难想象，欧梣、欧洲水青冈和橡树可能紧随其后，这对林地和森林造成的毁坏将比失去榆树更严重。

除非挑选和培育荷兰榆树病抗性种类的工作得到更长远的发展，否则榆树的未来很难想象。然而，随着生物技术不可限量的发展，我们可以对在未来10年内控制住该病害持乐观态度。英国榆在树篱中以幼树形式生存的能力可以带给我们一些信心，当环境允许时，这个树种或许有望恢复。

一棵已经死亡的英国榆树的树皮下方显示出被大量欧洲榆小蠹幼虫挖掘的通道，这是它们沿成虫产卵的中心线向外啃食出的路径。[1]通道。[2]真实尺寸的幼虫。[3]真实尺寸的成虫。[4]放大绘制的幼虫。[5]放大绘制的成虫。

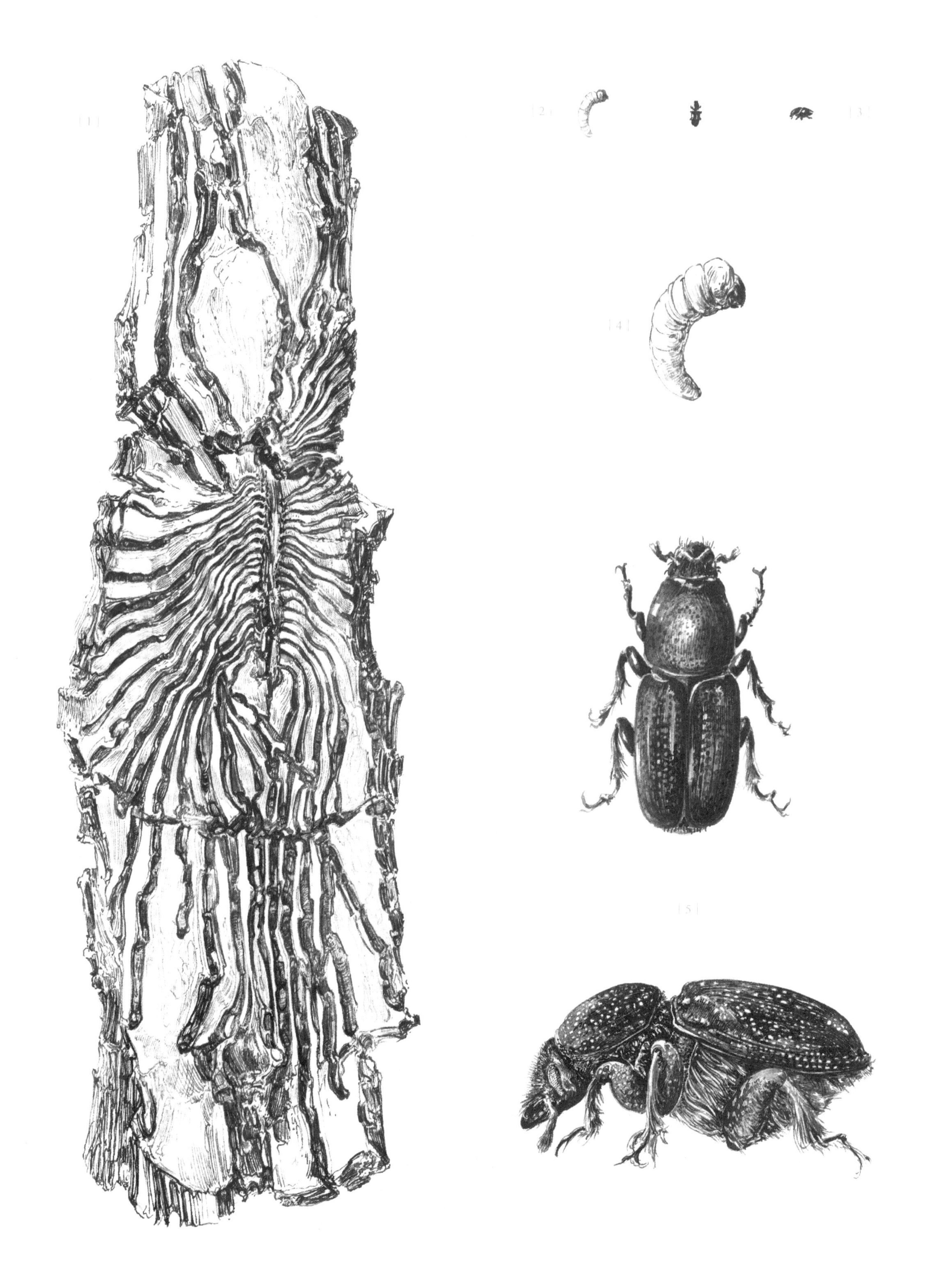

[1]
[2]
[3]
[4]
[5]

桑树

—

科：桑科
属：桑属

有些人可能会奇怪，为什么我们要在我们的森林居群中加入这种树？但是，当我们勤劳的种植者意识到它能带来的无与伦比的好处时，就会迅速表示谅解……［J. E.］

距伊夫林出生还有12年的1608年，詹姆斯一世授令种植大约4英亩桑树，共计花费超过900英镑，位置就在如今伦敦白金汉宫的北边。种植的目的是为了得到丝绸——桑叶是桑蚕（*Bombyx mori*）幼虫的食物，国王计划养蚕并在英国开创丝绸制造业。树木进口自欧洲各地，但是这个冒险项目从未取得成功，最可能的原因是种植了“错误的”桑树种类——黑桑（*Morus nigra*）。桑蚕更喜欢的是白桑（*M. alba*）叶片。

幸运的是，我们最美味的黑桑品种之一，Chelsea（也被称为“詹姆斯国王”），其种植或许可以追溯到17世纪。其中有一棵树在Swan Walk存活下来，那里后来成为切尔西药用植物园的一部分。在二战期间，为了修建防空洞，它遭到砍伐，并且尚未来得及保留插条。

20世纪90年代，在伦敦住宅花园的皇家庄园和温莎城堡里，一个由9个种和24个栽培品种构成的全国性桑树收藏被建立起来。

生物学、分布和生长环境

黑桑和白桑都不是英国的本土树种，但是它们栽种得如此广泛，以至于很难精确地找到它们的起源地。我们已经知道，黑桑出现于西亚，而白桑出现在中国。第3个种类，在亚洲作为食物、药材和纤维（用于编织优质布料）来源已经被种植了几个世纪的构树（*Broussonetia papyrifera*），在18世纪被引入英国，但始终是一种稀有的花园观赏植物。

黑桑是一个雄伟的中型树种，树高10～13米，长有引人注目的多节树干和心形的粗糙叶片。它在5月到6月间开花，秋季结出味道丰富的果实，又名桑葚。尽管外表与黑莓相似，但桑葚（专业上叫聚花果）由无数簇生的小花构成的膨大子房（小核果）形成，而黑莓则由单花形成。

白桑野生分布在中国中部和北部的落叶混交林中，经常与各种橡树、圆柏（*Juniperus chinensis*）和胡桃混生，也生长在日本的一些地区。它在1596年被引入英国，作为观赏树种或第184—185页：桑树是浅根系植物，这棵古老的黑桑树被风吹倒，又在原地重新恢复再生。老树经常倒下或开裂，压在地面上的树枝很容易生根，繁殖形成一个由不同树龄的树木构成的灌木丛。

者用于水果生产，但是除了在一些局部小气候温暖的地区，很少旺盛生长。

像黑桑一样，它也是一个中型尺寸的树种，能长至15米高。可以通过叶片将其与近缘植物进行区分，因为它的叶片通常光滑且有浅裂。当被撕裂时，叶片会流出白色的汁液。树木因叶片生长密集而呈圆形，还有广泛伸展的根系。它们通常是雌雄异株的，但也有雌雄同株的可能。风媒传粉的雌花和雄花在4月到5月间出现在不同的葇荑花序上，受精后发育成圆柱形的核果，颜色呈现从黑色到紫色再到白色的变化。每一个核果包含约20粒卵形的种子，并且如果没有被动物或者鸟类吃掉——这是播撒种子的主要途径，核果在掉落到地面之前会作为成熟的果实在树上留存几天。与黑桑果实相比，白桑果实寡淡无味。

¶ 园艺学

在全部果肉物质被清理干净后，种子可以被用于种植桑树。一个有效的技巧是在果汁机中加水，小心地把浆果离析（或者从鸟类的紫色排泄物中收集）。种子应该在秋季立即进行户外播种，或者用分层法储存8～12周，到春季再播种。更常见的繁殖方法是使用半木质化的插条，它们很容易获取，并且具有确保亲本果实遗传特性的优势。插条的直径一般在2～4厘米，长度为60厘米，需要将其三分之二的长度插入地面。桑树在温暖、有遮蔽、土壤呈中性且排水良好的环境下生长得最好，并能从有机覆盖物中极大获益。黑桑和白桑都能从被切断的树桩或者根部进行营养再生。

桑树很少需要修剪，只需确保良好的枝干骨架即可。修剪应该在树木完全休眠时进行，否则它会流出大量的汁液。低垂的树枝可以使用缓冲的“Y”形工具支撑离开地面。黑桑尤其容易严重倾斜和开裂，但是它们通常还是会持续繁荣生长。

直到树龄8岁后，桑树才开始结果。果实非常软，成熟掉落后，会把路上的一切都染上颜色。可以在地面铺上被单之类的物品，然后摇动树枝来收获果实，或者在树下留一块草地来缓冲掉落的果实。

在传统的制度下，日本和亚洲其他地区的商业果园每公顷可种植上万棵桑树。在种植更密集的机械收获的果园中，每公顷可超过2.5万棵，但严重依赖化肥、堆肥和灌溉。

木材和其他应用 ¶

> ……它的木材具有耐用性，也有细木工和木工方面的用途，还能用于制作篮球筐、弓、车轮，甚至替代橡木制造小船的骨架等……［J. E.］

白桑极受欢迎的木材在新鲜时呈黄色，随着时间的推移转变成深黄棕色。它有显眼的图案，将原木径锯可以展现出清晰的髓部射线。白桑木材可用于车工、家具和镶板，在日本尤其受欢迎，被用于制作茶道工具和传统的围棋棋子。白桑被切成薄片时通常会产生毛刺，品质最好的树干也是如此。伊夫林极为看好这个树种的前景：“但是，我在这里要推荐的不是我们常见的黑色果实生产者，尽管它们具有同样的繁殖价值，而是那个叫作白桑的品种。”

黑桑是水果生产的首选种类。其微酸的浆果生食非常美味，可以制成果露、果酱，或者用在松饼和奶酥中。它们还能发酵生产一种提神的夏季果酒。

> ……桑树在四到五年内可能就会遍布这片土地；当骄傲的家族中贫困且年轻的女儿们愿意靠采集蚕丝每天换得三到四先令，并忙碌于这种甜蜜而简单的雇佣劳动中时……桑树的名声将会在英格兰和其他种植园中传播开来……［J. E.］

尽管在英国，上一代的皇家冒险失败了，伊夫林依然相信，丝绸制造或养蚕业，以及白桑在英格兰的繁荣会让每个人受益，包括那些穷人。早在公元前2700年，中国人就从野桑蚕（*Bombyx mandarina*）中驯化出家蚕。但是直到汉代（公元前206年到公元220年）开辟出4,000英里长的丝绸之路，丝绸才传入亚洲其他地区和非洲，最后通过十字军到达欧洲。

不同于它的野生亲戚，被驯养的家蚕依靠人类生存，因为它们的成虫不会飞。卵经过14天孵化成蚕，后者喜欢啃食白桑叶片，尽管它们也能以黑桑和橙桑（*Maclura pomifera*）的叶片为食。桑树能够产生一种叫作顺式茉莉酮的挥发性化合物，它的气味吸引了蚕——讽刺的是，这本是为了避开食草动物。蚕经过四龄变化（化蛹和蜕皮的阶段），最终从唾液腺产出一个由生丝构成的茧。大约2,000～3,000个蚕茧才能生产0.5千克的蚕丝。每个蚕茧产出的丝线能达到900米长，但是收获它们需要杀死里面的幼虫。

中国在丝绸生产方面一直占据优势，即使已经失去了垄断地位：曾经有圣旨严禁商人出口桑蚕。如今，中国产出的丝绸约占世界总产值的80%，印度、日本和韩国也建立了主要的桑蚕工业。另外，欧洲一些靠近地中海的国家也已经成功地开展小规模的丝绸生产业务。

在北美，大约在詹姆斯国王宣布进军桑蚕业受挫的同一时间，栽培白桑同样遇到了麻烦。在17世纪初期引进后，这个种的成活情况很好，尤其在东南部各州。1624年，弗吉尼亚州通过了一项法令，要求每个男性居民在自己的土地上至少种植4棵白桑树，以便促进丝绸工业。直到接连的寒冬杀死了东部的桑树，病害令南部的桑树毁于一旦，北美人的桑蚕梦因此而突然破碎之前，整个南部和东部地区在10年间都处于“桑树狂热期”。桑树如今被广泛地移植到许多栖息地，包括阔叶森林、高地草原、河岸泛滥平原和荒地，并且与本地树种——红果桑（*Morus rubra*）频繁杂交。

在某种意义上，如果仅对小规模而言的话，伊夫林关于英国桑蚕业的观点是正确的。在过去的400年里，建立于20世纪30年代的路林石桑蚕农场可能是最成功的。那里种植了20英亩白桑树，用来喂养在肯特郡的路林石城堡里养殖的成千上万的桑蚕。这个农场生产的丝绸被用于制作二战期间的降落伞，1953年伊丽莎白二世加冕时穿的礼服，以及1981年戴安娜·斯宾塞王妃（Diana Spencer）的婚纱。该农场在20世纪50年代搬迁到赫特福德郡，并于2011年关闭。

病虫害

桑属可能感染细菌性叶斑病，这种病会导致顶梢枯死和溃疡。至少在小树上，可以用网阻止鸟类对果实的渴望。

展望

对果园、小农场和花园而言，两种桑树都值得增加种植量。每种都可能被包含在农林业系统中，为人类提供浆果以及最终的木材，同时也为家畜提供饲料。总有一天，英国的桑蚕产业会复活——如果借力正在变暖的气候则可能性更高。

左上：黑桑开放雄性和雌性花朵的嫩枝。叶片呈覆粗毛的心形，鲜绿色，偶有浅裂。不引人注意的雄花［1］和雌花［2］簇生在同一棵树的不同葇荑花序上。雄性葇荑花序散播花粉后死亡。受粉后的雌性花序发育成聚合果。

右上：这里看到的白桑叶片是卵圆形的，具有圆形尖端。它们采集自一棵老树。叶片可能有深裂，在更年轻的树上可能是尖的。雄性［3］和雌性［4］葇荑花序都出现在同一棵树上。

右下：白桑果实和叶片。

左下：柔软而甜美的黑桑果实。每颗都是一个聚合果，也就是说，它是由许多单独的果实聚合在一起形成的。在这幅画中，更大的叶片被剪掉了。

[1]
[2]
[3]
[4]

欧洲栗

科：壳斗科
属：栗属

栗树，其次是橡树，是最受细木工匠和木匠追捧的木材之一。如今看来，它曾经在伦敦城构成了我们很大一部分古代房屋。我以前在靠近城市的地方有一个非常大的粮仓，结构骨架全部来自这种木材……［J. E.］

欧洲栗通常具有独特的螺旋状生长模式，这从它们树皮的形态可以很明显地看出。随着树龄的增长，这种生长的影响会增加，使来自较老树木的木材几乎无法使用。如果可以生长到较老的树龄，它们将成为公园景观中雄伟的树木。

欧洲栗（*Castanea sativa*）因为它的木材和坚果而被广泛栽培，从罗马时代起，这种地中海本土物种就陪伴着我们。它的木材和橡木相似，但是在户外的耐久性更强。肯特郡和萨塞克斯郡都是充满活力的栗树林工业中心：据坎特伯雷大教堂的记录显示，到1200年，当地开始出现大面积的欧洲栗林。欧洲栗工业在19世纪迅速扩张，满足了酿造业对啤酒花不断增长的需求。20世纪期间，由于产品的市场需求下降，许多欧洲栗林受到忽视。然而，最近涌现的一股对修建栗树篱笆和其他传统产品的兴趣，刺激了一些地区栗林的复兴。还有一些南部的土地所有者正在投资建设栗子园，希望气候的变化能够有利于坚果产量。

生物学、分布和生长环境

欧洲栗自然生长在地中海地区，范围从大西洋沿岸直至环绕里海的国家，因此它的另一个常用名为“西班牙栗”。如今，欧洲栗广泛地分布在欧洲大多数国家。它从来不会像森林树木那般占据主导地位，却能够分散地生长在其他阔叶林中，或长成单一种类的欧洲栗林，并被种植在坚果果园中。在被罗马人引入英国之前，欧洲栗可能先被希腊人传播到意大利。从学术上来说，它是一种史前归化物种，并且有时被当作名义上的本土物种。然而一些自然资源保护论者认为它同欧洲水青冈一样，都是不受欢迎的外来物种。

尽管欧洲栗的生长遍布整个英国，但是考虑到其地中海起源，它们在较温暖的南部生长最旺盛也就不足为奇了。欧洲栗是一种大型乔木，树高通常能超过30米，有些例外能长到35米，老树的周长能够达到9米或更长。英国最著名的欧洲栗树甚至在12世纪的斯蒂芬国王统治时期就被赋予了重要性；如今，这棵长在格洛斯特郡托特沃斯的树木周长达到了11米。尽管树龄古老，它依然表现出健康的形态，并且周围环绕着由触地枝条生长出来的年轻树木。

欧洲栗有几个不同的品种（包括引人注目的“Albomarginata”，它有乳白色的叶缘）和许

[2]

成熟的欧洲栗小枝上面有长长的雄性花序[1]，它们通常产生自叶脉，每个叶脉上都有一簇簇细小的奶油色雄花，散发出花粉。雌花[2]出现在靠近茎尖的地方，在外形上与微小的海胆相似。

多坚果栽培品系。在栗属中，有11个种类是北半球的原生物种，但是无一原生于英国。北美洲最重要的阔叶树种之一，美洲栗（*Castanea dentana*），遭到了一种外来病原体的破坏，至少损失了30亿棵——一个关于粗心大意的植物检疫可能造成多大危害的惨痛教训。欧洲栗与欧洲七叶树（*Aesculus hippocastanum*）并不相关，后者的坚果不能食用，木材也几乎毫无用处，甚至不能作为木柴使用。

与大多数阔叶木相比，欧洲栗的叶芽在春天展叶更晚一些。并且尽管对霜冻敏感，这些种类通常能避免霜冻的损伤。它的叶片有深锯齿的叶缘，在茎上呈螺旋状排列。欧洲栗的花很复杂，有雌雄同体的葇荑花序：雄性花（只有雄蕊）在尖端，雌性花（只有雌蕊）以3～5朵成簇，单独地生长在每个葇荑花序的基部，并且也都分别朝向叶梢。微小的花粉能被风吹过100多千米的距离，它们具有黏性且带有香甜气味，意味着既可以虫媒传粉，也可以风媒传粉。在欧洲栗刺猬般多刺的壳斗内最多有3枚坚果（瘦果），在成熟前，这样的壳斗可以阻止捕食者，直到它们在秋季成熟并打开成2～3个部分。在英国，这些坚果的膨大程度鲜少能与那些生长在地中海气候中的果实相媲美。

欧洲栗供养了范围广泛的野生生物。它为哺乳动物——尤其是护林人的死敌，北美灰松鼠，以及包括松鸡、喜鹊在内的鸟类提供了食物来源。它也与许多真菌有关，包括美味牛肝菌（*Boletus edulis*），俗称牛肝菌。欧洲栗被广泛地种植在半野生林地里，通常以获得矮林产品为主要目的。但是，这引起了一些人的担忧，因为考虑到直接依赖于它的物种数量相对较少，这些单一栽培的树木——包括同龄林地或矮林中的单一作物——对生物多样性是不利的。然而，在结构、物种和树龄具有多样性的地方，例如林地中矮林的年代有变化以及更成熟的幼树有其他树种伴生的地方，欧洲栗林已经显示出其对生物多样性的价值，尤其是对于豹纹蝶和夏季造访的鸟类。

从南欧进口的大量欧洲栗在冬天的火炉边被烤成食物。坚硬的褐色子房壁含有坚硬的奶油色果肉，可以通过烹饪来软化。在目前的气候条件下，英国种植的栗子很少能长到可食用的大小，但这种情况可能会发生改变。

造林学

它们通过播种定植的生长情况最好。在这之前，首先让坚果浸饱水，然后将它们埋入沙子；1个月后，再将它们投入水中，丢掉漂浮的种子；干燥30天或者更长时间，再次沙藏，然后再像此前那样用水浸泡。这

样处理直到春季，或者在11月以播种豆子的方法进行处理。有些人在处理种子时，还会将其在新鲜的牛奶中浸泡过夜或者更久。但是，如果难以把准备过程进行到一半，只需要将它们尖端向上放进洞里就可以，像种郁金香那样……［J. E.］

欧洲栗只在英国南部能够规律地结出可育的种子。它的种子是顽拗型的，因此不能长时间储存；在不失水的情况下，种子可以在0℃下保存8～24周。不过，正如伊夫林建议的，最好像郁金香那样立即播种。实生苗至少要到20岁树龄后才会结出坚果，因此，如果以生产坚果为目标，嫁接栽培技术是更好的替代选择。对于木材生产，目前还没有可选用的改良材料。英国有4片登记在册的采种林场，但是，由未来树木信托公司于2002年开始的树木改良工作需要花费几十年时间才能取得成果。通常在苗圃中仅需1年的时间，就能生产出30厘米高的健壮籽苗。

在土壤深厚、潮湿而且适度肥沃的地方最适宜栽培欧洲栗，尽管这个种类能够在几乎所有排水良好的土壤中生长。它无法耐受高地无遮蔽的环境，但是对靠近海岸含盐的风有相当强的忍耐力。定植的籽苗如果不遭遇冲击，通常在第1年就能长到原来的两倍高度。在格洛斯特郡的迪恩森林中，19世纪早期的标准做法是每100棵橡树搭配种植1棵欧洲栗。

欧洲栗由于早期生长迅速，并且木材价值高，已经成为英国最多产的阔叶树种之一，平均产量达到每年每公顷8立方米，最佳种植地产量能达到11立方米——包括生长在迪恩森林的树木。在英国，与其他阔叶树种相比，欧洲栗的树冠相对较窄：树干的胸径达到70厘米的时候，树冠的平均直径为10.3米，而相似胸径尺寸的橡木树冠直径可达13.1米。和所有珍贵的阔叶木一样，高修剪简单而有益，具有使较差或者普通的树干变成具有装饰性用材等级原木的潜力。值得注意的是，在该物种的纯林分中，从间伐的树木或者中林的树桩再生的树木可以有效地遮蔽主要作物的茎，阻止侧枝的生长，因此没有进行高修剪的需求（但需要能防止鹿啃食下层林木）。欧洲栗通常在树干胸径达到60厘米之前收获木材，因为超过这个尺寸的树木总是会摇动。在贫瘠沙化的土壤上，树木应该在树龄达到65岁前被砍伐；只有在最肥沃的土壤中，砍伐时间才能被推迟到85岁。

用作围栏材料的欧洲栗的生长周期为12～16年，由伐木场管理，并且通常以未经切割修剪的状态出售。在英国南部，灌木林的产量大约是每年每公顷13.5立方米。这个物种有时以中林的形式管理，一些选定的矮林枝条被允许长至成熟，以便在砍伐前得到类似木材的比例。树干处于7～12岁时，正是开始一个中林系统的理想时间。这个时间段是非常关键的，但是也依赖于地点的特性：如果实施得太早，再生可能会赶上新生长的树木；如果太晚，所选树木的年轻树冠可能已经因为竞争而状况不佳。理想状况下，每公顷共计140～180棵树为宜，对此应该以50年为周期进行管理。

由于夏季凉爽的气候，英国的商业坚果生产并不是一个重要的产业。用于坚果生产的欧洲栗栽培已经发展了几个世纪，包括与日本栗（*Castanea crenata*）和板栗（*Castanea mollissima*）的杂交品种，这些工作增加了欧洲栗对一些疾病的抗性。大部分开发品种的每个壳斗里只有一个坚果，比“野生”树种的坚果大得多。但是，其不利的一面在于，坚果栽培品种对干旱的抗性较低，并且较早的萌芽习性导致它们易受霜冻损伤。可供选择的坚果栽培品种很多，最著名的包括“Marigoule”“Marlhac”“Marron de Lyon”和“Paragon”等，其中大部分在法国培育，并且可以作为嫁接树使用。它们对生长地点的偏好和各自的预期市场差异很大，有些坚果容易剥皮，适于制作糕点或罐头，其他则更适合整颗出售用于烧烤。建立在有适宜土壤且阳光充足的地区、有宽阔树间距（通常7米×7米或者更宽）的种植园，将会在种植 2～3 年后就收获坚果回馈。

木材和其他应用

> ……用于锯木厂和给水装置，或者当它可能被埋入地下时。但是，如果生长中的树木根部遇到了水，它的果实和木材都会腐烂……［J. E.］

欧洲栗的木材坚硬，而且只有最小限度的边材（通常只有 2～3 个年轮），和橡树的木材非常相似。但是它的密度和强度较低（比橡木轻 20%），并且径锯时没有橡木引人注目的银红色（因为髓部射线）。欧洲栗的木材没有橡木的结构强度，但是它的心材更具耐久性，尤其是在与地面接触的时候，这使它更适合被用在户外，特别是制作篱笆、窗框、户外座椅和雕塑。高度的稳定性也令它适用于地板。与许多其他硬木相比，欧洲栗的木材一直价格很高。

但是，欧洲栗木材有两个主要的缺陷。树干的螺旋生长随着树龄增加而更明显，每年的生长都会使前一年的螺旋程度轻微增大。这个效果在较老的欧洲栗树皮中尤其明显。这导致了木材的张力和扭曲，严重时使其不适合使用，尤其是最外层的木材。第二个问题是欧洲栗通常会沿着它的年轮开裂，通常称为环裂，并且在比较老的树木中更严重。有经验的木材购买者对显著的螺旋纹理和明显裂隙之间的联系有着清楚的认识。

栗木在锯开后为了避免黄色染色最好迅速干燥。它是一种干燥困难的木材。在窑干之前，推荐首先进行空气干燥，干燥过程应该温和地进行，从而避免木材形成蜂窝裂。潮湿条件下，木材会因高含量的单宁与铁或低碳钢发生反应而着色，所以应该使用黄铜或不锈钢配件。在没有预先打孔的情况下，往板材里面敲入钉子也很容易造成开裂。这是一个问题，但是在切割时会带来额外的利处。按木材长度切下的薄板和板材能够获得很高的价值，但是从价值链的另一端来看，欧洲栗的木屑密度低，因此收益比许多其他阔叶木的木屑更少。作为木柴，它燃烧得很好，但是易爆出噼啪声，限制了它的受欢迎程度。

> 这样，在 8 年之内，你将会有一片可待砍伐的矮林。除了许多其他用途外，它们还能为你的花园、葡萄园或啤酒花圃中的任何作业提供无与伦比的木杆，直到下一次砍伐。如果这些树木喜欢这片土地，它们会在未来 10 年或者 12 年内长成木材，并结出丰硕的果实。［J. E.］

使用矮林材料是一种传统艺术，最好由熟练工人而不是机械完成。栗木杆应该使用手斧（一种工具，具有窄窄的斧头和与斧头直角安装的把手）劈开。一名经验丰富的灌木工可以“读取”每一段长度，以获得每杆最高数量的优质裂隙桩。托里山农场——一个肯特郡的家族生意，生长着高品质的欧洲栗。那里使用高效的造林技术和生意诀窍联合管理，将栗木转变成广泛应用的产品，比如开裂的木桩用于篱笆、铁路和桩基，出口远销至美国。这个公司生产以铁丝连接的栗木篱笆，可用于建筑工地和沙丘恢复工程，而 1.8 米高的篱笆类型可用作有效的鹿栅栏。所有“废弃物”都被再循环用于工厂和办公室热量供应，并且这些碎木料（枝头）具有一个正在成长的市场，它们被随意地打成捆，用于修复河岸。

> 在英格兰，我们把那些果实喂给猪吃，但是在其他国家，它们是王公贵族们的佳肴之一。一直以来，那些较大的坚果都被乡下人当作壮阳的食物；对于平民而言，它们有比油菜（芸薹属植物）和熏肉更好的营养价值；是的，或许豆子除外……［J. E.］

在法国，整颗的欧洲栗会被制作成甜点（香草蜜汁栗子），而在英国，明火烤制的欧洲栗则已经成为一种传统的圣诞美食。它们富含淀粉，能够被磨成甜美的粉末，如今是一种特殊的烘焙配料。不过，它们曾经一度被作为主食，尤其是在法国和意大利。“一种健康的食物，让妇人们拥有好气色”，伊夫林写道。在地中海国家，人们仍以玉米粥的形式食用欧洲栗。为了生产欧洲栗蜂蜜——一种带有浓郁芳香气味和微苦回味的深色蜂蜜，每到春天，法国的养蜂人都会将他们的蜂箱带到欧洲栗林地。

病虫害

由真菌栗疫病菌（*Cryphonectria parasitica*）引起的栗疫病，几乎消灭了美洲本土全部的美洲栗。在那里，美洲栗是一种重要的经济物种，并且在环境方面发挥着重要作用。阿帕拉契山脉曾经有 25% 的树木是美洲栗。该病原体于 1904 年首次出现在美国，是通过已经演化出天然抗性的板栗树入侵的。美洲栗没有灭绝，但是，它们只能从枯树的树桩上萌发新枝条，和英国榆的存活情况非常相似。树木育种者正在寻找表现出一定天然抗性的树木，试图通过将其与具有枯萎病抗性的板栗进行杂交，培育出抗病原菌的植株。与栗疫病的战斗已经进行了 100 多年，未来仍将继续。

1938 年，栗疫病首次出现在欧洲，最早是在意大利，随后广泛传播。直到 2011 年末，在沃里克郡和东萨塞克斯郡的两个小果园中发现有欧洲栗树被感染，这种疫病才出现在英国。这些树木都是从法国进口的。在欧洲，有证据表明欧洲栗正发展出一些抗性，或者真菌的恶性程度已经有所下降。尽管如此，我们仍要密切关注这种病害。

欧洲栗的根部容易感染由各种疫霉属（*Phytophthora*）真菌引起的黑水病，这种病在排水不好的土壤和凉爽的夏季更容易流行。

展望

如果要充分实现这种适应性木材的品质，用于木材生产的树木育种就应该得到更大的支持。鼓励种植者在树龄更年轻的时候进行砍伐，可以使硬木商人对英国种植的欧洲栗更有信心。英国的气候变化可能有利于欧洲栗的开花和坚果生产，这将使商业坚果果园从中受益，并且促进这种有吸引力的物种在森林中的再生。我们只能希望栗疫病不会在英国流行。

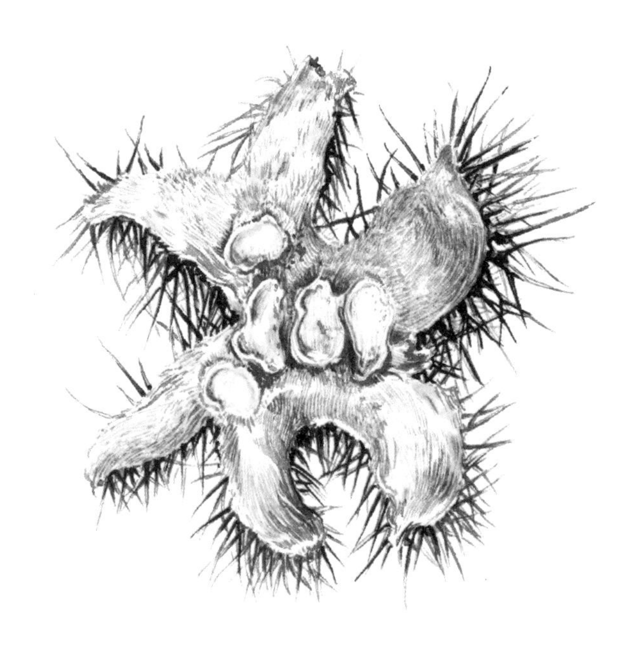

欧洲栗的果实（坚果）包含在常见的刺状表皮中，受到其内表面厚实银色茸毛的保护。这些闪亮的可食用坚果依靠重力分散，并由鸟类和哺乳动物散播。

左图：新展开的欧洲水青冈春季叶片，仍然有部分折叠。冬芽的保护苞片仍像绶带一样附着［1］。这个物种的互生叶和分枝方式明显可见。

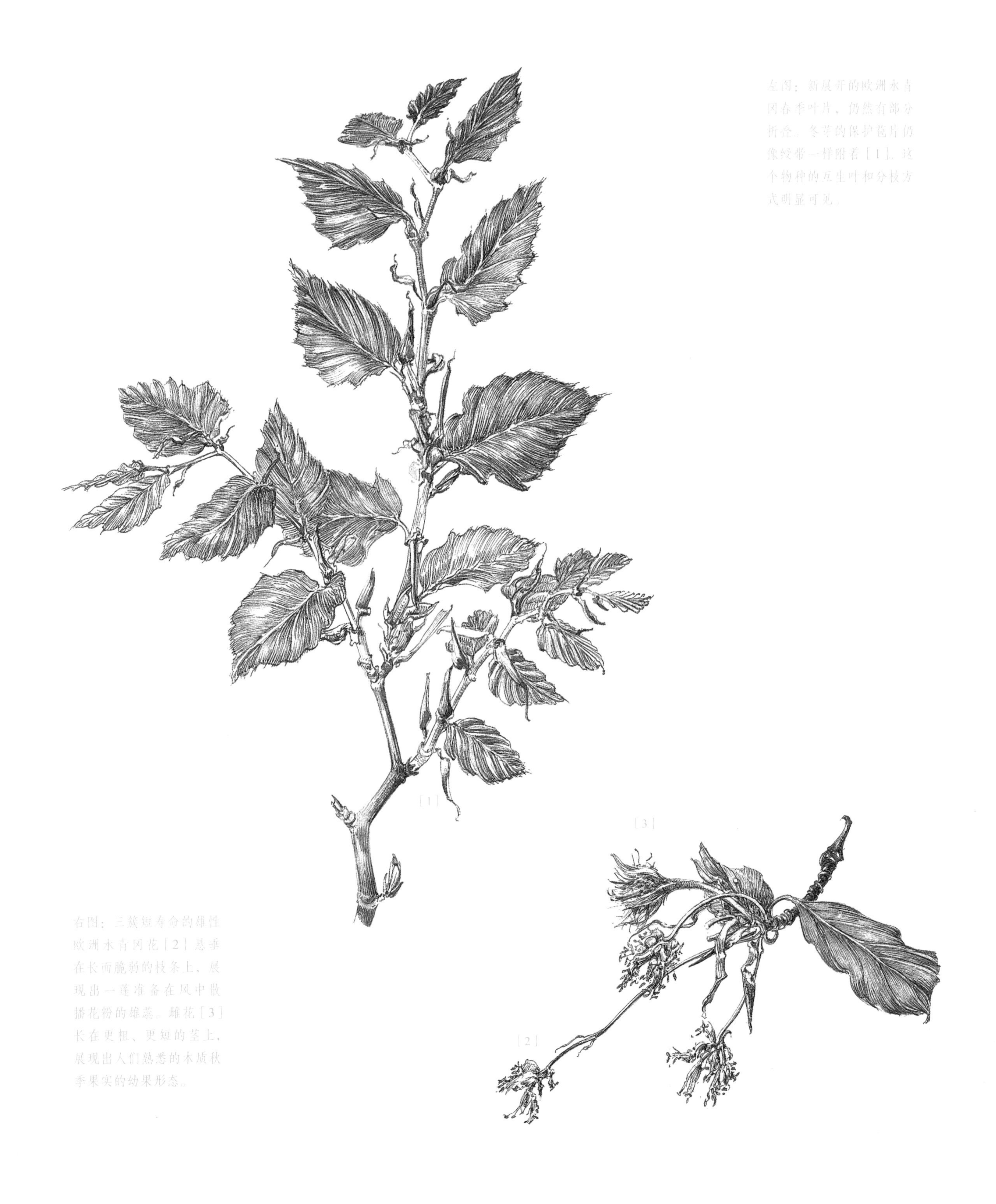

右图：三簇短寿命的雄性欧洲水青冈花［2］悬垂在长而脆弱的枝条上，展现出一蓬准备在风中散播花粉的雄蕊。雌花［3］长在更粗、更短的茎上，展现出人们熟悉的木质秋季果实的幼果形态。

欧洲水青冈

—

科：壳斗科
属：水青冈属

我希望能够有一项法律，禁止它的使用……［J. E.］

正如伊夫林的描述，欧洲水青冈有效地供应了整个法国，并且在英国被车工、家具制造者和爱好者所使用。到了19世纪晚期，奇尔特恩的欧洲水青冈林地成为以白金汉郡海威科姆为中心的英国家具工业的核心。但是，伊夫林在接下来对欧洲水青冈的介绍中表现出不同寻常的刻薄，声称它"实际上只提供了阴凉和烧火的好处，质地硬脆易折，还有非常讨厌的蛀虫"。伊夫林继续表示："有一个办法能让它变黑并且抛光，使之看起来像乌木；还可以用煤灰与尿液的混合物，使其状似胡桃木，但是，无论色彩还是木头本身都不能持久，因此我很难称它为木材。"

生物学、分布和生长环境

欧洲水青冈原生于欧洲中部和西部的大多数地区，从挪威南部和瑞典到西班牙北部，向东一直到乌克兰和土耳其。欧洲水青冈可能是大不列颠岛从欧洲大陆分离前最后一个殖民树种，它被认为是英格兰东南部和威尔士东南部的本土物种，但在其他地方属于归化物种。在英国的这些地区之外，由于如今欧洲水青冈的广泛分布，它们有时会受到短视的自然资源保护者相当程度的排斥，被视为一个外来物种。普遍栽培的水青冈品种包括紫叶水青冈（*Fagus sylvatica* 'Purpurea'）和金色水青冈（*Fagus sylvatica* 'Zlatia'）。

在欧洲更东边的地区，欧洲水青冈被东方水青冈（*Fagus orientalis*）所替代，后者从土耳其扩展到高加索地区。还有大约10种水青冈分布在亚洲、美洲的中部和北部。南部水青冈被归类于南水青冈属（*Nothofagus*），它们曾经被包括在壳斗科中，但是现在作为一个单独的科存在：南青冈科。在南半球，大约自然分布着36种南部水青冈。尽管不在本章节另作说明，但是它们中有许多作为未来之树引发了英国人的兴趣。

在山谷中，它们一起生长在温暖的环境里，将会发展得规模巨大而繁茂，尽管那里的土壤可能有很多石头且非常贫瘠……［J. E.］

欧洲水青冈通常在pH中性的土壤中有生长优势，并且多生长在白垩和石灰岩上，但是由于降雨量的缺乏而局部和区域性受限。这个物种不擅长应对干旱，干燥会显著降低它们的自然晚夏时欧洲水青冈细长的枝条，带有开裂的果实和成熟的叶片。

再生。另一方面，欧洲水青冈也不能忍受淹水土壤。它是浅根系的，老根通常会在土壤表面以上变厚，从树木基部大量且可见地辐射出来。典型的例子包括在威尔特郡，可以在土埂上看到它的根系直接包围着埃夫伯里石圈生长。生长在土堆上的独特的欧洲水青冈丛，在当地的说法中被称为“刺猬”（hedgehogs）。

欧洲水青冈高度耐阴，籽苗能够在浓密的树冠下生长，但是像许多演替后期种（那些在自然演替后期出现的种类）一样，它的籽苗与其他植被相比缺乏竞争力。欧洲水青冈在比利牛斯山脉有一个大本营，通常与欧洲冷杉混生，那里的高海拔提供了足够的湿度来对抗南部纬度的热量。在最近的干旱期中，比如2003年的旱灾，可以观察到欧洲水青冈的林冠面积减少。科学家们相信，气候变化已经对这个物种造成了影响，如其海拔分布向上转移所示。

欧洲水青冈风媒传粉的绿色花朵在仲春时节出现，但是对霜冻高度敏感。雄花成簇呈下垂姿态，并不显眼，雌花在短枝上受精后发育成有刺的四方形壳斗，其中包含着种子（欧洲水青冈坚果）。欧洲水青冈结实不规律，每5～10年结实一次，或者频率更低。种子从来不会被传播到远离亲本的地方。有一项英国的研究显示，在1平方米的范围内可能掉落 2,600 枚种子。但由于存在高比例的不育种子和被鸟类及哺乳动物食用的可能性，最终可能只长出 6 棵籽苗。

由于拥有巨大的根系（能降低侵蚀）、遮阳（能够保持土壤湿度），并且形成了大量的落叶层（增加腐殖质），欧洲水青冈在土壤保护方面发挥着宝贵的作用。在英国，它在各个林地生态系统中都扮演着重要的角色，尤其是与黑莓（*Rubus fruticosus*）或者曲芒发草一起生长时，并且经常与橡树和欧洲枸骨一起出现在古老的林地牧场。后者的一个很好的例子就是白金汉郡的伯纳姆欧洲水青冈专项保护区，在那里，截去树梢的古老欧洲水青冈供养着丰富的枯木无脊椎动物、真菌和地衣种群。欧洲水青冈深度遮阴，森林里由它占主导地位的区域内，地表植物的多样性都会受到限制，这是有些人不喜欢它的原因之一。但是在花园里，欧洲水青冈整个冬季不落叶的能力使它成为全年都能发挥作用的树篱植物。

造林学

> 它们以精美且闪闪发光的叶片，成就了枝繁叶茂的树木和引人瞩目的树荫……［J. E.］

当欧洲水青冈的种子从树上掉落时便可以开始收集，然后仔细而缓慢地部分干燥。在-20～-10℃的温度下，这些种子可以储存两年。在播种前，它们需要在 4℃的潮湿条件下预处理 16 周。通常情况下，大约 60% 的种子能够萌芽。

优质欧洲水青冈种源的选择有限。英国有一些登记在案的采种林地，更多的则位于欧洲大陆。除此之外，还可以从当地的欧洲水青冈种植林地收集种子。20 世纪 90 年代进行过两个种源地实验，其中之一在牛津郡的福地林场，但是现在要从中有所收益还为时过早。

在欧洲大陆的一些地区，欧洲水青冈是高品质橡木林中一种重要的下层林木。它被用于遮蔽橡树的茎，从而抑制侧枝前 15～20 米的生长。

欧洲水青冈的平均产量在每年每公顷 5～6 立方米（偶尔达到 10 立方米）。它的生长通常每 70～80 年一个周期。较老的树木在它们的中心容易发生变色，这种被称为红心病的情况在砍伐前很难被检测到，并且降低了原木的价值。

木材和其他应用

水青冈木坚固、均匀而且色泽浅淡，只是并不耐久。它的机械加工性能很好，但是刀片必须保持锋利才能避免出现焦黄斑，它还可以被刨平和打磨得效果出众。在欧洲大陆，最好的欧洲水青冈原木被切成饰面薄板。在欧洲的家具制造业中，这是一种标准的木材，经常为此进行蒸汽曲木处理。水青冈木的其他用途还包括打造厨房用具、面包板、球棍头、玩具、工具手柄和室内细木工等。对车工而言，这是一种有吸引力的木材，尤其是含有黑色不规则条纹的，但是他们必须佩戴口罩以避免吸入真菌孢子。

欧洲水青冈木材的钻孔虫害问题可以得到防治——它们对钻蛀类害虫的脆弱性曾是倍受伊夫林鄙视的弱点之一，但是木材的红心问题始终难以处理。为了限制真菌的生长，传统上在冬季进行砍伐。砍伐后，原木应该被锯开并迅速干燥，从而避免着色和褪色。木材的干燥非常迅速（比橡木快得多），但是由于容易扭曲并出现表面微裂，操作需要格外小心注意。通常以蒸制的方式让它的颜色加深变红。

> 但是，在我们这样谴责木材的同时，我们一定不能忘记赞扬果实，因为它们育肥了我们的猪和鹿，在一些家庭中甚至和面包一起养活了人……［J. E.］

欧洲水青冈的坚果一度对于林地放养的猪（放养在林地中的家猪）非常重要。据伊夫林说，它的叶片“提供了世界上最好、最舒适的床垫”。

病虫害

欧洲水青冈坚果呈长而具有四棱的锥形。它们常常地成对生长在树上，被四片带刺的苞片包裹

与其他大部分物种相比，北美灰松鼠更喜欢将欧洲水青冈作为目标，剥离它们的树皮和形成层。这会导致树木顶梢枯死，并且被环剥的树木最终会死亡。欧洲水青冈树皮病是一种由蚧壳虫攻击引起的真菌感染，在受压力的树上发生得更加频繁，尤其是那些生长在浸水黏土中的树木。已知至少两种疫霉会侵染这个物种。除此之外，欧洲水青冈通常不受任何其他重要病原菌的感染。

展望

欧洲水青冈被认为是最受气候变化威胁的诸多英国树种之一。它们在英国的分布范围似乎在向北移动，远离南方，这反映出它们正遭受更频繁的夏季干旱。这个物种可能会从奇尔特恩丘陵消失——除了具有潮湿土壤的北坡。在这种情况下，欧梣被视为它的自然继任者。但是在2012年，英国出现了横节霉菌属欧梣顶梢枯死病。在欧洲的其他地方，欧洲水青冈的分布范围也在收缩。比利牛斯山可能会成为欧洲水青冈的避难所，它们在那里与欧洲冷杉生长在一起。

如果连续覆盖林业系统得到更广泛的实施，作为英国林业工作者资源库中仅有的几种强耐阴物种之一，欧洲水青冈可能将吸引更多的关注。

橡树

—

科：壳斗科
属：栎属

因为这些明智和辉煌的人们（普林尼和马克罗比乌斯）对这种树的尊重超过了所有其他树木，所以我首先从橡树开始。它确实优于所有其他木材，一般用于造船，特别是它坚韧、弯曲良好、强度大并且不是特别重，也不容易进水。[J. E.]

橡树是英国的象征和精髓，超越所有其他植物和动物，成为一个标志性的国家象征。在英国人以国家名称为其命名的许多树种中（包括总是让我们的大陆表亲心烦的榆树和胡桃），鉴于橡树曾作为一个强大的超级大国的核心材料，或许"英国橡树"是它最应得的名字。

据估计在英国有超过700棵单独命名的橡树，其中最著名的可能是诺丁汉郡舍伍德森林中的大橡树（Major Oak），据称罗宾汉曾藏在这里躲避他的敌人。林肯郡的鲍索普橡树（Bowthorpe Oak）是最大的橡树之一，它的树龄据计超过了1,000多年，树干周长12.3米，树高2米。雷克瑟姆名叫Pontfadog的橡树树龄有1,200年，在2013年死于一场春季风暴。它们和其他著名的橡树，比如达特姆尔高原名叫Meavy的橡树——一棵可以在上面搭起聚会平台的"舞动的树"，在伊夫林写作他的《森林志》时已经有500年或者更长的树龄了。

生物学、分布和生长环境

栎属包含大约600个物种，仅仅自然分布在北半球。许多种类都生长在温带和热带山地气候中，橡树种类最集中的区域位于美洲中心和北部地区（墨西哥有125个原生种，美国有75个）。在欧洲，自然分布着27种橡树。尽管有许多栎属树木被种植在植物园（有时也被称为栎树林）、公园和花园中，但是迄今为止，只有4种表现出作为生产性森林树种的潜力。我们的两种本土树种，无梗花栎和夏栎（*Quercus robur*）具有重要的经济价值和生态意义，成为被考虑的主要树种。土耳其栎（*Quercus cerris*）和红槲栎也表现出了一定的潜力。

……因此我们只在这里讲述四种；其中两种在我们身边出现得最频繁，我们将稍微讲述一下土耳其栎或者红槲栎，他们看起来很不错，但是也没有什么别的可讲……[J. E.]

土耳其栎原生于欧洲南部和亚洲西南部。它被引进英国的时间尚不确定，尽管在1735年人们便已知它的存在。土耳其栎与夏栎外形相似，能够长至巨大的尺寸，作为木材生产树种，在外观上呈现出极好的树干形状。然而不幸的是，它的木材在生产方面几乎没有任何使用价值：硬而脆，边材占很大比例，并且在干燥时收缩剧烈。

红槲栎原生于美国东部和加拿大遥远的东南部，是构成那里阔叶森林的主要种类。它在伊夫林生活的1692年被引入英国。这个物种与英国的两种橡树对种植场地的要求相似，但是它对重黏土的耐受能力更强，因此在那些本土阔叶木很少能生长的区域内成为一种潜在的生产性树种。除了在英国南部，红槲栎不能产出可育的种子，甚至在英国南部结种的数量也很有限，因此在目前的气候条件下几乎没有自然再生的迹象。

“英国橡树”这个名字使用得相当不严格，长期以来，人们一直对有些人所谓的英国橡树（如今被称为夏栎）和无梗花栎之间的区别感到困惑。这两个树种可以杂交产生中间类型，因此鉴定它们通常很困难。在森林学，以及几个世纪以来的文字和艺术中——它的叶片和橡子点缀着历史宝座和教堂雕刻，还有包括全国托管协会和森林志基金会在内的现代标志上，除了需要对区别加以强调的地方，这两个树种通常被描述为同一个。本书也是遵照这一传统进行介绍。

两种英国橡树都原生于英国和欧洲大部分地区，延伸到西亚，并且尽管分布区域有所重叠，它们还是表现出对不同生境的独特偏好。无梗花栎是石质土上的典型特色（它的拉丁名*petraea*的意思是“岩石”），并且在英国北部和西部的高山地区更加常见，而夏栎则更普遍地生长在南部和东部的低地土壤中。当然，几个世纪的广泛种植已经打乱了这种自然分布。英国西南部达特姆尔高原的三片高山橡木林是一种自然的奇观，它们全部由夏栎而不是无梗花栎组成。夏栎是继巨云杉和松树以后第三大常见的树丛，占英国全部林地的9%左右。

橡树由于具有从亲本树木远距离移动的能力而被视为先锋树种，这是因为它们的种子（橡子）对许多哺乳动物和鸟类而言都非常美味可口，从而有助于传播。每颗橡子的大子叶都含有充足的能量储备，支持萌发的籽苗与已经存在的植被展开竞争。和诸如胡桃等其他具有大种子的树木一样，橡树的根通常比地面以上的新枝先发育，并且速度更快，这使树木能在枝条开始需要高水平的能量前定植根系。从学术层面来讲，两种英国橡树都不属于“顶级”种，因为在其他森林生态系统中它们的角色由耐阴树木承担，而英国主要的耐阴树种——欧洲水青冈的种类范围有限。因此，橡木林地——其中的树木寿命极长，能够在广泛的地点生长并且有效地传播——似乎就是我们顶级的天然森林系统。

两种英国橡树的橡子在树枝上以不同的方式生长，而且这个不同点是区分两者（杂交种也有可能）最有效的方式。夏栎的橡子生长在茎或“花梗”上，无梗花栎的橡子则不是。裂片或者托叶是两个种类之间的另一个不同点（尽管不太可靠），它们生长在夏栎叶片的基部，指向长约5毫米的叶柄后方。无梗花栎没有这些托叶，并且叶片基部指向远离较长叶柄（10～12毫米）的前方。

橡树雌雄同株，在同一个体上既有雄花也有雌花。它们下垂的绿色葇荑花序（雄花）能够长到10厘米长，产生大量的风传花粉为不起眼的雌花授粉。雌花仅有几毫米宽，顶端有一簇细小的羽状柱头。和橡子一样，夏栎的雌花出现在花梗上，而无梗花栎的雌花则靠近枝条。

几个世纪以来，橡树与众不同的物候学一直吸引着人们，因此传统的天气谚语这样说：“橡树早于欧梣，我们会有小雨；欧梣早于橡树，我们迎接大雨。”树种内部和之间的差异，通常在很大程度上是由当地条件造成的，并且英国各地的平均情况也是如此，橡树绽出新芽（展开成叶）的时间一般早于欧梣。英国物候网的工作已经证明，气温每增加1℃，英国橡树绽放新芽的时间就会比欧梣提前4天。两种英国橡树也都因其在“八月一日收获节”的生长而著名——夏季晚些时候二次生长的嫩芽和叶片。鲜绿色的新叶与深绿色的老叶形成鲜明的对比，在8月的第一天激发了传统的凯尔特收获节的灵感。

橡树的另一个物候学现象是种子的生产，两种英国橡树不规律地每隔3～4年结出丰硕的橡子果实。丰收的年份被称为“橡子年”，一棵橡树成熟后能够结出5万甚至更多颗橡子。鉴于大部分种子都被哺乳动物或鸟类吃掉，这很可能是橡树的一种自然战略。毕竟，幸亏松鸦（*Garrulus glandarius*，法语名字 geai des chênes 的意思是“橡树鸟”）、松鼠和其他小型哺乳动物的遗漏，一些橡子才得以落地发芽。英国不规则的橡子丰年给那些依赖橡子丰收的林地放养猪制造了困难，它们是在秋天到林地中育肥的动物：

> 据说每天食用大量橡子，再加一点点麸皮，能使一头猪在两个月内每天增加1磅体重。人们也把橡子切碎或者打破，掺杂麸皮给牛吃，否则橡子容易在牛的肚子里发芽生长。［J. E.］

橡树通常到40～50岁树龄后才会结种子，并且在接下来的30年内可能都不会出现高产。与无梗花栎相比，夏栎是一种更丰产的树木，部分原因可能在于它生长在较冷的气候中，海拔也更高。再加上无梗花栎更难储存和运输这一点，几个世纪以来，夏栎都比无梗花栎在英国种植得更加广泛。如果在条件较差的时期，为特定地点选择的橡树种类不合适，将对树木健康产生影响。

橡树长寿得令人难以置信，这些“老兵”在生态学和文化意义上极具价值。它们抓牢枯死的枝条、在树干中空的情况下维持生命的天然能力，为成千上万无脊椎动物和蝙蝠、鸟类、真菌、地衣、苔藓，甚至其他可以在它们腐烂的残骸内部扎根的树种提供了生境。所有的英国橡树，无论幼树还是老树，在生态学层面都非常重要，它们既作为单独的树木，也作为由其促成的林地生态系统中一部分而存在。众所周知，它们支撑着英国所有树种中最丰富的动物区系，据计有500种无脊椎动物完全依赖于此。其中有许多非常稀有但不起眼的种类，可能只有昆虫学家能对其加以鉴别。其他种类或许更容易鉴定——如果它们能被发现的话，紫闪蛱蝶（*Apatura iris*）就是一个极好的例子。这种美丽稀有的蝴蝶与橡树之间发展出一种特殊的关系：成虫以蚜虫的分泌物为食，而蚜虫则靠叶片和树木创口流出的汁液维生，它们通常在树冠上层飞得很高，因此很难被看到。紫斑小灰蝶（*Quercusia quercus*）是英国仅有的完全依赖橡树作为食物来源的蝴蝶种类，它的毛毛虫在夜间出来觅食橡树叶片，身上的伪装让它们看起来像静止的橡树芽。到了生命周期中最后一个非同寻常的转折点，它们会在森林的地面上化成蛹。在那里，它们经常被觅食的蚂蚁捕获，并搬运至其巢穴，直至破茧成蝶。

许多蛾类的幼虫和（或）成虫都有显著的伪装模式来适应在橡树上的生活。例如恰如其名的橡树美丽蛾（*Biston strataria*）、橡树尺蠖蛾（*Eupithecia dodoneata*）和织叶蛾科的一种漂亮的微型蛾子（*Carcina quercana*）。在橡树叶片下的扁平网中，可以找到后者浅绿色的毛虫。其他蛾子则更不受欢迎，因为它们能够吃光整棵橡树的叶片，造成严重的虫害，尤其是栎绿卷蛾（*Tortrix viridana*）和冬尺蠖蛾。

甲虫和小昆虫与橡树之间也存在着相似的美好与威胁，无论是肉食性还是草食性，它们都从枯木中取食。在橡树林地中常见的欧洲深山锹形虫（*Lucanus cervus*）长有与众不同的巨大的颚（雄性）；甲虫 *Dendroxena quadrimaculata* 是一种广泛分布的橡树之友，它的幼虫以毛虫为食；红毛窃蠹（*Xestobium rufovillosum*）以林地中的腐木为食（在腐烂的房梁中，雄性为吸引配偶而叩击发出的滴答声被认为预示着死亡的来临）；毛束小蠹（*Scolytus intricatus*）及其近亲欧洲榆小

夏栎的雄性葇荑花序［1］数量众多且细长，从前一年的木质茎上的芽中生长出来。小巧、高脚杯形状的雌花［2］更稀疏地生长在当季枝条较短的葇荑花序上。

蠹也是如此，并且人们认为后者传播了荷兰榆树病。

橡树比所有其他欧洲植物都更容易长虫瘿。有超过 40 种不同的虫瘿在橡树上产生，大部分通过瘿蜂科的瘿蜂，也有通过小虫、蛾子和介壳虫形成的。其中最常见的，就是许多孩子都知道的由云石纹瘿蜂（*Andricus kollari*）引起的云石瘿。英国曾一度从欧洲大陆大量进口这种虫瘿，用于制作染料和墨水。球瘿（*Andricus quercus-calicis*）会引起两种英国橡树的橡子出现异形生长，并且这种情况有时会非常普遍，以致橡子的收获受到严重影响（如果把蜂的转株宿主土耳其栎从附近移走，情况或许能够得到控制）。看起来像一个小朝鲜蓟的菊芋瘿是由瘿蜂（*Andricus fecundator*）引起的，和许多虫瘿一样，它的内部隐藏了一个幼虫，在虫瘿形成两年后的春天出来。其他著名的虫瘿还包括那些在橡树叶片背面发现的种类，包括樱桃瘿、丝扣瘿和闪瘿等。

由没食子瘿蜂（*Biorhiza pallida*）引起的栎瘿可能是最著名的虫瘿。为了纪念 1660 年 5 月查理二世的复辟，人们至今仍在每年庆祝“栎瘿节”（王政复辟纪念日）。1651 年，查理在伍斯特战役战败后，曾躲藏在什罗普郡博斯科贝尔教堂一棵橡树的空心树干中。正如塞缪尔·佩皮斯的记录：“议会下令将 5 月 29 日，即国王的生日，永远作为我们对从暴政中得到救赎的感恩之日。国王在那天进入伦敦，重新回归他的政府。”

造林学

> ……宁可温热也不要过于潮湿和寒冷，（温度）还能再升高一点，因为这会产出最坚硬的木材；尽管我的培根阁下更喜欢那些生长在潮湿地面的造船木材，因为它们最坚固，并且不易出现裂痕。［J. E.］

两种英国橡树都能生长在一系列广泛的土壤类型上，比英国通常种植的许多阔叶树对种植地点的要求更少。然而，在这两种橡树之间存在着一定的差异。夏栎对重质、潮湿、碱化土壤的耐受力更强一些，而无梗花栎更耐干旱。两个树种都要避免使用沙质土壤，因为有干旱倾向的区域会导致橡树木材容易摇晃。

移栽小橡树可以提前十年获得收益，一些快乐的人们已经证实了这一点。出于这个信念，如果在以前的印象中，我曾渴望被谅解并提出了我的理由，我不会坚持反对任何头脑清醒者的经验。因此，留下这篇文章给他们以后自己选择，正如屠夫的俗语所说：要换牧场，牛羊易肥。所以在合适的季节，在这些阔叶树幼小的时候，通过幸福之手进行移栽或许是可行的，并且土壤、阳光和生长空间等其他环境可以有所改进。但是，至于那些建议我们种植过于高大的橡树的人们，他们在一个时代内几乎不可能有任何重要的进展，所以我不主张采纳，除非土地非常适合，或者准备移栽的橡树高度不超过6英尺或7英尺……［J. E.］

对那些致力于成功培育出新一代树木的林业工作者来说，橡树自然再生的自由具有巨大的好处。当与其他树木混种的时候，尤其是在更贫瘠的土壤上，橡树籽苗通常能够体现出优势，尽管欧洲水青冈在土壤肥沃的地区更具竞争力。种植的时候，以橡树籽苗或者两年生的移栽苗为最佳，两种橡树都对树荫提供的保护和小气候反应良好。

在英国的森林中，两种本土的成熟橡树都能长到27米高，但是鲜少能够达到30米。在一些欧洲大陆上最好的区域，尤其是法国上诺曼底的那些地区，200年或者更长的时间里轮作生长的树木可以达到38～45米的高度，去除侧枝的树干高度为20～28米。在第四章中，有对这些森林系统更丰富的介绍。不过，伊夫林对法国生长的橡树是否具有实用性充满怀疑：

……我们英格兰的橡树远胜法国的，没有什么能如此实用，也没有什么比它更坚固。我钦佩的那些最优质的木材常常在被投入这些用途后突然变得无法入眼，它们以最危险的方式断裂，因为欠缺我们英国橡树被赋予的天然弹性和坚韧……［J. E.］

两种橡树在英国的平均产量大约是每年每公顷3～5立方米，最高可达8立方米。由于产量低，橡树通常在英国与快速生长的针叶树种伴生，比如欧洲落叶松或者欧洲云杉等。它们对橡树不仅有效地起到了保育树的作用，还在橡树无法提供经济回报的漫长的50～60年中，为森林所有者带来了一些临时收入。

英国橡树种类的形态变化很大。夏栎的树冠和枝干比无梗花栎更加扭曲，后者通常看起来树形更好，拥有更直更高的树干穿过树冠。一般情况下，夏栎的定植和生长都比无梗花栎更快，但是无梗花栎更适种植在乔林中。

……如果你想为了木材而种植树木，根本不用砍掉它们的树梢，也不用太频繁地剪枝；但是，如果你需要树荫和染料，或者只想要桅杆，那么就砍掉它们的树梢、枯枝和生长不旺盛的侧枝……［J. E.］

在英国的传统中，橡树是作为矮林的标准木种植的，在那里开放的生长条件下，能产生具有更宽树冠的粗茎树木。这样的条件也适合旨在种植船只和房屋建造需要的大树枝，以及“分叉”木材的特定管理技术。

橡树也需要修剪以助长，并种植在树篱中。这些古老而扭曲的橡树中，有许多至今仍然是著名的景观特色。伊夫林曾建议，用于生产薪材的橡树应该截去树梢，尤其是与欧洲水青冈和鹅耳枥种植在一起时。

橡树造林术最大的挑战之一是伏芽枝条的管理。小枝条会在橡树木材上造成许多节疤点，尽

夏栎的单种子橡子在微小的融合苞片的杯状花序里发育。它们通常成对悬挂在花梗（茎）上，与紧贴在茎上的无梗花栎不同。夏栎有圆形的裂片，通常有一个有耳的（耳朵状）基部。

第208—209页：在牛津郡西部的迪奇利田地里的夏栎。开放的空间使它能够形成一个完整的圆冠。蜿蜒的枝条和深色的轮廓是该物种的显著特征。白嘴鸦在后面霜雪覆盖的越冬地聚集。

管这可能很有吸引力，并使木材因此而有价值，但由此产生的木材在结构上毫无用处。当光照水平突然发生改变时——无论是否为自然现象，比如一棵紧邻树木的死亡，或由毛毛虫引起的落叶，以及在标准林中进行间伐作业等，橡树的树干上都会爆发伏芽枝。冠层尺寸和树干尺寸之间的关系对伏芽生长非常重要：经验丰富的橡树种植者始终渴望深冠，并且鉴于冠幅与树干直径的比例总是不断增加，伏芽便不可能生长。造林专家已经发现，对橡树林在夏天进行间伐，比在春天完成能够更少地导致伏芽生长。许多欧洲大陆国家都采取了混交林这种造林实践，把橡树与耐阴的下层树种混合种植，比如欧洲水青冈或鹅耳枥，它们的遮蔽效果能抑制橡树侧枝和伏芽的生长。

红槲栎作为矮林生长状况良好，并且比英国的种类更耐阴。它很少产生伏芽枝条，但缺点是容易分叉。这就要求必须通过间伐加以矫正，并进行规律的高修剪和频繁的重度间伐。槲栎树在法国是一个重要的木材树种，目前，一项重大的树木改良计划正在进行中。

木材和其他应用

> 现在没有必要再列举这种木材无与伦比的用途，但是，它是如此珍贵，以至于古时候在十二铜表法中有一项关于橡子收集的明文规定，即使它们落入另一个人的土地：陆地和海洋确实充分说明了这种卓越材料的改进；房屋和船只、城市和海军都由它打造；它是那么坚韧，又非常致密，我们最尖利的工具几乎都不能插入它，甚至连火也不行。它在火中燃烧得很缓慢，似乎带有铁质和金属的光泽，适合各种讲求坚固的用途。这无疑是迄今为止所有已知的木材中，用途最普遍且最强大的，因为尽管有一些树木更坚硬，像黄杨、红瑞木、黑檀和各种印度树木，但是我们发现它们质地更脆，并不那么适合用来支撑和承重。也没有任何木材比它更加耐久，无论采用哪些方式进行处理。
> [J. E.]

两种英国橡树的木材都是纹理粗糙的环孔材，有明显的年轮。灰白的边材容易受到昆虫侵害，并且可能有多达20～30个年轮，意味着木材可能有相当大的部分不得不被丢弃。相比之下，它们的心材耐久且非常坚韧。这种木材也是不透水的（除了红槲栎的木材），所以能被用于制作橡木桶，尤其是威士忌酒桶（通常首先供熟成雪利酒使用）和葡萄酒桶。一些橡木因暴露出“褐色的心”而备受家具制造者的推崇，这种情况是由牛舌菌（*Fistulina hepatica*）引起的。当橡木被纵向锯成四块或者径向切割时，它的髓射线会被加强形成独特的银色图案。

这是最难干燥的木材之一，非常容易开裂、弯曲和扭曲。切割后的板材和木梁应该小心堆放并称重，还需要对它们的切割端进行喷涂或者密封处理，以避免末端开裂。空气干燥是有效的，切割后的木材要避免阳光直射，而窑干必须遵循一套温和而冗长的规则。厚材料（10 厘米或者更厚）的窑干是很不经济的。

传统上，青橡木（未干燥的）是许多建筑用途的理想选择。在原地干燥时，木材的收缩可以非常有效地紧固接头，例如在房屋的框架中。尽管作为建筑木材，它是传奇般的存在，但在 17 世纪造船业中表现出的明显缺陷促使伊夫林的《森林志》被委托出版。作为环孔材，橡木早期的木质导管大，木材轻，正是夏季晚些时候形成的部分赋予其强度。像在其他环孔材树种中一样，比如欧梣和欧洲栗等，橡树生长得越快，木材的强度就越大。

橡木的表面能够被加工得非常光滑，很容易打蜡、上漆和喷涂。传统上，人们可以通过刷石灰来增强其纹理，同时形成从浅灰到乌黑不等的色彩，例如都铎王朝或者詹姆斯一世时期的橡木。最高品质的橡木可被切成薄木片，用于家具制造和各种板材，但是这类树木生长缓慢。德国的施佩萨尔特地区以生长高品质装饰橡木而闻名，它们通常收获于树龄 400 岁的时候，每个年轮比 1 毫米略宽。

在潮湿的环境中，橡木中的高单宁含量对低碳钢和铁具有腐蚀性，从而造成无法清除的深蓝色斑点。因此建议避免使用相应材质的工具，并且外部使用的固定件选择不锈钢、黄铜，或者其他有色金属。橡树皮的单宁含量也很高，可被用于鞣制皮革（据传说如与青春期前的男童尿液混合，尤其有效）。19 世纪后期，各种热带物种的树皮被进口作此用途，此后很快被合成代用品所取代。

从本质上讲，没有比买树更让人讨厌的事情了，除非商人们非常明智，否则它们在外的名声是显而易见的。它们隐藏的各种缺点也是如此，直到它们被砍伐锯开……一棵用材树木就是一个商业冒险家，直到死亡之后，你才能知道它的价值。[J. E.]

开裂是一种严重的木材缺陷，在橡木中普遍存在，却很难被发现，因此伊夫林建议购买活木林。一项 20 世纪 90 年代进行的研究发现，大约 21% 的英国橡树可能受到木材开裂的影响，导致年收入损失 300 万到 800 万英镑。20 世纪 90 年代早期，由彼得·卡诺夫斯基（Peter Kanowski）和彼得·萨维尔带领的牛津大学造林工作者们发现，在早期木材中，橡树的开裂习性随着导管尺

橡树茎上的云石瘿，是由云石纹瘿蜂（*Andricus kollari*）的幼虫引起的。每一个木质的球形生长物都是由单个的幼虫产生的，幼虫在成熟时会留下一个圆形的出口孔，并在 9 月飞到另一个橡树芽。云石瘿的直径为 20 毫米，经常被误认为由不同种类的瘿蜂引起的更大的橡木苹果瘿（直径可达 50 毫米）。云石瘿曾经被用来制作鞣酸铁书写墨水。

第212—213页：达特姆尔高原上有三片独一无二的橡树林地。这片林地是曾经覆盖英国的天然野生森林的遗迹，只是因为巨大的花岗岩或“巨砾堆”的保护，才从人类的斧头和羊、牛，以及达特穆尔马的牙齿下得以幸存。这里展示的是最大的威斯曼林地，而另外两片不太为人熟知的林地，黑托尔贝尔和皮莱斯灌丛，生长在其他溪谷中。所有这些林地都以夏栎为主，它们由于高海拔和暴露而矮小和畸形，并被罕见的苔藓和胡须状的地衣装饰。

寸的增大而增加，而且是高度遗传的。因此，尽管选址不当导致的干旱时期水分短缺是引起橡树木材开裂的因素之一，但实际上很可能是环境因素触发了树木内部先天遗传的问题。其他造林学家的工作已经表明，在春季最晚绽出新芽的树木可能具有最大的早材导管。在没有育种计划提供选定的改良树种的情况下，通过早期间伐操作移除那些最迟绽放新芽的橡树，能让林业工作者从种植之始便避开那些有开裂倾向的树木。这是一个能够降低缺陷树木百分比的简单方法。

红槲栎的木材与无梗花栎和夏栎一样坚韧，在欧洲大陆有很高的需求量——尤其是在法国，它被广泛用于地板、家具和细木工业。然而在英国，它还不是很受欢迎。它没有我们本土橡树的耐久性，花纹和色彩也更普通。土耳其栎的木材硬而脆，一直以来都被视为不适合生产。

¶ 病虫害

鉴于英国橡树支撑着大量的生物多样性，它们无可避免地成为许多被我们视为害虫的昆虫和真菌的宿主。另外，除了上面提到的一些食叶昆虫，最近到达英国的栎列队蛾（*Thaumetopoea processionea*）在人类和树木的健康方面均引起了巨大的关注。这个物种因其幼虫沿着橡树的茎和树枝一个接一个列队的习性而得名。它们能引起相当严重的落叶问题，更令人们担心的，是它们在一定龄期（幼虫期）携带有毒的毛。这些毛对人类和其他哺乳动物的支气管、眼睛和皮肤具有强烈的刺激性，吸入后会导致呼吸急促，反复接触还会加剧过敏反应。这些毛在幼虫受到威胁和龄期蜕皮的时候脱落，能够在林地或者公园绿地中持续存在数年，人们要避免在被感染的橡树林内及其周围玩耍和工作。

1991年，这种害虫首次在荷兰被记录。2006年，它们随一批用于景观美化项目的容器种植的橡木被进口至伦敦。随后，它们迅速传播到伦敦西南部的英国皇家植物园。在那里，尽管工作人员部署了大量资源，无论控制还是杀灭都没有成功。皇家植物园附近的里士满，据报道在第一年为杀灭这种害虫花费了5万英镑，此后金额逐年翻倍，但是他们也没有取得成功。到了2012年，伦敦中心地区对这种害虫的管理方针已经从根除转变为通过清除巢穴来遏制进一步传播，并承认此前全部的尝试均以失败告终。在最近的一次爆发中，伯克郡本格伯恩市采取了直升机喷洒生物杀虫剂的方式进行处理，以期达到根除的目的。

橡树白粉病由真菌粉状叉丝壳（*Microsphaera alphitoides*）引起，导致叶片在夏末出现一种白色毡状菌丝体。春季和初夏温和多云的天气首先起到了一定的促进作用，然后这种真菌便在温暖的夏季广泛传播开来。被感染的叶片最终会枯萎变黑，情况严重时甚至会导致树木丧失光合能力。这可能是橡树数量急剧减少的影响因素之一。

北美灰松鼠是给橡树林造成严重危害的物种之一，它们剥离树龄20～40岁的树干和老枝的树皮，这一古怪行径极大地威胁了在英国（和其他松鼠盛行的国家）种植橡树木材的尝试。英国高品质橡木的种植者必须诉诸旨在根除其林地中北美灰松鼠的零容忍政策。然而，这个物种的迁徙意味着种群管理是一项持续且必要的苦差事，除非附近的林地也以类似的方式管理。

和许多长寿的树种一样，橡树在它们的晚年逐渐枯萎。然而，在橡树中还有一种缓慢枯萎的特殊形式，这是一种很难理解的现象，被称为“橡树慢性衰退”。它有别于自然衰退，能对许多更年轻的树木造成影响，导致树木从外部树冠开始逐渐衰退，最终在5到20年内死亡。1921年，英国南部在一次严重干旱后进入了橡树显著减少的时期，对此，这两个因素是相互关联的。后来，在20世纪的欧洲大陆也出现过类似的现象。在所有情况中，夏栎的问题都比无梗花栎更严重，因为后者对干旱有更强的抗性。

不同于慢性衰减，橡树急性衰退（AOD）最近才作为一种独特现象被定义。人们对它至今

尚未完全理解，但被感染树木的死亡速度显而易见：通常在首次出现症状的 5 年或者更短的时间内。由政府机构森林研究所的科学家领衔的工作正在进行中，旨在探索是否存在一种新型的致病菌。其中也牵涉到白粉病和双点吉丁虫（*Agrilus biguttatus*），它们可能对橡树造成进一步的压力，从而增加了易感性。双点吉丁虫的幼虫在变为成虫后，会在树皮留下“D”形出口孔。众所周知，它只攻击死亡和将死的树木，但可能是某种尚未确定的病原体的携带者。

¶ 展望

如果无梗花栎在夏栎之前被种植在易干旱的土壤上，其结果可能是较少的橡树被暴露在威胁之下，同时感染病原体的橡树也更少。

按照预测的气候变化，红槲栎可能是干旱低地的一个适宜物种，尽管生长在沙质土壤中的树木容易开裂。红槲栎在秋季的华丽色彩使其成为园林景观中的热门物种。

土耳其栎对暴晒有一定的抗性，并且能够耐受石灰性土壤，这使它成为英国南部具有防风潜力的有用树种。长期以来，土耳其栎都是欧洲大陆普遍使用的木柴，英国可能也考虑将其用于此目的。这个物种有个明显的问题是它在球瘿生命周期中的角色，因此，建议在英国橡树附近增加其种植数量是很冒险的。

在英国，关于橡树树种改进的工作很少。20 世纪 90 年代中期，未来树木信托组织（当时它以“英国和爱尔兰阔叶树改良计划”闻名）发起了一项育种计划，旨在提供不易开裂的树种。英国、法国、爱尔兰和荷兰的 200 棵亲本树木，因具有适宜木材生产的绝佳树形而被挑选出来，其中又有大约一半因为其巨大的早材导管尺寸而被淘汰。保留的约 80 棵树木结出了足量的高品质种子，供育种计划栽培后代。共有一系列 8 个田间实验遍布英国和爱尔兰，其中之一位于牛津郡福地林场——一个阔叶树改良和造林研究中心，由地球信托组织拥有并运行。它被作为育苗园建立，以期生产“改良型”种子。然而，树木育种是一项要求认真投入时间、金钱和土地的长期事业，最早要到 2030 年，这项计划才能产出“改良型”种子。

生长在夏栎上的两个未成熟的菊芋或橡树跳瘿。这些叶片异常生长，带有一簇从其顶端伸出的细毛，是对瘿蜂在芽里产卵而产生的反应。雌性瘿蜂从这些瘿里面飞出来，然后在雄性橡树花序中产下一枚卵，形成多毛的葇荑花序瘿，之后两种性别的瘿蜂都会从中出现。

如图所示，桤木的叶片边缘从几乎全缘（光滑）到有齿浅裂变化多样。成簇的新生且突出的雌性葇荑花序［1］通常在冬季发育形成。它们在夏天扩大成绿色、球果状的结构［2］，在冬季变黑。到了下一年，它们会释放微小的种子。在一棵树上，可以同时看到幼嫩的和年老的雌性葇荑花序。放大的雄性和雌性花朵如第40—41页所示。

桤木

科：桦木科

属：桤木属

有一群节俭的人们忍着极大的痛苦拔除他们的桤木，无论在自家土地的什么地方见到，都怀有与铲除最有害的杂草一样的愤怒。当他们完工后，却不知道怎样通过最好的土地获得比这些（看起来卑劣的）植物可能带来的更多的利润，如果我没理解错的话［J. E.］

当伊夫林记录下“这种树的树荫抚育并滋养了生长在其下方的青草”时，他并不理解固氮作用这种现象。但是，桤木固定空气中的氮气并将其转变成氨的能力，使它能够在光合过程中发挥重要的作用，为植物提供肥料，从而在种植园，尤其是在胡桃和野樱桃等珍贵的阔叶林生产中，起到保育树的作用。大部分桤木是滨水植物，它们的木材在水中高度抗腐烂。阿姆斯特丹和威尼斯城几乎建设在桤木桩上，并且桤木木材长期以来都被用于制造木质水桶、水管、水泵，以及桥梁、码头和港口用的木桩。

生物学、分布和生长环境

桤木大约有35种。它们通常尺寸中等并且寿命较短，尽管有一些，如绿桤木（*Alnus viridis*）等，是灌木大小的。桤木大部分是落叶性的，锯齿状边缘的单叶互生排列。它们的花是风媒传粉的葇荑花序（不过也会被昆虫造访），雌雄同株，雄花和雌花出现在同一株植物上，通常在叶片大量出现之前开花。不同于其他生长葇荑花序的阔叶树种，桤木的雌性葇荑花序与针叶树的球果相似：木质表面，在释放完种子（瘦果）后仍留存较长时间。这有助于在冬季从其他没有叶片的树木中辨认出桤木。

在许多温带森林中都能发现桤木，大部分位于北半球，它偏好更凉爽的气候。红桤木或俄勒冈桤木（*Alnus rubra*）在北美的太平洋沿岸被发现，从加利福尼亚南部到阿拉斯加，向内陆自然延伸不超过200千米。它在19世纪的下半叶被引入英国。这个属中的少数种类［如安第斯桤木（*A. acuminata*）和一个亚种］出现在美洲南部和中部的山脉。在欧洲，欧洲桤木是最广布的种类，但是它的分布很分散，从西伯利亚一直延伸到北非。它也是英国唯一的原生桤木种类。灰桤木（*A. incana*）主要生长在欧洲中部，向西延伸至法国，原生于斯堪的纳维亚半岛；它在1780年被引入英国。随后出现的是意大利桤木（*A. cordata*），它自然分布在意大利亚平宁山脉南部和科西嘉岛东北部山脉的小范围区域内。它在1820年被引入英国，此后便作为园林观赏树种被广泛种植，因其直立的圆锥树形、与众不同的树皮、有光泽的叶片和有趣的“球果”而得到人们的赞赏。自从在1935年首次归化后，意大利桤木如今已经在英国广泛种植，最无遮蔽的记录是在坎布里亚郡沙普附近海拔305米的地方。

……在所有其他树种中，桤木是潮湿和沼泽地区，以及那些最被轻视的渗水区域或森林里的水瘿最忠实的恋人……［J. E.］

大多数桤木种类都仅限于滨水生境，通常它们不仅偏爱在水中生根，还依靠水（以及风）来传播种子。种子上有两个软木状的附属物，可以使它们漂流一年而不损失任何活力。意大利桤木是个例外，它能在干旱的石灰性土壤中生长良好。成熟的欧洲桤木能够长久地耐受水浸土壤，并在深积水中度过冬季，它们强壮的直立根系在稳固河岸方面起到重要的作用。许多桤木具有耐受干旱期的能力，因为它们的直根能够深入土壤大约90厘米，但是欧洲桤木没有通过蒸腾作用控制叶片水分流失的机制。一些种类，尤其是红桤木和意大利桤木，可以依靠烧焦树桩的树皮下的不定芽生长，从而在野火中幸存下来。

欧洲桤木与柳树伴生，是卡尔群落林地的主要树种。卡尔群落林地是一种从沼泽或者泥塘发展起来的落叶林地或灌木落叶林，拥有恒久潮湿的有机土壤和丰富的野生动物栖息地，通常在比较干旱的林地或者河漫滩地形成小片区域。作为觅食地，那里受到金翅雀和红弱鸟（小型雀类）的欢迎，这两种鸟都喜欢桤木种子。卡尔群落林地还含有丰富多样的稀有无脊椎动物，尤其因为枯木所占比例高，无脊椎动物经常出没于这些完美的潮湿地带。

在树木中，桤木固定空气中氮气的能力实属罕见。氮作为构成DNA物质基础的氨基酸的主要成分之一，对地球生命而言是一种重要的元素。但是，植物并不能直接利用空气中的氮气。与苜蓿等豆科植物一样，桤木与固氮菌［例如桤木弗兰克菌（*Frankia alni*）］之间存在共生关系。固氮菌在树木的根部形成根瘤，它们的芽孢能够在土壤中存活几十年，或者靠空气传播感染其他树木。

桤木的叶片通常也富含氮元素，每年落到地面的叶片能够给每公顷森林土壤贡献130千克氮。桤木的固氮能力使它们成为成功的先锋树种，经常率先侵入新的森林空地或者荒地，尤其是当土壤营养物质含量低的时候。与其他先锋物种（比如桦树）相似，桤木对光有强烈的需求，并且不耐受遮蔽，除非是在同种的树木下面。如果没有人为介入，它们将很快给后续树种让路。

桤木弗兰克菌侵染了桤木根毛，使其膨大，然后利用来自植物的原料在根部形成肉眼可见的瘤。在每个根瘤内部，细菌产生固氮酶，把氮和氢结合形成氨——一种天然的植物肥料。桤木可以作为其他树种极好的保育树。

造林学

桤木在树龄较早的时候就能开花，每千克通常能结30万（意大利桤木）到76万（欧洲桤木）枚种子。欧洲桤木的种子不适宜储存，并且一般有很大比例的种子是空的，但是通过储存在4℃或者更低的温度下进行预冷处理能够提高发芽率。在自然再生中，欧洲桤木的籽苗只能在4月到6月间，在能够连续20～30天保持湿润的土壤中发芽定植，而且必须暴露在阳光中。苗圃管理者被鼓励给籽苗接种由压碎的根瘤提取物制成的桤木弗兰克菌，尤其是准备种植在贫瘠土壤中的树苗。

大部分桤木属植物都具有耐寒性，使林业工作者可以在遍布欧洲的许多地方不受限制地种植。欧洲桤木只受限于可利用的水资源，它们喜欢降水量超过1,500毫米的地区。尽管桤木是最早抽芽的树木之一，却很少受到晚春霜冻的影响。大部分种类耐盐和城市污染，但是对暴露在大风中耐受能力很差。

在培育新种苗木的时候，控制杂草非常重要，因为许多桤木种类似乎特别不能容忍杂草的竞争。年轻而健康的桤木矮林生长状况良好，它们通常被砍至高于欧榛等传统灌木种类，大约离地面30厘米的高度。桤木是少数不会被穴兔、野兔和鹿啃食的阔叶树之一。尽管在创建新种植园时这会成为有利因素，但也意味着在光照水平允许的地方，它会变得具有侵入性。

卡尔群落林地的桤木管理者应该避免任何导致潮湿有机土壤排干的行为，抵制过度清理，同时也要移除多余的树木，从而避免林地出现转变为干燥林地的自然倾向。

大部分桤木种类在成功种植后都会迅速生长，这多亏了它们的叶片面积大。但它们一般寿命较短，在贫瘠的地区只能存活20～25年。例如，尽管红桤木的早期生长状况引人注目，但事实证明，它在英国是一种令人失望的用材树种。在最初的15年里，它能够每年平均生长1米，此后生长速度急剧下降，树木开始枯萎。由于这个原因，桤木在英国通常不被作为具有任何重要性的用材树种，也很少见到它们的单一种植林地，但是它们经常被当作保育树种植在混交林中。如果在单一种植林地中作为用材树种，桤木需要从早期开始间伐，并且要频繁、大量地进行，才能确保最终收获可用的树木。不同寻常的是，欧洲桤木不产生阴生叶（那些只在幽暗处发挥功能的叶片，面积较大且较厚），因此任何形式的遮蔽，包括其自身高处树枝形成的树荫，都会导致自然整枝。对林业工作者而言，这非常有益，能够避免昂贵的修剪需求。最终的砍伐需要合理安排时间，确保在心材腐烂之前完成，通常情况下是在树龄60～70岁时进行。在理想的种植地，欧洲桤木可以存活100年。

对桤木的造林兴趣主要与它的固氮能力有关。在美国和欧洲各地——尤其是英国和意大利，大量的造林学研究已经探索了它在营养贫瘠的地区作为土壤改良者，或者辅助有营养需求的伴生树种的作用，这与它珍贵的阔叶尤其相关。

在这方面，意大利桤木已经被证实非常有效：不仅能提高营养的可用性，其圆锥树形和短寿命的状态也能促进高价值伴生树种的生长和形态。意大利桤木作为欧梣、欧洲水青冈或者槭树在较干旱和贫瘠土壤上的保育树，在未来有望发挥更重要的作用。

桤木的生长速度相对较快，也适合短期轮作森林系统，产出用于家具制造、木柴或纸浆用材（虽然略带红色可能是造纸业需要解决的一个问题）的小直径木料。桤木也可以用于单一栽培的杨树和云杉向天然林场的转化，尤其是在冲积土上。

木材和其他应用

> ……过度生长的桤木总是非常紧俏，用于那些长期在水下的建筑，它们在那里会变得像石头一样坚硬；若被置于任何不稳定的环境中，它们会立即腐烂……［J. E.］

桤木通常呈红棕色，有时略带红色，在木材特性上与杨树相似，但是更重一些，并且更容易收缩。虽然它在水中高度抗腐烂，在干燥的条件下却不耐久，并且容易腐烂。桤木是一种具有细腻纹理的散孔材，不过通常缺少吸引人的图案。砍伐之后，它经常呈现橘色调，需要立即加工以避免迅速出现的蓝斑变色。作为一种相对较软的木材，桤木容易产生粗糙的表面，除非使用非常锋利的工具或木工机床，尤其是在节疤周围和遍布纹理的地方。由于它的密度低，锯木工和技工们必须小心操作，从而避免压痕和划痕。它也容易受到蛀虫的侵袭，但是无论边材还是心材都能够轻易地用防腐剂处理。桤木易于用砂纸打磨、容易被染色的特质经常得到利用，人们几乎无法从樱桃木中将染色后的红桤木区分出来。

桤木被用于生产模具、大批量的家具、镶嵌板和胶合板等产品。在北美，红桤木是一种重要的纸浆用材树种。桤木也是车削产品和雕刻领域中极受欢迎的木材，而它的树瘤，像伊夫林记录的那样，可被用于制作镶嵌图案："在老树上不时会发现肿大的节，使镶嵌件具有奇怪的装饰，并且非常坚硬。"在伊夫林的时代，其他常见用途还包括："木质鞋跟……树皮对染坊和一些制革工人来说很宝贵，皮革服装师也会使用它，并且用它和果实（而不是虫瘿）制成了一种墨水。"如今，英国人仍用其制作传统的木鞋。

虽然利奥·芬德（Leo Fender）和他的朋友在1954年选择使用欧梣制作第一把芬德吉他的主体，但是到了1956年，他们转而选择桤木。桤木作为最好的电吉他主体原料具有很高的价值，因为它在提供良好音色的同时，并没有过多的重量。

关于桤木有一个常见的误解，那就是它不适合用作木柴。实际上，只要它非常干燥，就能成为极佳的木柴，迅速燃至适合的火势，产生足够的热量。桤木燃烧时发出明亮的黄紫色火焰，由于它会爆出火星，因此更适合木柴炉封闭的炉膛。桤木也非常适合作为木炭木材，产出的热量仅次于欧鼠李。这在2,000多年前的青铜器时代就被人们发现并利用，考古挖掘频繁发现桤木木炭，包括那些因陶器而闻名的毕克人（Beaker people）遗迹。

桤木木炭释放的巨大热量最终导致它在火药中的广泛使用，通过将硫黄、硝酸钾和来源于桤木、欧鼠李、欧榛和柳树的木炭混合，便可制成火药。伊夫林的父亲靠火药发家致富，在1589年被皇家颁发特许证任命为制造商，并且分别在1621年和1624年获得另外两份为期3年的政府合同。伊夫林家族在沃顿和阿宾杰的火药厂靠近蒂林伯恩河和卫河，沿着两条河的堤岸都种着桤木。

> ……种植并排列得当（的桤木）对河流堤岸来说是非常好的防护，因此我想知道，

泰晤士河是否有更多的办法来加固墙体和预防发霉，防止它们受到恶劣天气的影响。［J. E.］

桤木，尤其是欧洲桤木，在保护英国河岸免受侵蚀方面发挥着重要的作用。在加拿大和美国的一些地区，政策提倡在河岸种植红桤木，因为它们供养着许多可供鱼类食用的昆虫。

在欧洲和中国的传统药学中，各种桤木树种被用于治疗腹泻、发烧、肝炎、胃痛和子宫炎症等。欧洲桤木的树皮在口腔和喉部炎症的治疗中被用作收敛剂和滋补药，还能减轻风湿症状，内层树皮的提取物则被用于治疗疥疮和虱子。红桤木的树皮被当代医护人员制成一种药茶使用。现代医学认为桤木属的树木含有二芳基庚烷，与各种黄酮类和固醇类物质一起，可以发挥抗氧化的作用。许多这个属的植物已经成为新药开发的来源，或许有望实现对抗威胁生命的疾病，包括癌症、肝炎和艾滋病等。

病虫害

桤木高度易感一些病害，经常由环境压力诱发，尤其是干旱。1993 年，在英国和欧洲北部发现了一种会对欧洲桤木造成影响的新现象，被称为“桤木顶梢枯死”。随后，人们发现它是由疫霉属的一个新的杂交种引起的，后来将其命名为桤木衰退病原菌（*P. alni*）。这种病害沿着滨河在桤木中迅速传播。在 10 年的时间内，英国所有被调查的桤木中有 15% 被感染，而在比利时瓦隆地区，被感染的树木比例高达 25%。这是一种土壤传播的真菌，随着树木与河流和洪涝区域之间距离的增加，感染率会相应下降。灰桤木相对更不容易被感染。

展望

桤木在英国的林业中相当不受重视，但是它们的抗旱性、耐洪涝性和火灾后再生的能力又给人们带来了很多希望。黑桤木、灰桤木和意大利桤木全都对气候变化有一定的适应能力，而晚春冻害发生次数的减少可能更有利于红桤木，尽管这种树木在英国没有达到作为用材树种的期望。

单一种植的针叶树种结束首次轮作后，桤木很可能是用于增加其生物多样性的非常适宜的树种，尤其是在英国高地。在欧洲的其他地方，各种挑选桤木树种和种源培育改进的遗传工作都在进行中。其中有几个品种和杂交种，尤其是那些以红桤木作为亲本之一的种类，表现出作为生产性树木和景观种植的前景。

欧洲桦细长的枝条上覆盖有白色茸毛，尖尖的椭圆形叶片有很深的齿。[1]柔软、下垂的雄性葇荑花序通常三个一组，生长在茎尖。[2]直立的雌性葇荑花序狭窄且具有鳞片，在秋季成熟并在冬季解体，从而传播小而薄的带翅种子。

桦树

—

科：桦木科
属：桦木属

……无论在高地还是低地，都不会有任何问题……［J. E.］

桦树雅致舞动的叶片和闪光的银色树皮，与林地中常见的绿色和棕色的色调形成对比，成为我们最优雅的树木之一。但是，作为木材生产树种，它们却经常被低估——伊夫林形容桦木为“所有种类中最糟糕的木材”，尽管它坚固、有吸引力，并且非常全能。桦树坚韧、生长迅速，是非常成功的先锋物种，以致在一些情况下可能被认为应该清理。不过，它们改善土壤的能力使其在生态学方面具有重要意义，尤其在苏格兰，它们是最常见的本土树种。

生物学、分布和生长环境

目前被植物学家公认的桦树大约有140种，有3种是英国本土树种。其中矮桦（*Betula nana*）十分稀有，只生长在苏格兰高地的一些地区和英格兰北部一些偏远地区。另外两种本土桦树是中等尺寸的树木，广泛分布在英国境内，即垂枝桦和毛桦。

这些雌雄同株的耐寒树木通常是动态生境中的先锋物种，这些生境正在演化为顶级植被，即林地。它们在铁路沿线、废弃的停车场和城市中荒废建筑周边十分常见，如果放任不管，很快就能发展成林地，这多亏桦树对土壤的改善能力。在乡下那些依靠放牧或其他干扰来维持开阔地（如欧石楠丛生的荒野）的过渡生境中，桦树的到来在生态学上预示着即将发生变化。桦树在古苏格兰松林中具有重要的生态学意义，它们经常形成单一桦木林。

桦树是高度变化的，很难区分两种本土桦树树种。垂枝桦有下垂的枝条、光滑的叶片和嫩芽，成年树木的树干基部通常有厚实的“软木质”树皮。“毛桦”既是学名也是常用名，它的叶片和嫩枝有短柔毛。理论上，这两个种类的叶片是有区别的：垂枝桦的叶片呈具有双锯齿边缘的三角形，基部与叶柄垂直，而毛桦的叶片更圆，具有单排锯齿状边缘。但是，由于这两种桦树普遍杂交，因此叶片的形状和其他植物学部分存在许多变化。实际上，有时只能通过分子标记对它们进行区分：垂枝桦有28条染色体，毛桦有56条。

造林学

在春天，桦树开花的时间早于展叶，通常在3月末。它们的花靠风媒传粉；雄花3厘米长的下垂的葇荑花序释放大量的花粉，与此同时，2厘米长的雌花则竖立在枝条上。授粉完成后，每朵雌花或者每个球果内，都包含成百上千粒带有微小双翅的透明种子。从7月开始（8月是毛桦），种子一经成熟便被释放，并经由风力传播。在苗圃中，种子应该在成熟后立即从树上收集。缓慢干燥后的种子即可被储存，冷藏可以延长储藏期（长达10年），并且不会损失活力。桦树种子最好被播种在平滑的苗床，只需轻轻覆盖，然后保持湿润即可。

对桦树而言，种源的选择至关重要。如果种子收集自距离最终生长地点超过300千米的地方，就必然会出现生长减缓的情况。来自英国更南部地区的种源表现出更强的活力。从20世纪50年代起，苏格兰开始断断续续地进行一项通过挑选“优株”（那些具有优越物理特性的树木）进行育种改良的计划。未来树木信托组织正在继续完成这项工作，第一批“合格的”种子已经在2012年被培育出来。

作为一个成功的先锋物种，桦树经常自发地出现在林地中。如果它们没有出现，可能是由于土壤中缺乏磷酸盐。因为早期生长迅速，并且具有改善土壤的性能，它们还能成为极好的保育树。它们扎根很深，循环利用营养素——尤其是钙，能够通过落叶提高上层土壤的肥力。它们的冠层只是轻度遮阴，可以使充足的光线到达邻近树种。在相对开阔的林地中，桦树能够在一定程度上耐受来自自身的遮蔽。由于非常耐寒，桦树还有助于改善特定区域的生长条件，比如通过给欧梣、欧洲水青冈和橡树，以及一些对霜冻敏感的针叶树种提供庇护。桦树的树高很少超过20米，或者树干直径（胸径）很少超过30厘米。如果环境条件非常适合，它们在40年内可以生长到这个维度。在40～60年的轮作中，桦树可以达到每年每公顷6～10立方米的产量等级。

无论在乡下还是城市的景观中，垂枝桦都因它的美丽而极具价值。因为中等的尺寸、色彩，以及柔和的树荫，桦树甚至能够装点最小的花园。多样的品种提供了比单一种类更多的选择，包括具有观赏性的叶形、紫色的色调或与众不同的树皮等。例如，岳桦（*Betula ermanii*）的变异种类就拥有斑驳脱落的亮白色美丽树皮。

木材和其他应用

¶

> 尽管桦木是所有木材种类中最糟糕的，但它还是有各种各样的用途，例如作为农夫的牛轭，也可以制成篮圈、小螺杆、裙撑、扫帚、指挥棒、引火带和烟囱隔板，据称还

两年生的欧洲桦幼苗，采集自牛津郡一片潮湿的林地中。

能用于打造箭头、螺栓、轴、我们古老的英国火炮，也用来制作盘、碗、勺和其他家庭用具。在过去的美好时光中，我们生活得更简单，但也更热情好客。[J. E.]

在所有的木材中，桦木是最受忽视的。尽管它的强度重量比超过了大多数欧洲本土的阔叶树和许多针叶树，却并不耐久。桦树可以迅速长成具有细腻纹理的灰白色木材，被加工成饰面薄板和锯材后出售，用于车工或制成高品质的纸浆。桦木饰面薄板比那些软木饰面薄板外观更好、更坚固，可以用于制作乐器、玩具和飞机。桦木热值高且风干迅速，也能作为极好的木柴。

桦木木材虽然通常外观统一，但有时会有很高的装饰性。它们能够呈现出“火焰”和“螺旋”的图案，因此受到家具制作者的追捧，有些人认为这与具有粗糙树皮的树木相关。最有价值的桦木在贸易中被称为“卡累利安”(Karelian)，因为它们生长在芬兰的卡累利阿 (karelia) 地区和俄国。木材砍伐自那些有树瘤的树木。树瘤通常会出现在树干的第 1 米处，偶尔会更高一些，表现为树皮鼓胀并向外开裂。有些人认为，卡累利安桦树是由病毒感染引起的，因为树瘤似乎很少出现，并且只在一片林地中的个别树木上。

在全球许多地方，利用春天大量形成的汁液制作的桦树汁酒是很受欢迎的产品，就像在伊夫林时代的英国——他曾用大量篇幅书写在树上打孔并收集汁液的技术，“用自己的酒满足我们辛苦的伐木工人”。

一棵桦树释放的大量花粉（一个葇荑花序产生 600 万花粉颗粒）能够传播几百甚至几千千米。继杂草之后，垂枝桦的花粉是花粉症、过敏性哮喘，以及与口腔过敏综合征密切相关的过敏反应的第二大严重诱因。口腔过敏综合征的症状，是在食用水果（尤其是苹果）和坚果时，嘴唇或口腔内有刺痛感，有些人认为饮用桦树汁酒能减轻这些症状。

病虫害

桦树很少生虫害，通常对严重的病原体免疫，但是易受蜜环菌感染。桦树的枯树枝供养了非常丰富且多样的真菌。在桦树细长的树冠上，一个常见的景象就是被称为“女巫扫帚”的密集成簇的细枝，这是由真菌 *Taphrina betulina* 感染引起的。

展望

桦树木材在欧洲大陆是一种很有价值的商品，但是在英国，两个种类通常都被误认为不适合木材生产。尽管生长和树形不良的情况司空见惯，未经证实的偏见仍要在一定程度上对此负责。不过，鉴于存在通过树木育种进行遗传改良的潜力，再结合最好的造林实践，桦树或许可以在林业生产中发挥巨大的作用。毋庸置疑，韧性和适应能力可以使其在面对无论是由气候变化，还是由其他物种的弱化所引起的环境变化时茁壮成长。

鹅耳枥

—

科：桦木科
属：鹅耳枥属

所有森林居民中，鹅耳枥最能保护自己免受鹿的啃食，因此在公园中也很受欢迎。但是，我们很少发现它们数量足够并且广泛分布，这是因为我们的农夫在砍伐它们之前遭受了太多折磨。砍掉垂枝会留下可怕的伤口，通常对树木而言是致命的，或者使树木变得畸形和空洞，除了作为木柴外没有其他价值。相反，如果这些垂枝更多在比较幼嫩的时候就被截断，尽管无法再提供很好的木材，树木仍会继续茁壮生长，这将带来更多回报。[J. E.]

欧洲鹅耳枥的木材异常质密坚硬，在英国出产的木材中仅次于黄杨。在硬度上，它堪比动物的角，再加上 beam 在古英语中的意思是“树木”，由此构成了它的名字（hornbeam）的来源（另一种理论是由于巨大的强度，鹅耳枥成为“角间梁”的首选木材，即把拉犁或重轮车的一队牛绑在一起的木轭）。鹅耳枥的硬度令木工使用起工具来非常费力，因此木匠又称之为“铁木”。

生物学、分布和生长环境

欧洲鹅耳枥原生于英国南部有限的局部范围内，如今广泛分布于整个国家，但是在苏格兰并不常见。它是欧洲两种本土鹅耳枥中的一种，另一种是东方鹅耳枥（*Carpinus orientalis*），在地中海周围地区和伊朗以东被发现。东方鹅耳枥的一个帚状变种是一种在英国数量众多的行道树。

鹅耳枥极其耐寒，可以生长在多种类型的土壤中，但是在湿重黏土中的生长状况比大多数树木都好。它自然生长在橡树和欧梣占据主导地位的混交林中，伴生心叶椴、无毛榆、榛树和桤木，尤其是在东安格利亚、肯特郡和萨塞克斯郡的林地中。

鹅耳枥高度耐阴（尽管比欧洲水青冈差一些），并且经常在森林冠层下的天然小空隙中再生，或者作为“前生苗”，为即将迅速利用的空隙做好准备。橡树—鹅耳枥森林在欧洲西部低地的肥沃土壤中非常常见，鹅耳枥一般作为其中的冠层树种，但是在英国很少存在（例如肯特郡的布林森林）。在更往东的中欧地区，生长着大片椴树—鹅耳枥森林。

鹅耳枥是一种细高并且雌雄同株的树木，树高能够长到 30 米。它的树皮光滑，呈现和欧洲水青冈一样的灰色，但有一点银色的光泽和垂直的裂纹，而且树干通常有凹槽（这使它在木材生产方面不受欢迎）。鹅耳枥的叶片也像欧洲水青冈一样经冬不落，令它成为一种有用的树篱植物。只不过鹅耳枥的叶缘有双层锯齿，并且会变成更淡的棕色。它引人注目的花葇风媒传粉，雄花下垂，雌花为葇荑花序。种子，或者称之为小坚果，成对长在薄且干燥如纸的三裂苞片基部。

造林学

刚从树上采摘下来的新鲜鹅耳枥种子可以立即播种，否则一旦干燥，就需要在播种前分层保藏一年。土壤肥沃的地方自然再生丰富，因此提倡这样做。目前在英国没有种源选择的指导方针，但是由于树木的品质可能高度多样化，尤其是在树干凹槽方面，因此种子收集者需要仔细选择亲本树木。

> 它首选的生长环境是寒冷的高山、坚硬的土地，以及林地贫瘠并且最无遮蔽的部分。[J. E.]

鉴于鹅耳枥能够在寒冷的地区、浸饱水的土壤、霜洼和遮蔽处生长，这个物种没有被更广泛地种植，尤其是在一些“困难”地区，着实令人迷惑。由于鹅耳枥的落叶层可以形成一层肥沃的腐殖质（一种能快速分解成矿质土壤的易碎类型），它被视为一个土壤改良树种。一个不利的方面是，鹅耳枥不能在无遮蔽的地方旺盛生长，而且它相对较短的树干经常出现凹槽。在一些欧洲国家——但从来不包括英国（至少在目前的气候条件下），多余的旺盛再生意味着它们有时会被当作杂草处理。

在英国，鹅耳枥很少被作为木材栽培，但是在欧洲大陆的一些地区，它是一种重要的橡木林下层树种。在那里，它投下的阴影抑制了在橡树珍贵的树干上形成嫩枝。

在林地中，鹅耳枥通常被作为矮林管理，或者在牧场林地中被当作供截去树梢的树木，生产用作木柴的小枝条，尤其是面包师的烤炉和冶炼炉使用的柴捆。在伦敦北郊的艾坪森林（在17世纪被称为沃尔瑟姆森林），鹅耳枥曾经是一个重要的经济组成部分。在这里，被截去树梢的古老鹅耳枥依然繁荣生长。但是，由于1878年的《艾坪森林法案》（Epping Forest Act），它们直至近期仍处于无管理状态。各种法律条文都禁止截去它们的树梢。自然资源保护主义者如今认识到，尽管古老的树木是珍惜的无脊椎动物、真菌、鸟类和哺乳动物的栖息地，但到达森林地面光线的缺乏已经导致了生物多样性的全面丧失。目前，一些截去树梢的行为已经得到允许，英国长角牛也重新被引入森林中进行放牧。根据当地法律细则，国民每年仍然可以进入林地采集短的柴捆（一捆91厘米长的枯木，最重可达12千克）。

木材和应用

鹅耳枥产出一种浅黄白色的木材，通常带有由迷人的斑点和漩涡形成的图案。它的表面最终能被处理得非常光滑。除了作为轭，它还能被用于许多需要极端耐久的情况，包括水车和风车的齿轮（尤其边角不能碎裂）和钢琴激振机制，还有精巧的车削小件，比如骰子和棋子等。鹅耳枥是做砧木的最佳木材，其端面纹理向上，当用较软的欧洲水青冈制成外框时，磨损的方式应确保木块保持凸面形状。鹅耳枥木材还有很高的热量密度，因此是所有木柴中最好的，尤其是用于明火时，并且可以制成极好的木炭。

病虫害

和欧洲水青冈一样，鹅耳枥易受北美灰松鼠的损害，但它不是鹿喜欢的食物。它可能被疫霉属菌体感染，但是感染率与许多其他树种相比较低。

细长的鹅耳枥枝条，在大而坚硬的纸质苞片内可见一簇簇坚果。随着它们在夏天成熟，苞片从绿色变成奶白色。椭圆形到卵圆形的叶片具有双锯齿边缘，明显的平行脉成对排列。在春天产生单独的雄性和雌性柔荑花序。

展望

鹅耳枥经常被林业工作者忽略，但它们在未来的森林中可能会发挥更加重要的作用。随着气候变暖，它的生存范围将向北扩展，尽管依然是一个低地物种。鉴于鹅耳枥耐阴的属性，它或许能在连续覆盖系统中发挥作用，并且可能更多地作为保育树出现在其他阔叶树种旁。鹅耳枥对矮林平茬作业的耐受性表明，通过促进其种植和再生，可以获得一种木质燃料的来源。

欧榛

—

科：桦木科
属：榛属

棒木的用途包括制作木杆、桅杆、木框、叉子、钓竿、柴捆、棍棒、木炭和抓鸟的弹片；它能制出最好的木炭，曾经被用作火药。直到人们发现桤木是更适合的选择之前，它都是极好且轻的木材：没有木头能比榛木碎片更快地净化葡萄酒。[J. E.]

在中世纪的英国，榛林是一项重要的产业，产品种类范围巨大，从拐杖和燃料，再到钓竿和建筑材料等，无所不包。榛木条被劈开，做成建筑木材骨架中的"编条结构"，上面涂抹着黏土和马鬃的混合物。它们被编进护栏，用来围住家畜，或者用作篱笆的木桩。这段冗长的经营历史所带来的馈赠，就是尤其适应榛林的丰富的生物多样性，例如被到达森林地面的相对较高水平的光线促进了生长的地衣植物。如今，欧榛的矮林作业的主要目的，是促进演化而来的植物和动物依赖其所创造的栖息地：欧榛供养了230种无脊椎动物，超越了任何其他树种。

生物学、分布和生长环境

欧榛是大约18种榛属植物中唯一的英国本土植物。除了在高海拔地区、浸饱水或者酸性的土壤中，以及暴露在高盐海风中的区域，这种雌雄同株的树木可以生长在所有地方。欧榛在树篱和杂木林中是一种常见的小型树木，而它抵御城市污染的能力使其能够在小型城市花园中旺盛生长。欧榛并不是十分耐阴，在浓荫下会变得"细长"并生长缓慢，因此不适合被考虑作为下层树种。

榛属的所有种类都有多主干生长的自然趋势，只有土耳其榛子（*Corylus colurna*）例外，它能够以单一主干的形式生长到20米甚至更高。自从它在1582年被引入英国后，生长状况一直良好，通常被作为行道树种植。大果榛（*C. maxima*）在1759年被引入英国，因其坚果而闻名。它的坚果与欧榛相似，只是比后者长两倍。在英国东南部，传统上仍然种植不同的坚果生产品种。欧榛的花园品种包括"Contorta"（或称螺旋榛），"Pendula"——一个稀有的垂枝种类，以及金色叶片的"Aurea"。

欧榛是一种天然多主干的树木，树高在特殊条件下能够达到15米。在一些情况下，它能主导冠层，例如在种类单一的大西洋榛木林中——英国温带雨林的一个典型（另一个是高山橡木林）。这种树林出现在苏格兰的一些偏僻地区，尤其是在阿尔盖郡和拉赛岛上。它们非常古老，甚至比古苏格兰松林历史更悠久。

欧榛长且下垂的雄性葇荑花序自1月起开放，从此便以金色装点树木，在春天柔和的阳光下呈现出一派令人愉悦的景象。风媒传粉的雌性微小花序从叶芽般的葇荑花序顶端抽出，明显可见只有2～3毫米长的深红色花簇。它的种子，也就是榛子坚果，悬挂在叶状的苞片中，颜色随着成熟由绿色变成棕色。

欧榛对于许多物种来说是一种食料植物。它的花对于大黄蜂等昆虫是重要的早期蜜源，它的叶片是许多蝴蝶和蛾类幼虫的主食，它的坚果受到鸟类［松鸡、五子雀（nuthatch）、啄木鸟］和哺乳动物（松鼠、林区鼠类）的喜爱，它们经常贮存或埋藏一些坚果供日后食用。许多真菌也与欧榛密切相关，包括灰褐乳菇（*Lactarius pyrogalus*）等。另外还有在大西洋榛木林的树干上发现的一种子囊真菌 *Hypocreopsis rhododendri*。

造林学

收集种子的人需要与觅食的野生动物大军直接展开竞争，并且必须保持警惕，确保种子（坚果）的好收成。种子应该在成熟后或者变成褐色时收集。在有遮蔽的地方，种子的产量通常惨淡，因此把生长在光线充足之地的树木作为收集目标是明智之举。在干燥阴凉的环境中，种子可以存放长达6个月，在3月或4月播种前，需要分层储藏12周。

> 有一个简单的权宜之计可以加密那些过于稀疏的灌木林：把2个取样器或1根20英尺或30英尺长（头部略修剪）的榛树、欧桦、杨树等压条处理，枝条插进地里，砍削靠近末端的地方使其倒伏；用1～2个挂钩将其固定在土地上，在合适的深度（像园丁种植康乃馨一样）覆盖一些新鲜的泥土后，就会长出大量的萌蘖，使一片小树林迅速变得浓密起来。［J. E.］

正如伊夫林观察到的那样，在现存的欧榛林地中，新的树木可以通过压条法轻松繁殖，这是一项最好在冬季采用的技术。多达6棵新树可以在一棵欧榛周围分蘖繁殖。为压条法选择的枝条基部直径应该达到5厘米，每一根都应该几乎完全砍断（就像铺设树篱时进行的编织砍削，参见第305页），并且小心地确保留有一些活组织，使枝条仍与其基部连接。然后，将这些枝条压低到地面，埋在约10厘米深的洞或沟槽里，用木钉固定住，以防止它们再次弹起。在地面上，应该保留埋藏点前的一小段叶片完整的枝条。在1～2个生长季后，已经生根的新榛树可以继续留在原地，或者从原茎干上分离并移栽到林地的其他空缺之处。同样的技术还可以用于欧桦、椴木、欧洲栗、椴树和柳树灌木林。

欧榛通常被作为矮林作物种植。一个典型的林地每公顷包含多达2,000分蘖，对它们的枝条每6～9年进行规律的砍伐。幼树（未经砍伐的）可以在种植3年后进行首次矮林作业，并且需要密切关注月相（如果遵循伊夫林的建议）："在月亮变小的时候，用一把锋利的修枝砍刀把你的树木砍到靠近地面的位置。"砍削作业应尽可能靠近地面。如果砍伐后留下的树桩较高，则将长出更多的嫩枝，随着时间推移而变得更加难以管理。这些枝条会比那些长自矮树桩的更不稳定，后者的再生通常发生在地面或地面以下。传统上，用砍刀的上半部刀刃砍削小枝条可以避免开裂，较大的枝条或者幼树则使用弓形锯处理。如今，大部分矮林作业都使用链锯进行。

在一片标准体系的矮林中，分蘖较少，并且由于标准树木冠层下的光照水平较低，它们的矮林作业周期更长，通常是每14～16年进行一次。欧榛矮林提供了重要的鸟类筑巢栖息地和猎禽的藏身之处，因此矮林作业管理最好限制在深冬，从而避免惊扰它们。在冬季砍削的枝条也比那些收获于夏季的更耐用，并且在编织产品中保留了树皮。

欧榛有时也被作为珍贵的阔叶树种的保育树，比如胡桃和欧洲甜樱桃等，其强劲的早期生长可能为主要作物的茎干提供庇护，由此提高后者的活力（遮蔽可以减少通过蒸发造成的水分流失），并改善树形（遮蔽可以减少分叉形成）。由于欧榛树形较小，以及上方不断增加的树荫很快减缓了它的生长，这种好处相对而言十分短暂。

在以生产坚果为传统的肯特郡，各种被称为“Kentish Cob”的榛树品种促成了“大榛子”（Cobnut）这个词的诞生。如今，这个名词适用于一系列不同的榛树种类，比如“Cosford”“Daviana”和“Merveille de Bollwiller”等。人们需要对树林或林地进行管理，从而确保其便于手工采摘。每一棵树都被修剪成有8～9条茎的碗形，外部的茎通常会被压倒来刺激横向扩张，从而结出更多的坚果。出于同样的原因，这些茎也要进行修剪，促进向外的芽生长。修剪还能促进形成更大量的坚果，并有望使这些坚果更触手可及。

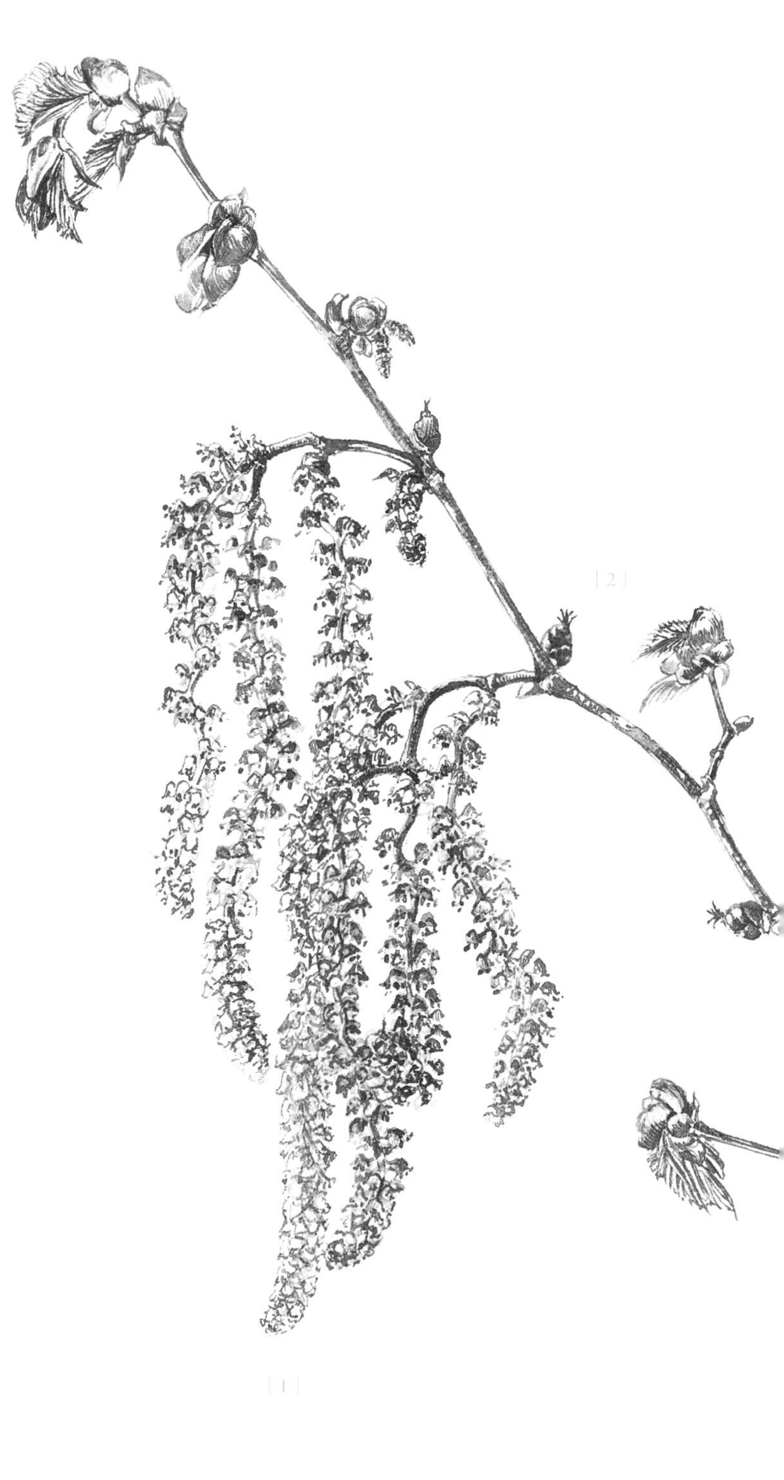

[1]

[2]

¶ 木材和其他应用

> ……无论由于什么神秘的功效，这些叉形的枝条（砍削并熟练地握住）中都充满无形的蒸汽和发散物。随着它从水平方向自然地弯曲，（我们）不仅发现了矿山、地下宝藏和泉水，还有犯下谋杀案的凶手等……
>
> [J. E.]

探测杖可能已经不再像在伊夫林的时代里那么备受倚重，但是，用榛木枝条编织成围栏和栅栏圈养牲畜的做法，再一次在花园中流行起来。一个这样的栅栏使用9～10根直立的枝条，每根间隔约15厘米编织成一个骨架，再围绕它进行水平编织。在制作过程中，需要用一个“线圈架”或者“底座”来固定枝条，并且使其形状总

欧榛柔软的淡黄色雄性葇荑花序「1」，以其俗名“羔羊尾”而被人熟知，呈单独或两到三个一组排列。它们出现在第二年深冬叶片展开前的嫩枝上。雌性花朵「2」只能以小群深红色花柱的样式，从沿着枝条增大的芽中突出可见。

欧榛的天然再生苗，采集自布雷肯国家公园。它被动物啃食过，已经失去了它的主枝，由一个侧枝取而代之。互生的芽（和由此产生的分支）清晰可见。宽大的叶片有参差不齐的齿状边缘。

是呈平缓的曲线，从而确保在编织完成后，整个栅栏会随着枝条的干燥而被拉直。在一个制作良好的栅栏里，大约一半的水平枝条围绕终端枝条弯曲，并被编织进下一层（通过扭曲使它们的纤维松弛，从而可以被弯曲 180 度）。这些水平枝条是被劈开（用修枝砍刀），而不是锯开的，也没有明显的捆绑或钉子的使用痕迹。

矮林作业不仅为野生动物提供了栖息地，还为传统手工艺和工业产出了许多有用的副产品。长的榛木条可被用于捆绑支撑新铺设的树篱的木桩，而较短的（80 厘米）则被劈成两端尖的形状，用作屋顶圆材。其他更短的木条可以塞进柴捆，用来减轻冬季河流堤岸的侵蚀，而从枝条上切下来的顶端则被当作豌豆杆卖给花园。对于任何市场来说都太差的枝条，可以分层形成新的植物。榛木曾经一度被制成火药用的木炭，而如今小的枝条则被用于生产艺术家用的绘画木炭。榛木是极好的木柴，容易砍削和堆积，并且易于燃烧。

榛子在英国是一种受人喜爱的日常零食，但是几乎所有在我们的商店中售卖的榛子都进口自土耳其。不过，本土生长的欧榛都是商业化生产的。对它们的收集从 8 月中旬开始，然后从 11 月起，在坚果或新鲜或成熟（开口）时开始售卖。欧榛可以压榨油脂，用于色拉酱调味或者烹饪。据估计在 20 世纪早期，肯特郡种植了近 3,000 公顷欧洲榛。如今，只有 100 公顷左右被保留下来，它们中的许多都被荒弃了。

¶ 病虫害

榛树通常对病虫害免疫，但是它的坚果往往在还是绿色的时候就遭到灰松鼠掠食，导致通过种子的再生贫乏。榛树叶片对鹿和家畜而言是美味的食物，因此新的矮林萌蘖必须加以保护。

展望

鉴于与其相关的生物多样性，榛树将继续在林地中发挥重要作用。把许多在英国受到忽视的矮林重新纳入积极的管理之中，对野生动物和乡村手工艺都大有裨益，尽管当前的市场价值不能使之成为一个盈利的行业。可以在连续覆盖系统中更广泛地种植榛树，尤其是在有充足光线的小面积森林旷地中，因为榛树能减少荆棘和其他杂草的蔓延。

上图：榛子是真正的坚果，在植物学术语中的定义是：单种子果实，每一颗都有坚韧的果皮（子房壁）和基部的苞片（图示的例子有一个长而多叶的杯状苞片）

右图：破碎的空榛子壳。

胡桃

科：胡桃科
属：胡桃属

胡桃、朱庇特的种子、厚壁或者韦尔奇，这个坚果有许多种类，软壳的和硬壳的，白色纹理的和黑色纹理的，黑色的结出的坚果最差，但是它们的木材更受欢迎。如果我们小心地把它们从弗吉尼亚州带出来，或许就可以更多地种植。在弗吉尼亚州，它们旺盛生长，结出大量的坚果，是最美丽且最值得种植的树种。实际上，如果我们储存了足够多的这种坚果，很快就会看不上其他的……［J. E.］

很少有其他的树种能够匹敌胡桃在人群中引发的热情和兴趣。它不仅能结出可食用且营养丰富的坚果，还能产出世界上最珍贵的木材之一。胡桃木精致的图案使其成为受到高度追捧的装饰板，甚至在1926年，当一个英国远征队造访吉尔吉斯斯坦寻找胡桃树苗的时候，这种木材因其价值与同等重量的银相当而闻名。胡桃树能通过化感作用控制竞争，它的叶片中含有一种叫作胡桃醌的化合物，对附近的植物具有毒性，这给它们增加了神秘的吸引力。胡桃醌也能抵御昆虫，这或许就能解释为什么有那么多的英国旅店被命名为“胡桃树”——这些树被种植用于给马遮阴，还能防止它们被蚊虫叮咬。

生物学、分布和生长环境

胡桃科有超过50个物种，其中包括美洲山胡桃和北美的山胡桃。其中最著名的可能就是胡桃（*Juglans regia*），它还有许多其他名字，包括波斯胡桃、英国胡桃和喀尔巴阡胡桃。在它的拉丁名字中，Juglans的意思是“朱庇特的种子”，源于它与罗马神话中众神之王的联系，而regia是“宫殿”的意思。其他在商业领域具有重要性的胡桃包括也产出木材和坚果的黑胡桃，和用于坚果生产的白胡桃（*J. cinerea*）。胡桃科的树木在全世界广泛分布，从安第斯山到日本，从得克萨斯到西印度群岛，从加利福尼亚到委内瑞拉。它们在生长环境、尺寸，以及叶片、花和果实的形态上都存在细微的差异。

在英国，林业工作者（有时还有水果种植者）感兴趣的主要种类是胡桃和黑胡桃。它们都是雌雄同株的，并且都靠风媒传粉。在早春的叶片萌发之前，同一棵树上开出独立的雌性和雄性花朵。雄性花序是长而下垂的绿色柔荑花序，而不起眼的雌花呈微小的绿色瓶状，每一朵都有一个用来捕捉花粉的羽状柱头。受精的雌花很快膨

在这张图里，一条胡桃幼茎被沿着长度方向切开，露出其髓部——其中被间隔成多个腔，这在树木中是非同寻常的。未成熟的雄性柔荑花序成簇长在前一年生长的较老枝条上，在新形成的嫩枝下方，“Y”形的叶痕明显可见。

大形成只含有一粒种子的核果：胡桃。这个物种通常都是单性先成熟，也就是说，在一些树上雄花会在雌花之前开放，而在另一些树上情况则恰好相反，这就降低了自花授粉的可能性。胡桃芳香的复羽状叶片为物种间的鉴别提供了很好的方法：胡桃的叶片有 5～9 个单叶，而黑胡桃有 15～23 个单叶（并且通常缺失顶端的单叶）。当它们在秋天脱落时，会留下一个明显的“Y”形叶痕。胡桃是为数不多的有分隔髓的植物之一，一系列单室沿着树枝和茎的中心延伸。

与欧洲栗一样，胡桃也被认为是由罗马人从亚洲引入欧洲的，因此它被视为一种史前归化的植物。它的英文名字来自古英语单词 *wealhh-nutu*，意思是“外来的坚果”。胡桃的分布范围受到大陆性气候控制，人们发现这个物种在 21 个国家自然生长，从西方的土耳其蔓延到东方的缅甸，种植范围与胡桃楸（*Juglans mandshurica*）相近。结合树木遗传学、景观分析和人类历史的研究可以得出结论：尽管在过去的 2,000 年间，人类的坚果贸易和为果园进行的驯化已经产生了巨大的影响，遍布胡桃自然分布范围内的许多种群仍然保持着相当显著的遗传学差异。显而易见，巍峨的山脉——包括喜马拉雅山脉、兴都库什山脉、帕米尔高原、天山山脉和扎格罗斯山脉——帮助这些胡桃种群保存了它们的独特性。

在吉尔吉斯斯坦——可能是这个物种的中心地带，生长着 23 万公顷的野胡桃果林。其中，胡桃超过了所有其他的冠层树种，但是也在它们的下层养护了混杂的小乔木和灌木，包括野梨、李子和苹果。站在山脊上，或许能在各个方向看到一眼望不到边的胡桃林，其冠层中除了胡桃不见任何其他物种。在那里，胡桃生长在海拔 1,000～2,300 米的高度，仅仅是在这个多山的国家发现的 7,000 余种维管植物中的一种。胡桃林中出现了两种截然不同的区域：费尔干纳山以 Arslanbob 小镇为中心的南部地区，和位于北部恰特卡尔山脉的一个更小的地区，它与以冷杉和云杉——包括如雪岭杉（*Picea schrenkiana*）等

胡桃叶的羽状大叶片长有五到九片小叶。雄性和雌性花朵生长在同一棵树上。球形的雌花从新生的春季枝条上形成，并有成对的羽状柱头从它的顶端伸出。

胡桃结实的雄性葇荑花序在打开释放花粉之前颜色较深。它们生长在较老的木质化枝条上，成熟时会伸长并下垂，容易受到晚春霜冻的损害。

本土物种为主的不同森林类型融合在一起。黑胡桃在 17 世纪从北美洲被引入英国，1656 年第一次出现树木生长的记录。1664 年，伊夫林非常热衷于这个树种。黑胡桃的自然分布范围遍布美国中部和东部地区，在西部从得克萨斯州中部、堪萨斯州、内布拉斯加州和南达科塔州横穿美国中西部，到达大西洋沿岸各州，从北部的佛蒙特州到佛罗里达州的部分地区。尽管在各种各样的地方都能找到黑胡桃的踪迹，但是它在隐蔽的山谷里，中性、潮湿且良好排水、土层深厚且肥沃的土壤中生长状况最好。它以分散的独立个体或小群体形式生长，通常伴生美洲椴（*Tilia americana*）、秋樱桃、山核桃属（*Carya* species）、北美鹅掌楸、美国白梣，以及各种槭树和橡树。胡桃也可以杂交，由此得到的后代非常有活力，并且拥有比亲本更广泛的场地条件耐受性。

¶ 造林学

> 在意大利，人们在长竿的顶端装上钉子和铁块（来收集种子），并相信敲打能改良树木。我不相信这些，就像我不相信训导能改造一个乖戾的泼妇……［J. E.］

胡桃种子最好从地面收集，掉落后很容易将它们从外皮中分离出来，这些外皮必须在储藏前剥掉（注意不要让难以擦掉的黑色汁液染到手上）。不过，也可以通过敲打或摇晃树木使核果掉落。相似的技术同样适用于黑胡桃，但是它的外皮更难剥离，敲击核果使外皮松动是一个有效的方法。对于更大量的核果，搅拌机可能是更好的选择：将 1 份水加入 3 份核果和一小撮大砾石中，然后旋转几分钟。

如果种子只经风干，并在 4℃储藏 12 周后播种，生长情况会很好。正如伊夫林的记录，胡桃是“最不能容忍移栽的”。移栽籽苗是可行的，它们不喜欢被切断或损坏，并且有一条强有力的主根，从萌发开始在第一年内可以长到 1 米深。若想获得最好的定植和早期生长情况，应该把种子直接播种在树木最终的生长位置，但令苗圃工人恼火的是，这对进行嫁接的品种是不可能的。

> 胡桃喜欢干燥、健康而且肥沃的土地……在那里，它可能被保护免遭严寒……［J. E.］

关于胡桃生长地点最恰当的描述来自约翰·杰勒德 1597 年的《草药书和植物史略》：“胡桃树生长在肥沃丰产的土地上，既在路边高地旁，也在果园中；它在肥沃的河岸上茁壮成长，但不喜欢生长在水多的地方。”胡桃在品质最佳（pH 中性，丰饶肥沃）且排水良好的土壤中繁荣生长。它们新抽出的嫩枝和花芽对春天的霜冻高度敏感，因此最好避免霜洼，并且它们无法在无遮蔽的位置良好生长。

如果选用了不好的苗木或者霜冻特别严重，一种根本的补救方法可以改善受损胡桃树的灌木状形态：把它们砍成树桩，砍削（像矮林一样）至地面以上约 5 厘米的高度。如果树木良好定植，茎的直径至少达到 3 厘米，那么就有望实现超过 90% 的成活率和旺盛的再生长。树木的砍伐最好在冬季进行，从而确保更少的顶梢枯死和更强的再生。在随之而来的夏季，生长最好的嫩枝应该被挑选出来。

木材种植者并没有太多的种源选择。1997 年，一大批胡桃从其自然分布区被采集而来，包括来自吉尔吉斯斯坦的大约 250 棵亲本树木。从 1998 年开启的种源实验——分别在牛津郡福境林地和英国境内两个其他的地点——尚未得到改良的材料。与此同时，选育来自法国和德国的晚叶和晚花的品种可以减少霜冻伤害。法国的“Lozeronne”（RA464）是一个颇具前景的选项，在过去的 20 年里，它已经被选入英国各地的各种现场实验，包括国家森林中最大的胡桃种植园。

21 世纪初，从美国 15 个州和欧洲 5 个地

胡桃半成熟的单个核果。在这个时期，在胡桃硬壳形成前——可以用针戳刺来判断，它们可以被整个腌制。成熟后，种子（胡桃）可以储藏起来，但必须先去除外壳。

区进行了黑胡桃种源收集，由此得到的树木在2003年被种植在福境林地和国家森林。与胡桃实验一样，人们仍需要一些时间才能得到切实可行的结果。在美国，一些种植面积最大的黑胡桃林地位于威斯康星州和印第安纳州。因此，一项关于这个物种的阔叶木研究计划由拉斐特的普渡大学领衔进行也就不足为奇了。

福境林地中的另一个现场实验涉及杂交胡桃，其中胡桃×黑胡桃（例如NG23和NG38）和魁胡桃（*Fuglans major*）×胡桃（叫作MJ209）的亲本组合在早期表现出潜力。在定植后，杂交种NG38可以在5年内生长到超过3米高，其中近一半的高度是在第5年内达到的（表明已经从移植损伤中恢复）。这样的生长速度通常是同期普通胡桃的6倍。

胡桃是树冠直径最大（在任何树龄）的树木之一，不耐阴，因此种植间隔要宽。在木材种植园中，它们的理想种植间隔是5米×5米（每公顷400棵）。这将足够使它们在树冠碰触到彼此，并且必须进行间伐之前生长15～20年。然而，如此宽阔的空间意味着树木实际上是露天生长的，缺乏所有重要的遮蔽，以及促进良好生长的树间竞争。为了解决这个问题，可以在胡桃树中以保育树和灌木的形式增加伴生树种。如果这些保育树能够通过固氮改善土壤肥力，它们的存在就会更加有利。一种新型混合模式已经被证实有效，即由牛奶子和桤木联合种植的灌木，它们都有固氮能力：最开始的5年内，与单一种植的林地相比，胡桃树在这种环境下的生长高度提高了2倍。保育树提供的遮蔽对竞争性植被起到了抑制作用，还能改善土壤肥力，刺激胡桃长得又高又直，并且侧枝更少，从而木材品质有所提高。

胡桃应该在生长季结束的时候修剪（不像大多数树种在冬季休眠的时候进行）。胡桃种植者的传统是在7月15日的圣斯威逊节进行修剪。如果在一年中的其他时间修剪，胡桃树可能会流出大量汁液，变得对病害更加易感，并且生长缓慢。由于频繁的霜冻损害，整形修枝很有必要，并且直到至少6米的树高处，树木都应该进行高修剪。

在英国，胡桃树干的直径以每年1厘米的速度增加，从树龄50年后可以开始出售。在这个阶段，每公顷内树木的最大数量是75棵。如果保留至胸径达到70厘米（70年树龄），那么每公顷内树木的最大数量是44棵。

由于图案最好且最珍贵的部分——尤其是用于饰面薄板的生产时——位于根冠区，也就是根与主干连接的地方，所以胡桃树的砍伐位置通常比普通树木更高，大约在地上1米处。然后使用挖掘机挖出根球，并以这种形式供应给饰面薄板工厂。

¶ 木材和其他应用

……如果这种木材更加丰富，我们的各类房屋就会有各种更好的器具，像椅子、凳子、床架、桌子、护壁板和橱柜等，来替代更粗俗的欧洲水青冈产品。欧洲水青冈更容易受到虫子侵害，既不牢固也不美观，但是，它们经新鲜胡桃外皮煮成的汁液洗涤后，便可以伪装和欺骗那些粗心的人……［J. E.］

那些生长在热带以外的深色阔叶木中，胡桃和黑胡桃都有精致的图案。一位枪支制造者这样描述它："斑点和微粒，云隙阳光和小提琴状的纹理——像麻醉后的梦一样复杂。"制造枪托对这种木材高度需求，不仅因为它的纹理和深色调，而且因为它能紧固连接木材和金属的螺丝，还对射击的冲击具有弹性。一副相匹配的枪托"原木"——切削成只有48厘米×15厘米的木板——可能比一棵完整橡树的木材更有价值。在英国，优良的枪支制作工艺代代相传，例如伦敦的普尔德制枪公司（James Purdey & Sons）。

在欧洲，胡桃木材制成的饰面薄板每立方米售价可能超过2,000欧元，比其他树种都贵。当制成的薄木片——仅有2～3毫米厚——用于名车和精细家具制作时，售价会更高。杂交而来的胡桃木材缺乏普通胡桃漂亮的图案和深色调，但是在法国和意大利依然经常被切削成饰面薄板，经蒸制加深外观颜色后用于制造家具。

……当落叶开始层叠受潮并散发出气味后，可能还会挥发出一些蒸汽，对于有些人是有毒的……［J. E.］

胡桃的坚果是一种很有价值的商品，尤其是在加利福尼亚州，那里有成千上万亩土地种植着胡桃。一棵普通的胡桃籽苗要花费至少25年才能结出它的第一颗果实，而选育的品种则会在栽种的第一年就产出一批坚果。坚果种植者有时会使用胡桃树篱系统，令胡桃树紧凑地排成一行，通过重度修剪来提高采摘效率。在英国，如今有大约80公顷胡桃果园。在过去的10年间，这个树种重新点燃了人们的兴趣。现代的品种使英国种植者可以生产成熟的胡桃。然而传统上，种植材料的贫乏往往带来果实发育不完全的作物，由此产生了一种独特的英国美味：腌渍胡桃。这是通过在果壳形成前收获整颗核果，再保存在盐水中制作而成的。

事实证明，法国品种"Fernette""Fernor"

和“Lara”适合英国的环境，而保加利亚品种“Proslavski”能够旺盛生长并结出大颗果实。“Broadview”是最全能的果实栽培品种之一，能在栽培4年内结果，并且自花授粉。“Buccaneer”结出的果实量更大，更适合烹饪或者腌渍。在美国，黑胡桃也用于坚果栽培，大部分供应去壳坚果市场。一些胡桃种植者将坚果生产与木材种植相结合，但不可避免地需要做出妥协：木材的长度越长，坚果就越难采摘。

病虫害

由胡桃黄单胞杆菌（*Xanthomonas campestris* pv. *juglandis*）引起的胡桃黑斑病会导致叶片出现黑斑，果实产生孔洞和斑点，有时还会导致新枝枯死。果实会遭到大面积损坏，尤其是当雄性葇荑花序被感染时。树木苗圃通过使用波尔多液（一种园艺师经常使用的杀菌剂，由硫酸铜和石灰组成）对此加以控制。胡桃叶斑或胡桃炭疽菌（*Ophiognomonia leptostyla*）是一种会导致果园产量降低的真菌。果园中的树木还会受到叶瘿和苹果蠹蛾的侵袭。20世纪90年代，一种影响黑胡桃的新型病害在美国出现。无数的枯枝病病例被认为源于真菌感染，并由胡桃小枝甲虫传播。这对树木来说可能是致命的。

展望

在英国，预计中的气候变化有望促进胡桃繁荣生长，使其分布范围比现在更向北方延伸。再加上改良后的苗木，胡桃将作为用材树种在英国和农林系统中变得更加流行。胡桃深根的习性使它相对耐干旱，并能高效地发挥护坡和减少滑坡的作用——中国已经为此在陡峭的山谷中种植了成千上万棵胡桃。鉴于它生长迅速，能够产出珍贵的木材和有益健康的坚果，人们对胡桃的商业兴趣只增不减，尤其是伴随着果树育种的持续发展。

椴树

科：锦葵科
属：椴树属

……木雕师不仅用它雕刻小图案，也用其制作大型雕像，并在椴树皮上记录完整历史的低谷和高潮……在圣保罗教堂和其他教堂的唱诗席可以看到奖杯、花彩、果实和其他雕塑，以及各种令人赞赏的装饰品，还有王宫、城市和乡村的贵族住宅……［J. E.］

细长的小叶椴展现出典型的向上延伸的结构，具有上宽下窄的圆形树冠

椴木，也被称为菩提木，几个世纪以来都受到北欧雕刻家们的珍视，因为它拥有细腻、均匀的纹理和可以雕琢微小细节的柔软质地。格林林·吉本斯（Grinling Gibbons，1648—1721）那些奢华的装饰性雕刻就是这些品质的最佳例证。吉本斯是英国最著名的椴木雕刻家，他以雕刻精巧逼真的花、果实、鱼和鸟而闻名于世。伊夫林“发现”了吉本斯，并把他介绍给克里斯多弗·雷恩爵士和查尔斯二世。他精心制作的饰条和花环装饰着圣保罗大教堂唱诗席和皇家宫殿与乡间别墅的内部，包括汉普顿宫和西萨塞克斯郡的佩特沃斯庄园。

生物学、分布和生长环境

在欧洲，天然分布着椴树的 5 个种。美绿椴（*Tilia × euchlora*）和银叶椴（*T. tomentosa*）的分布局限于东欧，它们是较小的种群，在此不做更进一步讨论。心叶椴和阔叶椴遍布欧洲，并且当它们靠近生长时会自然杂交，产生可育的杂交种：欧洲椴（*T.* × *europaea*）。可以理解，这会导致伊夫林和他的同事们在分类上有点困惑，他们认为这两个种是同一物种的不同性别：

> 椴树，或者欧洲椴树有两种。雄性（有些人认为这只是一种更好的榆树）或者说槭树，质地更坚硬、节疤更多、色彩更红，但是与雌性不同，它既不开花，也不结种子（在我们的生活中如此常见和熟悉）。它在花期非常芳香，令空气宜人，并且它的叶片更大，木材更厚重，有小的髓部，不排斥虫子……尽管有两种性别，但它们的树形完全不同……［J. E.］

心叶椴的分布与温度密切相关。它常见于年平均气温 17 ℃的地方，在欧洲的大部分地

区——除了斯堪的纳维亚半岛——广泛分布。随着向南纬度的增加，它们喜欢更高的海拔和气温较低的北方地区，并且在地中海区域受到夏季干燥的限制。在英国，心叶椴始终不常见，总是伴随着古老的林地出现。它被视为随着冰盖的消退从欧洲大陆抵达的最后一个物种，并因此成为我们最年轻的“本土”树种。虽然能耐受寒冷的冬季温度，但心叶椴是每年春天发芽最晚的本土树种。另外，它的分布也受到阻碍其结实的凉爽的夏季温度限制。

阔叶椴的分布情况与心叶椴相似，但是在地中海地区（除了伊比利亚半岛）——包括希腊北部和意大利南部，有更强的影响力。它通常生长在低地地区和海拔高达 1,800 米的山地，与红豆杉和其他阔叶树种——尤其是欧梣、欧洲水青冈和悬铃木等混生在一起。阔叶椴已经被许多国家引进和种植，是一种受欢迎的公园和街道观赏树。不同于心叶椴，它通常不会从基部长出许多新枝。在英国，来自花粉核的证据表明它是本土树种，但是在南部更常见。

心叶椴和阔叶椴的单一林地都很罕见，两个物种都天然生长在落叶混交林中。椴树通常喜爱肥沃潮湿的土壤，理想条件下还应该有高钙含量。不过，心叶椴对薄层土有更强的耐受力。椴树不能耐受夏季的干燥，并且对盐雾敏感。

> ……它将成为（所有树种中）最适合步道且最美丽的一种，因为它有直立的树干，光滑完美的树皮，丰茂的叶片，甜美的花期，为蜜蜂奉上的盛宴，以及极好的树荫……［J. E.］

在英国，椴树是少数虫媒传粉的树木之一，直到 6 月或 7 月才开花。心叶椴灰绿色的花朵通常比阔叶椴或欧洲椴晚两周开花。它们的气味甜美，对昆虫很有吸引力，这使其在欧洲大陆受到养蜂人的喜爱，产出有着独特颜色和味道的蜂蜜。增加林地生物多样性的需求极大地促进了心叶椴的种植。椴树的种子不会被无脊椎动物取食，鸟类、老鼠和田鼠会吃掉它们成熟的果实。

椴树的叶片腐烂迅速，这种宝贵的土壤改良特性已经在欧洲大陆的森林系统中被开发了好几代。椴树下的土壤通常富含氮磷元素，吸引了大量蚯蚓。在森林中，椴树蚜（*Eucallipterus tiliae*）滴落到土壤中的含糖分泌物（每年每平方米高达 1 千克）刺激了固氮菌。然而，在城市中，同样的分泌物是驾驶员的灾难。

造林学

椴树种子应该在早秋收集并立即播种。它需要暴露于冬季低温的环境中，但是即便如此，也只有 5%～10% 能够在第二年春天发芽，其余的将继续往后推迟一年。

两种椴树都能长到 20～30 米高，在落叶混交林中，它们通常是最高的树木之一。心叶椴中度至高度耐阴，比桦树和橡树更能耐受遮蔽，但是不如欧洲水青冈和鹅耳枥。椴树籽苗会在浓荫下茁壮生长，但是如果环境条件持续如此，它们将会为了获得充足的光线而变得树干直径非常纤细，还会长出角度尖锐的枝条（也就是说，在木材上产生面积更大的节疤，除非进行修剪）。

> 从六月到十一月，你可以种植它们；那些灌丛和不太直立的灌木极好地加厚了矮林，并将长出健壮的枝条和有用的木柴。［J. E.］

心叶椴与橡树一起，混生在欧洲的许多地方。在那里，它被用来控制徒长枝。在英国的森林中，心叶椴仅被包含在矮林标准体系中，作为下层林木的一个组成部分。它的树桩以极其长寿、几乎坚不可摧而闻名。它们能够通过根部萌蘖和压条法再生，这也就解释了为何在种子不育的极北纬度（因为温度不足以支撑花粉管生长），大面积的椴树在遗传上是完全相同的。在最好的地点，椴树的平均产量可达每年每公顷8立方米。

木材和其他应用

> 良好生长的椴树木材可以像柳树一样方便地用于任何用途；但是它更受偏爱，因为它更坚固，并且更轻，因此适合用于轭。它还被制成药剂师用的盒子……因为它的色彩、易加工性，以及不容易开裂的特性，建筑师用其制作设计的建筑的模型……[J. E.]

椴木的散孔材呈灰白色调，在刚切开时几乎是白色的。它的重量轻，并且质地相当柔软，结构均一而细腻。这些特质使它成为雕刻和制作摇摆木马的理想材料，还适用于制造乐器。椴木不会变形，是风琴和钢琴琴键的主要基础木材。在北美，椴树的木材又被称为“美国椴木”“菩提木”。尽管它在户外并不耐用，但是可以通过轻松的处理来延长其寿命。

椴树的内层树皮高度纤维化，被称为韧皮。至少从中石器时代开始，用椴树韧皮制作绳索就是北欧的一项重要技能。尽管过程费力，但可以生产出一种柔韧、低弹性，并且质量很轻的黏结材料。在仲夏剥去树皮，再将其浸泡在水中约1个月，就可以使树皮的外层和内层变得容易分离。此后，内层树皮进一步被分成细条并纺织成线，最后拧成绳索。

病虫害

椴树值得注意的一点，是它能抵抗蜜环菌和灰松鼠的侵害。然而，它们的叶片对从田鼠到鹿等食草动物而言，都是美味佳肴。如果不加以保护，就会因此而丧失它们的天然再生。

心叶椴扎根很深，像伊夫林观察到的那样“坚强地抵御暴风雨的侵袭”。心叶椴和阔叶椴对心腐病都表现出比欧洲椴更强的抗性，并且通常对病原菌都是免疫的。两个树种都会被一种引起红虫瘿的螨虫 *Eriophyes tiliae* 感染，这种红虫瘿出现在叶片的上表面，被称为椴树钉虫瘿。

展望

英国气候的变暖将有助于心叶椴结种，还可能会刺激它散播到苏格兰。然而，在欧洲的南部，它的分布范围可能会收缩。

欧洲椴和阔叶椴能够很好地适应城市环境，因为它们对二氧化氮、臭氧和二氧化硫都有适度的耐受性。它们狭窄的树冠和承受重度修剪——有时甚至是不当和错误的截梢的能力，令它们极其适合作为行道树。在城市中，它们的存在有助于减少冬季供暖和夏季降温的需求。

在未来，椴树作为一种有广泛用途的——包括木柴在内——相对快速的木材生产者，可能会被更严肃地视为一个在我们的落叶混交林中有用的组成部分。

槭树

科：无患子科
属：槭属

美国梧桐或者野无花果树——这些错误的叫法所指的是槭树的一种，并且因为树荫而比其应得的更加声名远扬。它们的叶片甘甜并且早早脱落（和欧梣一样），转变成黏液和有害的昆虫，并随着雨季的第一次降雨而腐烂，污染和破坏了我们的步道。因此，我同意把它们从所有稀奇古怪的花园和林荫道中驱逐出去。［J. E.］

在牛津郡西部伍德斯托克村附近的一个草甸山顶上，生长着被雪覆盖的强壮的桐叶槭，里面种植有欧洲枸骨。

伊夫林对桐叶槭（*Acer pseudoplatanus*）的厌恶之情异常强烈。它是槭属中最大的一种，在500多年前被引入英国，并且由于其浓荫、缓慢腐烂的叶片垃圾和旺盛的自然再生，在自然环境保护主义者中引起了巨大的反响，因为这些习性结合在一起能够改变林地生态系统。尽管如此，桐叶槭也因为它的极度坚韧而赢得了许多拥护者，例如成为英国北部高地农场中普遍且重要的组成部分。它还是一个快速生长、很有吸引力，而且有时很有价值的木材生产者。

生物学、分布和生长环境

槭属有114种槭树，其中有14种原生于欧洲，而且有数百个栽培品种可供园艺工作者和盆景爱好者选用。在英国，有3种非常重要的槭树：本土的栓皮槭和引进的桐叶槭、挪威槭（*A. platanoides*）。

和榆树一样，栓皮槭曾被罗马人广泛栽种在农场里，用于支撑葡萄藤，而它的名字也来源于此。它是一种中等高度的树（通常树高15～20米），常见于阔叶混交林较低的树冠中，尤其是与欧梣混生。英国南部和瑞典是槭树天然分布范围的北界；它偏好较温暖的气候，向南穿过欧洲大部分地区到达地中海，向东延伸至里海沿岸。槭树在较低的海拔高度更为常见，能够耐受各种地点（包括重黏土）和生态条件。

栓皮槭非常耐阴，尤其是在幼树时期。它首先形成一个强大的根系，然后大约从5岁树龄开始快速生长。但是从长远来看，它在重度遮蔽下难以旺盛生长——这是出现在自然生态演替过程中的树种所具有的共同特征。槭树灰绿色虫媒传粉的花外表看起来雌雄同花，但是在功能方面或是雄性，或是雌性。靠风力散播的带翅的种子（翅果）在秋季大量成对产生，但是生长在浓荫遮蔽下的树很少结种。

[1]
[2]

桐叶槭与叶片同时形成大的黄绿色总状花序，由雄性、雌性和不育的花朵组成。雌花［1］在授粉后可形成果实，位于总状花序的基部，并且首先开放。雄花（产生花粉）［2］在中心开放，不育花则在顶端。成对的有翅果实［3］被称为双翅果。图中显示的两个是新形成的。

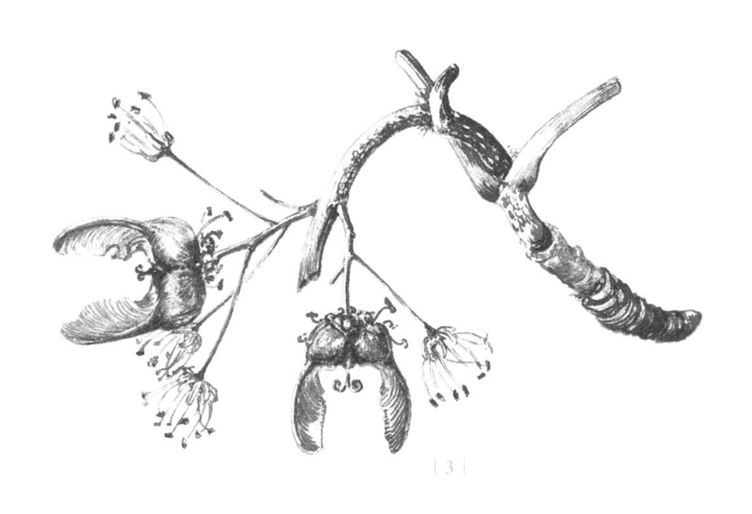

［3］

桐叶槭可以长到30米高，并且随着树龄的增加长出魁梧的树干和巨大扩展的树冠。在英国，它是一种史前归化物种（引进时间早于公元1500年）。但是，由于它的花粉无法与栓皮槭的花粉加以区别（比如在史前考古挖掘中），因此尚不知其精确的引入时间。桐叶槭至少被两位16世纪的作家提到过，不过它在那个时代依然是相对罕见的，这也表明它不是从罗马引进的物种。

对空气污染的高度耐受使桐叶槭能够在城市和城镇中旺盛生长，尽管它还是像所有的槭树一样，不能真正耐受含盐的海风。它的翅果被伊夫林称为“鸟舌”，可以在翅的有效帮助下进入新的领域。考虑到以桐叶槭为食的大量蚜虫，以及这些蚜虫继而又成为鸟类重要的食物来源之一，自然环境保护主义者的偏见有一些莫名其妙。很显然，桐叶槭能够利用干扰使自己在许多阔叶林地中占据优势地位。然而，强有力的证据表明，从长远角度来看，它几乎不能主导林地的冠层，其优势在本质上是暂时的。

挪威槭自然分布在欧洲大陆的许多地方，通常与其他阔叶树混生，尤其是欧洲水青冈和桐叶槭，在更北的地方则更常见与山杨、桦树和云杉混生。它在17世纪末被引入英国。这个物种的尺寸介于栓皮槭和桐叶槭之间，再加上它对贫瘠土壤的耐性和光泽的叶片，以及具有吸引力的尖叶和在秋天充满生机的色彩，挪威槭成为城市中一种受欢迎的行道树。新种植的树木生长迅速，仅仅3年之内就能长到大约4米高，但是生长速度会随着它们的成熟而放缓。挪威槭对无遮蔽的环境耐受能力一般，因此更常见于英国南部低地。

造林学

……如果有人询问，并尝试在我们中间种植一些非本土种类，尤其是德国槭和弗吉尼亚槭等还没有在这里种植，却非常好的树木——如果这也推广到其他的木材，并且包括外来树种，那将证明其对公众有非凡的益处和装饰作用，甚至值得王室的关注。[J. E.]

槭树的种子应该在秋天从树枝上采集，然后把茎去掉。接下来，种子的处理方法根据物种的种类而各不相同。栓皮槭和挪威槭的种子非常难以储存（必须非常缓慢地干燥），而且它们会深度休眠，因此需要用分层法处理长达 18 个月。桐叶槭的种子绝对不能失水，但是储存和预处理的条件是一致的，这使它们更容易发芽：种子应该在约 4℃的高湿度环境下储存 18 个月。

目前，着眼于木材生产的桐叶槭种源选择很少，但是林业工作者应该在英国和欧洲大陆设法从具有优秀树种的林地中收集种子。未来树木信托正致力于改善这种情况。

槭属植物能够进行旺盛的天然再生，尤其是桐叶槭，甚至会因此损害其他树种和地表植物。对此，有些地方可能需要对其加以控制。所有的槭属植物都可以进行矮林作业并旺盛再生。以 10～20 年为周期管理桐叶槭矮林，可以生产大量的木柴。

桐叶槭能够在除了极度干旱或水涝的大部分土壤中定植。如果说有什么区别的话，那就是除了在无遮蔽的地点，栓皮槭和挪威槭并没有多么特别，而桐叶槭在那样的环境下则是无敌的，尤其是作为防风林。对槭树成功的护理必须包括防除杂草和保护其免受食草动物啃食，因为所有槭属物种都很美味。

栓皮槭经常出现在种植园中，其作用在于提供结构、色彩和野生动物的多样性，而不是为了获得经济产品。挪威槭是一个速生树种（仅在 40 年内胸径就能达到 40 厘米），中度需光，因此间伐需要特别仔细，并且混合种植可能很难管理。尽管如此，挪威槭有时仍与欧梣、欧洲水青冈、欧洲云杉和北美乔柏混合种植在一起。

桐叶槭中度耐阴，因此，这是对英国以需光树种为主导的混交阔叶林地的一种有益的补充。然而，它不耐受竞争，一旦高度充分生长，就无法从周围竞争性树木的抑制中恢复。这个特性可能为那些希望从林地中移除桐叶槭的人所利用。在无遮蔽的地点，桐叶槭能够长出巨大的根踵，这降低了木材的价值。桐叶槭与落叶松的生长速度相近，种植在一起时会有效地降低后者茎的锥度和分枝，刺激其笔直生长。在英国，桐叶槭的产量等级通常是每年每公顷 6～10 立方米。

木材和其他应用

这种木材对车工而言，在所有用途方面都远优于欧洲水青冈。他们尝试将其用于餐具、杯子、托盘、木盘等，而细木工用其制造桌子和内饰板。当木材几乎没有节疤的时候，因为纹理精美，价格会上涨很多；我们的车工会把它加工得很薄，几乎呈透明状。[J. E.]

此处，伊夫林提到了栓皮槭的木材，它至今仍然受到车工和小工艺品制造者的青睐。它有细腻的纹理，以及粉红的色彩和斑点。栓皮槭的木材几乎没有适合销售的尺寸。它还是很好的木柴，但是很难劈开。

桐叶槭是一种浅色且有吸引力的木材，可以加工出具有丝般光泽的优质表面。为了确保它的浅色不被污染，应该在 11 月或 12 月进行砍伐，并在锯开后立即干燥。挪威槭和桐叶槭的木材相似。它们在家具制造中很流行，尤其在需要与深色硬木形成对比时。易加工性使它们在模具和车削加工方面受到欢迎，并且由于不会污染食物，它们也适用于厨具和砧板。桐叶槭几乎没有漂亮的图案，只有用于小提琴制造的波状花纹和鸟眼纹。通常情况下，这种高价值的木材会被锯开或切削成饰面薄板。

当槭树的汁液增加时，加拿大的原住民

会通过在树上制造切口的方式汲取它们。已经蒸发的数量相当可观（预计有 7～8 磅），剩下的 1 磅和从甘蔗中榨取的糖一样甜蜜而完美……［J. E.］

英国的槭树可以用来榨取汁液，但是甜度不能与原生于北美东北部阔叶林的糖槭（*Acer saccharum*）的汁液相媲美。栓皮槭和挪威槭在秋天都有金黄色的叶片，增加了林地边缘的色彩。栓皮槭的花朵自由地产出花蜜，这很有益于蜜蜂，尤其是考虑到它们在一年的较早时期开花。

¶ 病虫害

对所有槭树而言，哺乳动物都是严重的危害。其中主要的威胁来自鹿的啃食习性和灰松鼠剥树皮的行为。后者的情况尤其严峻，导致在英国，以木材生产为目的的槭树造林变得毫无意义，除非所有的土地所有者都采取行动减少田园中灰松鼠的居群。

槭树特别容易被亚洲天牛的幼虫蛀洞，这个物种如果卷土重来，将对我们的森林和行道树造成严重的影响。

桐叶槭会感染由真菌树皮酵母菌（*Cryptostroma corticale*）引起的黑孢皮病，这种病害在 1945 年抵达英国，在染病树木薄如纸的剥落树皮下，一层层深棕黑色的孢子清晰可见。这种情况在长时间的炎热天气后会更加泛滥，不仅可能会引起顶梢枯死，有时甚至会杀死树木，尤其那些受到干旱压力的树木。桐叶槭的另一种与水分胁迫有关的害虫是马栗蚧壳虫（*Pulvinaria regalis*）。

桐叶槭叶片上滴落的黏液非常不受伊夫林和现代汽车车主们的欢迎，它们由数量巨大的槭长镰管蚜虫（*Drepanosiphum platanoides*）产生，这些蚜虫以叶片的小叶脉为食，并分泌大量的“蜜露”（含糖废液）。在未受感染的地区，桐叶槭叶片上常见的黑点是由无害的槭斑痣盘菌（*Rhytisma acerinum*）引起的。

展望 ¶

气候变暖将普遍有助于槭树，它们在英国中部和更远的北部地区的生产力将有所提高。与此相反，干旱发生的频率及严重程度的提高会起到抑制的作用，尤其是对南部和东部的桐叶槭。在那里，挪威槭可能成为更适合的高产树种。气候变化也可能使其他槭树品种成为替代的选择，包括银白槭（*Acer saccharinum*）和大叶槭（*A. macrophyllum*）等。

槭树与欧梣在英国林地中的普遍伴生，意味着如果欧梣顶梢枯死在全国范围内产生影响，那么桐叶槭很可能在大量的林地中变成临时的优势种。这将带来显著的生态变化。

鉴于挪威槭和桐叶槭旺盛的生长和功用（尤其是生物质），其他槭树物种目前可能被认为是“次要的”。这也意味着，槭树在未来可能成为我们生产性森林中更重要的组成部分。

七叶树

科：无患子科
属：七叶树属

我希望我们能更广泛地种植七叶树，它们能轻易地通过压条法繁殖，生长至良好的水准，甚至在我们寒冷的国家绽放最灿烂的花朵…… [J. E.]

欧洲七叶树是一种耀眼的树木，它的树形魁伟（可长至35米甚至更高），拥有巨大悬垂的侧枝和大而直立的白色圆锥花序，与大烛台形似。众所周知，七叶树在1615年被引入法国，伊夫林在1664年描述其"在法国乡村宫殿的林荫道中非常流行"。据记载，到了1633年，它已经生长在约翰·特拉德斯坎特的伦敦花园里。在英国，七叶树最初一定是个壮观的景象，和其他树种都不一样，并且很快就被广泛地种植在大型花园和乡村庄园、公园、教堂和绿地中。

生物学、分布和生长环境

七叶树原生于巴尔干半岛山区横跨遮蔽山谷的小范围区域内，尤其是阿尔巴尼亚、保加利亚和希腊。在那里，它们与欧洲水青冈、胡桃、阔叶椴和法国梧桐伴生。如今在英国，能够找到的其他种类包括红花七叶树（*Aesculus* × *carnea*）、印度七叶树（*A. indica*）和日本七叶树（*A. turbinata*）。

七叶树生长迅速，通常每年可长高60～90厘米，最终长成一棵树冠狭窄，但令人印象深刻的树木。众所周知，有些树木的树龄能够达到或超过300年。但在通常情况下，七叶树并不是一个长寿的树种，在长到这个树龄的一半时健康状况就开始衰退。

成年树木的树干会随着树皮板边缘的卷曲而形成一种鳞片状外观。它的芽与众不同，大、红棕色且带有黏性，由此长出来的大叶片是掌状复叶（单叶从中心点辐射）。它们的花既是虫媒也是风媒传粉，通常在授粉后变成红色，在有尖刺的外壳内结出果实（七叶树果）。

在各个时期，这种耐寒的树木都是耐阴的，尤其是幼年期，但是在我们的林地中始终不常见。偶尔能在林地中找到七叶树，尤其是在林地边缘、路边或树篱中。七叶树实用性的缺乏无疑是它普遍仅被当作植物景观和园林中观赏物种的原因。在七叶树的原生分布区域，它是混交阔叶林中的次要组成部分，与槭木、欧梣（普通的和窄叶的）、欧洲水青冈和欧洲枸骨生长在一起。

造林学

到了秋季，采集自树下地面上的七叶树种子可以短期储存在凉爽湿润的环境中，播种前需要在水中浸泡 24 个小时。否则，种子就应该立即播种，并且通常会迅速发芽。七叶树也可以通过压条法繁殖，从古老的树木中可以明显地看出，这些树是由被吹到地面的树枝再生的。

> 这个美丽的树种有个令人不快的麻烦之处，那就是它不能很好地抵御狂风暴雨而不受损伤……［J. E.］

这个物种可以在各种不同的土壤中生长，但是在排水良好的深厚壤土中生长更旺盛。它能够在大气污染严重和无遮蔽的环境中生长，不过，在人们经常光顾的地方，它脆弱的树枝可能会制造麻烦。

木材和其他应用

> 这种树据称能够治疗马的气喘和其他牲畜的咳嗽……［J. E.］

七叶树的木材呈乳白色，有简单的图案，致密而柔软，因此很难抛光，并且缺乏强度和耐久性。它有时会被用于一般车工，制作手柄、厨房用具和箱子。即使作为木柴，七叶树的木材也被视为次等品，尽管在被用于烧柴炉时，它飞溅火花的特性也不算严重的问题。

从 19 世纪中期开始，七叶树的种子因为“康克戏”而变得流行起来。如今，在北安普敦郡阿什顿乡村广场每年举行的“世界康克戏锦标赛”将其上升到了另一个高度。在英国，七叶树的种子在第一次世界大战期间起到了更重要的作用——在第二次世界大战中则稍微少一点：当来自北美的海运封锁阻断了线状无烟火药的进口时，这些种子对于弹药的制造至关重要。无烟火药的主要成分之一是由淀粉制作的丙酮，替代品主要来自国内生产的玉米，但是童子军收集的七叶树果（没有外皮）对此进行了补充，他们相应地可以获得每英担*7 先令 6 便士的酬劳。收集到的种子被转交到多塞特郡普尔市和诺福克郡皇家林恩森林附近的工厂（经由伦敦来保持其位置的秘密性），这里每年可以生产 9 万加仑** 的丙酮。

七叶树种子对人类和其他哺乳动物（包括马在内）都有毒，但是它在一系列情况下可作为受欢迎的草药。种子的提取物之一——七叶皂苷，被成功地试用于治疗慢性静脉功能不全和水肿。种子中的皂苷可以被用作肥皂的替代品，把种子压碎并浸入水中即可获得。

病虫害

20 世纪 70 年代后期，七叶树潜叶蛾（*Cameraria ohridella*）首次在希腊北部被发现。此后，它以大约每年 40 英里的速度传遍欧洲大部分地区，2002 年进入英国后在温布尔登公地首次被发现。这是一种微小的蛾子，体长最多 5 毫米。它们在春天羽化，幼虫以叶片为食，从夏季开始就会在叶片上引起褐色斑点。被感染的树会过早入秋并且缺乏吸引力——鉴于七叶树作为一种观赏性树种的重要性，这在英国是对它们最大的影响。严重感染还会导致树木失去光合作用的能力，种子的产生也因此受到影响。在巴尔干半岛，七叶树的原生居群正在经历自然再生的减少。最有效（但仅限于局部地区）的解决方法是收集受感染树木下的叶片，通过焚烧、掩埋或者堆肥来破坏落叶中越冬的虫蛹。

七叶树经常感染由真菌七叶树球座菌（*Guignardia aesculi*）引起的叶斑病，导致叶片顶端和边缘出现不规则的红棕色斑点。这些斑点通常有

---

* 英担（hundredweight）：重量单位，1 英担 = 112 磅 = 50.8 千克。

** 加仑（gallon），容（体）积单位，1 加仑（英）= 4.55 升。

上图：一段展示布满新月形和点状叶痕（老叶脉曾经与其连接之处）的枝条。它的大叶片包围着白色花朵垂直的总状花序。花朵在授粉后变成红色。

右图：在新芽上，七叶树黏而光滑的芽鳞片会随着新芽萌发剥落成莲座状，上面覆盖着厚厚的茸毛。

明显的黄色边缘，使其有别于潜叶蛾的损害。

七叶树的渗流溃疡病在20世纪70年代首次见报，并被归咎于疫霉属。但是，进入21世纪后，溃疡病的流行更多地与一种不同的病原菌，丁香假单胞菌七叶树致病变种（*Pseudomonas syringae* pv. *aesculi*）联系起来。如今，它在英国全境和北欧大陆广泛被传播。这种病原菌会损毁树木，并且由于其破坏活着的树皮，幼树在几年内就会因环状剥皮而死亡。大面积树皮的严重感染也会导致成年树木的死亡。已经证实，针对这种病原菌尚无有效的治疗方法，尽管在荷兰进行的有限实验中，把大蒜素（一种大蒜提取物）注入树木维管系统的尝试得到了有趣的结果。渗流溃疡病确切的传染媒介仍然未知，不过，七叶树潜叶蛾有一定的相关性——至少在给树木构成压力，使其因此对病原菌易感方面。

展望

尽管七叶树在用材或者生物质生产方面永远无法赢得一席之地，但如果任由当前威胁其健康的病虫害最终带来死亡，那么我们势必会怀念它优雅的美。

发育成熟的七叶树种子，或者七叶树果，从秋天裂开的有尖刺的绿色壳中掉落。摄食的七叶树潜叶蛾幼虫在叶片上造成棕褐色的眼状斑点，这使它们在仲夏就表现出秋天的状态

欧洲红瑞木

—

科：山茱萸科
属：山茱萸属

……制作最好的烤肉叉子……［J. E.］

欧洲红瑞木的常用名dogwood被认为源于"dagwood"一词，意思是一种用于串肉或戳刺［就像用"匕首"（dagger）］的木质工具。欧洲红瑞木的小枝条坚硬、牢固并且通常非常直。奥茨（Ötzi）——在1991年发现于奥地利—意大利边界山脉中的5,300岁的木乃伊，就被发现携带着一把红豆杉木长弓，箭袋内装有荚蒾属植物（*Viburnum*）和欧洲红瑞木制成的14支箭。欧洲红瑞木的拉丁种名*sanguinea*指的是它的叶片和枝条在秋天呈现血红色，在编织花篮和插花方面，它们就像在林地和树篱中一样与众不同。

生物学、分布和生长环境

山茱萸属有大约45种植物，其中大部分原生于北美和中国。唯一原生于英国（但不是苏格兰）的就是欧洲红瑞木，它天然分布在整个欧洲和高加索的大部分地区。欧洲红瑞木传播广泛，在英格兰和威尔士十分常见，在苏格兰却很罕见。与大多数其他欧洲树种相比，欧洲红瑞木的遗传多样性低。在一项调查（包括英国）中发现，大约90%的居群彼此间都密切相关。

欧洲红瑞木是一种小乔木或者灌木（可以长至大约4米高），极度耐寒，并能耐受各种不同的生境条件。它在潮湿的土壤中茁壮生长，也可以在几乎所有土壤类型——从沙地到重黏土，包括高度碱化的土壤中存活下来。它适度耐阴，经常出现在空地边缘或骑乘区周围的林地中。欧洲红瑞木很容易通过萌蘖和不定根（天然压条）繁殖，并能在灌木林中形成密集的灌丛。在树篱中，如果未经修剪或砍削，它们倾向于侵入邻近区域。

欧洲红瑞木开微小的黄白色花朵，密集簇生或聚伞花序，尽管有一种对大多数人来说难闻的气味，但是对于蜜蜂、食蚜虻和黄蜂都极具吸引力。欧洲红瑞木是少数主要生长锥改性形成花蕾的树种之一——另外还有七叶树和槭树，这意味着生长必须由茎后面的芽承担。欧洲红瑞木的芽总是成对生长的。这导致了一种由一系列分叉组成的生长模式，即一个接一个的分叉，术语称之为合轴生长。受精后，它们会结出紫黑色的小果实，这是一种核果，包含一个双室的果核。这些种子在秋冬季会被鸟类吃掉，然后通过它们的排泄物得以传播。奇尔特恩的一项鸟类研究发现，欧洲红瑞木果实是紫翅椋鸟（*Sturnus vulgaris*）最喜爱的食物，程度远超山楂。当树上结果实的时候，能看到成群结队的椋鸟在陡峭的悬崖上空盘旋，然后向食物俯冲。

欧洲红瑞木的叶片稀疏而呆板地成对生长在茎的两侧。如果将其小心地垂直撕成两半，这两部分仍会通过微细的乳胶线保持连接——这种情况在英国本土物种中是独一无二的，对物种鉴别有很大的帮助。幼嫩的叶片为黄星绿小灰蝶（*Callophrys rubi*）和琉璃灰蝶的毛虫提供了食物。到了秋天，这些叶片从红色变成深紫色。

一些栽培品种因为拥有充满生机的色彩而被挑选出来，包括流行的“Midwinter Fire”，它有明亮的橘黄色枝条。其他被引入英国并归化的山茱萸属种类包括黄色枝条的柔枝红瑞木（*C. sericea*‘Flaviramea’）、红瑞木（*C. alba*），以及欧洲山茱萸（*C. mas*）。欧洲山茱萸如今已经成为一种广泛种植的小街和花园树，它在 16 世纪被引进，并赢得伊夫林的赞誉：

> 欧洲山茱萸，虽然没有因其木材而被普林尼提及，但是它的耐久性和在齿轮装置、插脚和楔形物方面的应用非常值得赞扬——它像最坚硬的铁一样持久，并且会和我们一起生长，长得又大又高。保藏和腌制的浆果（或者樱桃）非常清爽，是一种极好的调味品，同样也适合用在馅饼中。[J. E.]

造林学

欧洲红瑞木的果实应该在秋季成熟后开始采集，并将果肉与种子分离，因为果肉会对发芽产生抑制作用。种子最好在收集后立即到户外播种，或者分层储藏 12～16 周，然后在来年春天播种。种子可以储藏，但是发芽时间可能因此而延后（达到 18 个月）。欧洲红瑞木很容易通过硬木扦插繁殖，尤其是带踵的。它也能通过压条繁殖，或者将自然压条的枝条挖掘起来，种植到其他地方。

欧洲红瑞木的耐寒性和对种植场所没有特殊要求的特性，使它能被种植在几乎任何地方。不过，它在无遮蔽场所无法茁壮生长。如果不经修剪，欧洲红瑞木是一种相对短寿的树种（树龄 15～20 年），但是可以很容易地通过矮林作业复活。欧洲红瑞木经常被鹿——尤其是麂摩擦（蹭掉鹿角上的表皮），尽管树木并不会因此而受到太多损伤，但这种对食草的鹿构成的吸引力会阻碍它长至完全的高度。

欧洲红瑞木不能作为生产用材被种植在林地中，但是它供养了种类丰富的野生动物，又给我们的景观增添了壮丽的色彩，因此还是成为林地边缘和树篱中一种受欢迎的补充。与此相反，如果任由它不受控制地生长，对草地将构成威胁，因为它会从任何邻近的林地生境中蔓延开来。这引起了一个保护矛盾论：在英国，自然演替趋向顶级林地发展，但是目前公认的以人类为中心的兴趣是保留草地作为生境（比如白垩丘陵地带），因为它供养的“重点”物种范围很广，尽管主要是人工的（一种牲畜放牧的产物）。

由于欧洲红瑞木旺盛且良好的生根习性，它在稳定边坡方面卓有成效，并因此常被种植在陡峭的路堤上。在园林绿化中，它应该部分进行矮林作业，每年保留三分之一不修剪。这样做既保持了植物的结构，又能够刺激新生枝条从基部的良好生长，这些新枝将在最初的 1 到 2 年内呈现红色。

木材和其他应用

> 在国外的一些地方，人们煎煮这些浆果，压榨，生产一种灯油。[J. E.]

欧洲红瑞木的木材直径永远不会超过 15 厘米，但是，得益于其硬度和强度，它在制造工具、刀柄和其他小物件上受到珍视。欧洲红瑞木的木材曾经被制成织布机的梭子，因为它不开裂，并且光滑得足以避免缠住纱线。这种木材适宜燃烧，可以制成很好的木炭。

在用于编织方面，欧洲红瑞木的枝条仅次于柳条，具有色彩多样的优势。枝条应该在冬季幼嫩时收获，此时它们的颜色最鲜明。它们可以在新鲜状态下使用几个星期，也可以储存在凉爽的地方，只需浸泡就能恢复柔软。

干燥后，小枝条可以被制成方便使用的烤肉扦子，很容易将其削尖。如今，在原始射箭爱好者中，依然流行使用欧洲红瑞木枝条制作箭杆。树枝应该在冬季收集并干燥，在明火即将熄灭的余烬中微微加热一个小时，可以让它们因受热而变直。然后剥去树皮，并且在打磨光滑之前用刀去除节疤。

欧洲红瑞木具有尖的卵圆形对生叶片，与药鼠李类似，上面有明显的拱形叶脉。在秋季，黄白色的花开放后会出现黑色的松散果实，同时叶片会变成深紫色。

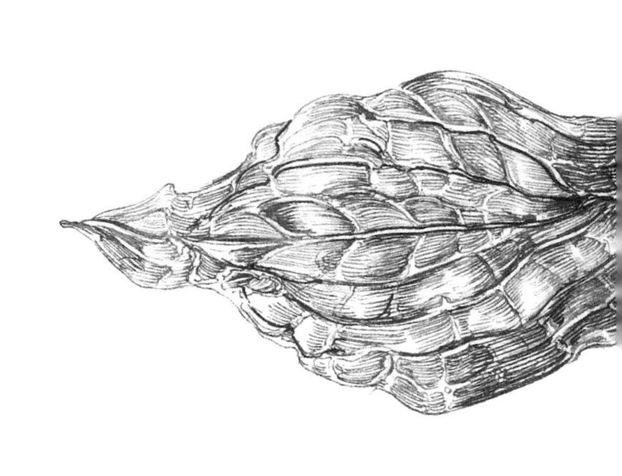

¶ 病虫害

一些北美的红瑞木种类和栽培品种都容易感染炭疽病，这种病害由真菌毁灭性痤盘孢（*Discula destructiva*）引起，在 20 世纪 90 年代到达英国。但是，我们本土原生的品种对此表现出抗性。红瑞木也对蜜环菌属具有明显的抗性。

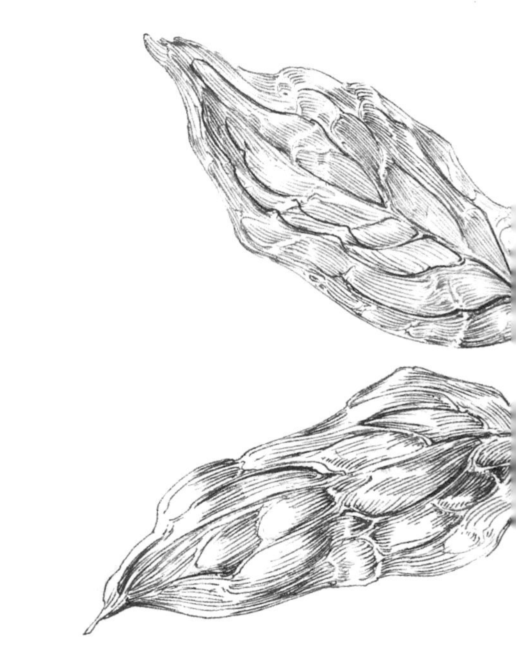

¶ 展望

未来，欧洲红瑞木的丰富度不太可能发生改变，但是它的分布可能随着气候的改变而向北扩展。在英国的林地中，欧洲红瑞木将保持其作为次要却珍贵树种的地位。

欧梣

—

科：木樨科
属：梣属

总之，这种树是如此实用并且可以盈利——仅次于橡树，以致每一个精明的庄园主都应该在每二十英亩的土地上种植一英亩欧梣；多年以后，它们会比土地本身更有价值。[J. E.]

在欧洲，欧梣是最多产的阔叶树之一，在最好场地的产量超过了橡树和除欧洲水青冈以外的所有其他阔叶树。在制作需要弹性和顺应力的物品时，它的强度和韧性使其成为最佳材料。在钢铁取代木材之前，欧梣是制作犁、耙、铲、车轮轴、轮箍、船骨架和各种武器——包括矛的手柄等的首选。欧梣现在仍被用于茅屋圆材和帐篷桩，并且依然是工具手柄和体育用品的最佳天然材料，从网球拍和棒球球棒，再到台球杆和曲棍球球棍等。曾经一度所有的孩子都知道，从欧梣上砍削而来的天然分叉可以制成很好的弹弓。

生物学、分布和生长环境

梣属是木樨科 24 个属之一，由分布在北半球温带和亚热带地区的 43 个种组成。其中，有 3 种原生于欧洲：欧梣、窄叶梣（*Fraxinus angustifolia*）和花梣（*F. ornus*）。

花梣是 3 个种中最小的。它通常多主干，拥有醒目的虫媒传粉的白色花序，并且与亚洲的梣属树种最接近。欧梣和窄叶梣在基因上相似，并且如果在田野或混合林地中同时观察，会很难加以区分。而且它们之间已经发生过杂交，这更增加了鉴别难度。最可靠的鉴别特征是它们的花序，其中欧梣的花序多分支并且比较大。当结种子的时候，欧梣也是多分枝的，而不是像窄叶梣那样不分枝对生。欧梣是欧洲分布最广泛的梣属树种，从挪威南部到地中海和俄罗斯伏尔加河以东的地区都有它们的踪迹。在英国，欧梣是第三常见的阔叶树，占林地的 5.5%。

欧梣雌雄同株，并且呈现出雌性、雌雄同株和雄性等一系列性别。人们对出现这种情况的原因知之甚少，但是在树木育种方案中，树木的性别是一个重要的因素。伊夫林曾错误地认为，不同的性别与不同的种植地点有关（雄性较多出现在海拔更高的地区），雌性能够产出更有价值的木材，“多次生长到惊人的高度”。

欧梣的种子是有翅的——有翅种子的术语是“翅果”，能够移动百米的距离，有大风或者来自位置较高的树木时移动得更远。种子通常留在亲本树上越冬。它们深度休眠，因此发芽一般会延迟一年。

欧梣在 pH 值大于 5.5 的肥沃土壤中茁壮生长，并且自然生长在富含石灰岩的地方，通常伴生榆树、椴树和槭树。它喜欢湿润的土壤，在容易干旱的地方很少见，但是也无法耐受水涝或者压实土。霜冻是最重大的危害。欧梣发芽相当晚，一旦长满叶片就会对霜冻损害高度易感，因此不能在一些地方繁荣生长，比如冷空气下沉的溪谷底部。芽的形态使问题更加复杂，它们成对互生。如果末端的芽被霜冻损坏，下面紧挨着它的两个芽将接替产生一对对称的枝条——换言之，树干上将产生一个分叉。如果不对这个分叉进行修剪处理——因为这需要大量的努力，树木将永远不能发挥其生产宝贵木材的潜力，树干还会随着年龄的增长而开裂。

幸运的是，尽管欧梣对霜冻敏感，但它们的发芽时间是可遗传的。这也就意味着育种者能够挑选晚发芽的树木，并将它们纳入育种计划，以期为林业工作者创造改良的材料。不幸的是，这项工作目前仍然处于初始阶段。改良材料的缺乏，再加上人们很少意识到来自欧洲大陆的种子与英国的条件很不匹配，导致在 20 世纪 80 年代和 90 年代早期，许多农场林地中的欧梣树林使用的都是次等材料。由于每年春季霜冻的反复破坏，这些树林充满多重分叉的树木，经济价值非常低，除非林业工作者用修枝剪和高修剪机积极地处理。

欧梣被认为对生长在其树冠下的植物有轻微的化感作用，这可能是为了自身的竞争优势而限制其他植物的再生。

造林学

> 最好的欧梣喜欢最好的土地，但很快就会使那里变得贫瘠。它可以生长在任何土地上，但是不能过于坚硬、潮湿和接近沼泽地区，除非那里已经被很好地排干：在纯净晶莹的河岸，我观察到它们无限旺盛地生长。［J. E.］

对于欧梣种植园，最理想的地方应具有深厚、湿润、排水良好、富含氮和磷的肥沃土壤。最好的是淤积土壤，但不能在溪谷的底部。

欧梣的种子是正常性的，因此一旦干燥就可以储藏多年。但是，由于它深度休眠，需要进行完整的预处理：在 15℃保温 16 周，接着再置于 4℃处理 20 周。因此，为了能够在 3 月播种，预处理必须从前一年的 6 月开始。

为了种植，根茎直径至少 5 毫米、总高度 20 厘米的裸根籽苗是最好的选择，以 2 米×2 米，或者每公顷 2,500 棵树苗的密度种植。欧梣对来自杂草的竞争高度不耐受，因此在至少 3 年内，需要确保环绕幼树的 1 米宽的区域内没有杂草。欧梣也能从避免无遮蔽的保护中极大获益，例如使用人工林木保护管。欧梣在最初的大约 7 年内是耐阴的，但是一旦树高达到约 4 米后，就会变得强烈需光。因此，重度且频繁地间伐对于保持它们的树冠远离竞争至关重要。

如果拥有天然种源，那么欧梣能够以巨大的活力进行天然再生，在主要的种植点达到 15 万棵每公顷的密度，甚至变成入侵物种。由于早期具有耐阴性，欧梣有时能够在林地的缝隙中大量再生，只是后期会由于光照不足而死亡。

伊夫林引述了一个在农业用地栽植欧梣的新方法，即直接在玉米作物——尤其是燕麦中播种它的种子：

> 到了收割的季节，你要摘下玉米作物或种子。到了来年，它们就会被年轻的欧梣覆盖，这既适合造林——这是我喜欢的，也适于多年后移植；并且你会发现，这些树远比你能从森林里收集到的任何一棵都更好（尤其是那些不值钱的萌蘖），移植其中一英尺高的树木，越早越好……［J. E.］

在 20 世纪 90 年代期间，如今被称为适度林耕法的系统曾在英国南部进行尝试，并取得一些成果，尽管它至今仍不常见。它以在热带地区实

[2]
[1]
[3]

长着雄花［1］和雌花［2］的欧梣嫩枝。这个标本是雌雄同体的。欧梣的花通常出现在早春长叶之前。显眼的灰黑色叶芽［3］对生在浅灰色枝条上，在冬季很容易识别

践的一个经过测试的系统为基础，即所谓的轮番垦殖法，指的是在种植粮食作物的地方同时引种树木（种子或籽苗）。在树木产量降低到一个非生产性的水平之前，食物都大量丰收，而经过这段时间的茁壮生长，一片欣欣向荣的幼林已经被栽植起来。

欧梣在混交林中生长得最好，远超过单独的种植园，例如作为山杨、欧洲水青冈、桦树、欧洲甜樱桃、榆树和美国梧桐中的一小部分。这些混交林通常被当作群体择伐统进行管理。伊夫林推荐在树篱中种植欧梣，间距 9～10 英尺，但是在混交林中“每三组至少应该有一组种植欧梣”。

欧梣相对快速的早期生长在树龄 60 年后开始变得缓慢，这是它标准的轮伐龄。欧梣的平均产量范围是每年每公顷 4～6 立方米，在英国最高可达 10 立方米。在最好的生长地点，50 年内就能实现 40～60 厘米的树干直径，并且树干高度能达到 6 米，尤其是经过高修剪的。然而，在比较贫瘠的地区需要长达 80 年的轮作期。通常情况下，最终收成为每公顷 60～75 棵——这还要取决于生长速度。

在常见的森林阔叶树种中，欧梣是树冠直

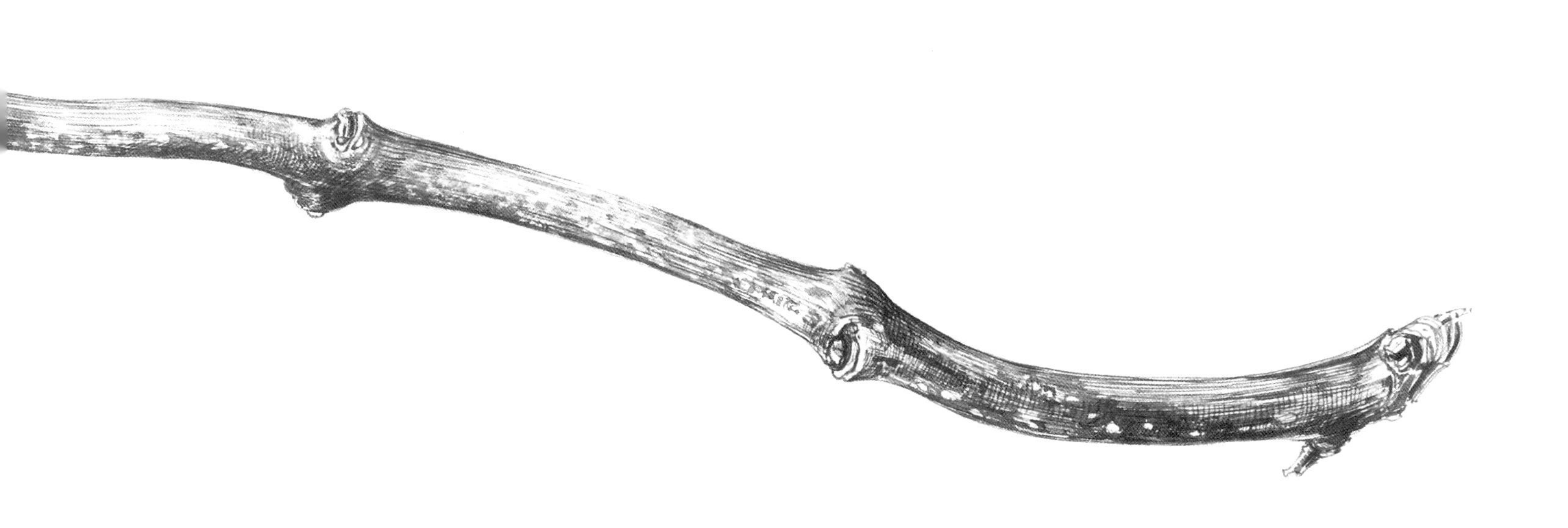

径最大的树木之一，仅次于胡桃。一棵树干直径达到 60 厘米的树木有望拥有 13 米的冠幅，如果不存在竞争，这将占据 132 平方米的面积。由于需要广阔的空间来容纳这个巨大且对光敏感的树冠，进行高修剪对获取高质量的木材至关重要。在欧梣造林学中，最常见的错误就是延迟间伐或间伐不充分，养护良好的欧梣可能在树龄 30～35 岁时被间伐到最终的间隔。

欧梣也可以按照矮林或截去树梢的形式被管理，它们在这些情况下通常都很高产。当以此为目的种植时（必须避免霜洼，因为新生枝条对寒冷敏感），幼树通常可以在首次砍削之前生长至少 8 年。在砍削后的第一年内，它们可以长到 2.5 米，并且在生长变慢之前，第二年也会长高相似的高度。如果在晚冬或早春进行矮林作业，欧梣将在下一个生长季保持休眠，直到一年后才会发芽，因此最好在圣诞节前完成。欧梣矮林的轮作周期通常在 25～30 年。欧梣的标准林非常高产。

用伊夫林的话来讲，欧梣和橡树一样，“极其厌恶蠕虫（易受其伤害）”。因此，间伐应该选在休眠期进行，那时的树干因缺乏糖分而对钻蛀类害虫的吸引力较低。

¶ 木材和其他应用

欧梣的木材是环孔材，有明显的纹理，灰白色且有时带粉红色彩，这都使它在室内家具方面很有吸引力。这种木材容易胶合、着色和上漆，当生长缓慢的时候（每 25 毫米超过 20 条年轮），又适合用于饰面。一些欧梣会展现出波纹状的图案，而在较老的树上，心材则呈现出淡棕到深灰的色彩，通常构成大理石花纹的效果，在外观上与地中海橄榄木相似。这使欧梣木材备受家具制作者的青睐，就像在伊夫林的时代：“我要说，一些欧梣如珍奇的羽纱般并且带有纹理，与其他木材截然不同。这使我们技艺高超的细木工匠将其与乌木同等珍视，并赋予它‘青黑檀’的名字，而他们的顾客愿意出高价购买；当我们的木工发现这一点的时候，就可能从中赚到钱。”在现代，尽管欧梣木材的耐久度低，但依然被用于汽车，包括 Morris Minor Travecler 和 Mini Countryman。

对于欧梣木材的强度和弹性，最特殊的用途可能是在爱尔兰的民族运动曲棍球中。专门栽培的欧梣被用于制作和冰球类似的曲棍球球棍，这些树木在地上部分达到 1.4 米高、地下的根端约 30 厘米粗时收获，这时树干的宽度会增加以满足根部。增宽处的木材纹理会随着树干和根部之间的曲线自然生长，提供了球棍的头部所需的强度和弹性。尽管人们也尝试过用蒸汽弯曲木材、手动连接或者使用替代材料，但从未超越这样收获的欧梣木材。

英国有几座庄园专门为爱尔兰曲棍球球棒制

欧梣的新芽展开，在幼叶周围有大量保护性苞片。整体样式让人想起了鸢尾花形的纹章。

造商供货，那里的树木经过30年的生长后被挖掘出来，就可以收获其根冠的木材了。在这个市场上，拥有独特经验的造林专家格雷厄姆·泰勒（Graham Taylor）描述了相对年轻且茂盛生长的理想树木：如果测量它们的胸径（1.3米），就会发现每25毫米有5～10条年轮。木材必须干净，没有节，并且呈灰白或粉白色。最重要的特征是根踵部位，它们应该突出地面。最好的树木具有4个根踵，彼此呈90度排列。为这种专业市场生产的欧梣木材可以令林地所有者获益颇丰，尤其是这为由于霜冻或害虫而受损或分叉的树木提供了销路，不过前提是这些缺陷的位置至少高出地面1.8米。整个系统通常被视为欧梣种植园中第2次到第5次间伐（每5～7年）的盈利部分。从此之后，最初生长的长度作为木材价值更高。

窄叶梣的木材也很珍贵，与欧梣具有相似的特性，但是心材较少，弹性也较小。在欧洲南部和西南部，这个树种是重要的木材生产树种。花梣不能出产令人满意的木材，很少达到足够的直径，并且通常树形不佳。不过，在地中海国家，它会被用作木柴。

在所有温带木材中，欧梣木材的含水量最低，并且易燃性油酸含量很高。因此，它因燃烧良好而久负盛名——甚至在幼嫩的时候也是如此，就像从这首传统诗歌中我们认识到的：

水青冈火焰明亮而清晰，
如果原木保存一年。
橡木原木燃烧稳定，
如果木头又老又干。
但是欧梣干燥或新鲜，
都适合给女王烤火。

桦木原木燃烧太快，
火焰不能持久！
栗木唯一的好处，他们说，
是能被长存留待后用。
但是欧梣新的或老的，
都适合戴金冠的女王！

山杨有浓烈的烟雾，
充满你的眼睛，让你窒息！
爱尔兰人说，
山楂树烘焙的面包最甜美。
但是欧梣新绿或灰棕，
都适合戴金冠的女王。

榆木燃烧就像教堂墓地的霉菌，
甚至连火焰都是冷的。
苹果原木会充满你的房间，
用一种香水般的芳香。
但是欧梣潮湿或干燥，
都适合女王去温暖她的拖鞋！

欧梣的叶片非常有营养，是反刍动物的美味食物，并且绿叶一度成为家畜的主食，或者在干燥后作为冬季的饲料。在许多欧洲国家，欧梣可食用的翅果在腌制后供人类食用。欧梣叶片可被制成一种用于治疗疟疾的苦味补药，而用叶片炮制的草药则被用作通便剂。

在地中海地区，花梣叶片作为饲料作物极具价值。这个种类也是“玛纳”的来源，这是一种可食用的白色物质，由树木的汁液与空气接触后氧化并凝固而成。这种甜美的佳肴有枫糖的味道，并具有轻微的通便剂功效，如今依然在意大利南部和西西里岛大量收获。在7～8月，切割花梣的树干和枝条使其流出汁液，然后由地中海的阳光帮助它们硬化和变甜。

病虫害

如上文所述，欧梣容易受到霜冻损害，而且可能出现不必要的分叉和树干形态不佳。栖息的鸟类和欧梣芽蛾（*Prays fraxinella*）的破坏会对幼树造成相似的影响。

横节霉属欧梣顶梢枯死现象由病原真菌拟白

膜盘菌（在其无性生殖期间被称为 *Chalara fraxinea*）引起，这种现象从 20 世纪 90 年代起在欧洲各国都在增加，并且至今广泛传播。2012 年，该病害在一个苗圃进口的欧梣种中首次于英国出现，然后同年秋季出现于英格兰东部的林地。叶片萎蔫、嫩枝枯枝病和树皮黑斑病等症状最先出现在树木顶端，导致树冠的顶梢枯死。随后，症状开始向树木较低的部分蔓延。

幼树感染后情况尤其严重，通常在一年内死亡。较老一点的树木能够存活 2～3 年，但一般会被次级问题折磨，特别是蜜环菌属最终会导致树木死亡。较大的树木能保持直立状态 1～2 年，直到砍伐前都像真正的木材储备，但是它们其他的价值，例如作为野生动物的食物来源或景观特色等，全部丧失殆尽。不同于荷兰榆树病是由于树木种群的遗传多样性有限而泛滥，欧梣的感染情况还留有一线希望。欧梣似乎对横节霉属欧梣顶梢枯死存在一些天然的抗性，这一点可以被树木育种者开发利用。

2013 年，在丹麦的西兰岛上，一棵对病原菌具有抗性的欧梣——Tree35 的基因组被科学家们完成测序。这给英国的欧梣提供了进行抗性筛选的可能性，并且如果筛选出的树木能够与本土树种杂交，那么就有望被用于抗性欧梣的选育。在英国，寻找据推测可能对病原菌耐受的树木的工作才刚刚开始，但是“公民科学家”的动员有望在形成全国范围内的观察网方面发挥重要作用，该网络将搜寻可供科学家们研究的健康欧梣。

白蜡窄吉丁虫（*Agrilus planipennis*）是一种最近才到达欧洲的害虫。2002 年，这种值得注意的害虫出现在北美，是从原生地亚洲通过包装材料输入的，并随后在 2008 年传播到欧洲。不过到目前为止，它还没有在英国出现。成虫以欧梣叶片为食，几乎不会引起损害。但是，它们的幼虫以内层树皮为食，导致树木对水分和营养物质的运输中断，据计已经有 10 亿棵美国本土的美国白梣和美国红梣（*Fraxinus pennsylvanica*）因此而死亡。

欧梣易感细菌性枯枝病，例如萨氏假单胞菌（*Pseudomonas savastanoi*），尤其是生长在那些会对树木构成压力的不适宜区域时。它也容易受到引起枯枝病的真菌梨树溃疡病菌（*Nectria galligena*）的攻击。

与生长在英国、爱尔兰和意大利森林中的许多其他阔叶树种相比，欧梣对来自北美灰松鼠的破坏具有更高的抵抗力。在那里，剥皮害虫会毁坏小径树木林地。但是，欧梣的籽苗会吸引草食类哺乳动物，如果不加以保护，将在种植园中引起严重的破坏。林木保护管能够有效地阻碍鹿和兔子，也能通过保护幼树免受恶劣天气的影响来促进其良好生长。

展望

欧梣令人印象深刻且用途广泛的木材、它在我们的森林和街道中的重要性以及在景观中的美感，都使其成为一个非常重要的树种。理论上，如果我们的气候像预测中那样变暖，那么欧梣就可以成为替代欧洲水青冈的候选树种，尤其是在像奇尔特恩丘陵一样的地区。窄叶梣可能会受益于变暖的气候，甚至变得比欧梣更适合较干燥的地区。

欧梣对北美灰松鼠的抵抗能力可能是在我们的林地中增加其种植频率的另一个因素。换言之，在横节霉属欧梣顶梢枯死病出现之前，欧梣有着光明的前景。至于这种病原菌对英国欧梣会造成哪些影响，现在下结论还为时过早。但是其后果在生态方面比在经济上更加严重，因为这个物种在我们的半野生林地中发挥着重要的作用，而现如今其经济重要性则相对较低。如果白蜡窄吉丁虫在欧洲居群中获得控制地位，欧梣的未来将非常暗淡。

在英国，以欧梣木材生产为目的，旨在提高其基因品质的育种工作开始于 20 世纪 90 年代，如今已经初步取得成果（现在由未来树木信托组

欧梣延伸的枝条，有未成熟的对生叶和基部保留的一对苞片。

织进行协调）。这项工作将是鉴定和繁育对横节霉属欧梣顶梢枯死病具有抗性的欧梣品系的关键，尽管它们仍然无法抵御白蜡窄吉丁虫。不同于以年度为周期进行的农作物改良，提升树木品质和对病害抗性的研究将是一项长期的工作。

欧梣完全生长的叶片展现出5～11片狭窄的小叶，它们对生排列，并且在顶部有一片单独生长。干燥有翅的果实，或称翅果，在叶片后面大量地簇生着。这些果实经常以可见的“团块”形式出现在冬季裸茎的树木上。

欧洲枸骨

科：冬青科
属：冬青属

我常常纳闷我们对外国植物的好奇心，如此费尽周折，却又忽视了这种粗俗但无与伦比的树木的文化。无论我们是为了使用和防御，还是为了观赏和装饰而培育它。[J. E.]

当欧洲枸骨光滑的卵圆形叶片生长在树上更高的地方，远离动物啃食的时候，其边缘是光滑的。较低的叶片则沿着边缘长有尖刺。雄花和雌花生长在不同的树上。红色的冬季浆果（只在雌树上生长）每个都含有四枚小坚果。

欧洲枸骨是我们最茂密的本土阔叶木之一。如今它的木材在车削产品和雕刻方面备受青睐，尽管它曾经被广泛地用于制作各种小物件，从乐器和拐杖到碗和黄油碟等。当被染成深色后，它可被用作红木的替代品。欧洲枸骨有“控制马匹的力量”，伊夫林如是写道，它在18和19世纪成为马鞭的首选木材。这种树被认为能够驱逐邪恶，并且由于它的叶片和果实经冬不落而成为一种多产的象征——它与圣诞节之间的密切联系可以追溯到古人在冬季把欧洲枸骨树枝带入房内的习俗。

生物学、分布和生长环境

在冬青属大约400种树木中，只有欧洲枸骨是原生于英国的。它的天然分布范围向南从挪威延伸到阿尔及利亚，向东则从大西洋沿岸至中国。在英国，欧洲枸骨的分布非常广泛，除了苏格兰的一些地区外，各地都能看到它们的身影。只有对长时期霜冻或永久水涝土壤的敏感性会限制它们。

这种树形小且生长缓慢的树木（通常树高10米，很少能达到20米）可能是我们最耐阴的树种；通常情况下，它会作为欧洲水青冈和橡树的下层林木生长。欧洲枸骨很少形成单一树种的林场，但是它可以长成小树丛，尤其是因为它能够从根部萌蘖，并且偶尔从接触地面的枝条自然再生。冬青属在3到4年内保持叶片常绿的能力，使其在下层林木的低光照条件下拥有很高的能源效益。

欧洲枸骨2米树高以下枝条上的叶片多刺，那些长在上面的则并非如此——它们一度被牧羊人作为饲料砍伐。如果未加保护，这种非常美味的物种会成为家畜和鹿觅食的目标。从幼树时期就受到食草动物影响的树木，可能会长出紧贴地面的密集茎丛，而躲过啃食的那些幼树则可能被塑造成具有明显啃牧线的单一主干。对于欧洲枸骨的天然再生，啃食也是一种严重的威胁。

欧洲枸骨是一种雌雄异株的植物（具有分开的雄性和雌性树木），两种性别的比例大致相似。雌性树木大约从树龄20岁时开始开花，在初夏开出虫媒传粉的白色花朵，此后发育成冬季著名的深红色浆果。每个浆果包含 4 粒种子，大部分通过鸟类传播。在浓荫下，欧洲枸骨开花和结果的数量大幅减少，尽管在树木其他部分均受到遮蔽的情况下，一根暴露在阳光下 2 年的独枝也有可能开花。遭遇严重啃食或被修剪过的树木（例如在树篱中）都不再结果。欧洲枸骨结果好的年份与欧洲水青冈的丰收年份基本一致，与没有霜冻的晚春和前一年 7 月充足的阳光表现出相关性。

尽管欧洲枸骨是相关的无脊椎动物数量最少的物种之一，但美丽的琉璃灰蝶是它的常客，幼虫和成虫都以它为食物来源。它的浆果是鸟类和小型哺乳动物重要的食物之一，尤其是在冬季晚些时候，几次冻融循环使它们开始软化后。

欧洲枸骨可供选用的栽培品种很多，其中有些是不同品种杂交而来的。渴望浆果的园艺大师应该种植雌性品种，尽管它们的名字可能会引起混淆（如“Silver Milkboy”或“Golden King”），并且这些树木有时会自花授粉（如“Argentea Marginata”和“J. C. van Tol”）。有些欧洲枸骨的树干带有颜色，比如“Handsworth New Silver”，还有些树木有彩色的叶缘，像“Aurea Marginata”和“Silver Queen”等。

造林学

……当它们快要掉落的时候……首先通过洗涤和一点摩擦把高黏度且呈胶状的黏液清除掉，然后用布擦干，或者就像处理红豆杉和蔷薇一样把它们掩埋起来……［J. E.］

欧洲枸骨的种子深度休眠，需要进行漫长的预处理：置于 15℃的温度下至少 40 周，紧接着在 4℃下处理 24 周。一旦干燥并冷冻，就可以在保持轻微湿润的环境下储藏多年。应该在 8 月收取半木质化的插条（带有根踵），置于荫蔽的户外场所，最理想的情况是存放在容器中，大约 12 个月后就可以移植了。欧洲枸骨也可以容易地用压条法繁殖。

这个物种不耐移植，因此在任何种植计划中，都建议使用容器中生长的树木。如果采取裸根移植的方式，那么种植时应该非常小心，并且最好选择休眠季节极早或极晚的时间。

除了最潮湿的土壤外，欧洲枸骨可以种植在所有类型的土壤中，并能加强各种林地的下层林木。它对矮林作业和截去树梢的处理反应良好，甚至在成年之后都能旺盛再生。幼苗和修剪过的欧洲枸骨都需要加以保护，以免遭受食草动物啃食。

每五分之一或六分之一都是欧洲枸骨，它们必然会伴随你的核心树木生长。当它们开始蔓延的时候，通过拔除山楂给它们让路，直到它们具有压倒性：我的树篱最初就是这样栽种起来的，没有造成任何干扰，而是经历了一次非常愉快的蜕变……［J. E.］

欧洲枸骨可以长成极好的常绿树篱，除了小型鸟类之外，它几乎可以抵抗任何生物。小型鸟类通常以欧洲枸骨作为庇护所和筑巢区。在树篱中偶然出现的欧洲枸骨，尤其是如果以不修剪作为生长标准的话，足以为山楂树和其他落叶树的混交林增添一道靓丽的风景线。

两年生的幼苗沿着叶片边缘长出厉害的保护性尖刺。欧洲枸骨的常绿特性有助于它在高大树木的树荫下生长。

木材和其他应用

欧洲枸骨的木材（除了因为它是颜色最白的阔叶木而被镶贴工使用，尤其是用在象牙板下，使其更加突出外）适用于所有坚固的用途；与其他人相比，水磨匠、车工和雕刻师尤其对它青睐有加：它能制作最好的工具手柄和木柄、连枷、骑乘杆和运货马车夫的鞭子，还有碗、蜂箱和积木的插脚，它也适用于门闩和螺栓；并且和榆木一样，它甚至可用于制作铰链和挂钩，取代钢铁，并且同样可以浸入水中……［J. E.］

为了避免弯曲，欧洲枸骨木材必须缓慢而仔细地干燥。一旦完成，它的白色木材可以派上各种不同的用场。它们牢固、抗冲击，并且可以精加工出细腻的表面。这种木材有时可以用作饰面薄板，即使只是小尺寸的木材，也深受细木工匠的青睐。他们用其制作镶嵌物，以其明亮的颜色增强与大部分木材的对比度。欧洲枸骨木材是最合用的木柴之一，无论湿润时或者干燥后都一样，因为其中有很高的油脂含量。欧洲枸骨的浆果具有轻微的毒性，如果食用可能引起恶心、呕吐、腹痛和腹泻。

病虫害

直到 1989 年，食草动物都是欧洲枸骨最大的威胁。在英国，在冬青疫霉菌（*Phytophthora ilicis*）被意外地从北美引入之前，这个树种似乎对各种病原体都具有显著的抗性。病原菌从底部向上侵染叶片，导致叶片出现黑斑，最终在成熟前脱落。目前，这种病害还不致命，被感染的树木在 1～2 年后就可以恢复，但是由此在花园中造成的丑化形象令人望而却步。欧洲枸骨对蜜环菌属也表现出抗性。

展望

林业实践中的变化似乎不会对欧洲枸骨构成太大影响，但是，它的种植是值得鼓励的。1976 年恶名昭著的干旱期间，生长在最糟糕地区的其他邻近树种均已死亡，而我们本土的欧洲枸骨则很好地存活下来（尽管有些欧洲枸骨栽培品种没能幸免于难）。在不断变化的环境条件下，如果森林火灾未来变得更加频繁，那么欧洲枸骨势必会受到影响，因为它蜡质的叶片高度易燃——即使仍在树上时也是如此。欧洲枸骨不耐受洪涝，这使它在低洼林地容易受到伤害。鉴于它有很高的适口性，近几十年中野生鹿群的巨大扩张会对其长期健康构成真正的威胁。

接骨木

—

科：五福花科
属：接骨木属

我绝不称赞它的气味，那对空气是种污染。因此，虽然我不认为所有能让空气变甜的东西都有益健康，也不是所有不好的味道都有害，我在居所附近种植接骨木却既不是出于它的美丽，也不是为了它的气味……［J. E.］

西洋接骨木以其奶油色的花朵预告英国夏季的到来。伊夫林可能不喜欢它们独特且具有刺激性的气味，但是那对大范围的昆虫极具吸引力，尤其是天牛和苍蝇，正是这些昆虫给花朵授粉。西洋接骨木结出的深紫色浆果——“英国人的葡萄”是许多鸟类的食物来源，包括画眉、白喉雀、黑头莺、红腹灰雀和椋鸟。这些浆果曾经也是维生素 C 的重要来源，被用于制作果酱、果冻和果酒。用其花朵以传统方法制作的芳香甜酒，如今已成为一种时尚的饮品和烹饪原料。

生物学、分布和生长环境

在南北半球发现了大约 24 种接骨木，只有一种是英国土生土长的。西洋接骨木，又名欧洲接骨木或接骨木果，自然分布在整个欧洲到北非，以及向东到亚洲的巨大范围内。这个种类也被人类广泛播种，在全世界栽培。其他几个接骨木种类已经被引入英国，最常见（尽管并不频繁）的是矮接骨木（*Sambucus ebulus*），它只能长到 1.2 米高。

接骨木在英国非常常见，几乎任何地方都有它们的踪迹，最高可达海拔 460 米处，在树篱、路边和垃圾场，尤其是在土壤肥沃且富含氮肥的场所均有生长。接骨木是一种杂草性物种，无论在农村还是城市，都会遮蔽人类活动的痕迹（尤其是被遗弃的土地）。接骨木不耐受深度遮蔽，除空地和骑乘区外，无法在成熟的林分中生长。它能够耐受海风和城市污染，几乎可以在任何类型的土壤中旺盛生长，但是以潮湿的土壤为最佳，甚至在建筑物废弃的墙体上也能找到它们。此外，它们还能作为附生植物生长在树上，尤其是在截去树梢的柳树树冠中。

接骨木能够迅速生长到 10 米高度，伸展达 6 米宽，长有大量充满活力的直立茎。幼茎上覆盖着凸起的皮孔，中心有髓，这令它们非常脆弱。成年的茎长出厚实、软木样、有深深沟痕的树皮，并且它们的中心十分结实。接骨木的复叶通常有 5～7 片单叶，对生生长。它雌雄同花，微小（6 毫米）的乳白色花朵以长达 20 厘米的伞状花序聚集成簇。授粉后它们发育成浆果，在被鸟类吞食前成簇地悬挂在树上。10月果实成熟后，种子通过鸟类的排泄物被散播。浆果的重量会导致枝条拱悬（有时会折断），最上面的芽或嫩枝长成新的直立芽，形成独特的结构。

已知约36种无脊椎动物以接骨木为食，其中5种以其为唯一食物来源，而它的树皮则供养了许多附生植物。接骨木丝齿菌（*Hyphodontia sambuci*）经常出现在枯枝上。

造林学

接骨木的种子深度休眠，这使它们在到达土壤之前能穿过鸟类和哺乳动物的内脏。首先应该完成除去果肉的准备工作，然后在温暖的环境（15℃）中保存10周，播种前再在寒冷的环境（低于4℃）下处理12周。种子一旦被清理干净并干燥，就可以储存多年。接骨木也可以通过半木质化插条繁殖，还可以从成年树木获取根部萌蘖进行再植。

接骨木几乎不需要造林技术，因为它在林业工作者不做任何干预的情况下，仍然很有可能持续生长下去。如果有什么特别的话，那就是它在一些状况下可能需要加以控制。兔子不喜欢食用接骨木，因此经常能够发现它们生长在兔子窝周围肥沃且受过干扰的土壤中，但是它们经常遭到牛和马——有时甚至是羊的严重啃食。如果想要在一片地区栽培接骨木林地，或许需要控制食草牲畜，例如，猎场看守会促使其成为野鸡的隐蔽处。

这个物种很容易进行矮林作业，这将延长其相对较短的寿命（大约30年）。林地中由于啃食等原因造成的死亡接骨木，给野生动物提供了大量的好处，尤其空心的树干是无脊椎动物过冬的庇护所。

据估算，接骨木花和浆果在英国的生产价值可达每年千万英镑，但是其中大部分源于野生栽种和收集，而不是出自成熟的园艺系统。以一家个体饮品公司为例，他们每年使用40吨材料，生产超过400万瓶接骨木花甜酒。生产者们正越来越多地转向元老接骨木种植园，主要集中在英国南部，但是那里的种植还没有得到有效的指导，若想实现产量的最大化并降低成本，仍需要进行研究。

木材和其他应用

> 有一种接骨木几乎没有髓部，这使它可以被制成非常坚固的栅栏，并且这种木材对磨坊的齿轮、烤肉叉子，以及诸如此类棘手的工具都非常实用。老树会随着时间的推移变得坚固，并愈合中空变成几乎不可见的髓部。[J. E.]

大直径（10厘米或者更粗）接骨木产出的黄白色木材质地坚硬、光滑，带有细腻紧密的纹理。这种木材曾经被钟表匠用于细小部件和孩子们的玩具。取自幼嫩树枝中心的质轻的木髓被用作鱼漂（添加到苇片中），还在早期电学实验中作为一种非导电材料使用。小枝条被挖空后很受孩子们的欢迎，他们用其制作口哨和射豆吹管。

尽管树木的所有部分在烹饪之前都有轻微的毒性，但接骨木仍主要用作食品。长久以来，它的花朵都被用于制作饮品，比如接骨木花甜酒（现在已经商业化生产）和自家酿造的“香槟”。在干燥天气（因为存在天然酵母）的早晨，摘取10束接骨木花序就能够制作几瓶气泡饮料。在7升沸水中溶化1千克白糖，在加入接骨木花前晾凉，并在放入花朵时一起加入3个切片的柠檬和3大汤匙白葡萄酒醋。浸泡，松散地覆盖，静置24小时后过滤并装入瓶内。不过，必须仔细挑选能够承受压力的容器，易爆的玻璃和塑料瓶是接骨木花香槟酒制作过程中普遍存在的危险。尽管专家推荐顶部坚固的玻璃瓶或者香槟酒瓶——它们专门被设计来承受压力，并用软木塞和金属扣将其封住，但实际上，对于这种易爆物并没有安全保护选项。

我不知道我们的同胞会遭受多大的痛苦，因为也许他们不能从每一处树篱中得到救赎，无论是疾病还是创伤……［J. E.］

接骨木浆果富含营养，但是生食可能会引起呕吐，尤其是没有成熟的果实，因为它们含有低水平的氰化物（通过烹饪可以将其破坏）。接骨木所有的部分——甚至是相关的真菌都可被用于各种疾病的传统治疗，例如黑木耳就如伊夫林描述的，可用“牛奶煎煮，或者用醋浸泡”，对“治疗心绞痛和喉咙溃疡卓有成效”。通常情况下，在活的和死的接骨木上都可以找到黑木耳，如今它在中国仍是颇受欢迎的药材。

接骨木具有灰褐色的软木状枝条，上面长有对生的羽状叶，在寒冷的春天首次展叶时呈紫色。重而扁平的伞状花序上，有香甜气味的乳白色花朵会被丰富的黑色球形果实替代，后者松散地悬挂在红色的枝条上。

病虫害

接骨木在很大程度上对害虫和病原菌免疫，但它易受蚋和一种吮吸树液的昆虫——温室红蜘蛛（*Tetranychus* species）的感染。

展望

接骨木如此强健，以至于很难想象它也会受环境变化的影响。毫无疑问，它必将在人类活动的足迹中茁壮生长。为饮料工业增加接骨木商业化的机会，前景似乎相当可观。

欧洲荚蒾和绵毛荚蒾

—

科：五福花科
属：荚蒾属

荚蒾大量生长在各个角落，可用于制作牛轭的插脚。迷信的人们相信它能保护自己的牛免于着魔，并在牛棚周围种植荚蒾灌丛。[J. E.]

英国的两种本土荚蒾属植物是许多受欢迎的花园植物的野生祖先，到了秋季，它们是林地边缘和树篱中艳丽色彩的来源。它们的叶片会变成鲜红色、橘色和黄色，而五彩缤纷的果实则吸引着觅食的鸟类。它们从来不能生长到足以被作为木材考虑的尺寸，但是幼嫩柔韧的细枝和烤肉叉般的坚硬枝条还是具有许多传统用途。

生物学、分布和生长环境

荚蒾属大约有150种，其中只有欧洲荚蒾（*Viburnum opulus*）和绵毛荚蒾（*Viburnum lantana*）原生于英国。在全国范围内都可以看到欧洲荚蒾，它们以小种的形式生长在林地边缘、混生矮林和树篱中。绵毛荚蒾的分布相对较少，只原生于英国南半部，而在西部和北部的生长频率较低。

欧洲荚蒾广泛分布在各种区域，可以生长到4米高，在潮湿重质的土壤中，其生长状况比其他任何树种都旺盛。它倾向于形成大量的茎，既长自靠近地面的枝条上新生的直立嫩枝，也产生于其基部自然分层的枝条。虽然欧洲荚蒾能够在浓荫下存活，但是在这种生长条件下不会开花。它在林中空地和轻型树冠的林地中长得最好，尤其是在欧梣和栓皮槭的下层。

绵毛荚蒾能够长至6米高，并且具有大量密集的茎，很少形成单一树干。它的常用名（wayfaring tree）来自它在铁轨和小路两侧的丰富数量，这些树是旅人（徒步旅行的一类人）的忠实伴侣。在我们本土的小树种中，绵毛荚蒾是最需要夏季温暖的一种，这限制了它在英国的分布范围。在林地边缘、灌丛（尤其是白垩土）和树篱中，都能看到它与山楂、欧洲红瑞木、卫矛和黑刺李生长在一起。绵毛荚蒾的籽苗高度耐阴，但是不同于欧洲荚蒾，它们很快就会变得强烈需光。

欧洲荚蒾的叶片对生，具有不规则的浅锯齿（有齿），在秋天提供了从黄色到深红色的色彩，是所有英国树种中最丰富的。它白色的花朵以聚伞花序（成簇）生长，大约20厘米宽。其内部的花可育，生长在较长花梗上的较大的外部花则不育。欧洲荚蒾通常靠食蚜虻和甲虫授粉，可以结出成簇有光泽的红色半透明果实（核果），并由此在北美得到“欧洲蔓越莓”的俗名。虽然这种果实有一种令人作呕的气味，在秋天对鸟类却极具吸引力，尤其是对画眉和椋鸟。这些果实可以牢固地在树枝上坚持至仲冬时节，过熟的果实还能一直挂到来年春天，这似乎延缓了鸟类觅食的兴趣。每个果实包含一颗扁平的革质种子（核果）。

绵毛荚蒾的叶片下侧由于覆盖着一层紧密的毛而呈现灰白色，独特的冬季裸芽（没有芽鳞片）也是如此。虽然它每年落叶，但是出现在籽苗上的第一片真叶或许能维持长达2年。不同于欧洲荚蒾，绵毛荚蒾所有出现在平顶聚伞花序（6～10厘米宽）上的花都可育。它们有一种难闻的气味，几乎不含花蜜，因此主要吸引收集花粉的昆虫，尤其是蜜蜂。这些昆虫收集花粉作为自己和幼虫的蛋白质来源。它扁平的椭圆形核果先成熟至黄绿色，然后变成红色，最终呈现深暗且有光泽的黑色。对食果鸟类来说，这些果实甚至比欧洲荚蒾的果实更有吸引力，尤其是对于画眉和刺嘴莺。这可能是因为它们更容易摘取，以及每棵树上果实在不同的成熟阶段呈现出的斑斓色彩。每个果实中包含一个核果，它扁平且坚韧粗糙，有一个特殊的脊（不像欧洲荚蒾拥有光滑的核果）。

两个树种与昆虫的相关性都相对较低。一项研究发现，与荚蒾属植物相关的无脊椎动物有21种，有别于其他所有树种（欧榛的相关无脊椎动物种类最多，足有230种）有58种相关无脊椎动物的平均值，只有欧洲枸骨、红豆杉和黄杨的数值较低。荚蒾叶甲（*Pyrrhalta viburni*）是一种与欧洲荚蒾和绵毛荚蒾均具有明显相关性的昆虫。它吞食叶片除主叶脉以外的所有部分，使叶脉骨架暴露，从而引起严重的落叶问题。

造林学

两种本土荚蒾属植物的种子都深度休眠。欧洲荚蒾首先需要在温暖的环境（超过15℃）下放置4周，并且两个树种的种子都需要在寒冷的环境（4℃或者更低）中放置8～10周。这种预处理可能仅部分有效，甚至在重复几个循环后也是如此。或者，耐心的种植园主可以简单地在户外播种这两种植物的种子。在潮湿的条件下，冷冻的种子能够保存数年时间。

荚蒾属植物可以通过天然压条法和萌蘖法快速蔓延，由此提供的现成幼苗可以用铁锹挖掘并移植。由于季节性的美丽外观和对鸟类的吸引力，欧洲荚蒾和绵毛荚蒾都很适合树篱。

矮林作业对两个种的幼树都可以发挥作用，并且也可以被用于树篱。但是，这些修剪仅出于视觉效果和生物多样性而进行，并非为了任何生产性目的。欧洲荚蒾被广泛地应用于便利设施和园林绿化中。

绵毛荚蒾是许多荚蒾属植物栽培品种的砧木，它们给园丁提供了大量的选择——无论叶形和气味，适用于遮蔽处或阳光下几乎所有的土壤类型。

木材和其他应用

> 它无疑是用于柴捆最好、最柔韧的绑带。[J. E.]

两种本土荚蒾属植物幼嫩新鲜的枝条都非常柔韧，可以被用作绳子的替代物。它们的侧枝和细茎与欧洲红瑞木有相似的特性，可以制成极好的烤肉叉和箭头，原生于北美的唯一耐寒物种［齿叶荚蒾（*Viburnum dentatum*）］甚至被命名为“箭木”。

在威尔特郡，绵毛荚蒾的本地俗名叫作“灰白柳条”。这既描述了它多毛的叶片和芽，也说明了它的用途：像柳条一样被用于捆绑和编织。

欧洲荚蒾有微小的雌雄同体的花，花序呈扁平伞状，周围环绕着一圈更大的不育花朵，可作为昆虫的视觉向导。

叶片和浆果都有止血功效，可以作为治疗牙齿松动、咽喉溃疡极佳的漱口液，还能用作止泻药。叶片煎煮成染料后，不仅能染黑头发，还能加固发根；根部的树皮在地下浸软后充分敲打、煮沸，可以被用作粘鸟胶（一种诱捕鸟类的黏合剂）。[J. E.]

欧洲荚蒾授粉后的花发育成鲜红色的果实（核果），每个核果包含一粒红色的种子。

绵毛荚蒾的果实不经烹饪对人类有轻微的毒性，即使烹饪后，如果大量食用依然会引起呕吐。而欧洲荚蒾吸引人的果实仅仅是不那么美味，这一点能通过烹饪改善。欧洲荚蒾的果实还是一种有效的止痉挛药，至今仍被草药师用于哮喘和痛经的治疗。

病虫害

荚蒾叶甲在英国花园中是一种值得注意的害虫。野生和栽培的欧洲荚蒾变种，还有绵毛荚蒾都能被荚蒾蚜（*Aphis viburni*）严重侵害。对于鹿和兔子，绵毛荚蒾是吸引力最小的一个种类，欧洲荚蒾则恰好相反，尤其受到鹿的喜爱。

展望

变暖的气候可能更有助于绵毛荚蒾的生长，在英国，它们的气候区将向北延伸。但是，两种原生荚蒾都不是特别耐旱，它们在一些地区的长势可能会衰退，尤其是那些黏性土壤的区域。

第四章

造林学和森林生产

存在一万种考量……一个喜好沉思的人可以从树林中获得灵感。所有这些都是奇迹的主题。[J. E.]

人类和森林

照料森林的艺术和实践被称为造林学（在古英语和现代法语中是 sylviculture）。通过造林学，森林被培育得能够满足人类社会需求，并以当代意识保护和改善我们的环境。根据树木的种类、环境和目标的不同，植树造林的处理或干预可以分为多种不同的形式。林业工作者，尤其是林业专家（那些掌控森林管理的人），运用其关于生态学、结构、生长、繁殖和生产潜力的知识，确保森林持续生产有益的商品和服务。他们长期处在平衡人类和自然界需求的最前沿。汉斯・卡尔・冯・卡洛维茨在300年前引入了“可持续性”的概念。如今，这个术语被广泛地用于形容“在不损害后代满足自己需求的能力这一前提下，使当前的需求得到满足”[布伦特兰委员会（Brundtland Commission）]。

林业工作者努力实现可持续管理，这项措施被联合国粮食及农业组织（Food and Agriculture Organization of the United Nations）定义为“管理和利用森林及林地的方式和速度，应该能维持其生物多样性、生产力、再生能力和生命力，在地方、国家以及全球水平上，具备当下及未来履行相关生态、经济和社会职能的潜力，并且不会对其他生态系统造成破坏”。如果以三脚凳做一个简单的类比，那么其中一条腿代表环境，另一条代表经济，还有一条代表社会方面的问题。当三条强壮的凳子腿保持平衡时，这个三脚凳就很稳固，或者换言之，它具有可持续性。不可避免，当这个类比被应用于现实中时，由于社会或者环境的需要，三个领域中的一个或者多个可能比其他更强。尽管在管理方面可能存在特定的首要目标，现代林业的目标却在于确保这种平衡，使所有三个方面都被纳入考虑，并尽可能得到加强。

林业有一段饱经沧桑的历史，往往是为了追求经济效益，不惜以社会和环境为代价造成的。不过，到了20世纪末期，在大多数发达国家，林业实践都经历了一场重要的变革。忽视林业可持续发展最有力的隐喻，或许就是坐在被锯断的树枝上的愚蠢行为。我们忽视了负责任地管理森林的重要性，这将使我们置身险境。

如果种植任何一种最强健的树木（尤

其是橡树、榆树、栗树），应该在合适的空间成排种植；在距离主干大约四英尺的位置开垦一圈地，插入速生植物；一段时间后，按照你的喜好，将它们修剪至任意高度：它们看起来非常漂亮，成为一道很好的篱笆，还可以长出实用的灌木、木柴（如果你保持它们不经修剪的话）、大量的蔷薇果和山楂——这一点尤其应该在需要吸引鸟类的地方实践。[J. E.]

正如伊夫林提到的对鸟类友好的种植，林业工作者应该关心森林野生动物和栖息地，这种理念并不是什么全新的东西。然而，在20世纪环境意识觉醒之前，这种理念有时会被工业性林业中对商业主义的盲目追求所替代。随着我们的林业技术和对林业科学（关于森林的科学研究）的理解在不断提高，我们越来越有能力在与大自然携手合作的同时，仍然使我们的需求得到满足。

自然界也学会了适应人类的入侵，因为在管理良好的森林中，可以发现一些最丰富的野生动物多样性，并且通常是最稀有的种类。矮林林地就是一个经典的例子。种植矮林作物所需要的定期干预措施，也会促进地面上野生动物的生存。对光照水平的谨慎管理有利于草本植物层和昆虫，相应地，鸟类也会从中受益。具有讽刺意味的是，一些对环境有强烈兴趣的人们出于好意，认为对林地进行的任何干预都是不好的现象，例如电锯的声音会诱发恐惧和愤怒等。然而，林业工作者们清楚，我们的野生动物通常能够很好地适应管理，不加以管理反而会导致其数量减少。

为了支持和加强森林野生动物，人们需要有意识地进行造林干预或不加干涉，例如为真菌、昆虫和筑巢的鸟类保留枯立木等。新森林的设计和选址对于野生动物也至关重要。“绿色走廊”的概念——能让动物、鸟类迁徙到新地区的、由杂树林和树篱连接而成的森林网络，作为一种帮助野生动物适应气候变化的方式，在景观规划中正加快发挥作用的步伐。

林业工作者设计并维护森林是为了供养和保护社会。从局部范围看，森林庇护我们或农场牲畜和农作物免受大风危害，减少沙质土壤或沼地泥炭的侵蚀，保护陡峭山坡上不稳定的土壤，并帮助防止河边堤岸的丧失。从更大的范围看，森林有助于减少河流集水区绿化时的洪峰，并且可以改善水质，例如减少农田中化肥和农药的流失。在城市地区，树木可以减少空气污染，因为它们的叶片既能吸收空气，也能拦截大气悬浮颗粒。它们还以娱乐和审美价值的形式提供了重要的文化服务。人类从自然环境中获得的这些好处被称为“生态系统服务”。

林业工作者在应对气候变化的斗争中发挥的重要作用，在21世纪初便显露出来。进一步提高森林从大气中清除二氧化碳的能力，成为政治和环境的当务之急。森林在提供来自木制品的生物能源方面的作用也是如此，它们可以减少人类对化石燃料的依赖，降低温室气体的排放。遏制全球范围内的森林砍伐如今被认为是减少大气二氧化碳的最重要的手段，而明智地管理现有林地和创建新林地，则是可以在英国和其他地方实施的直接有效的办法，能够协助碳的管理。

在森林生物群落中，热带森林中储存的碳是温带森林的3倍，北方森林的储碳量则又增加了1倍。森林土壤的管理如今被视为至关重要，因为在通常情况下，森林中至少一半的碳存在于其土壤之中。从森林中采伐木材和木制品，替代钢铁、混凝土和塑料等依赖化石燃料制造的产品，为减少碳的排放量提供了直接的机会。

林业工作者同时还意识到，尽管森林能够帮助减轻气候变化带来的影响，但森林自身也必须被设计和管理得足以适应不断改变的气候。最根本的变化将以“气候空间”的形式出现，即由当地气候条件定义的一个树种或者一类森

金银花在英国随处可见。以树木为支撑，它能长到10米或更高。它缠绕的茎能够使树木扭曲，但是除了最具经济价值的树木外，都应该支持它的生长，因为它的花是丰富的花蜜来源。

林生长的地区或区域。由于温度或降水的变化，气候空间可能会随着时间迁移。森林学家们正在从源头，或者说从起源地，即英国南部纬度10～20度的地区采集树木——这些地区目前正经历着我们未来气候预计将带来的条件——并且在全国范围内进行实地试验。气候的改变也会造成有害昆虫和疾病的传播，其危害通过植物的全球贸易而加剧。越来越多的树木和森林将暴露在它们对其没有自然抵抗力的攻击面前。林业工作者和所有种植树木的人都可以通过更多地认识到潜在的危险，并改变自己的购买习惯而对此产生影响。

欧洲森林每年的成交量据估计有4,500亿欧元，占欧盟制造业GDP的9%。在森林覆盖率很高的地方，林业可以成为一个具有经济重要性的产业，尤其是在芬兰、瑞典和奥地利。非木材森林产品为欧洲经济贡献了64亿欧元，全欧洲大约有110万人从事林业工作，而全世界从事此行业的人口超过千万。欧洲（包括俄联邦在内）的工业木材（圆材，即未加工的原木）产量占全球总产量的32%。鉴于欧洲的森林面积正在增加，尽管需要发达的经济和稳定的制度，但是为生产而进行的大量木材砍伐仍与可持续发展的森林管理相适应。

钱能长在树上吗？种植树木或者采伐现存的森林，将其用于木材产品都能够带来利润，但是与农业、园艺或渔业中栽植和培养的收获相比，这需要长期的投资。最初，一批树木的体积呈指数增长，然后速度会开始减缓，接下来随着腐烂的出现，体积会逐渐下降，最终完全停止生长。林业工作者的目标是在年增长量达到最大值时采伐木材。对于矮林作物而言，这个时间可能从5年到8年不等，在针叶树种植园中可能达到45年，而在一个统一的防护林系统中，橡树需要的时间甚至超过200年。

仅仅根据经济重要性来看待森林，就会忽视它们真正的价值。欧洲森林占世界森林面积的25%，提供了重要的环境和社会服务。它们一定会成为不断发展的绿色经济的中心，这将需要低碳、资源效率高和社会包容性。为获取热值而种植树木已经重新成为一项重要的产业，木材被用来替代化石燃料产生热量和能源，生物质锅炉的发展是其中的要素之一。目前，这种锅炉的效率已经达到95%，但市场表现不佳——特别是在英国。

在更广泛的绿色背景下，“生物经济”的概念正在不断取得进展。这承认了树木和林业在社会中的作用，因为它们提供的利益超越了其产品和服务的传统用途。鉴于全球人口不断增长造成的威胁，食品需求量的增加将减少可用于森林扩张的土地面积，甚至导致对森林的进一步砍伐。但是，如果在科学和技术方面有充足的投资，森林很可能将提供新的产品和服务。通过更有效的管理措施，森林可以产出更具多样性的产品，这反过来又能够减少农田的压力，使它们更多地被用于种植食物而不是生物能源。新产品的例子包括食品包装、供建筑使用的创新型大批量木材、木质素类食品调味料和化妆品中的纤维素等。

森林的所有者和管理者为社会提供的生态系统服务基本上是无偿的，这些服务带来的好处却难以估量。例如营养物质被更高效地利用，人们生活得更健康，水质更加清洁，以及洪涝减少等，这些改变的价值如何衡量？当它们被估量的时候——如果有可能的话，森林所有者应该以何为基准获得适当的报酬？并且应该由谁来支付？这一点也许颇具讽刺意味，森林提供的最大价值从来没有被传递给那些为此投入最大精力和金钱的人。随着时间的推移，在技术和改进的环境监察的帮助下，这种情况可能会有所改善。例如，矿业和石化生产等具有巨大环境空间量的行业可以支付其他地方的环境保护费用，从而替代政府提供的财政资金。

树木和森林是我们传统和文化灵魂的一部分。景观及其组成部分，包括树木和森林，为我们营造出一种对区域的依恋感，包括那些我们度过童年时期的地方，和成年后我们选择居住的场所。

枝繁叶茂的绿地和沿着城市道路种植的树木可以增加房产价值：它们遮挡住丑陋的市容，降低交通噪音，并提供了夏季的阴凉和冬季的御寒之处。在森林覆盖率较高的地区，如英格兰的迪恩古代森林和新森林，苏格兰的古苏格兰松林或诺森伯兰郡的现代基尔德森林公园，整个旅游业都建立在人们喜欢参观树木这一事实的基础之上。

然而，发达国家中的大多数人正在逐渐与自然界脱节。据英国政府近期的一项调查估计，在一年的时间里，英格兰有3.17亿成年人造访林地。但是在同一年，在所有被调查的成年人中，只有18%的人去过乡村两次或更少，更有10%的人完全没有去过。在所有的林地造访中，只有9%包含儿童。美国作家理查德·卢夫（Richard Louv）在他的著作《森林里最后的孩子》（*Last Child in the Woods*）中指出，儿童很少参与或体验户外活动是一个全球性的问题，他将其定义为“大自然缺失症”。

在发达国家，久坐的生活方式变得越来越普遍，这带来了许多与之相关的健康问题，特别是由于缺乏运动而引起的肥胖，以及精神和身体健康状况的下降。在自然界中运动已被证实可以带来许多短期或长期的健康益处，例如对年轻人和精神病患者的自尊大有裨益。英国和其他地方的公共森林现在通常都可供使用和娱乐，其中设有停车场、标示路径和解说牌。更专业化的设施包括山地车路线、汽车拉力赛、骑马、雕塑小径乃至音乐节，其中许多为私人和国有森林的所有者提供了收入。

金银花（忍冬属）淡黄色的花朵通常顶端带紫红色。它的花瓣融合成一个深而狭的管状结构，具有芳香气味并且被毛。大量的花朵以伞状花序的方式排列在枝条末端

¶ 森林系统

人类对森林的首次操纵是直观和直接的。为了满足迫切的需求，天然森林中的树木被砍伐：凉亭用的横梁、独木舟用的原木，或者烹饪用的木柴等。被砍伐的树木在种类、尺寸和形状方面范围甚广，具体的选择要基于遗传和关于树木品质直接习得的经验，例如作为燃料的实用性、耐水性或强度等。人们的需求在随着工具和技术的发展而增加，我们对世界森林所造成的影响也是如此。我们对森林的开发很少需要——或者几乎不需要造林技术，而是基于从林地中采伐体积最大、质量最高的树木。如今的林业工作者称之为“选择性采伐”，在北美也叫作“掠夺式开采”。这是森林管理最粗陋的方式，不仅无法提供持续的产量，而且往往会导致树木过多或形成“积压林地”。另一个严重的后果是基因库的退化，科学家称之为“阴性选择”。如果以赛马进行类比的话，那就是击毙在比赛中排名前三的选手，然后用倒数第一的马作为繁殖下一代的种马——赛马养育场的质量会迅速下降。

形式最粗陋的选择性采伐是实行可持续森林管理的林业工作者不会采用的（经过仔细考虑的选择性采伐是一个例外，这在技术上被称为“部分选择性采伐”，被应用于异龄系统中）。相反，许多不同的管理系统已经被开发出来，

尤其是在过去的400年间。其中大部分与木材生产的森林管理有关，通常分为同龄和异龄系统，其他系统则涉及不同的再生方法（例如：天然再生、播种、栽种、截去树梢）以及营林单位的规模（例如：大区划、分割式、树组、单一树木）。此处考虑的其他系统包括矮林系统、连续覆盖林业系统、近自然林业系统、短轮伐期林业系统、农林复合系统和树篱管理等。

同龄林分系统

同龄和异龄林分系统根据树龄的多样性而定义，林业工作者称之为“龄级”。一般而言，龄级1～10和11～20之后的等级按照20年来划分：21～40，41～60，以此类推。在一个给定的区域，同龄系统含有1个或至多2个龄级，而异龄系统可能包含3个或更多的龄级。

皆伐，有时也被称为清伐，指的是移除林地中的每一棵树，从而保证没有冠层。这种方式被用于管理同龄林地，可以促进选定物种的生长。这种做法倾向于强调经济生产力，在所需人力资源方面，林地设计、管理和木材采伐效率最高，拥有一批相同种类、树龄和尺寸的树木可以精简规划、预测、运营和营销。皆伐适合需要大量阳光或在大型单一栽培中生长良好的树种。通常情况下，皆伐的地区将通过种植新的同龄树木重新造林。

这种做法可能对环境产生重大影响，并且往往是毁灭性的，包括破坏生境和损伤景观等。砍伐后，土壤的突然暴露可能会导致严重的侵蚀，特别是在陡峭的山坡上。在欧洲北部，尤其是在英国的高地中，新建的大型人工林已经开始采用皆伐。那些荒野和山地的植树造林，以及针叶树的单一栽培给我们的景观造成了两次毁容：首先是20世纪早期和中期的种植，然后是40～50年后，大片土地被砍伐殆尽。然而，如果以其生产木纤维的核心目标来衡量的话，20世纪的这种针叶树林是成功的。

如今，造林专家已经开发出更加复杂的系统来解决与皆伐有关的环境损害，并着手解决其他缺陷，比如风倒木（树木被风吹倒或破坏）的增加。群体择伐，在北美又被称为分片择伐，指的是选择性地将有限区域内的所有树木砍伐，该区域的面积通常在较大的森林中不超过0.25公顷。这种方法减少了对景观和生境的影响，比如通过模仿天然的林地干扰——创造出一小片自然条件下由风倒木或小火灾天然形成的开放性空间。邻近的树木还可以继续提供某种形式的遮蔽和小气候。不过，如果择伐区域的尺寸太小，遮蔽导致的光照水平降低可能会影响再生（自然或通过种植的）。

在环境和景观影响方面，一个比皆伐更可取的系统是伞伐作业法。正如其名字所暗示的，伞伐作业法鼓励各种新一代树木在老树提供的保护伞下蓬勃生长。虽然在一段时间内，它可能只包括两个龄级，仍被归类为同龄系统。该系统的管理措施可能会延长15～30年，其目的是通过分阶段地砍伐成熟树木——通常经由1～2次砍伐作业完成，使老树既为再生提供种子，也通过控制光照水平等方式维持森林的环境。在最后的作业中——通常是第3次，成熟树木被砍伐，从而确保成功定植的新树木蓬勃生长。许多人都对伞伐系统和留种树系统之间的相似性感到困惑。两者的不同之处仅在于，留种树的功能仅作为种子来源，并且在数量上通常远远少于伞伐系统中成熟的树木。

最简单的伞伐作业法形式，一般被称为均匀伞伐，是15世纪末在德国发展起来的。在法国，一种叫作tire et aire的系统——大致可以翻译为“划定区域”，已经存在了至少同样长的时间。均匀伞伐系统的正式分类要归功于格奥尔格·路德维希·哈尔蒂希（Georg Ludwig Hartig，1764—1837），他曾在普鲁士林务局担任多个高级职务，对大片土地上的造林产生了重大影响。哈尔蒂希关于这一主题的著作《林业管理者指导方针》（*Anweisung zur Holzzucht*

普利孚斯梨成簇的白色杯状小花在春季开放，随后在秋季结出圆形的坚硬果实。在英国，它的分布非常有限。这段枝条采集自牛津大学植物园，在那里，普利孚斯梨是遗传保护项目的一部分。

für Förster /Directions of Wood Management for Foresters）于 1791 年出版，书中倡导欧洲水青冈和橡树森林中的同龄再生。

伞伐作业法对林业公司具有商业吸引力，因为大部分原始树木会在一次采伐作业中被消除。另外，保留下来的具有优良性状的树木不仅能为下一代提供最好的基因，而且还能使最后采伐阶段的树木长得更大，价值更高。

林业工作者可以操控成熟林木的上层树木，使其有利于不同物种。然后随着时间的推移，根据耐阴的特性增加下层幼树的物种多样性，从而获得进一步的造林效益。在这个系统中，种植在遮蔽物下的树木通常比单种栽培的树木生长得慢，但可能会产出更多的木材。欧洲冷杉在 20 世纪被引入丹麦和德国的北海沿岸，在裸露的地面上往往难以种植，在伞伐系统下却能成功地生长，因为它会得益于已有树木提供的保护。

伞伐作业法的许多变化都基于对成熟树木的仔细管理，以便提供种子并控制较小单位内的再生。带状伞伐作业法使用狭窄的线性空地，其宽度通常相当于成熟树木的高度，从而确保光线能够到达森林地面。这些树木都与盛行风平行排列，旨在最大限度地散播种子和减少风倒木。在群体伞伐系统中，采伐作业是在间隔适宜的开放处进行的，每个作业处的直径不超过相邻树木的高度。一旦再生成功，便通过从四面八方移走一行或者多行树木的方式来扩大面积，使幼树获得更多的光照。当这项技术被反复应用时，随着时间的推移可以创建任意数量的开放处，用于栽植新一代的树木，令森林逐渐转变为异龄林场。

欧洲一些最著名的防护林系统包括位于法国北部和中部的贝莱姆、布卢瓦、尚珀努、佩尔塞涅、雷诺-瓦尔迪、瑟农什县和托台林区的无梗花栎林地。温和的气候有利于橡子的丰收，每4～7年左右就会出现一次橡子丰产年（种子产量丰富的年份）。贝莱姆的宏伟栎树被种植在均匀伞伐系统中，以期获得最佳质量的原木、木桶板，在理想的状况下还有饰面薄板。在180年（具体时间在120～240年不等）的标准轮作期内，位于最佳区域的林地高度可以达到40米，产出的根端原木（第一段）有10～14米长。为了实现均匀生长，需要定期进行间伐，这比快速生长对饰面薄板级木材的生产更为重要。

在贝莱姆实施的系统的关键阶段，是砍伐剩余的和最大的树木，并栽植新一代。最优质的橡树也会提供种子，它们在砍伐林中最成熟的树木时被选定。根据丰产年的时间，它们将继续存活10～12年，为新一代橡树提供最高品质的种源。

一旦预计橡子将要丰产——这通常在8月中旬可以确定，这片区域就会为10月中旬的橡子掉落做好准备。地面植被被移除，土壤经圆盘犁粗耕——清除其他植物，改善橡子与土壤的接触。另外，粗糙的土壤表面有助于将种子隐藏起来，躲过捕食者。

在法国的这个地区，自然再生通常很成功，在接下来的15年里，每公顷预计生长超过100万棵橡树和欧洲水青冈幼苗。如果不成功，栽种可能很有必要。一般情况下，如果再生成功，大多数成熟的亲本树木会在橡子掉落后的秋天被砍伐。还有一些亲本树木会被保留较长的时间，以提供树荫和遮蔽。在密集生长的幼苗中需要开辟出通道，使人们能够接近被砍倒的树木。这些被称为“提取架”，每个约5米宽，彼此间隔25米。苗木的生长通常非常旺盛，需要的管理极少，尽管要用灌木清除机（一种被设计用于切割粗糙木质材料的割草机）来控制荆棘，或通过在苗木上方拉动弹簧齿中耕机（一种农具）来拔除杂草。

16年后，橡树和照惯例一起种植的欧洲水青冈树苗被间伐到每公顷50万棵。在这个灌丛阶段，林地异常密集而难以穿过。到了第30年，杆材树（一个树冠闭合，并且活树冠超过树顶的生长阶段）被间伐到每公顷5,000棵，任何可能使橡树过度生长的欧洲水青冈，以及其他通过自然方式出现的“白木树”树种（例如桦树和柳树）都被砍伐（虽然某些高价值物种会被保留，比如欧洲甜樱桃或者野花楸树）。至第50年，林地将主要是橡树和每公顷1,500棵左右的欧洲水青冈（大约占5%）。到第180年完成整个周期的时候，每公顷将有60棵橡树。

多种常见的英国林地昆虫（每种昆虫的详细信息参见第370页）。许多珍惜的无脊椎动物与乔林和古林地相关，但是另一些则依赖林地管理，因为它们偏爱早期的演替时期。保护生物多样性的最佳办法，是在各个生长阶段和不同的管理系统下，关注所有的生境。

异龄林分系统

¶

异龄（有时也被称为“选择”）系统有各种不同的表现形式，包含3个或更多的龄级，本质上能够形成连续不断的森林覆盖，通常具有在同龄系统中见不到的物种多样性。它们被设计用于提供持续的木材产量。达到可收获尺寸的树木——包括过多的幼树都会被砍伐，并且每一次都被用作创造新一代的机会。

“在森林学界，可能没有任何一个主题比异龄林分系统的优点引发的争论更激烈或顽固了。”森林学家罗伯特·斯科特·特鲁普（Robert Scott Troup）写道。这个系统在18～19世纪的普鲁士被取缔，因为它的效能和产出木材的质量遭到质疑。但是到了20世纪，这个系统重新被许多森林学家热情地推广。异龄林分系统旨在创建一个不断再生的森林，它的树冠几乎是完整的，从来不会被超过一棵树长度的区域破坏。造林者根据树木的尺寸（树干直径）或高度来进行管理，而不是像在同龄林分系统中那样按照树龄。有些人相信，异龄系统提供了比其他任何系统更大的产出，因为通过处理树冠可以实现对光和空间的高效管理。

这个系统常见于欧洲的许多山区，从法国的汝拉山和孚日山脉，瑞士的部分地区，斯洛文尼

[1]
[2]
[3]
[4]
[5]
[6]
[7]
[8]
[9]
[10]
[11]
[12]
[13]
[14]
[15]
[16]
[17]
[18]
[19]
[20]
[21]
[22]
[23]
[24]
[25]
[26]
[27]

威尔特郡的斯托海德（西部）庄园是英国管理最为完善的林地之一——一片由成熟的连续覆盖林业造林系统创造出的多层次的森林。在这里，高耸的、已有百年树龄的花旗松被管理得能够允许充足的光线穿透冠层，使不同时期的阔叶树和针叶树在其下层生长。

亚的中部和北部山区，到德国图林根州的欧洲水青冈森林和黑森林，并且都具有许多优势。最重要的是，它通过确保陡坡上恒定的树木覆盖，减少了冬季的侵蚀和雪崩。其中的物种多样性为抵御气候变化的影响（包括新的病害）提供了保险，同时使森林管理者能够跟上木材和产品不断变化的市场趋势。

许多树种适合异龄系统，但是它们需要适应广泛的条件。欧洲冷杉、欧洲云杉和欧洲水青冈的耐阴性非常重要，而松、欧桦和悬铃木的一些种类有时则需要在其特定的生长阶段被引入。异龄系统需要更多的造林技巧来管理，尤其是控制林地转变至同龄系统状态的趋势，并且需要更努力地抑制来自其他植物的竞争。在转变时期，如果有足量的树木（每公顷40～60棵）提供森林覆盖，那么同龄林地也可以变为异龄系统，这个过程可能需要80年。旨在改造林地系统的造林者们必须在不损失生产力的情况下实现这一目标，同时必须留出足够的时间进行改造，遵循“慢慢来”的原则。维护异龄系统的费用和复杂性，特别是在不那么适合的地方，往往会导致林地随着时间的推移而被荒弃。最近，在瑞士的一些地区出现了这种情况。

异龄系统的一个变体是单株择伐，即收获分散的单棵树木。这些树木的树龄可能各不相同，树冠也并无接触。这个系统在森林冠层上会产生小的开口，有利于耐阴树种作为下层木生长，并形成新一代。与此类似，群体择伐包括小群毗邻的树木。这可以模仿天然森林干扰，用来管理生态系统脆弱或景观敏感的森林。

¶ 连续覆盖林业系统

在欧洲，到了19世纪初，传统的林业实践几乎完全让步于严格进行条块分割的方法。它们都以农业理想为蓝本，并受到经济发展的推动。自然系统被几何设计，龄级和物种单一栽培的森林遭到排挤，人类的意志被强加于“杂乱无章”的自然界。

但是，在100年间，环保意识的提高导致替代方法得到提倡，尤其是在欧洲中部。1902年，瑞士成为首个颁布法律禁止对森林进行皆伐的国家，其联邦法律要求60%的森林以“接近自然”的方式被管理。1948年，斯洛文尼亚紧随其后。最广泛被采用的系统是单株择伐，它在奥地利、法国、德国、斯洛文尼亚和瑞士均被投入使用。永久选择性采伐的做法聚焦于常绿森林中的单一树木，在法国被称为jardinage，在德国则称为Plenterwald。

不进行皆伐而使森林冠层保持在一个或多个层次的造林系统，被称为“连续覆盖林业”，而支撑它的更深层的哲学被称为“近自然林业”。近自然林业本身并不是一种森林系统，而是一种包含大范围异龄系统的方法。其最重要的方面在于，整个森林生态系统——不仅是树木，都是通过与自然，尤其是与自然再生协作来管理的。

其他方面还包括在不强加任何人类意愿的情况下，于场地的限制范围内工作，例如避免排干一个地区或施用人造肥料。最终，所需树木种类的多样化为管理提供了灵活的选择，以及针对气候变化、病虫害等强大的抗风险能力。1989年，实行近自然管理的林业工作者联合成立了一个协会：ProSilva，旨在支持可持续森林管理的理念。如今，该协会拥有24个欧洲成员国和1个美国地区：新英格兰。

通常情况下，连续覆盖林业系统包括4个阶段，它们在连续的周期中同时发生。在林地的初始阶段，幼苗受到某种形式的干扰（例如砍伐、树木的自然死亡或风倒）后在一个地点定植。在接下来的树种纯化阶段，已有的树木占据了林地的主导地位，并且由于来自其他树木的竞争，幼树的更进一步定植受到限制。在下层林木阶段，随着第一阶段定植的树木逐渐长高，植物、药草、灌木和树木开始在森林地表再生，尽管低光照水平会限制它们的生长。最后，随着最老的树木不定期死亡而出现空隙，第三阶段的新一代树木向上层林冠生长，进入成熟阶段。

管理和建立连续覆盖系统存在许多挑战。改造现有的同龄林地，尤其是针叶树单作林地，能够带来巨大的效益。但是，因为这些林地通常建立在无遮蔽区域的浅层土壤上，在改造的过程中很容易受到风倒的影响。天然再生是任何连续覆盖系统的核心，然而，来自食草动物、杂草竞争和亲本树木种子不足等的威胁，始终是林业工作者不得不关注的问题。收获需要的较高成本和漫长的改造期构成了一道经济壁垒。

与大多数其他林业系统相比，连续覆盖系统的管理更加复杂，因此令产量难以预测。一个叫作 marteloscope 的计算机可视化工具（其名称来自法语 martelage，意思是“树木标记”）已经被开发出来，旨在帮助林业工作者进行决策。

许多类型的森林都可以被改造或建立连续覆盖系统。在欧洲的大部分地区，欧洲冷杉因其耐阴性而非常重要，它能够很好地从长期（30～40 年）遮阴的抑制下恢复。其他重要的耐阴树种包括欧洲水青冈、栓皮槭、鹅耳枥、椴树、欧洲云杉、西部铁杉、北美乔柏和欧洲红豆杉等。

矮林作业

矮林平茬作业是指将树木或灌木砍削低至地面，从而刺激树桩上长出新枝或萌蘖，通常会产生多个茎。矮林作业的周期通常在 8～25 年，根据树种和产品需求而不等。这在欧洲森林管理历史上是具有重大意义的实践，对生物多样性非常重要，并且与丰富多样的林地植物、昆虫和鸟类关系密切。

欧洲主要的矮林物种是欧榛和欧洲栗，但是桤木、欧洲水青冈、橡树、鹅耳枥和桐叶槭通常也会进行矮林作业。人们近期在种植生物质能作物方面渐浓的兴趣，也导致更大范围的物种因其热值和体积而非传统用途的考量而被引进。欧榛矮林因其笔直的“枝”而被用于许多产品，它们在幼嫩时具有很强的延展性，例如被用作茅草屋的圆材和板条栅栏的木杆。欧洲栗曾被用于帐篷桩、撑杆、栅栏和其他篱笆材料，它在潮湿条件下的强度和耐久性是重要的属性。

中林大概是最古老的森林系统，我们从中得到术语“杂树林”，也就是小径木的意思。它由两层组成。较低的一层——或者说下层林木是灌木（一般是欧榛），通常是所有树木都在同一时间进行矮林作业的同龄林地。较高的一层——或者说上层林木是一片广袤的森林，通常是由欧梣或橡树，以及欧洲栗、鹅耳枥、欧洲水青冈、欧洲甜樱桃和其他树种构成的异龄林地。一般而言，上层林木中每公顷有 50% 的大树（或标准林木）被保留。更多的话，矮林就会因为光线缺乏而受到抑制。“teller”指在下层林木的一个轮伐期（即一个完整的采伐和生长周期）内存活下来的标准木，但是有些可能在 4 个或者更多个轮伐期内存活下来，变成“资深标准木”。如果标准木得到良好的管理，就会为生长于其下的矮林提供庇护，同时产出珍贵的木材和供后代种植的种子。造船业需要的橡树木材通常生长在中林的开放条件下，它们具有“弯料”（造船用的弯曲部件）所需的形状和特性，例如“膝材”“复肋材”和“尖蹼板”等。

上层林木中的标准木通常在达到足够的体积或质量时被砍伐，林下灌丛也会在同时被砍伐，从而避免破坏矮林树干。上层林木多为混合树种，在这种情况下，轮伐期会相应做出调整，其中橡树为 125～150 年，欧梣为 80～100 年，鹅耳枥为 75 年，如桦树、杨树和刺槐等快速生长的物种为 50 年。

“留存”（Stored）矮林是矮林系统的一种

第 300—301 页：生长在牛津郡布莱尼姆宫林地内的古老欧榛。它曾经被修剪，但如今已经被允许天然再生。茎干的主要部分占地约 1.2 米 × 2.5 米，冠幅超过 8 米。

这些欧榛叶片的背面具有突出的网状分枝样式的叶脉。叶片隐藏了其下方成簇的坚果，它们生长在叶状苞片构成的杯状结构中。

发展。在这个系统中，生长在矮林树桩上的茎被挑选出来，然后由它们生长成一片单茎树木的森林。将欧梣矮林改造成留存矮林可能是避免横节霉属欧梣顶梢枯死病的有效手段，因为幼树似乎更容易受到伤害。

不断变化的市场需求导致在20世纪中后期，欧洲的许多矮林林地被忽视。矮林或被荒废，或出现“过度生长”：根株经常由于茎的重量过大而开裂，并且光照水平急剧下降，影响了林地地表的植物群落和昆虫，最终对鸟类和哺乳动物造成影响。

截去树梢是另外一种常规的树木砍伐系统，与矮林作业相似，只是切削的位置距离地面至少2米。传统上，它主要被应用于那些再生的植物容易被鹿或牛啃食的森林（例如艾坪森林中被切去树梢的鹅耳枥），或者某些正式的景观中。如今，它在森林中为了保护生物多样性而被实施，也被施用于街道树木来减小其尺寸。树木一旦被截去树梢，可能就需要定期进行切削，以避免主干开裂，特别是如柳树等树干具有脆性的树木。

短轮伐期林业系统

短轮伐期林业系统是古代薪材矮林系统的现代版本，其中的树木专门为在短时间内提供燃料而种植，历史上的例子包括生产冶金用的木炭或烘烤面包的木柴。相比之下，现代市场需要制造工业规模的再生能源或生物质，通常带有隔离碳的明显意图。然而，这样的系统由于与其他环境问题有关而充满争议，尤其事关生物多样性、景观和水资源的利用时，都可能会具有破坏性。例如，桉树林地对水的要求很高，与其他林业单一栽培系统有许多共同的

缺陷。

在短轮伐期林业系统中，快速生长的树木被用来实现利润的最大化，轮伐期通常在8～20年（与标准林业种植园最低45年的轮伐期形成对比）。最常用的树种是桉树（用于造纸）、杨树和柳树，其他还包括桤木、欧梣、桦树、南部水青冈和桐叶槭等。种植园通常建立在适合机械采收的肥沃土地上，宽阔的间距有利于快速生长且易于收获。采收在树干胸径（1.3米高处的胸径）达到10～20厘米时进行。砍伐后，所使用的树种多从树桩处再生，长出多个茎干。这些树木将在第一个生长季结束时被挑选出来。有时，一个种植园会被改造成一个短轮伐期矮林系统。

短轮伐期林业系统在英国尚处于起步阶段，目前进行了有限的实地试验，测试经培育或挑选出来的树木的遗传品质，并试行适当的设施和管理方法。土地所有者和公众尚未被说服采用这些系统，因为它们较新且相对未经证实。然而，对一些种植者而言，在当地使用小型燃木锅炉可能是一个有吸引力的概念。英国对短轮伐期杨树林业系统的有限实验表明，以10年为一个周期，只要采收3公顷的土地便足以为30千瓦时的供热系统提供燃料（可供四居室的房屋使用）。锅炉效率的提高，再加上成本的膨胀和石油系统价格的波动，可能会使消费者的购买数量增加。

短轮伐期矮林系统与短轮伐期林业系统有相同的设立目的，一般由相同的树种组成，但是它的管理周期是2～4年。它需要特殊的机械设备来进行砍伐和处理矮林材料，因此要求种植者和采收公司做出相当可观的财政承诺。

¶ 农林复合系统

农林复合系统是把树木整合到农业系统中，能够在把木材或木制品的生产结合在一起的同时，支持粮食生产或园艺学。它需要把重点放在树木与农业，或者与园艺组成部分之间的相互作用上，其成功与否可以通过它们在不妨碍彼此的情况下的整合程度来衡量。

在世界上的许多温带地区，农林复合系统都有着悠久的传统，并且有时在食品和资源生产中占据至关重要的位置。提倡者认为，这是一种可以更持续地管理自然资源的重要途径，尤其是考虑到人口的不断增加、对土地的竞争，以及气候变化带来的威胁等。通过良好的设计和管理，可以在几乎不造成农业减产的情况下，为获取木材或其他产品而种植树木。与单一林业或农业相比，这不仅潜在地增加了土地的总回报，同时还提供了更广泛的收益。农场上的树木可以为牲畜遮阴和提供庇护，增加野生生物多样性，保护土壤和改善农田景观。

林内放牧是一种古老的林地管理形式，家畜在树丛中放牧或吃草。树木的间隔通常很大，以确保牧草有充足的光线生长。把牲畜与树木结合起来的现代农林学术语是林牧系统。这是混农林业最普遍的形式，在美洲和欧洲占主导地位。其中，羊是最常见的家畜，它们已经从树木提供的保护中受益匪浅。但是，如果树木种植得过少，羊就会在每棵树下集中，导致土壤被压实。为了避免出现这种情况，农林学家建议每公顷至少要种植400棵树木。在这种系统中，树木需要得到保护，以免遭到啃食。

其他的林牧系统表现出相当大的潜力，将养鸡和树木结合起来的家禽林业在欧洲尤其对农民和消费者充满吸引力。继承自原鸡的恐旷倾向意味着对这些禽类而言，与自由放养系统的典型开阔地相比，它们更适合在树下活动。研究表明，在有树木的地方，禽类的活动范围更远、饮食更具多样化，行为也更自然，表现出更少的压力和疾病，从而提高了经济产量。在英国，已有品牌在林地饲养禽类和林地蛋的概念上成功地建立起来。

农作物与树木的结合被称为林耕系统。它的设计必须允许进行高效管理（例如喷洒）和收获耕地作物，因此树木种植的行距宽阔，行间有作物生长。这种宽间距在造林方面并不理想，因为在空间密集的种植园中创造的竞争、遮蔽和潮湿环境全部缺失。这也就意味着，必须对树木进行集中管理，才能确保它们生长充分。另外，缺乏来自邻近树木的竞争导致必须采取额外的杂草控制和修剪干预的措施。经证实，更适合开放环境的树种是最成功的，特别是用作木材的杨树和用于食品生产的胡桃树。与此同时，随着树木的生长，间隙中的农作物会面临对水和光线日益增强的竞争。尽管如此，林耕系统一个单元的土地上可以产出多种类型的作物，这或许可以为土地所有者应对未来市场提供保险。

其他类型的农林系统还包括森林农耕——在这种森林系统中，可以生产如真菌等高价值产品——和森林园艺，后者试图在单一的土地上创造复合型生态系统，生产多种产品，包括蜂蜜、真菌、坚果、木柴、矮林产品和木材等。

¶ 树篱

当然，树篱不是一种森林系统，但是它们在技术、知识和生态学方面与林地管理具有内在的联系。在我们乡村的野生动物公路，以及农田的界定和划分方面，树篱都是标志性的景观特征，尤其是在英国、爱尔兰和法国诺曼底的波卡基。树篱也可见于奥地利、克里特岛、德国、意大利，还构成了美洲许多地区的特色，在秘鲁安第斯山脉也有存在。在某种意义上，树篱中树木的模式和分布——在英国，平均每平方千米的土地上有4千米左右的树篱（以及其他线性树木特征），可以被视为农林复合系统的另一种形式。

在欧洲，尤利乌斯·恺撒（Julius Caesar）在公元前57年完成了对树篱的首次说明。在他关于法国北部高卢之战的报告中，他描述了内维尔部落如何砍伐小树，然后以荆棘捆束，用来圈养家畜并保护他们的定居点。在盎格鲁-撒克逊时代和诺曼底时代，树篱是英国和法国景观中的重要特征，发挥着划分土地所有权和管理牲畜的作用。托马斯·塔瑟（Thomas Tusser）在16世纪写下的那首著名的押韵诗——《良好耕作的五百条》（*Five Hundred Pointes of Good Husbandrie*）中经常提到树篱，例如："在那里，你们要快快以树木拉起一道篱笆，播种荆棘和山楂的种子。"塔瑟在树篱中提到的山楂，至今仍被英国的乡下人称为"速度之树"。在历史文献中，"篱笆"和"树篱"经常被混淆，两者可以互换使用。

第二次世界大战结束后，修剪树篱这一古老的乡村技艺在英国明显衰落，部分由于技术劳工的短缺，但主要原因还是出现了铁丝栅栏这一更便宜的选择。通过增加农田面积来推动粮食生产的措施，导致英国农村的树篱大量减

两年生山楂幼苗的细长嫩枝。这个重要的树篱物种在英国以许多其他的俗名著称，其中包括"速度之树"（归功于它的生长速度）和"五月之树"（它在春天会开放大量的白色花朵）

少，那些保存下来的树篱变得更高并且充满空隙。随后，安装在拖拉机上的铰接式连枷树篱修剪器又带来更严重的损伤。1997 年，保护树篱的法律被颁布。同时，环境敏感型农业的兴起和相关补助金的提高，共同促进了树篱艺术的复兴。如今，英国每年冬天都会举办由国家树篱协会发起的比赛，不同的地区风格因热衷于此的爱好者而始终保持活力。

树篱在大小、形状和组成树木等方面各不相同。英国的大部分树篱都是以种植的方式形成的，可以通过查阅历史文献或计数现存物种的数量来确定它们的年代。马克斯・胡珀（Max Hooper）在 1974 年出版的《树篱》（*Hedges*）一书中提出了"胡珀法则"，指出对古代的树篱而言，以"世纪"为单位的年龄等于现存物种的数量。著名的生态学家和英国乡村专家奥利弗・拉克姆（Oliver Rackham）相信，如果把树莓等小灌木以及常春藤等木质藤本排除在外的话，这种方法是准确的。具有大量萌蘖榆树的树篱不能被如此准确地计算年龄，新种植的树篱也不能用苗圃提供的经典"撒克逊混合物"（Saxon mix）来建造。这种树篱一般由 40%～60% 的山楂组成，还有一些其他的原生灌木，如欧洲红瑞木、欧洲荚蒾、卫矛和绵毛荚蒾等。它会使树篱在种植后的第二天就具有 500 岁的年纪！

树篱通常与土堤和沟渠联系在一起，这些土堤和沟渠是为了加强法定边界和改善新种植树篱的生长条件而建造的。伊夫林描述了山楂树篱种植所需的地面准备，即用草皮为幼树建造一条"壕沟"（渠）和堤岸：

> 你要划线，把你的壕沟挖至大约三英尺宽和大致相同的深度，只要你的框架能支撑住它。首先要翻起草皮，小心地铺上一些最好的土来栽种山楂，然后将植物放置或植入；一英尺的空间栽种两棵足矣；勤于获取新鲜采集的、笔直的、平滑且良

好扎根的那些；在每二三十英尺的等距处，不时增加一棵小橡树或榆树、欧梣等，它们将适时地成为装饰性标准木和优质木材（特别是在平原国家）……［J. E.］

谈到铺设树篱这一问题，伊夫林的建议中几乎没有什么需要改进的，尽管沿着树篱每隔一段距离就种植一棵标准木，使它们能及时产出木材并带来其他益处（如生物多样性、树荫以及防风等）这一点已经完全被遗忘。他描述了树篱或篱笆的铺设，其中的植物被部分砍削和压倒（每一个砍削的茎被称为一个“编结枝”）。它们一个向另一个倾斜，形成不可穿透的栅栏来阻挡牲畜和再生树篱。只要保留少量的树皮和边材使编结枝与树桩连接起来，该树木或灌木就能保持活力。一个熟练的绿篱铺设者会确保枝条的切口向上，以便排掉雨水，防止腐烂。

荆豆（*Ulex europaeus*）带有尖刺的枝条创造出一个无法通过的灌丛。它们野生在英国南部大部分的荒野中，有时被用作树篱植物。它们属于豆科植物的一种，会开出嫩黄色的花朵——在秋冬季节稀疏，在春季大量开放。

因此，在二月或十月，用一把非常锋利的剪枝器，剪断所有多余的枝条和藤蔓。它们可能会阻碍你的进程，并且毫无用处。然后找出主茎，用一把锋利而轻巧的斧子从斜靠近地面的位置对其进行砍削，大约为四分之三的高度。又或者说，可以美观顺服地符合你的要求的，就是最好的位置（以免主茎被你砍裂）；在你离开时，把它从倾斜的地方放倒，交叠在从其上长出的小树枝上；在五到六英尺的距离内，如果你发现一个直立的木桩（只将其顶部切削到你预期的高度），使其保持直立作为标桩，来加固你的工作成果，并且任由周围的树枝缠绕。最后，在顶部（距离地面约五英尺）取你保留的最长、最纤细、最柔韧的细枝（在需要的位置按照前述的方法切割），把它绑在其他所有树枝的末端，这样你的工作就完成了……［J. E.］

在整个英国，为适应当地的条件和农业需求，几个世纪以来发展出各种不同风格的树篱。一般而言，它们的特征在未经训练的人看来十分微妙，例如木桩的朝向或者编结枝的斜度，以及将木桩顶部固定在一起的扭曲茎的捆绑方式（或不存在）。显而易见，伊夫林曾经到访英国西南部，因为他详细地描述了建造在双层石墙（通常是花岗岩）之间的河岸上那令人惊叹的树篱，经常可以在其他树中发现被伊夫林称作“荆豆”的金雀花。如今，它们出现在德文郡、康沃尔郡和威尔士部分地区狭窄凹陷的车道上，对现代汽车和其他车辆十分不利。米德兰郡的风格可能是传播最广泛的，传统上用于控制米德兰郡的公牛——绳子绑在树篱顶部之下，以防止其因动物的角而松脱。在威尔士南部及其附近的英国乡村使用的布雷肯风格中，树木经常被进行矮林作业，树桩被死的树篱（松散的树顶）保护起来。在德比郡风格中，篱笆编织紧密，所以没有必要再做捆绑；兰开夏郡风格则采用交替排列的双排桩；蒙哥马利郡采用的是一种宽阔的树篱风格，篱笆交错编织而无捆绑；威斯特摩兰郡风格则使用单排树桩，从中间穿过交替编织的篱笆。怀特岛风格是最不正式的一种，如今几乎被宣告绝迹，其中的编结枝杂乱无章地分布在各个方向。这种不整齐使它被排除在大多数的树篱竞争之外，但它为修复小段树篱提供了一种有用的技术。

新林

通过造林形成森林，意味着在以前被其他形式覆盖的土地上建立森林，这样的森林被称为种植园。它们的定义模糊不清，往往把重点放在经济生产力上，尽管如今创建森林的原因数不胜数。在森林已经消失了至少 50 年——这些时间足以使森林生态系统的任何残余物都消失殆尽——的裸地植树造林，可能是种植园的主要类型。其他的种植园类型还包括在近 50 年

一片最近铺设的“英格兰南部”风格的树篱，在其中心每相隔45厘米放置一根支撑桩，并用编织的榛木棒加固。一棵栓皮槭被作为标准木生长，对景观、野生动物和生产力都很重要。远处有一片杂交杨树林，最初作为柴火栽培，很快便可被砍伐用于生物能。

里出现过森林的土地上重新栽种，无论种植同一种类还是更换新的树种。

在有种源的地区，种植园可以通过天然再生而形成，或者通过直接播种和种植幼树来建立。所需的造林干预措施包括筹建场地，然后进行除草、施肥和整枝等幼林管理工作，直到完成低修剪、间伐、高修剪、砍伐和最终的重新种植。

种植园需要集约化管理，因为所种植的树木不具备天然森林生态系统的效益。例如，在退耕地上创建新林地的时候，对树木生长非常重要的共生土壤动物群和真菌的缺失可能会阻碍新植物的生长和发育。种植园需要关注的主要问题是，它建立的是树龄和树种高度一致、生物多样性低、外观美感差且缺乏稳健性的单一林地。

¶ 设计和规划

如今种植的森林将会在几十年甚至几百年内受到环境和社会变化的影响，而我们几乎不可能对这些变化进行预测和说明。但是，我们可以采取一些简单的措施来确保树木和森林更适合未来，并因此造福子孙后代。

在设计种植园时，应该遵循一个简单的真理：出于正确的动机把正确的树木种植在正确的地点。一位设计师可能犯下的最糟糕的错误，就是仅仅为了满足“创造一片林地”的野心而把土地交由树木覆盖。英国的景观已经因为空洞的植树计划带来的杂乱绿色而严重受损，这些计划除了让公众参与“绿色”活动，以及促进各种慈善机构的工作外，没有任何其他价值。新林地的规划师必须自问：即将种植的这些树能保护环境吗？它们提升景观效果了吗？它们能提供有价值的栖息地吗？它们足够强健吗？它们能产出有用的产品吗？

考虑到树木生长的长期性，每一棵树都不太可能实现那个亲手种植它的林业工作者的愿景。例如灵感来源于伊夫林，并且旨在为军舰服务的橡树种植园，最终却成为工业革命的支柱。在20世纪中期，由一家火柴厂商支持的杨树种植园，如今开始为生物能源市场提供原料。不过，如果从林地中获得的利益很少，那么随着时间的推移，对其进行管理的动力就会减弱，从而可能导致无法得到令人满意的产出。它将加入英国约50万公顷或管理不善、或被忽略的林地的行列。

正确的树木 ¶

挑选正确树木的一些要素是凭直觉获知的，所有选择均以目的和场地为导向。例如，在城市环境中，树木的价值不仅在于它们的尺寸、树形和色彩，还包括它们在改善和保护建筑环境方面的作用。选择正确的树种至关重要。把树木种植在距离建筑物太近的地方是一种常见的错误，这可能会破坏地基、堵塞排水沟和遮挡光线。

树木种类的多样性是一个重要的衡量标准。混合树种绿化能提高生产力和生物多样性，改善景观和树木健康。一些树种可能会随着气候变化而繁荣生长或衰退，另一些则会抵御来自病虫害的新威胁，或者为我们尚无法想象的市场提供原料。我们可以通过设计，避免单一种类栽培和单龄级林地。通过在新造林计划的某些地区种植速生树种，我们可以预计它们将先于其他地区进行砍伐，从而可以重新种植一些可能在未来更适应环境的新树种。我们甚至可以设计森林，按照近自然的原则进行管理。优秀的植物学家可能会创造性地使用混合树种，一些物种将有助于其他物种的生长，从而提高种植园的财政活力。例如，在落叶松与橡树的混合林中，前者在提供短期收入的同时，激励后者长成良好的树形；桤木和牛奶子的混合种植有助于满足胡桃树的营养需求等。

遗传的多样性也必不可少。正如即使在同

一家族中，所有人都彼此不同，树木也是如此。对于土地所有者而言，不考虑遗传多样性或质量的情况是不可想象的。一片基因相似的树木，例如从同一亲本获得的树苗，将更容易受到包括干旱、霜冻或新型病害在内的未来环境因素影响。直到最近，遗传学在林业中的重要性仍受到严重忽视，特别是在用于木材生产的阔叶木中。

原生于英国的树种可能最适合我们的环境，供养着能够更好地适应它们，而非外来树种的野生动物。然而，虽然橡树和桦树可能原生于英国，但是使它们受精的花粉或许却从斯堪的纳维亚、荷兰或者法国吹来。一棵树的种子、花粉或其他生殖材料的原始地理来源，被称为它们的种源地——既可以在本地，也可以是外来的。在本土采取“区域自治”的方法是目光短浅的，并且具有潜在的危险性。在20世纪90年代的一小段时间内，林业委员会为了保护当地的本土性，主张非常小的种源地区域。它们的规模比县大不了多少——更不用说国家范围，这些都是在对景观中基因的流动，以及根据预测的环境变化保存狭窄基因库的固有危险缺乏了解的情况下制定的。

虽然选择本地物种可能对重建古老的半天然林地，或在某些景观中创造新的原生林地非常重要，但采用范围更广的物种可能是更谨慎的选择。为了创造健康的森林，使其能够适应未来未知的气候条件或给未来市场生产原材料，外来的原生树种（即本地物种的非本地种源）和外来树种都很必要。种内的遗传多样性对树木健康非常重要。近年来，由于新的害虫或病原体能够不受阻碍地席卷种植园，人们付出了高昂的代价后终于认识到，遗传多样性很低的大面积单一种植风险极高。

通过遗传育种进行树木改良是一门相对较新的科学。它在20世纪初起源于英国，当时著名的植物学家亨利·约翰·埃尔威斯（Henry John Elwes）指出，阿索尔公爵在邓凯尔德庄园附近种植的欧洲落叶松和日本落叶松中出现了极具活力的籽苗。与其亲本不同，它们的嫩枝是灰白色的。这些杂交落叶松具有优越的生长速度和对一些地点的耐受性，因此必然会被大量生产用于商业种植计划。1919年林业委员会成立后不久，便于1926年开始进行针对亲本及其杂交种的实验。

詹姆斯·麦克唐纳（James MacDonald）是写到英国林业遗传学相关内容的第一人。1930年，他在《苏格兰林业杂志》（*Scottish Forestry Journal*）中描述了一个塑造树木育种工作未来的模型。他认识到树种内存在小种，对于为培育优质树木提供原料或种子的个别树木和林地，他主张进行鉴定。他呼吁对种子的收集和认证制定管理法规，并建议外来物种应来自与它们在英国的种植地点相适应的自然范围内。第二次世界大战推迟了人们对此响应的进度，直到1946年，在萨里郡才建立起致力于森林遗传学的艾丽斯·霍尔特（Alice Holt）研究站。90年代初，英国和爱尔兰阔叶树改良计划（如今由未来树木信托组织协调）的工作开始进行之前，几乎全部的研究工作都集中在软木材（针叶树）上。

在英国，尽管“超级云杉”与其他改良针叶树如今已经具备商业可行性，但由于世代时间长和测试成本昂贵的原因，阔叶树的遗传改良仍处于起步阶段。目前可以获得一些“选定种”（指的是种源经过精心挑选）和经过测试的桦树。2013年，针对欧梣也制定了同样的计划，但是，由拟白膜盘菌爆发引起的横节霉属欧梣顶梢枯死病使其被迫停止。在20世纪90年代期间，一小部分经改良的欧洲甜樱桃开始在市场上销售。不过，可供利用的改良型橡树和胡桃树的问世依然任重道远 。

与此同时，由于对树木育种策略的商业兴趣和投资水平均在提高，相应的工作在其他国家已经得到进一步推动，特别是在阔叶树方面。例如，在过去的两年中，科学家破解了两个具

花叶野芝麻（*Lamium galeobdolon*）是一种原生的多年生草本植物，并且是古老林地的标志。它对树荫有很强的耐受性，非常适应在树木冠层下生长。它通过旺盛的地下茎扩散，叫作匍匐枝。它具有独特的锯齿状多毛叶片，环绕着两侧对称的黄色花朵。

有经济意义的云杉物种——欧洲云杉和白云杉的全基因组序列。这使筛选对病原体具有抗性的树木成为可能，同时还可以对它们的耐旱性进行评估。这是一次巨大的技术飞跃，能够使这些物种和未来其他树种的树木改良计划大大加速，从耗时25年或更久减少到仅仅5年。

树木改良最具争议的形式是基因工程，或所谓的基因修饰（GM）技术。它可以有效地促进各种理想性状，如除草剂抗性（帮助种植）、抗病虫害，以及木质素或纤维素含量（提高纸浆生产效率）等。然而，有许多人担心，经基因修饰的植物可能通过逃逸和杂交的方式将基因转移到本地物种。基因修饰在林业领域相对较新，但相关实验和其他应用已经在超过35个国家展开。

正确的地方

种植园的设计应该同时考虑到所包含物种的即时和长期需求。有些树木可能会受益于伴生种，如落叶松之于橡树，或桤木之于胡桃树，伴生的树木会在定植时提供帮助。设计师应该为随后的间伐制定计划，同时也要考虑到树木变得具有竞争力的时间长短，它们的生长将受到怎样的影响，以及可供应哪些市场等问题。

每公顷树木的密度根据每棵树在一定间距占用的面积（例如2米×2米间距等于每棵树占据4平方米）计算，然后计算出1公顷内可以容纳的数量。 通常情况下，阔叶树以2米×2米的间距或每公顷种植，针叶树则更密集。但是，最佳做法因物种的不同而存在很大差异。例如，橡树以1米×1米的间距种植时生长状况非常好，具有极好的树形。相比之下，胡桃树对树冠竞争的耐受性很差，所以需要5米×5米（每公顷400棵）或更宽的间距，并与合适的伴生树种一起种植。在合适的地点及精心的管理下，阔叶树和针叶树的紧密混合种植是有效的，尽管在英国高地上往往并不奏效。

冬菟葵（*Eranthis hyemalis*）是林地中每个春天最早开花的植物之一。它属于毛茛科（Ranunculaceae）的一种，具有大且呈黄色的杯状花朵，单生在深裂叶片形成的光滑圆环上。

新种植地点的选择可出于各种不同的考虑，尤其是可用性。谨慎且有针对性的决策应基于未来的种植潜力、景观优先级、气候、土壤特性或最终收获的需求（但是在20世纪早期和中期，英国高地的一些大规模植树造林很少考虑未来的收获，造成针叶林地因成本过于昂贵而无法进行采伐，例如需要通过直升机或不适宜的道路进入林地）。

曾经有一段时间，环境被视为一种可操控的资源。缺乏天然屏障是个大得难以克服的问题。排干湿地，给贫瘠的高地施肥，从森林中移除“错误”的树木，以我们选择的那些树木取而代之——所有这些都是以发展的名义进行的。直到20世纪接近尾声之际，人们才开始理解与自然合作，而不是违逆自然的益处。只有成本降低，失败减少，可持续性的长期目标才更有可能被实现。

树种应与其种植环境仔细匹配。在最大的规模上，一个地区的纬度将决定其平均生长温度、日照需求和耐寒性。在局部范围内，海拔高度和方向都会产生影响，土壤特性同样如此，例如结构和pH值等。这个地方是否排水良好？还是容易发生内涝或严重洪水？在微观方面，霜洼的存在，裸露的山脊和土壤质地的细微变化都是需要考虑的因素。

明智的做法是，在可行的情况下，选择那些只需要极少干预就能茁壮生长的特定遗传品系。只有做到了这一点，林业工作者才应该考虑采取进一步的措施，确保树木的成功种植。这些措施可能包括适度排水，竖起围栏来防止食草动物啃食，或者修建林间公路以支持未来的收获。对于退耕的区域，人们一直认为这样的土地是肥沃的，几乎可以随时用来种植林地。然而经验表明，通常存在的犁磐——一个土壤压实的区域，将在2到5年内使树木停止生长。退耕的土壤几乎不含有机物质，必须每年对可耕作物施肥来确保好的产量，但是一片新的森林就没有这样的奢侈待遇了。在这种情况下，可以采用固氮树种和灌木树种，或者在种植树木之前播种如苜蓿等豆类作物。

树木对地方感和一个地区的特征有重要的贡献。想想欧洲最高山脉的冷杉和云杉林，斯堪的纳维亚银桦树闪亮的白色树皮，法国波卡基的欧榉和树篱，或者英格兰北部高地农场中被风吹弯的花楸树和槭叶槭。没有树木，这些景观就失去了灵魂。《欧洲景观公约》（European Landscape Convention）把景观——无论在城市还是农村——定义为“一个人们可以感知的区域，其特征是自然和人为因素相互作用的结果”。新树林景观的设计必须对这种特征保持敏感，尤其是在传统上缺乏树木的地区。英国高地在20世纪的造林提供了反面典型，密集的针叶树种植园很少考虑景观特点，更不用说考古学特征、栖息地和环境保护等因素。林业产业从错误中吸取了教训。如今，所有大型种植计划通常都会对景观规划有所考虑，土地所有者提出的任何种植也必须对其景观影响进行审查。

培养新一代

育苗造林如今已经成为一个大规模的商业行为。在伊夫林的时代，大多数庄园都会培育自己的籽苗。我们的苗圃实践知识已经在过去的350年间得到了很大的发展。

树木的种子在本质上具有多样性，尽管与许多农艺、花卉或者蔬菜的种子相比，它们在外观上相当脆弱。它们拥有的特质挑战着业余爱好者，程度与老一辈林业工作者曾受到的挫败不相上下。某些不稳定的物种有许多贫瘠的年份，紧随其后又出现丰产的肥年，这可能会困扰种子收集者和那些以此为食的野生动物。

种子结出来时的数量如此之大，根本不可能全部耗费掉——这是大自然保证产生新一代树木的聪明手段。令种子收集者的工作难上加难的，是树木往往会产生许多死的或空的种子，其数量在种子非丰产年中尤其巨大。因此，他们应该以在丰产年进行收集为目标，在夏季的月份提前做好计划，那时树上高品质的种子明显可见。许多树木的种子在脱落后不能长时间存活：例如杨树和柳树微小的种子，以及橡树、栗树和桐叶槭的大种子。对苗圃主人而言，最令人沮丧的可能就是休眠现象。

种子在树上生长的高度也会带来挑战，尽管如橡树或胡桃树等的种子很重，成熟后容易掉落。可以像地中海国家的橄榄种植者们那样，用预先铺设的网或被单收集。有时，收集者必须与野生动物展开竞争，特别是对肉质果，如花楸、欧洲李或欧洲甜樱桃等。一旦完成收集，各类种子在储存之前都需要进行特殊处理。例如，苹果、樱桃、山楂、冬青、刺柏、桑树和红豆杉等的果实，需要浸泡（打浆）后清洗去除果肉部分。大多数多年生木本植物的种子属于“传统型”，或容易储存。但是，也有许多树木的种子或属于“中间型”，如欧洲水青冈、冷杉、挪威槭、北美乔柏和雪松等，或属于高度易枯萎的“顽拗型”，例如橡树、栗树、桐叶槭和柳树。

休眠的种子实际上充满水分和活力，尽管看起来并不活跃。休眠分为3种类型：硬实种子（如刺槐），浅休眠（大部分针叶树、桤木、桦树），以及深休眠（大多数阔叶树、刺柏、红豆杉）。针对不同的物种，可以采用不同的预处理方法克服休眠。这些方法通常是对自然的模仿，例如通过动物牙齿的摩擦，或者利用土壤中的化学物质和真菌在硬种皮上产生划痕，或者在温暖和寒冷的温度（通常伴随湿度）之间转换——称为分层法，又或者改变光照水平等。处理树木的种子需要对它们的储存需求和休眠特征有所了解，种植不同物种的种子在第三章中进行过介绍。

另一种可以替代收集种子的选择是无性繁殖。简而言之，就是从亲本树木上获取插条。由此得到的植物在遗传层面上是相同的，但在物理上各自独立。取自杨树和柳树的枝条特别容易种植，因为只要它们没有变得干燥，就很容易生根。这项技术被用于为生物质能源、河岸恢复工程或防风林而种植的树种。其他可以无性繁殖的物种还包括苹果、欧洲红瑞木、榛树、欧洲甜樱桃、桦树、榆树和许多针叶树种。

通过添加菌根真菌促进生根的方法，可以使商业物种（如杂交落叶松和欧洲赤松）的大规模无性繁殖更加高效。更具技术性的是，体细胞胚胎发生（植物源自非生殖细胞）已被用于繁殖各个物种。还有微体繁殖技术，这是一项在20世纪50—60年代发展起来的技术，在繁殖某些用其他技术难以栽培的物种时尤其有效。这项技术涉及在无菌的实验室条件下，从种子或叶片碎片中复制植物的精确副本。如此培养的植物组织首先在含有生长激素、维生素、碳水化合物，以及其他必需矿物质和营养素的培养基（通常是某种形式的琼脂凝胶）中生长，然后再被移植到土壤中。该技术使具有理想的基因型（基因组成）或表现型（物理性状）的树木被大量复制。它在英国首次被应用于巨云杉优良树木的增殖，并在20世纪90年代被用于培育更有细菌性溃疡病抗性的欧洲甜樱桃。

榛树和其他树种的矮林通常采用压条法进行扩张或更新，即将枝条弯曲到地面，用楔子钉住，并用小草皮覆盖，从而促进新根的生长。萌蘖是另一种自然再生的方式，新芽从木本植物的根部萌发出来。在樱桃、榆树、李子和杨树中，萌蘖尤其明显。

大自然提供了一个可悲的完美例子，即通过荷兰榆树病展示了无性繁殖所具有的危险性。这种病害摧毁了整个欧洲的英国榆，因为该物种的遗传变异程度很低。光叶榆相对更不易受影响，因为它的基因更具多样性。在道德层面上，植物种植者有责任确保向市场投放的植物中存在最大的遗传多样性，尽管很多经验教训仍有待吸取。

在播种和育苗时，有3个主要阶段是任何规模的作业所共有的，无论是在穴盘和容器中

栎木银莲花（*Anemone nemorosa*）原生于英国，并且是古老林地的一种标志，在早春开花。它的单花通常是白色的，但也可能是粉红色或者淡紫色的，生长在短而细的茎上，上面的叶子三片轮生，并且每一片分裂成三部分。这种植物通过被称为“根状茎”的木质地下茎扩散，通常能够覆盖大片区域。

单独播种，还是在苗床上播撒或条播。首先，将准备好的种子播种到保持湿度的合适土壤中，浅浅掩埋，深度通常不要超过种子直径的 2 倍或 3 倍。其次，创造刺激种子萌发的恰当环境，既可以通过人工控制——在室内或者遮蔽物下播种，也可以在户外播种，使种子适应最佳季节条件。对许多树木而言，种子的萌发需要受到每日温度波动的刺激，尽管深休眠的种子在低于 10～15℃的温度下萌发率较高。种子需要得到保护，使其免受如蛞蝓、蜗牛和老鼠等掠食者，以及极端的温度和湿度的侵害，同时还要保证阴凉和通风。

最后，发芽的幼苗要被重新分隔，如果发芽过多，则挑出较弱的植株或移栽幼苗。这样做的目的是培育 1～2 岁的强壮幼苗。在商业苗圃中，一些幼苗会定期进行根切（根部还在地下时便将其切断），从而帮助提升并刺激须根（由细根和毛根组成）生长。然而，那些有深主根的物种，例如橡树和胡桃树等，在根部不受干扰的情况下生长得更好。

如今，大约 60% 的苗圃树木生长在小容器或穴盘中，根据穴盘的体积、树高和根颈（树干和根部的连接处）的尺寸销售。穴盘中生长的树木具有许多优点，包括种植时的根系干扰减少，种植季节延长，在通常情况下可以向堆肥中添加缓释肥料等。不带土壤或者容器销售的树木被称为“裸根植物”，需要按照它们在苗圃中生长的时间长度、是否进行过根切，以及株高来进行分类。例如，“IuI”幼苗指的是一种两年龄的植株，在一年龄时完成根切但未移植，而“I + 0”指的是一年龄但尚未移植的植株。“籽苗”所指的植株通常为一年龄；“移植苗（transplants）”指的是已被移植，并且在正常情况下已经有 4 年树龄、长至 90 厘米高的植株；“幼树苗（whips）”由种子或扦插产生，其强壮的主干可能高达 125 厘米；“羽毛”树（‘feather’ tree）比幼树苗树龄长且树形更高大，树高一般在 150 到 175 厘米之间。除此之

西洋梨与苹果和榅桲一样，会结出一种称为梨果的肉质果。它在植物学上被分类为假果，因为外部可食用的果肉是花柄的膨大端，而不是子房。子房是包含种子的核。西洋梨的果肉还含有石细胞，使之具有颗粒状组织。这个果实与第10页展示的花采集自同一棵树。

外，树木通常作为“标准木”出售。

果树几乎都是嫁接的，按树龄和树形分类：从“幼树”——一年龄的树干，到“羽毛幼树”“灌木”“半标准木”和1.8米的“标准木”。对于树高超过4米的树木，如今可以依靠机器种植或移动，提供即时景观或绿化。但是，由于所需的金钱和土地复田护理成本高昂，这种方法只适用于城市空间和景观美化项目。

建植技术

农业已经从几个世纪的机械发展中受益，但相比之下，简陋的铁锹仍然是造林者种植树木的首选工具。男人或女人直接接触树木，用双手将它们放入土壤，再用双脚进行假植——不能使用任何机械敲打。在英国，有两种类型的铁锹受到专业种植者的青睐。“施利希型”以杰出的林业工作者威廉·施利希爵士（Sir William Schlich，1840—1925）命名，他是牛津大学林业计划的创始人，也是五卷本《林业手册》（*Manual of Forestry*）的作者。这种铁锹有浅凹陷和圆尖的锹片，“曼斯菲尔德型”的锹片则深而窄，两种类型显然都是为了保护种植者的脚而设计的。它们的木杆全部用钢包住，几乎牢不可破。在黏性土壤中，最好使用高质量的不锈钢铁锹，因为它们没有会截留土壤的特征。有时需要用鹤嘴锄来打破坚硬或多石的地面。可以使用专门设计的空心栽培工具，把一些生长在穴盘中的树苗种植在准备良好的土壤中。

定植苗木必须格外小心，因为再没有比种植一棵枯木更徒劳无功的事情了。裸根苗或移植苗通常25棵一捆地以塑料袋包装供应；不应该将它们堆放得超过3米高，也不能粗糙地处理。袋子的顶部保持密封，直至需要时再开启，防止细根干燥，并且它们不应该放在冻土上。在田间种植时，每台种植机应该携带或佩戴一个较小的种植袋，根据尺寸的大小，一次可容纳 25～50 棵树。如果移栽植物从苗圃采收后的几天内不能种植，可以在靠近种植地点的简单沟渠中进行假植，小心地覆盖所有根部，避免气穴，确保细根毛与潮湿的土壤保持接触。在准备种植前，穴盘苗或者容器苗可以存放在田间，但应保护其免受害虫和极端气候的影响。

树木应该在休眠期间种植。对于裸根树木，这意味着秋季落叶之后和春季开始生长之前。需要注意的是，在叶片变红之前，根部往往会变得活跃。穴盘苗几乎可以在一年中的任何时间种植，不过最好避开春季最活跃的生长期。挖洞太深或太窄都属于常见错误。裸根树木只需要把它的根颈种植在地面以下——这是它在苗圃中种植的深度，否则树木就会失去稳定性，树干可能腐烂甚至被自己的根部扼死，因为这些根部为了寻找水分而被迫长到表面，并在随后几年里随着扩大而缠绕在树干上。其他的常见错误包括种得太浅（根部暴露而导致干燥）；将根部挤进挖得过小的洞内；种植在岩石、硬土层上，以及侧面或底部光滑的洞中（常见于黏土）；种植后没有充分压实，导致在根部留下气穴等。

虽然可以小心谨慎地种植少量单株树木，但每天种植 400 棵甚至更多树木的林业工作者必须采用快速技术来避免这些隐患。无论是单槽，还是带有双槽的“T”形，都是由铁锹制成的，树木被轻轻地插入槽中。一年后，85% 的存活率是一个合理的目标。

栽培的另一种替代方式是直接播种。近年来人们采用了各种技术，尤其是为了创造自然外观的原生林地。降低造林成本的同时提高木材质量（由于树木的高密度）是有可能实现的（通过使用农业规模的机械）。然而，常见的困难包括时好时坏的种子活力，鸟类和啮齿类动物的掠食，以及更大层面上的，控制竞争性杂草的挑战以及特定树种（如悬铃木）占据主导地位的趋势。20 世纪 90 年代，曾有实验将树木与农作物（如亚麻籽或大麦）的种子直接一起播种。关于直接播种技术的研究仍在进行中，迄今为止，得到的结果由于变化太多而不能成为标准操作。

由于树木的种子从其母树能够传播的距离有限，在建立新种植园时，天然再生所能发挥的作用很小。然而，当林业工作者试图扩大现有林地或加宽树篱，以创造杂木林或矮林时，这可能是一个有效的自然过程。某些物种，特别是欧梣和桦树，会大量再生，形成茂密的林地并产出高质量的树木。

复田护理

> 我们的主要种植园现在已经完成，森林里生长着各种各样的植物。但是，这些劳动究竟都为了什么？还有花费的时间和不可挽回的支出？除非我们幼嫩的植物从此得到足够的保护，免受一切外部伤害。
> ［J. E.］

矛盾的是，复田护理甚至在树木种植之前便已经开始了。细致的准备可以极大地减少未来的开支和麻烦。应该解决土壤压实的问题，从而改善树木的种植；这对单株种植穴和农田中的犁底层同样适用。在退耕地上播种伴生植物有助于新种植园的建立，例如种植苜蓿固定大气中的氮，或者种植轻谷类作物（例如以正常播种量的三分之一播种大麦）以提供遮蔽，尤其是如果在每棵树周围 1 米的范围内使用过除草剂。在树木种植前施用长效残留除草剂，可以减少下一个生长季中杂草的竞争。

必须控制竞争性植被，但正确的方法至关重要。在以新种植的树木为中心 1 米宽的区域内，杂草应该通过人工或用地膜、除草剂清除。尽管在定期修剪的草地上种植树木仍然十分常见，但有研究表明，这比什么都不做对树木的生长更有害，因为割草反而会刺激其旺盛生长，与树木形成竞争。

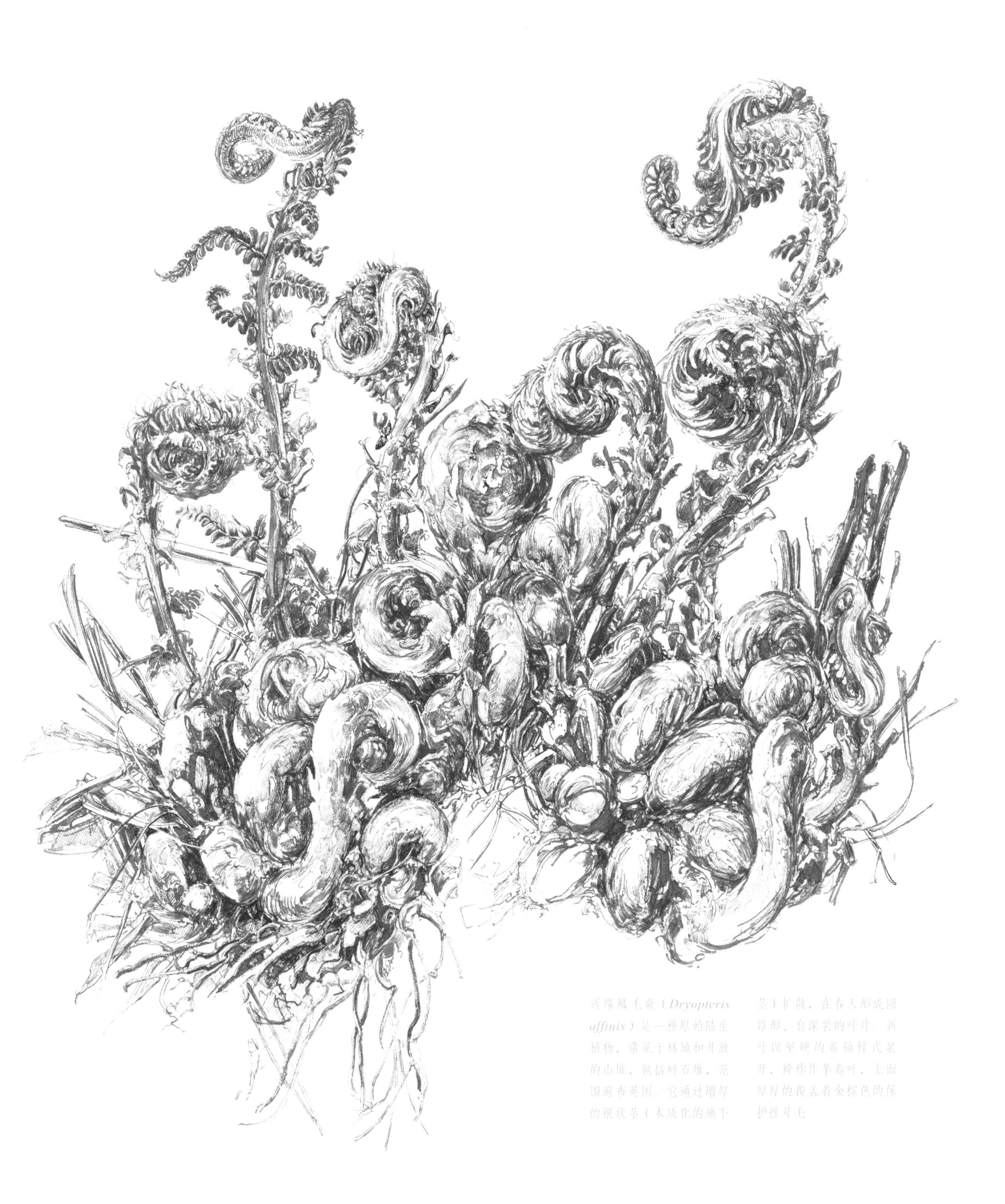

近缘鳞毛蕨（*Dryopteris affinis*）是一种原始陆生植物，常见于林地和开放的山坡，包括碎石堆，范围遍布英国。它通过增厚的根状茎（木质化的地下茎）扩散，在春天形成圆锥形、有深裂的叶片。新叶以坚硬的卷轴样式展开，被称作拳卷叶，上面厚厚的覆盖着金棕色的保护性茸毛。

新种植的树木极易受到食草哺乳动物的伤害，包括农场饲养的家畜。在规模较大的情况下，唯一可行的保护措施是建立防畜围栏，并且采取具体措施来防范野生哺乳动物。埋在地下以防止挖掘的细网可以阻挡兔子和野兔，而对鹿则需要设置高达 2.1 米的围栏，具体方案均取决于生物种类。对于较小的种植园，单独的林木保护管可能是更好的选择。除了防止被啃食外，塑料管还提供了一个小气候，促进树木更好地生长。

这种林木保护管是由格雷厄姆·图利（Graham Tuley）发明的，因此有时也被称为“图利管”。20 世纪 70 年代后期，他在林业委员会工作期间负责开发一项解决方案，旨在使用阔叶木扩大英国各地的农场林地。所谓图利管，实际上是一种直径约 10 厘米的塑料管，高度各异，于 20 世纪 80 年代首次在英国投入使用，但直到过去 10 年间才在美国流行起来。如今，每年都有数以千万计的图利管被生产出来。选择图利管时，重点在于将高度与预期的危害［兔子需要 60 厘米、野兔 75 厘米、鹿和西方狍（*Capreolus capreolus*）1.2 米、小鹿和马鹿 1.8 米］以及树种结合起来。例如，研究表明，过高的图利管会对胡桃树产生不利影响，由于霜冻导致反复的顶梢枯死（茎或枝条从顶端开始枯死），还有许多灌木物种会受益于超宽的图利管或开放式防护罩。不幸的是，许多土地所有者没有在树木定植后移除图利管，并且由于目前没有真正可生物降解的设计，我们的景观被搞得乱七八糟。如果在原地放置太久的话，这些图利管还会损毁树木的外形。

野草莓（*Fragaria vesca*）也叫作林生草莓或高山草莓，是一种遍布英国的原生植物。它与苹果、梨和榅桲属于同一个科，花朵具有相同的形态。这种植物通过种子繁殖，利用匍匐枝扩散，并在顶端生长出新的植物。随着这些新植物变重，它们会接触到地面并生根。

应避免在种植园条件下浇灌新栽植的树木。不同于在景观规划或城市地区种植的大型标准木通常必须单独浇水，浇灌每公顷2,500棵树木将是一项令人望而生畏的任务。在初冬而不是早春开始种植，并使用小的栽植材料将灌溉的需求降到最低程度，这样做能使树木的根部更早定植。事实上，研究表明，从长远角度来看，灌溉可能会产生相反的作用，因为树木可能不适应真实的生理条件，并仍无法耐受随后的干旱期。施用大量的有机地膜可以减少地表土壤的蒸发。如果预计将出现干旱，可以在种植前施用保湿凝胶或采用浸根法。菌根菌剂可以改善（根部被浸过的）树木定植后的生长，尤其能提高其耐旱性。菌根是真菌与植物根部之间的一种相互（或共生）关系，真菌有效地延伸了树木生根的深度和宽度，同时与其共享资源。已发现有两种不同的菌根类型：内生菌根（见于桦树、欧榛、橡树、欧洲赤松）和外生菌根（见于欧梣、杨树、接骨木、花楸、欧洲甜樱桃）。

肥料，主要是氮、磷和钾，是英国高地针叶树造林的基础，也被用于满足低地阔叶树的"营养需求"。如今，考虑到营养流失和与制造肥料相关的碳排放，最佳做法是尽量减少使用。取而代之，林业工作者应该为种植场地选择合适的物种或种源，并在必要时种植固氮伴生植物。此处，菌根菌剂再次帮助了树木获取营养物质，在退耕区域可能尤其有效。

成功建立种植园的最后一个阶段是通过"锤炼"来确保树苗完全存活，这意味着替换掉在种植后1到2年内死亡的树木。在这个阶段，种植失败的原因往往显而易见，林业工作者可以选择替代物种或锤炼出来的品种进行补植。

¶ 森林的管理

森林管理的造林原则取决于目标和场地。当以木材生产为目的的种植珍贵的阔叶树时，有两个基本目标：生产大直径的根段原木（越大越好）和减少分枝（因为每个侧枝都会导致木材缺陷）。体积对于针叶树而言非常重要，但由于建筑作为终端市场的重要性，强度也需要给予优先考虑，生长速率和年轮均匀性会对此产生影响。对于纸浆和生物质市场，体积的快速增长是最重要的。

一旦新种植的树木长至约1.2米高，造林者就会通过不断地除草和整形修枝，呵护森林度过幼林时期。当树木长至树冠封闭，活冠高于树顶高度后（称为杆材阶段：针叶树可达40年，阔叶树可达50年），就可以开始间伐并进行高修剪。紧随其后是第2次——甚至第3次间伐，最终，树木被砍伐、开采并再生。

¶ 修剪

随着增长，侧枝会产生与主干形成一定角度的年轮。当树干被锯成木材时，这些年轮变成可见的节疤。它们破坏了一些木材的外观，在另一些木材中则降低了结构强度。有的树木会进行自修剪，脱落那些由于光照不足而不能发挥作用的枝条，尤其是在树冠下层阴影处的树枝。然而，这些枝条在死亡后通常仍在树上继续保留一段时间，导致木材中出现“死节”。因此，林业工作者需要凭借人工修剪来提高树木的价值，有时也会出于其他原因而进行，例如安全（靠近输电线）或者外观等。

橘盖鹅膏菌（*Amanita rubescens*）是一种外生菌根：它与其他植物物种形成共生关系，分享营养物质，通常与欧洲水青冈、桦树、欧洲栗、橡树、松树和冷杉有关。它有白色的菌褶、浅褐色、有突起的菌盖，菌柄上有一个独特的菌环，幼嫩时还有球状的基部。如果被切开或擦伤，它的肉会变红。

修剪主要有两种类型：定型和高修剪。定型修剪的目的是让林地中的每棵树都有长成高品质树木的机会。在幼树阶段（树高 1.8 米或以下），一些树木需要靠定型修剪来纠正树形上的小缺陷。幼树可能会因栖息的鸟类、路边的盐分、引起单茎变为多茎的害虫或霜冻而受到损伤，其中霜冻会破坏顶芽，导致形成分叉（欧梣的常见缺陷）。不良的基因可能会导致树木分枝严重或陡峭，形成椭圆形的节疤，影响木材较长的部分。有时，由于管理不善，如用割草机粗暴地除草，或者图利管的尺寸不合等，还需要采取补救措施。

在这个时期，对每棵树只要花费占其全部生命不到一分钟的时间，便能决定它是否有潜力生产有价值的木材。修枝剪被用于去除竞争领先的、过大和不合理的枝条。用锋利的工具干净利落地完成切割，在树木之间进行消毒，以减少交叉感染的机会：工业甲基化酒精优于其他化学品，尤其是漂白剂——这对植物有剧毒，并会腐蚀工具。理想情况下，伤口的宽度应小于 25 毫米，以尽量减少感染的风险。较小的树枝不太可能含有心材，因此能更快地愈合。当环境需要切割较大的茎或枝时，修枝剪或小型修枝锯或许能派上用场。有时候，如果一棵树的树形很差，常规的定型修剪无法提供解决方案的话，那么它可能会被伐倒：砍到它的基部，随后单独挑选新发的嫩枝。

高修剪是清除前两米以上的所有树枝（通常至高出地面 6 米处）。在此高度以下，可以进行定型修剪或修低枝。通常情况下，高修剪只能对选定的树木实施，因为这可能是一项昂贵而耗力的工作，应限于那些表现出成为最终作物潜力的树木。高修剪的目的是减少木材中因持续分枝而形成节疤的数量和大小。如果多节的核心——会导致木材的质量较差——仅限于树木的中心，那么锯木厂会更容易处理。

根据树种和预期市场的不同，树木可以被修剪到 6 米树高处（甚至更高，尽管这不太可行）。一般情况下，高修剪是在相隔几年的两次或多次操作间进行的，因为活树冠的高度至少应该是树木总高度的三分之一，最好是一半。因此，当树高 7 米时，不可能将所有 6 米树高以下的枝条全部清除，也不能延迟至树高达 12 米时再修剪，因为到那时，下部的侧枝已经长得过大（请记住，修剪应在侧枝直径达到 25 毫米之前进行）。修剪时，采用装配有修枝锯或修剪刀片，通过绳索或滑轮操控的长柄或伸缩杆。锯片通常是弯曲的，并且有倾斜的锯齿，以便在向下的冲程中发挥作用。另外一些锯片则具有凿身，在切口的底部可以根切，最大限度地减少撕裂。准备好安全帽和护目镜是进行作业的先决条件。即使存在一些阻碍，这也是一项非常令人满意的工作。

修剪技术，无论是定型修剪还是高修剪，都非常重要。当活的树枝被清除后，树干上就会形成伤口。树木会把伤口组织分隔开，或在其周围形成一道屏障，树皮中的活组织随后开始从外部将其覆盖或封闭。随着树木的生长，整个伤口最终被扩张的愈伤组织封闭并“吞噬”。这种自然过程取决于正确的技术，其中包括保留树皮脊——侧枝和树干之间分叉处正上方的凸起区域。一个常见的错误是切割位置太靠近主干，这会损坏树皮脊，造成过大的伤口。

与此相反，切割位置距离树干太远并留下分枝短管，则意味着树木需要经过多年生长才能覆盖伤口。另一个常见的错误是切割与树干齐平的大侧枝，这会导致树干上的树皮或伤口下面的木纤维撕裂。对这于类侧枝，应该首先切割以减轻其重量，然后按照推荐的方式修剪至与树干齐平。人们曾经一度认为，修剪后的伤口需要进行处理：伊夫林主张对它们施用粪肥。另外在20世纪，焦油和其他治疗方法被认为是有益的。但是，覆盖修剪伤口的做法如今已经不再受推荐。

从某种意义上说，修低枝是修剪的另一种形式，指的是在一片林地中对其低矮的活枝或枯枝进行修剪，通常作业至2米树高处。这种操作多见于针叶林，否则林地会变得难以通行。修低枝可以改善通行情况，使林业工作者观察到树木的生长状况，或令购买者能够检查林地的间伐作物。可以选用专业修低枝锯和斧凿，不过，针叶树树干下部的枯枝往往可以用棍棒或钝器轻易地敲掉。

¶ 害物防治

许多独特的树种都容易受到特定害虫和病原体影响，第三章中已经专门对此进行过讨论。但也有一些麻烦的常见危害，其中北美灰松鼠对阔叶树最具危险性。它于1876年通过柴郡的一个私人庄园进入英格兰，并于1892年进入苏格兰，使种植具有经济价值的健康阔叶树几乎失去可能性。它们会在树木达到“顶级”阶段时剥掉树皮，尤其是对欧洲水青冈和悬铃木等薄皮树种，而这正是林地所有者熬过了棘手的定植阶段，开始见证树木潜力的非常时刻。最乐观的情况下，树皮的剥离会削弱树木，使其更易受到病原体的侵袭，并减缓生长速度。但是，如果树皮被环剥（树干周围的一圈树皮全被剥掉了），就会导致树液流动被切断，造成树木快速死亡。

人们尚未完全清楚灰松鼠剥皮行为的原因，尤其是对于在有灰松鼠原生的橡树和山胡桃林地中工作的北美林业工作者，这种奇怪的现象几乎是无解的。在英国，它们与繁殖期的攻击性和对韧皮部糖类的进食需求有关。灰松鼠的输入带来了严重的生态后果，比我们原生的欧亚红松鼠更甚，因为灰松鼠具有侵略性并占据优势地位，能够在混合林地中更高效地进食。最关键的是，它们是松鼠痘的携带者，这种病毒不会对其自身造成影响，对红松鼠却是致命的。除了一些孤立的小区域（例如怀特岛）之外，红松鼠已经从英格兰和威尔士的大部分地区消失了，苏格兰的低地峡谷也逐渐难觅它们的踪影。林业工作者试图通过射击、诱捕和有针对性地投毒来控制灰松鼠的数量，但没有哪种办法是万无一失的，特别是当它们在邻近的林地、公园和私人花园中不受控制的时候。

然而，目前人们正在考虑一种可能的解决方案：将松貂重新引入英格兰的森林。爱尔兰西南部的林业工作者发现，这种专业的树栖捕食者在减少灰松鼠数量方面可以带来引人注目的效果。原因不仅在于捕食，还因为它们的出现既能增加压力，又能降低松鼠的繁殖合宜性。红松鼠的体重只有灰松鼠的一半，可以逃到树枝尖端，似乎受影响较小。这样的提议可能会在英格兰的环保主义者中引起观点的两极分化，因为松貂也会袭击巢居鸟类的巢穴。

鹿是另一种严重的危害，尤其对于初期的种植园、灌木林地和成熟的针叶树种植园。马鹿和狍，以及引进和归化的獐（*Hydropotes inermis*）、黇鹿（*Dama dama*）、梅花鹿（*Cervus nippon*）和小麂（*Muntiacus reevesi*）等，都会以啃食行为对英国林地生态造成有害影响，还会影响植物的多样性（例如更偏爱啃食某个物种）。近几十年来，由于狩猎减少，它们的居群迅速扩大，引起了极大关注。鹿为我们参观林地增添了乐趣，并且它们的存在对一些栖息地可能是有益的。但是，如果鹿的数量无节制地增长，就会

第324—325页：大蟾蜍（*Bufo bufo*）是一种夜间活动的两栖动物，在潮湿的森林、林地、田野和花园中常见。在那里，它们猎食石头、原木和裸露树根下的无脊椎动物。在春天，蟾蜍成群地迁徙到繁殖地。

引发严重的生态问题。保护树木，如建立树篱和围栏等，是减少损害的方法之一，必要时也可以进行扑杀。鹿肉和运动权利租赁存在着一个有价值的市场，但鹿的管理对于林地所有者而言，几乎都是以净成本为代价的。

间伐

间伐是对林地中树木的定期砍伐，那些树形差或者与优质树木形成竞争的植株，都会成为最终的主伐体。非林业工作者可能会好奇，为什么最初会种植这些“额外”的树木，这个问题很容易解释。在被砍伐之前，它们是平等的伴生种和光线的竞争对手，有助于保护和矫正邻近的树木。在整个轮作生长周期内，间伐可以带来一定的收入。间伐的做法也会考虑到由病害或暴风雨造成的损耗，据此重新调整作物间距或物种组成。清除病树可以改善林分的健康状况，对森林地被物的干扰可以刺激地面植物群，为自然更新提供机会。在一片每公顷种植树木 2,500 棵的典型林地中，根据物种的不同，反复间伐后的最终密度大约为每公顷 100 棵树。

间伐既是一门艺术，也是一种实践，对于这门艺术，造林学家比与树木打交道的其他专业人士都更擅长。这是门很复杂的艺术，需要熟练地操作测量设备，掌握图表和表格方面的相关技能，还要有一双经验丰富的眼睛。在开始间伐之前，必须明确管理目标，因为在林分的设计和建立完成后，间伐是影响森林生长和发展的主要方法。

基部面积是决定间伐水平的重要因素，指的是一片林地中所有树干的横截面积——在胸高 1.3 米处测量，通常以平方米每公顷表示。它可以通过对林地中所有树木进行测量来计算，但在这样做完全不现实的大面积地区，则需要使用速测镜来估计。该仪器可以直接测量树木的直径、高度、斜率和距离等，包括高端的林分速测镜，或更简单实惠的楔形棱镜速测镜。

林业工作者使用产量等级来描述林分的长期生产力，并将其应用于其中的各个物种，以每年每公顷产出多少立方米的木材表示。它为评估未来增长和潜在生产力提供了信息，并帮助确定间伐和采伐作业的时间。在英国，产量等级包括从位列第 4 级的低质林地的树木，例如高地上的阔叶树，到位列第 28 级或者更高的、生长在低地肥沃土壤上的最高产的针叶树。

间伐有两种方式：选择性的或系统性的。选择性间伐可以根据树木的品质，选择将其保留或砍伐。系统性间伐是一种粗暴的方法，树木被按照某种预定的系统砍伐，例如行、条形或人字形模式等。生搬硬套可以很容易地达到所需的林分密度，但在提高林场质量、改善物种组成或结构的多样性方面几乎没有任何作用，因为没有将局部变化纳入考虑范畴。

不同类型的林地采用的间伐操作各不相同。在同龄林地中，树木为光照、营养和水分展开激烈的竞争。在间伐操作后，保留下来的树木因资源的增加而快速生长。树冠上形成的空隙使留下的树木能够保留更高的树冠，同时，森林地被物得到了更多的光照，可以增加生物多样性并刺激天然再生。但是这也有不利的一面，例如树冠上的空隙会增加风倒的风险。混合林地中的间伐更加复杂，具体取决于其中的物种。与单一物种的林场相比，混合林地中间伐的任何延迟都更有可能导致严重的后果。需要有良好的营林技术来“读懂”林地，理解每个物种的需求。例如：它们是需光的还是耐阴的？如何使各种树木得到最好的生长，满足不同的市场需求？在同时包含需光和耐阴物种（如欧梣和欧洲水青冈，或落叶松和欧洲云杉）的混合林地中，推迟间伐时间将有利于耐阴物种。

另一种间伐形式是最终作物间伐，这既可以应用于同龄林地，也可以应用于将这种林地转变为异龄系统时。它专注于选择将主导林地的最终作物树，并且可能伴随着在一片优质阔叶树林地中对选定的最终作物树进行修剪。

间伐的程度取决于所需最终作物树的数量，而这又可以根据物种的目标胸径进行计算。例如，在阔叶林中，对于60厘米（管理表中采用的标准直径）的目标胸径，欧梣、橡树或悬铃木应保留每公顷60～80棵。对于欧洲水青冈、桦木或欧洲栗树，每公顷应有90～120棵。珍贵的阔叶树林地的间伐强度必须加以管理，既是为了避免最终作物树的冠层底部因穿透到较低枝条的光照过少而枯死，同时也是为了得到最佳树干直径。在针叶树林中，如果目标胸径为60厘米，则应该间伐至每公顷130～200棵花旗松、欧洲云杉和巨云杉；70～100棵落叶松；240～260棵北美乔柏；150～180棵欧洲赤松和科西嘉欧洲黑松。

在规划和进行间伐作业时，风倒的风险是一个重要的考虑因素，尤其是在针叶林和高地。一般而言，树木的支撑根只能延伸至其树冠的宽度，所以间隔密集且树冠狭窄的针叶树如果突然失去遮蔽，就很容易受到风害。该风险由许多相互作用的因素共同决定，包括树种（这决定了冠形、根系结构和树干的弹性），场地特征（海拔、遮蔽情况、土壤）和管理概况（场地准备和林地密度）。当风倒的风险很高时，间伐作业应尽早进行，并且比平时程度更轻、更频繁。对抗盛行风的森林边缘应该进行比主林地更重的间伐，使这些树木能够形成更大的树冠和根部区域，从而增加其稳定性。如果风倒的风险非常高，就不能再进行间伐。

采伐

伐木工人曾经依靠力量和技巧使用斧子和横截锯。如今，伐木工人（在美国被称为lumberjacks，因此在第二次世界大战中的英国被称为lumberjills）使用电锯或机械化收割机——除了在某些国家机械化被禁止的几个自然保护区。

在19世纪，许多奇妙的伐木机械被开发出来，其中包括一台可由4名男子扛着的蒸汽动力锯。林业的机械化革命伴随着电锯的使用到来，德国工程师安德烈亚斯·斯蒂尔（Andreas Stihl）于1929年得到电锯的专利。在个体伐木工人的手中，它是在陡峭的山坡上伐木，处理个别树木或复杂的林地时的首选工具，例如那些连续覆盖管理下的树木。操作电锯是一项技术工作，需要良好的体能，而且会伴随相当大的人身危险，主要来自锯齿和被砍伐的树木。

几个世纪以来，采伐的行为——甚至艺术，都被原封不动地保留下来。定向或凹形锯口由两个切口组成，用于取出大约为树干直径三分之一的楔形物。被移走的这部分决定了砍伐的方向，并使树干能够在倒下时滚动。伐木上（锯）口在相反的一侧，位置略高于定向切口，从而保证有一个狭窄的木条可以作为定向锯口和上（锯）口之间的合页。

机械化收割机与转送装置确保了现代伐木工人的脚不必接触森林地面。相反，伐木工人安全舒适地坐在驾驶室内，免受恶劣天气的影响。收割机可以是轮式或履带式的，具有高度灵活性，延伸的铰接式吊臂上面安装有收割头。收割头包括一个液压驱动的链锯，用于切割树干，还有两个在切割过程中抓住树木的机架辊，迫使树木通过一组砍伐枝丫的刀片。内置传感器可测量树干长度并计算体积，数据存储在机载计算机上。一些采用最先进技术的收割机通过计算机与锯木厂相连，确保供应满足需求。

开采和运输

对一度需要依靠马匹力量的锯木厂而言，将砍伐的木材搬到路边是件费时费力的工作。在现代森林中，人们对利用马匹进行采运工作的兴趣正在复苏，因为与现代侵入性的机械相比，马匹对森林环境的影响程度更低——至少在小范围内，并且在陡峭和敏感地点的优势无

出其右。理想的马种小巧有力，阿尔登马（Ardennes，又写作 Ardennais）是一种受欢迎的选择。采用“集材拖拉机”（通常是有两个轮子和一台手动绞车的简单框架）将原木拖拽出来时，一般提起原木的前端，防止其在移动过程中插入地面。

对于更大型的商业运营，机械马力由传送装置提供。这可以采取多种形式，从带液压臂的牵引拖车，到一次能运载 20 吨的专用机动式车辆。在山区，移动锚索被设置用于沿斜坡提升或降低原木，其过程类似升降椅。这就是所谓的架空运木，是一种对环境友好的方法。对于需要将大规模的林木从优先种植粮食作物的低地，运送到难以到达且低产的高地区域，以保证优先种植粮食作物的情况，这种方法可能会被更多派上用场。它的一个更极端的版本是直升机运木，即驾驶直升机提取木材。尽管局部影响较小，但从更广泛的意义上来讲，这种方法并不环保。

虽然水运曾经是运输原木唯一可行的方法，但木材大多数还是通过公路，有时是通过铁路被运送到最终目的地。水道决定了生产性林业的主要区域，如格洛斯特郡的迪恩森林，以及锯木厂和木基工业都在下游选址。在美国和欧洲的一些地区，特别是德国和斯洛文尼亚，大型木材筏一度常见于天然水体，原木被捆绑在一起形成巨大的漂浮筏，或漂浮或被拉到水边的锯木厂。它们经常运送人、牲畜和森林产品，包括野味和皮草。

重新造林

在间伐和开采之后，种植新一代树木在战略上是合理的，在道德上也是正确的，林业工作者称之为“补种”。建立一片新林地来取代被砍伐的树木，则被称为“重新造林”。理想情况下，应该鼓励通过对林地破坏最小的方式重新造林，尤其是在半天然林地和敏感地区。然而，在必要的情况下，可以利用各种耕作方式准备土地，包括深耕底土和犁耕，以进行补种。可以通过减轻土壤压实的程度、改善排水、增加营养等方式提高栽培树苗的成活率，促进其生长。但是，干扰土壤对环境造成的影响——无论是在土壤和植物生态学方面，还是对土壤侵蚀和水资源管理的潜在影响等，都必须予以考虑。

自然再生是促进新一代树木生长干扰最小的方式，还可以通过栽植或直接播种加以补充。植树造林的规则同样适用于重新造林，涉及苗木的来源、处理和种植，以及保护幼树免受病虫害和杂草侵袭等问题。一些先锋树种，例如桦树等，通常可以在某些地区自由再生，成为其他物种的优良伴生种。但是如果不加以控制，它们就会取而代之占据主导地位。在英国的一些高地地区正在进行测试，以每公顷播种数以万计的桦树种子作为一种节约成本的手段，取代以前的针叶树林地。

规划

适当的规划对于林地的长期可持续性发展至关重要。满足当前需求的同时不影响子孙后代的需要，是可持续管理的核心。备受推崇的英国林业标准（UK Forestry Standard，UKFS）为林地所有者和管理人员提供了明确的指导方针，涵盖生物多样性、气候变化、历史环境、景观、人类、土壤和水等要素。针对林地的管理，一份书面计划是最基本的要求，因为考虑到林业的长时间跨度，知识和愿景需要以一种可传递给未来所有者或管理者的方式被记录下来。收集数据和信息的过程会带来对林地真正的认识和深刻的理解，这反过来又有助于决策的制定，使机会得到利用（例如确保林分及时进行间伐）的同时避免错误。

在英格兰，只有 47% 的私人林地有某种形式的管理计划。苏格兰和威尔士的情况大抵相同。我们并不确定这是否意味着它们受到了忽视或管理不善，但很显然这是不可接受的。互联网为林地所有者提供了新型管理方式。例如，森林志基金会的“我的森林”服务（myForest service）为林地所有者和管理人员提供测绘工具、一种 UKFS 管理规划模板和各种交流选项，这促进了林地所有者间的沟通，并帮助打通他们与木材市场间的渠道。如果我们大部分的林地都有相应的管理计划，那么就可以相信，我们的森林资源正受到可持续的管理。

木材及其用途

木材，或者说锯材，指的是被砍伐树木提供的木头，可以分为两大类：来自阔叶树（被子植物）的硬木，和来自针叶树（裸子植物）的软木。“硬木”和“软木”这两个术语并不总是与硬度有关。例如，巴尔杉木作为一种硬木，实际上是最轻且最柔软的木材，而红豆杉是一种非常坚硬的软木。

在造林技术和环境的共同作用下，树木的生长方式极大地影响着木材的特性和品质。林业工作者致力于凭借挑选合适的种植区域，辅以良好的造林技术管理作物，种植出一片满足特殊市场的林地。但这是一项长期的赌博——尤其是阔叶树林地，它们可能要等 150 年才能砍伐。简单的错误或忽视就有可能产生深远的影响。生长在沙壤上的欧洲栗树容易摇动，并且可能永远无法产生结构坚固的木材。在霜害发生后，没有经过定型修剪消除叉状枝条的欧

未成熟时，欧洲蕨（*Pteridium aquilinum*）形成紧密的拳卷叶，称为羊齿叶。这种大型原生蕨类植物常见于英国的林地和荒原。它是一种适应性很强的先锋物种，可能具有侵略性。欧洲蕨的嫩枝给大量蛾和蝴蝶的幼虫提供了食物，而这些幼虫反过来又能供养鸟类。

桦幼树几乎不可能产生竖直的木材。从未经过高修剪的落叶松林不能满足造船者的要求，如果没有保持树干上的树枝被清除，胡桃和欧洲甜樱桃种植园也无法产出用于贵重饰面材料的无缺陷木材。更为精细的，是光照管理对林地如何间伐以及作物“释放”造成的影响，这可能进一步对生长量发挥作用：如果突然改变，年轮或许会不均匀，并由此产生不稳定的木材。倾斜的树木会在其树干中生成“反应木”，用于对抗重力的影响。不同的树木有其各自的反应方式，这取决于它们是否属于阔叶树种——阔叶树在这种情况下会在上部形成应拉木或软木，在下部形成压缩木。这种反应木同时存在于硬木和软木中，使切割下来的木板在干燥时容易产生更严重的收缩，造成扭曲和木材结构劣化。影响木材质量的另一个因素是生长速度。一般来说，针叶树生长得越快，其木材越差。阔叶树的情况恰恰相反，但只在一定的范围内。400年前，欧洲人为了获取木材而从南非海角引进的橡树生长速度极快，尽管这看起来令人印象深刻，木材却毫无价值。英国的气候变暖可能会刺激树木生长得更快，并因此影响木材的属性。这既有积极的一面，也有消极的一面。

有时，木材会沿着其长度方向在内部开裂，两种主要形式分别是环形开裂和星形开裂。环裂指的是木材沿着年轮线开裂，星裂是指木材沿着射线开裂，裂纹通常呈星形。对于一棵生长中的树木，往往没有确定的方法来判断是否存在开裂，只有当它被砍伐，甚至木材已经干燥后，这些严重的缺陷才会浮现出来。在一些相对老龄的树木中，有时会有一些提示存在裂纹的线索。当木材因倾斜、扩张和膨胀而产生张力时，更容易出现环裂，槽状、螺旋状和深树皮裂缝都是危险的信号。长期的实践让林业工作者认识到，种植地点是造成木材易于开裂的重要因素之一。最近，林业科学家还意识到遗传学具有同等重要性，仔细选择特定的树木基因型可以减少开裂。

在欣赏木材的外观时，人们通常会提到美丽的“纹理”。事实上，他们真正的意思是“图案”。所谓纹理指的是纤维和导管穿过木材的方向；它们在生长的树干中呈垂直分布，在侧枝中则为水平分布。木工在处理和塑造木材时注意的正是这种木纹，其方向影响着木材被加工和使用的方式。木板的末端纹理是横截面露出导管的地方，很难被加工成光滑的表面。

有吸引力的图案常见于某些具有对比鲜明的年轮或卷曲的生长形式的物种，例如树瘤（burr，美式英语中叫作 burl）——由丛生的不定芽形成的、在树干或树枝上的不规则的球状生长物，或其他特征。家具制造商和手艺人给不同的图案模式取了各种美妙的名字，例如熊抓痕、鸟眼、水泡、树瘤、波纹、卷曲、凹痕、小提琴、火焰、鬼魂、颗粒、斑纹、绗缝和斑驳（由真菌引起）等。

不同树种的木材在强度方面可能存在很大差异，这些已经在第三章中进行了介绍。根据用途的不同，强度或许并不总是那么重要。但是，在诸如建筑或船舶建造中，这一点则至关重要。我们的祖先很清楚不同类型木材的其他特性及用途：榆树在地下水管中的抗腐烂能力；欧梣用作工具手柄的柔韧性；黄杨被雕刻时细腻的纹理等。

木材转化

新石器时代的人类最先发明出将原木（圆材）转变成各种产品的工具，他们靠敲打燧石制成了锯。美索不达米亚和埃及的手工艺品很好地记录了工具更高级的形式，锯工在插图中对此进行了描绘。这些早期的手锯和后来青铜器时代的工具只是基础，并且往往不够精确，工匠们常常会利用砍、劈和刹等方式，将原木加工成合适的木材产品。

随着铁器时代的到来，锯片强度的提高带来了巨大的进步。斜锯齿的创新只需要锯工在

野生紫罗兰（*Viola riviniana*）在每年4月到6月间开出无香味的蓝紫色花朵，后面有宽距的刺。这种本地的多年生草本植物可以在除了最潮湿的和酸性的土壤之外的所有地方生长。它的心形叶片和茎从基部自由分生。

一个方向上切割，这改进了效率低下的非耙齿。已发现的铁器时代的锯子显示，它们的切削齿比锯条更宽。这个重要的发展意味着切口，或者说劈痕，会比锯条更宽，所以切割过程中的摩擦更少，可以防止锯条被木材卡住。框锯最早在铁器时代发展起来，但在罗马人那里得到了完善，它使脆弱的金属刀片被拉紧，减少了弯曲。实际上，罗马锯工使用双柄锯来砍伐树木和切割木板。他们还发展出了锯木坑，直到17世纪，这都是木材加工的主要方法。

一个锯木坑长达15米，宽近2米，通常很深地挖在靠近树木被砍伐的地方，以尽量减少运输。它们作为考古发现保存至今，分布在英国许多林地，例如在奇尔特恩，锯木工将木材切割后沿河流运往伦敦。如今，贯穿锯坑长度（侧边）和两端横梁（头基部）的两大类木材已经很难再见到。在锯切过程中，其他横木（横梁）在原木下移动，由木制的“扣”将其压住。两个锯木工人互相配合：上面的锯工是熟练工人，需要非常准确地引导锯片，而下面的锯工不得不在锯坑底部忍受双脚的潮湿和从上方掉落的锯木屑。两项工作都要求他们有巨大的力量和极佳的健康状况。

17世纪中叶，英格兰只有一家锯木厂。它由荷兰人于1663年修建，由于受到担心失去工作的当地锯木工人的敌意，这家位于伦敦附近的风力发电锯木厂很快就遭到遗弃。相比之下，在1640年的阿姆斯特丹及其周围地区，有大约60家锯木厂，最早的一家建于1592年。到了1731年，该数量增加到256家，此时法国、德国、斯堪的纳维亚、波兰、苏格兰和新英格兰的英国殖民地也出现了锯木厂。

第2版《森林志》(1670）收入了一家水力锯木厂的雕刻图像，但是直到一百多年后的1767年，另一家锯木厂才在伦敦莱姆豪斯建立。在英国艺术协会的支持下，它的建造耗资4,454英镑，共驱动锯子36台，就像它仿照的荷兰工厂一样。它曾遭到一群暴动的锯工的破坏，但在6个月后完成重建并投入使用，共计花费1,231英镑。令人惊讶的是，这项技术竟然耗费了那么漫长的时间才被英国——特别是海军采用。基本的锯木坑法在局部的木材转化中仍占主导地位，不过，从荷兰和波罗的海港口进口木板的成本更低，因为那里有无数蓬勃发展的锯木厂。

将木材从原木转变为木板主要有两种方法。最简单的是贯穿式切割，顾名思义，就是沿着原木的长度切割。随着与原木中心之间距离的增加，以这种方式切割的木板会因干燥而出现扭曲，这是由于木板两侧的张力不同，尤其是在锯工操作经验不丰富并且没有良好储存的情况下。贯穿式切割板广泛用于结构木材，如屋顶梁和托梁。这是最有效的木材转化形式，浪费最小，对木材的处理也最少。

另一种更复杂的转化方法是径锯法。第一阶段是将原木四等分。在再次锯切之前，每根四分之一的原木都会被旋转到其顶点的位置，以便使每块木板都是从原木的中心辐射切割而成。与贯穿式切割板正切的纹理相比，径锯板的纹理是放射状的。径锯法的效率低于贯穿式切割，因为不仅浪费增加，处理时间也是前者的至少两倍。但是这样得到的木板有更具装饰性的图案，并且也更稳定。这些特性使其适用于制造家具，以及其他更看重外观和稳定性的工艺品。在一些物种中，包括英国梧桐和橡树等，径锯的木板可以显示出髓射线的银丝带，备受家具制造商珍视。当原木中心腐烂或开裂时，可以通过切割原木移除受影响的部分来避免更大损失。在经验丰富的锯木工人手中，通过选择合适的切割技术，不同的树种和每种木材的最佳特质都会得到加强。

¶ 干燥

由于某些机械优势或者适合最终产品的环境，一些木材在未经干燥时便投入使用。例如，在湿木结构建筑中（“湿木”指的是未经干燥的木材），连接处被设计为随着框架的干燥而紧固，由此实现巨大的强度。在凿边、钻孔和锯切时，未经干燥的木材（通常是橡木）更容易操作。户外座椅大多由湿木制成，因为把经过干燥的木材制成的产品放置在花园或公园后，可能出现膨胀和变形等问题。

一棵活树和刚刚砍伐的木材中含有约50%的水分。当木材的含水量发生变化时，其体积也会随之改变：干燥时收缩，潮湿时膨胀（但通常不会所有方向都一致）。许多木材在潮湿时容易腐烂和滋生真菌，而干燥使它们能够抵御侵染。因此，为了满足大多数用途，木材必须保持干燥或进行风干。

一般而言，干燥分为两个阶段。首先是对刚切割好的梁和板进行风干处理。锯开后，木板按照它们在树木上的切割顺序重新放回到一起，使每一块都与其相邻的木板在一起。这让看重外观的制造商可以选择图案相似的木板，还可以把配对木板中的一块翻转过来，在成品中打造镜像效果。在一个名为“堆叠”的过程中，木板被水平堆放并用“板条”隔开，这些板条通常约18毫米厚，放在每块板之间。它们与下面的承木（较大的支撑木材）完美地排列在一起，确保成堆的木板远离潮湿的地面。板条位置的准确性至关重要，因为在每根板条之间要留出足够的间距（通常为50～60厘米），以防止木板在干燥时变形。最好在顶部以额外的边料重压，防止上面的木板变形。

整根锯开的原木都露天存放，但是需要避免雨水和阳光直射，因为这样会使木板快速干燥，导致开裂。对此有一条经验法则，即每英寸厚度的板材需要风干1年，这意味着4英寸厚的木板可能4年才能风干。在实践中，具体花费的时间还会随干燥地点的环境和物种而变化。木材吸湿，能够根据相对湿度和温度吸收空气中的水分或失水。当木材的含水量与环境湿度相同时（通常约为25%），就可以被认为已

三种长度的黎巴嫩雪松木材。这些木板被锯成不同的尺寸以适应不同的用途，然后堆叠起来。它们被放置在室外风干，并在干燥至少两年后销售给家具制造商。图中的木材由牛津郡阿宾顿的英国木材专家詹姆斯·宾宁（James Binning）提供。

经风干。

对于某些用途，风干的木材无须进一步干燥便可以直接使用。不过，在一般情况下，其含水量需要经由人工干燥进一步降低。通过在密闭空间内将木材加热至 60～70℃，再使用风扇排出湿气，人工窑干燥可以把含水量降低到 8%～10%。根据物种的不同，这个过程可能耗费几周时间，并且必须小心完成，因为干燥得太快会导致开裂或翘曲。一旦木材被烘干，就必须储存在一个干燥的环境中，否则它会重新吸收一定的水分。

¶ 饰面薄板

镶饰是一种古老而传统的艺术：香柏饰面薄板被古埃及人用于石棺。切割饰面薄板最大限度地利用了单一树木生产的木材，因为它被切至 3 毫米甚至更薄。这项技术使许多普通木材或重组木板制成的产品，由于使用优质树木的木材而转化为美丽的物品。

人们曾经用锯切割饰面薄板，这是一项非常有技术含量的工作，也很不经济。如今，通过对原木切片或剥皮生产饰面薄板：首先去除树皮，并在热水箱中浸泡（除了浅色木材，例如槭树和梧桐树等）1～2 天使其软化。原木可以在巨大的旋转车床上剥皮：木头抵着非常锋利的刀片转动，形成半连续的饰面卷。由于操作或多或少地顺着年轮，因此不会生产富含图案的饰面，主要提供制造所需的薄木片。

优质的原木通常在半圆或偏置车床上剥皮，这样可以调整原木的放置，使其以增强图案的方式被暴露和切割。这种方法通常用于生产胡桃饰面薄板，它们的原木从收获的树桩上切割下来，包括树瘤和根冠区（根部与树干连接的地方）。

在现代化的饰面薄板工厂中，平切单板是将木材抵住固定刀片制成的，过程中原木以惊人的速度上升和下降。切片或“弦切”饰面径直穿过年轮横切，这使它们看起来像普通的锯板。不过原木可以先进行四分之一径锯，从不同角度暴露出其纹理，产生更具吸引力的图案。平切单板多用于门、地板和大型板材等的工业生产。

每“页”饰面薄板都有“松”和“紧”的两面，这取决于最后接触刀片的是哪一面，两者在反光方面存在差异。这些“浅色”和“深色”的木板可以并排摆放，即细木工所谓的“顺花”拼木法。另一种拼木的形式是正反拼板法，即并排放置从原木相邻部分切下的木板，将其中一块翻转，与另一块形成镜像。

每种木材，甚至竹子，都可以制成饰面薄板。最具装饰性的来自具有丰富图案的木材，如英国梧桐、槭木或胡桃木等。任何带有树瘤或其他特征的树木（如克若利安桦木、波纹悬铃木或鸟眼槭木等），又或者具有理想颜色的树木（如橄榄欧梣、黑胡桃、梨或红豆杉等），都可以用于生产珍贵的饰面薄板，并且备受家具制造商和其他手工艺者的欢迎。如今的高档轿车仍然使用饰面薄板，以胡桃木尤其受欢迎。在捷豹汽车的赞助下，英国国家森林公园中建立起英国最大的胡桃种植园，作为长期项目支持胡桃的研究，并最终促进本土胡桃饰面薄板的生产。

英国已经不再有任何重要的饰面薄板工厂了，尽管英国种植的树木中最高品质的原木有时会出口到欧洲的工厂。

¶ 木浆

木材中的纤维素被木质素结合在一起，工厂可以通过各种工业过程将其分离出来，用于生产木浆。桉树、松树和云杉是纸浆生产中选用的主要树种。木浆的主要市场是纸张和纸板制造，不过，使用木材造纸是一项相对近期的创新；在 19 世纪中叶之前，人们使用棉花和亚麻纤维生产纸张。不同的树种产生不同长度

汉荭鱼腥草（*Geranium robertianum*）广泛分布于英国各地，在林地、矮树篱和石灰岩路面、旧墙和废弃的建筑中都能发现。它在传统医药中被长期使用，用于治疗牙痛和流鼻血等疾病，常见于修道院和草药园。

的纤维，类似的树种生长在不同的环境中时也是如此。纸浆厂利用这些不同的特性来生产一系列产品。例如，北欧生长缓慢的软木具有长纤维，可以为包装材料和高档纸张提供必要的强度。

机械制浆在19世纪40年代发展起来。原木由用水润滑的石面鼓轮磨碎，此过程中产生的热量能够软化木质素，研磨作用将纤维分离成“细木浆”。产生的粗糙或“大致等级”的木浆可用于生产新闻纸或包装纸板。由于大部分木质素仍留在纸浆中，并且与紫外线发生反应，因此纸张会随着时间而变黄。一些现代化的制浆方法使用加热的手段或温和的化学预处理来软化原木，然后在旋转的钢盘和固定板之间将其切断。这种高效的工艺可以从除树皮以外的所有原木中提取90%的木浆，同时，使用树皮作为加热燃料能够抵消其对高能量的需求。

如今大多数木浆都产自化学工艺，这样生产出来的纸浆强度更高，适用于更高等级的产品。牛皮纸浆制法（克拉夫特过程）使用氢氧化钠和硫酸钠来生产高强度的棕色纸浆，这种纸浆可被漂白成色泽非常明亮的产品。另一种方法是亚硫酸盐法，由此生产的纸浆可以很容易地使用过氧化氢而不是氯气漂白。

由于木质素完全溶解，使用化学工艺的产量远低于机械工艺。近年来，化学制造厂能源效率的提高使它们成为热能或电力的净生产者。然而，考虑到所用化学品可能带来的环境问题，替代技术逐渐有所发展，如使用真菌分解木质素的生物制浆，这种方法还无须使用化学漂白。

如今技术的进步使生产被誉为“未来超级材料”的木浆产品成为现实。例如，纳米晶体纤维素（NCC）由一种纸浆制成，该纸浆在浓缩成晶体之前，在酸中被水解成浓浆。这种浓浆可作为层压材料应用在表面，或加工成股线以形成纳米纤维。鉴于其特性和可以用废木材作为原料，NCC能够在许多人造物体中取代塑料和金属。

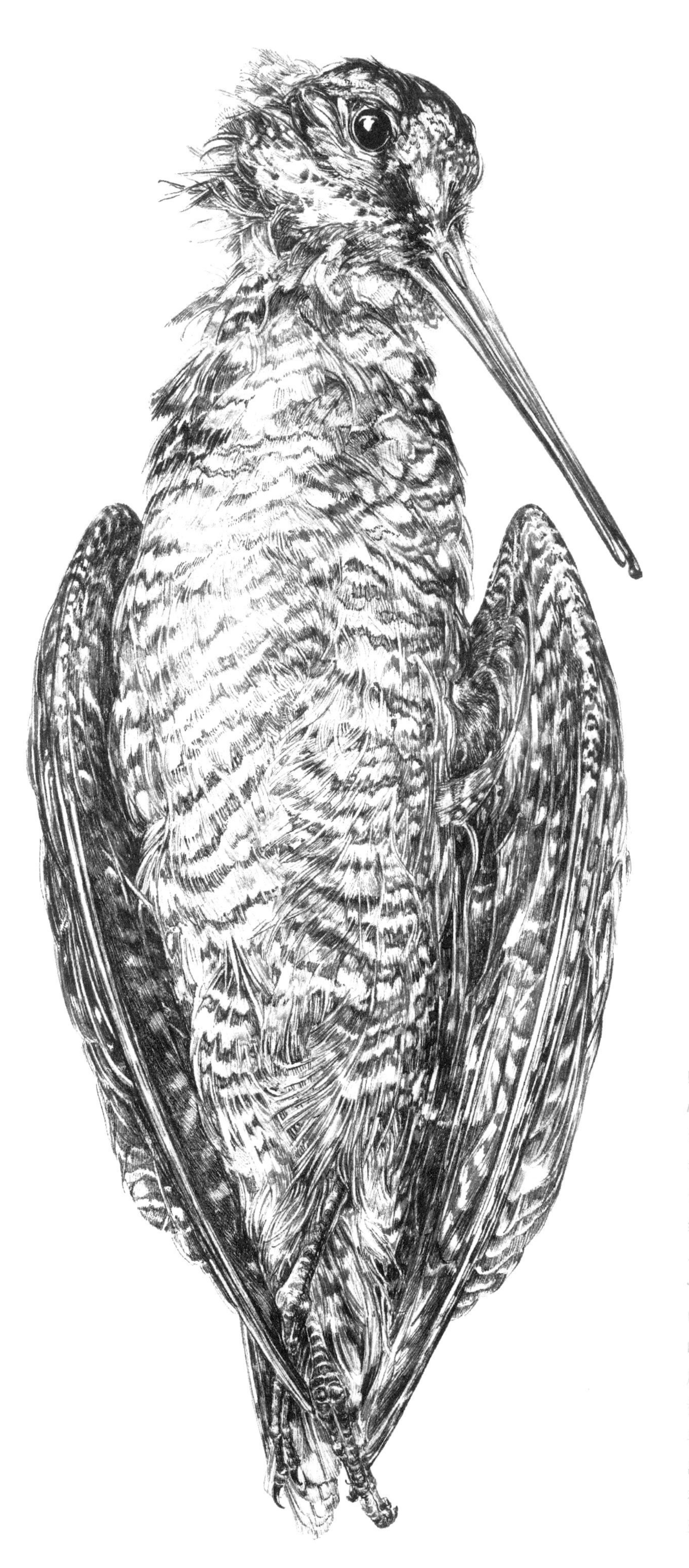

欧亚丘鹬（*Scolopax rusticola*）具有美丽神秘的伪装。英国的鸟类包括留鸟和候鸟，后者在10月下旬和11月从俄国和斯堪的纳维亚飞来——11月的第一个满月被猎场看守称为“丘鹬月”。它们习惯在黎明和黄昏活跃。它们的眼睛高过头顶，提供了360度的视野，帮助它们避免被捕食。在传统上，人们喜欢整只食用丘鹬（不取出内脏，但去掉了眼睛和羽毛），这是一道维多利亚时代的美味早餐。

板材

每年，仅在英国生产的木质板材就超过300万立方米，与进口量相当。诸如胶合板、刨花板、定向结构刨花板（OSB）和中密度纤维板（MDF）等产品，均由来自森林间伐、锯木厂边角料和回收木材得到的木屑、碎片、纤维、股线、细条和镶面板制成。它们有很好的强度重量比和各种不同的尺寸，用途广泛且经济实惠。

生物质能

生物质是一种来自植物的材料，用于产生能源和热量。它为煤炭、天然气和石油提供了一种绿色替代品——矿物燃料在数百万年前锁定了大气中的碳，如今燃烧它们会增加大气中二氧化碳（CO_2）的含量。从理论上讲，生物质表现为封闭的碳循环或中性的二氧化碳影响，即一部分树木在生长过程中从大气中吸收二氧化碳，然后在被燃烧时释放等量的二氧化碳，再由替代被砍伐作物而生长的下一批树木重新吸收。然而，由于再生产和运输生物质的过程中消耗了化石燃料，因此其对二氧化碳的影响并非完全中性。

最古老和最简单的生物质形式，就是把树木的所有部分用作木柴，无论是为供暖还是烹饪。随着化石燃料的价格越来越高，许多房主正在安装烧木柴的火炉，它比明火效率更高：制造商在过去十年中报告了前所未有的销售额。

现代生物质燃烧器可以为单一物业、大型建筑物，甚至整个地区供暖。它们以木片或木屑的形式使用原木或加工过的木头，例如来自森林和城市树木栽培的树皮、树枝、碎屑、原木和锯末等。

世界各国政府都在推动更大规模的生物质能源生产，这种能源被许多人誉为未来的主要能源。目前对可再生能源（其中生物质占很大比例）的期望，是到2020年能供应英国全部能源的20%。一些发电站已经完全转化为生物质，其中伯克郡的斯劳热力能源公司（Slough Heat and Power）作为英国最大的能源公司之一，旨在燃烧木屑为国家电网供电，并通过蒸汽将热量分配到一个当地的工业区。然而，尽管锅炉技术正在以一定的速度不断改进，目前效率已达到97%或者更高，但供应链和系统仍很粗糙。大量木材面临运输效率低、难以存储的问题，并且由于没有遮风挡雨，仍然过高的水分含量影响了它们的燃烧效率。

生物质市场不仅对于树木种植者和市镇委员会是一个可喜的机会，它也彻底改变了森林的管理，经济上可行的间伐市场可以鼓励所有者将林地带入良好的状态。在20世纪后期，木柴和围栏材料低迷的价格把许多较小且生产力较低的森林推向垂死的境地，特别是那些主要由阔叶树组成的森林。如今，合作社的出现将林地所有者聚集在一起，不仅改善了供应链，甚至为发电站附近的林地所有者提供了新颖的联合管理计划。以短轮伐期矮林的形式种植生物质作物，而不是现有森林中的“废物”，可为林地所有者提供另一个机会。

木炭

木炭是在隔绝氧气的条件下缓慢燃烧木材制成的，燃烧后所有保留下来部分的都是碳。在火炉或烤炉中，木炭能够提供2倍于等重量木材的热量。烹饪、火药制造、炼铁和加热等对木炭的需求一度推动了英国森林中广阔矮林地区的管理，今天它仍然很受烧烤的欢迎。英国的烧烤大约每年使用4万～5万吨木炭，然而，只有大约3,000吨来自英国的货源和制造商。

木炭也被用于工业、农业和园艺，但是，它的制造属于劳动密集型，并且很难具备商业可行性。不过，在开发干馏窑方面的最新进展，包括移动式的，均表现出可观的收益，例如使转化损耗减少了近一半，烧制时间也从2天减少到不足1天。在英国，存在一个很小，但在传统上很有价值的艺术家木炭市场，柳树是其中的首选材料。

在过去的10年里，一种精细尺寸的木炭作为土壤改良剂被开发出来。生物炭以1,000多年前亚马孙印第安人创造的富含木炭的亚马孙黑土为基础，可以改善土壤肥力、pH值、结构和水质（通过帮助在土壤中保留养分而不是被滤掉）。和肥料一起添加时，它可以刺激土壤中固有的菌根真菌，提高养分的吸收并改善作物生长。

粗细不均的欧亚丘鹬羽毛。

¶ 森林产品

除提供木材之外，森林一直被用于开发包括食品在内的各种产品。具有大写字母F的森林（Forest）曾经是只有皇室和贵族才能狩猎的保护区，其中包含林地和其他栖息地，是《森林法》适用的地方。几个世纪以来的狩猎塑造了这些景观，因为森林被按照供养合适猎物的需要进行管理。在自然种群（尤其是如狐狸、喜鹊和猛禽等“害兽”）被迁移，以及新的游戏物种被引进后，鸟类和哺乳动物的种群被迫发生变化。如今，狩猎和射击是林地所有者的主要收入来源，提供了约2.8万个就业岗位，估值为每年6.4亿英镑。

大多数狩猎对象都是人工饲养的，迄今为止，环颈雉（*Phasianus colchicus*）最受欢迎。它可能由罗马人引进。如今，英国每年冬天有超过2,000万只被放入森林，供人们打猎。狩猎雉鸡主要是一项运动，尽管屠夫会出售一小部分被射杀的雉鸡。

在中世纪的英国，野猪（*Sus scrofa*）被猎杀至几近灭绝，但是，从20世纪80年代建立的养殖场逃出来的野猪迅速繁殖。如今，在德

文郡的达特穆尔高地的边缘地区、格洛斯特郡的迪恩森林、肯特郡和东萨塞克斯郡的树林，以及其他地区都存在着大量的野生种群。野猪的狩猎（和偷猎）是一项正在发展的运动，并且由此产生了一种独具风味的肉类。其他来自林地的野味还包括各种鹿和欧亚丘鹬，后者的敏捷和“之”字飞行路线使其成为具有挑战性的目标。

在阵阵秋雨过后，隐藏在土壤、落叶层和木材中的真菌会随子实体一起勃发。在欧洲的许多地区，品尝真菌的传统与以往一样强大。而在英国，过去10年来更是出现了强劲的复兴。人们对美味牛肝菌、鸡油菌（*Cantharellus cibarius*）、硫黄菌（*Laetiporus sulphureus*）、羊肚菌（*Morchella esculenta*）和夏块菌（*Clitocybe nuda*）似乎有无限的兴趣。

狂热的爱好者通过为餐馆采集真菌——如在英格兰和威尔士发现的黑夏松露（*Tuber aestivum*），价格适中，每千克售价180英镑——或向美食鉴赏家和自给自足的爱好者提供培训而大赚一笔，同时林地所有者可以向采集者收取费用。野生食物搜寻者也会搜索树篱、公园和林地，来寻找黑莓、野苹果、接骨木果和刺柏果、野刺莓、欧榛坚果、欧榛、栗子和胡桃等，尽管水果和坚果的商业生产已经从林地转移到使用选择性培育植物的园艺系统。

英国林地中饲养的蜜蜂会在树荫下茁壮成长，但它们也必须依靠阳光来保持蜂巢的温暖，所以林中空地必不可少。树蜜的变化大得惊人，从浅色和味道丰富的椴树蜂蜜、甜美无比的槐花蜂蜜，到收集自松树的“森林”蜂蜜、芳香但味苦的欧洲栗蜂蜜，后者在法国料理中很受欢迎。许多早期开花的树木，如槭树等，可以为蜜蜂提供重要的蜜源。

¶ 医药

伊夫林列举了许多来自树木和林地植物的药物或草药疗法：磨成粉末的椴树“浆果”可以止住鼻血，桦树酒可以溶解膀胱结石，像咖啡一样每天饮用榆树的内树皮，可以治愈肝脏的所有感染。即便如此，他显然对自己是否有资格就此类问题发表评论感到紧张：“但是，我的职业不是江湖医生，我只作为一位普通的丈夫和平凡的护林人在此发声。”

树木仍然为我们提供了许多经过验证的药物，包括来自红豆杉针叶的著名化疗药多烯紫杉醇和来自柳树的阿司匹林。热带森林中，金鸡纳树的树皮和北美灌木金缕梅（*Hamamelis virginiana*）能够产出奎宁。在其他乔木和灌木中，一定存在无数未知的药物正等待被发现。

源自柳树皮的水杨酸是阿司匹林的主要代谢产物，也是各种抗痘产品的主要成分。它还在植物的生长和发育中发挥作用，并且最近有研究发现，将其应用于树木可以刺激抵御病原体的防御机制。1967年，从短叶红豆杉（*Taxus brevifolia*）的树皮中，分离出通过抑制细胞分裂治疗癌症的化疗药物紫杉醇，这种药物被命名为“泰克索”（Taxol）。最初，生产这种药物

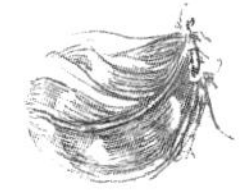

需要大量的树皮，但获取树皮对树木而言是致命的，因此这种制法不可持续。大约20年后，一个法国研究小组设法使用半合成工艺，从欧洲红豆杉的碎料中生产出了这种药物。1993年，在太平洋红豆杉的韧皮部（内皮）发现了一种真菌，安德紫杉菌（*Taxomyces andreanae*），经实验室培养后可以合成紫杉醇及相关化合物。

树皮和纤维

利用树皮和纤维制造的产品，例如由椴树内皮制成的绳索，已经在很大程度上被不断发展的人造替代品所取代。不过，有一种材料依然极具价值，那就是西班牙栓皮栎的内皮。尽管这种树木最适应温暖的地中海气候，但仍在17世纪90年代后期被引入英国。它主要被种植用于葡萄酒工业，在葡萄牙和西班牙的应用最广泛，仅西班牙就有面积超过100万公顷的栓皮栎林。这些森林拥有丰富的生物多样性，生产的软木塞是一种碳友好的选择，已经越来越多地取代现代塑料塞和螺旋盖，用于密封酒瓶。一旦树龄达到25岁，就能够每10年收获一次软木。每棵树都可以达到200岁甚至更高的树龄。对软木的其他创新型用途包括地板材料、绝缘材料、发动机密封垫和航天火箭中的压缩接头等。

圣诞树

圣诞树是一种相对较新的森林产品类型，但在圣诞节装饰树木的传统至少可以追溯到16世纪的德国。出生于德国的阿尔伯特亲王使这个传统在英国流行起来，他和维多利亚女王与孩子们围着一棵装饰过的树木的照片，出现在1848年版的《伦敦新闻画报》（*Illustrated London News*）上。圣诞树的种植如今已成为一个庞大的产业，英国每年有300名注册种植者售出约800万棵树。理想的圣诞树是常青树，

针叶既不过于尖利，也不会掉落。在欧洲，最受欢迎的品种是冷杉（欧洲冷杉、南香脂冷杉、大冷杉和高加索冷杉）和云杉（欧洲云杉、蓝粉云杉和新疆云杉）。花旗松在美国很受欢迎。

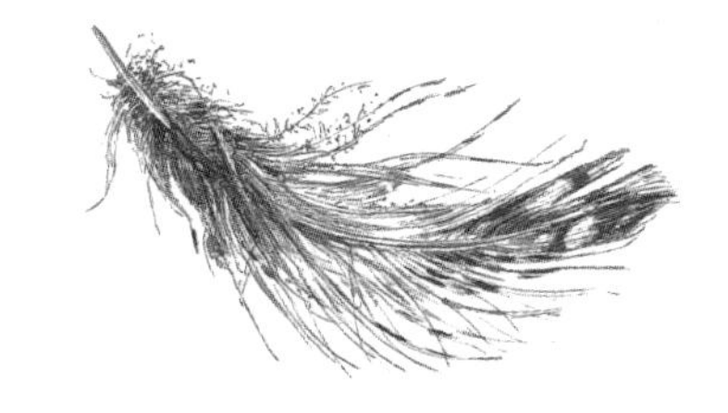

圣诞树的种植可以带来高额利润，但对细节的关注至关重要，因为二级树木不能出售。家庭住宅选用树木的标准轮换期为5～7年，而城镇中心和公共建筑物则需要更高的树木。种植者必须仔细选择地点，避免霜洼和酸性太强、重黏土或非常多沙的土壤。快速生长会导致需要密集补救工作的“长腿”树木，因此最好避免肥沃的土地。与所有的幼树一样，为了免遭哺乳动物啃食，它们必须得到保护。有些物种，特别是蓝粉云杉，容易受到蚜虫的损害，这可能需要加以控制。

圣诞树以2年或3年生的移栽形式种植，通常间距为1米×1米（每公顷1万棵）或1.2米×1.2米（每公顷6,900棵）。大多数苗圃都专门为圣诞树而种植砧木，挑选出的具有良好根系和分枝习性的树苗应在休眠期种植。为了确保茁壮生长，最小化可能导致较低树枝上长出较差叶片的竞争，控制杂草至关重要。

销售圣诞树可能会对许多种植者构成挑战，除非它们被成熟的种植者分包出去。尽管如此，圣诞树仍代表了森林的生产潜力已经远远超越单纯提供木材原料，我们必将惊叹于创新和社会品味的不断变化为有创造力的林地所有者和林业工作者提供的无限机会。

第五章

未来的森林

我们必须确保我们的林地和森林在生态和经济上蓬勃发展，造福地球生命。

森林志基金会

树木和森林是人类最宝贵的资源。任何有幸照顾一棵成熟树木的人——更不用说一片森林，都会感谢我们祖先的远见卓识。英国没有未受人类影响的自然林，因此，我们今天珍视的森林是它们以前的守护者留下的遗产。这种遗产往往非同寻常，然而在行动或视野方面的不足有时可能会造成毁灭性的持久影响。

林业工作者、树木栽培师、果园管理者或园丁，他们同时也是历史学家、守护者和未来学家。无论照顾一棵树还是整片森林，人们都必须领会其历史，因为森林的性质，包括内容、结构、质量和前景等，都是前任管理者所做决定的结果。森林的守护者必须确保它与当前的社会需求相关，尽管这些需求可能与前一代截然不同。一片森林很少能完全实现最初的种植或管理目的。林业工作者必须处理继承到的东西，把它们塑造得适应当前的需求，同时着眼于未来。

这是林业最困难的一个方面，未来学是它的核心。一位得力的林业工作者要能预测社会对产品和服务的需求变更，预见气候的变化，制定对付害虫和病原体威胁的计划，并肩负起提升自然界、促进人类健康和福祉的责任。

鉴于此，未来学家的角色颇令人忧虑。一种新型病虫害的出现可能在一夜间改变生态前景的动态，或破坏经济计划。技术的进步可以创造难以想象的机会，人类社会的文化发展将在一代人的时间里改变我们与森林之间的关系。未来将会出现新的驱动因素或动机，相关理念将超出当今林业工作者的想象，而这些可能会削弱本书提出的任何远见。

前未来学家

追溯英国林业过去350年的历史是一项有益的实践。回顾我们的祖先为规划未来所做的努力，可以帮助我们洞察现任森林守护者正面临的困难，特别是要考虑到概念和交付之间的时间差与社会变化的速度形成的鲜明对比。

伊夫林去世70年后，苏格兰医生亚历山大·亨特在1776年至1825年间精心编辑了《森林志》的5个新版本。亨特写道："因为在所有的英文书籍中，也许没有一本错误百出到如此程度。"他还受到"在种植和自然知识的各个分支都取得了许多进展"这一事实的激励。

1664年，《森林志》在英国皇家学会的

主持下出版后不久，“种植的精神”上升到相当高度；我们有理由相信，在上一次战争（七年战争，1756—1763）中，我们有许多为全世界制定了法律的船只，都是利用当时种植的橡树建造的。当代人必须心怀感激地反思这一点。希望我们能雄心勃勃地从子孙后代那里得到同样的认可，就像我们此时此刻对先贤的纪念一样。（英国皇家学会会员，亚历山大·亨特医生，1776）

直到18世纪末，苏格兰土地拥有者在1783年成立的伦敦高地协会的支持下成为热心的树木种植者后，一股切实的复兴气势在林业实践中才正式完全形成。在英国的其他地方，拿破仑战争（1803—1815）激发了为供给皇家海军使用而种植橡树林的盲目热情。在1813年出版的《每季评论》（*Quarterly Review*）中，一份对亨特的第4版《森林志》的匿名评论指出：“尽管为了保护我们的海岸免受敌人的侮辱，森林遭到砍伐，但贵族和绅士们再次开始播撒未来海军的种子。”然而，仅仅40年后，虽然这些橡树仅仅向着产品成熟度走完三分之一的道路，但海军部已经开始制定铁甲战舰计划，从而对抗炸弹和鱼雷的发展。最初，船只具有木质的船体和船身板，由锻铁装甲保护。但到了19世纪70年代中期，完全由钢铁制成的船只已经漂浮在海面上。木材不再是英国海军的一种战略需要，同时它在社会上也被广泛取代。

19世纪下半叶，苏格兰林业工作者詹姆斯·布朗（James Brown）在《森林人》（*The Forester*）中写到文化向林业的转变：“所有阶层和职位的人都会承认，林地在任何民族或国家的经济中所具有的重要性，比迄今为止人们公认的要大得多。”他非常乐观地补充道：“鉴于如今林业工作者已经普遍变得越来越熟悉自然规律，并且在他们的观察中得到了科学工作者的有力帮助，因此可以做出合理的推断：到了19世纪末，林业及其对土壤和气候的影响将会得到更好的理解……没有合理的树木分布，任何地区都无法被人类有益地居住，也不能被农民耕种；由此看来，树木栽培研究可以说是改善地球表面的先驱。”

然而，到了1919年，第一次世界大战（1914—1918）以及海运封锁的影响对英国本土资源（如坑道的支撑木材）提出了严格要求。当时的森林覆盖率不足5%，处于历史最低水平。1919年的《林业法案》促成了林业委员会的成立，该委员会制定出雄心勃勃的造林计划，旨在为国家建立木材战略储备。凭借租赁和购买土地的权力，林业委员会以无与伦比的工业活力应对了这一挑战（但仅限于詹姆斯·布朗称之为“自然法则”的意义上，即假设森林作为自然资源，可以被我们为获取利益而加以利用）。然而，真正的战略紧急状态来得太快：在第二次世界大战英国参战期间（1939—1945），英国仍然过分依赖砍伐自外国原始森林的木材。

在这次中断后，林业委员会继续执行其造林计划。然而，社会正在发生变化，一种新兴的环保意识正缓慢地被林业工作者接受。虽然公众对增加林地面积、人们获准进入新林地带来的好处，以及林业委员会在教育和作为行业领导方面发挥的作用拍手喝彩，但也有些人批评植树造林的工业应用对考古遗迹、景观和野生动物造成了损害。著名地理学家达德利·斯坦普爵士（Sir Dudley Stamp）在20世纪60年代撰文总结了这种情况：“很难消除林业委员会在早期激起的敌意，人们很难相信林业委员会如今在为社会谋取福利的许多方面能成为一股强大的力量。”

针叶树在这种工业造林的核心占据了主导地位。任何丘陵或沼泽栖息地都不会给发展构成巨大的障碍。“一文不值”的古老阔叶林被砍伐，或者一些树木被注入毒药后死亡，从而为更具生产力的针叶树种让路。在随后的20年内，许多相同的针叶树作物也被砍伐——甚至有些仅达到了一半的产品成熟度，只为满足当代社会的需

这棵生长在赫里福德郡莫卡斯山（Moccas）历史悠久的鹿园中的古老欧梣已经有超过500年的树龄，对一个不像橡树或者欧洲栗那样长寿的物种而言，已经是不同寻常的高龄了。旧时的树冠已经缩减，这是老树的典型症状，但是许多新的枝条已经出现，从而确保现存树冠的健康

求：改善景观，减少河道酸化，或在古老林地的旧址上重新种植阔叶树。

所谓“非市场”林业的一股新生力量正在发挥作用，通常由绿色组织领导，为了环境和社会目的创建和管理林地。这种林业或许永远不会产出多少经济回报。人们曾在20世纪80年代大力发展农场式林地，但是由于技术和知识的滞后，以及对基因质量缺乏关注，导致成千上万的劣质林木被种植在“多余的”农业用地上。一直以来，政府持续不断地通过制定政策来干预森林，却忽略了森林的时间尺度。对于森林管理的自然节奏，社会变革的钟摆显然摆动得过快，英国的景观中到处都是废弃的林业政策留下的遗迹。

令人乐观的，是在国际范围内，两大变化导致了林业实践的根本性转变。1993年，欧洲林业政策正式接受了可持续森林管理的概念，这一点至关重要。它首次定义了森林管理在平衡森林环境、经济和社会驱动力方面的需要，强调了只关注其中的一个或两个方面并不恰当的理念，并且以广受欢迎的方式引入了可持续管理的方法。在同一个10年期间，第2个决定性政策也随之产生：全球森林认证。这不仅旨在为世界上所有的森林提供可持续管理，还要确保原住民的权利得到尊重，并使消费者意识到有必要使用以负责任的方式采伐的木材。英国——尤其是在林业委员会的领导下，在全球舞台上引领了许多这方面的发展。

当然，持后见之明来进行批判是很容易的。林业工作者在经历重大发展时，与社会的其他部分没有区别。例如，历史上曾有一个时期，自然主义者会猎杀和捕食动物，收集稀有鸟类的鸟蛋并采集珍奇植物。但是，在运用远见以避免类似错误时，研究历史非常重要。如今，林业正呈现出良好的态势。无论在哲学、实践还是科学层面上，尽管存在巨大的挑战，仍有很多值得保持乐观的地方。

森林和政府

在一次森林轮作期间，政府至少更换了10～14届，快速变化的政策与林业所需的长期投入相悖，如今的决策者对公共森林产业是否能带来明显的收益和价值充满怀疑。然而到了未来，我们的森林将成为低碳经济蓬勃发展的核心。公共利益（如防洪和景观改善）将从经济角度得到充分重视，木纤维和碳捕获的活跃市场也将继续存在。

尽管在过去的一个世纪里，英国林业面临困难并存在失误，但如今的林地覆盖率（12%）比过去100年来的任何时候都高。这主要归功于历届政府的投资。然而即便如此，英国仍然是欧洲森林第二少的国家（平均覆盖率为37%），并且大约一半的林地未经管理或管理不善。在我们的木质纤维需求中，有超过75%仍依赖国外的森林，每年进口价值约600万磅的木材产品。

2011年，并未从历史中吸取教训的英国政府做出出售公有森林的草率决定，此前的两次尝试均以失败告终。此举引发了强烈的抵制行为，由核心小组“我们的森林”和当地运动团体领导，最终造成政府羞辱性的彻底大转变。政策制定者对英国公众为其森林表现出的显而易见的激情感到震惊。部分是为了削弱公众舆论的力量，政府组建了一个独立的林业委员会，这可能是英国林业史上最连贯的战略。由此产生的2012年林业政策声明几乎纳入了委员会的所有建议，并且得到了大多数利益集团的接受。

两项主要政策的目标是将管理下的林地比例从不到50%增加到（最终的）80%，并使英格兰的林地覆盖率提高到过去的2倍。有一项提议很受欢迎，即议会颁布一项新的公共宪章，以确保公共森林财产的未来管理，同时尽量减少政治家的干预。迄今为止，在制定法律以实现这一目标方面的进展依然缓慢。英国林业委员会在全国范围内的未来仍不明朗。权力下放已经对其角色产生了影响，它不再是威尔士的责任机构，影响英格兰和苏格兰的政策之间的鸿沟正不断扩大。一直紧缩的预算也威胁到林业委员会在行业内的领导地位，以及由它提供的教育和对研究的支持。

绿色经济

社会有能力赋予从自然环境中得到的各项利益或服务以经济价值。未来的林地所有者将越来越多地因为提供了这种“生态系统服务”而获得奖励：首先是以政府补贴的形式，然后通过企业、地方政府和社区。目前，已有拨款用于为减轻洪水而在河流集水区植树，旨在“抵消”碳排放而制定的种植计划，以及创建野生动物走廊来帮助鸟类和动物适应和迁徙，从而应对气候变化等。然而，迄今为止，对这些服务进行评估的依据并不充分，在经济学家看来基本不具有说服力。

甚至在“石油危机”到来之前，石油成本的上涨便已经令木材和木制品的长途运输在经济上越发边缘化了。鉴于碳核算的压力以及日益增长的对可持续供应的担忧，庞大木材全球海运的时代无疑走向了终点。全球市场向地方和区域市场的收缩，从许多角度来看都是积极的。地方市场增强了人们对可持续发展的信心，降低了认证成本，并减少了碳排放量。急需经济效益的现状将激励英国森林所有者进行良好的管理，通过采取正确的控制措施实现环境和社会方面的改善。不过，供需匹配是一个完全不同的挑战。

木质纤维曾经是一种转化率很低的原材料，然而创新推动了发展。用于纸张和纸板制造的木浆生产技术曾经是木材创新的巅峰。在过去的20年中，可以高效运输，并且燃烧后可生产生物能源的木屑颗粒的发展，似乎突破了可行性的界限，刺激了许多发达国家的林业部门。最后，森林中产出的小尺寸材料的市场得到了发展，使几代人以来，间伐作业和管理小型或管理不足的森林首次在经济上具有可行性。

纳米技术的到来开拓了木质纤维使用的新领域。纳米晶体纤维素（NCC）被誉为一种新奇材料。它的强度重量比是钢材的8倍，据说可以把木材，甚至树枝和锯末变成“黄金”。作为一种油基塑料的替代品，它已经被广泛地应用于各种产品中，从柔性电子显示器、防弹衣和防弹玻璃，到汽车配件、家用设备，甚至购物袋等。其他以木质素和纤维素为基础的技术也已经被投入使用，生产用于包装、服装、食品香料和化妆品的产品。

建筑师们越来越提倡采用经过加工的木制品代替混凝土进行创意设计。重型木结构技术（使用由细木条拼合而成的横梁）正在打开建筑设计的新视野。重型木结构原本是为锯木业边角料的创造性使用而开发的，然而工程师很快意识到它不会收缩、结构稳定（能够承受地震活动）、跨度长、连接方法简单，并且装配速度快。其主要支持者之一，总部位于温哥华的建筑师迈克尔·格林（Michael Green）已经为30层高的木结构摩天大楼完成了设计图，尽管迄今为止最高的木质摩天楼是18层。这个市场尤其可以推动北半球高纬度地区软木的大规模管理和销售。

或许几乎每一件人工制品都由木质纤维衍生而来的未来并不遥远。就生产力而言，这将使森林成为地球上最重要的自然资源。我们可能需要考虑一下“纤维峰值”的概念：达到每年可持续收获的最大纤维量的节点。虽然木质纤维是一种可再生资源，但是如果木材技术的创新继续拉动需求，它的可用性将是有限的。

技术进步将导致森林管理效率的不断提高，同时也会刺激对木质纤维的需求。加剧的土地竞争，对粮食安全和纤维安全与满足日益增长的全球人口和通过使用植物性产品减少石油依赖的紧迫性之间的权衡，可能是人类面临的最大挑战之一。在英国拥挤的岛屿上找到最适切的平衡点可能会尤其构成问题，我们在食品或木质纤维方面永远无法实现自给自足。

想要使英国的林地覆盖率翻倍的雄心壮志

[4]
[3]
[1]
[2]

是值得称赞的。但是，它绝对不应该以损失宝贵的食物生产土地为代价，而且必须有远见和决心。植树绝对不能优先于将现有林地纳入可持续管理。作为优先考虑的事项，树木应该被种植在贫瘠的土地，不过必须经证实不会造成野生动物栖息地丧失等影响。在其他地方，植树可以集中在城镇或城市周围，从而提供如防洪等生态系统服务，或在农村地区促进当地经济。最重要的，是要避免为了绿化景观而种树，除了生物多样性、景观或社会效益之外关注寥寥，造成“绿色模糊”的风险。可持续发展的森林应该具有经济可行性：一片能盈利的森林同时也应该是能持续的。城市森林没有理由不能增强环境的美感，提高居民的健康水平和福祉，为当地野生动物提供通道，并为那里的人民和企业产出木质纤维。从战略上讲，森林规划应该脱离狭隘的单一利益集团的控制，并由那些具有远见卓识和清晰目标的人来实现。在这方面，似乎即将消亡的林业委员会令人深感忧虑。

气候变化

气候变化也许是人类面临的最大挑战。我们有责任减轻它的影响，例如降低二氧化碳的排放和减少森林的砍伐，我们还必须使森林能够适应变化。减缓和适应密不可分地联系在一起。例如，气候变暖将提高树木的生长速度，使软木生产的木材因此而结构较弱。与此同时，阔叶木将从中受益，特别是环孔材，产出更坚固和质密的木材。人们或许会由此得出结论：种植阔叶木应该得到更多重视。但是，事情并没有那么简单。木材工程的创新很可能会推动对更快速生长的软木的有效利用，即使它们在原始形式下的强度较低。在碳管理方面，生产优质木材作为人造材料的替代品将带来最大的收益——比木材燃料更好。这一点往往被那些把木材燃料作为解决森林经济问题之灵丹妙药的人所忽略。

树木像石笋一样从地球表面出现，形成近几十年或几百年来收集到的碳的垂直沉积物，与数百万年前由腐烂植被沉积而成的煤层形成鲜明的对比。如果树木和森林土壤中的碳得到明智的管理，温带森林的碳储存量可能在未来100年内翻倍。全球范围内停止砍伐森林的意义远远超过英国的任何造林计划。英国在国际政治舞台上发挥的作用、在推进木材技术方面的领导地位，以及我们作为木制品消费者的行动，都比在国内植树造林更具影响力。鉴于全球超过67%的森林覆盖率仅限于10个国家境内，在理论上，联合国领导下的有效合作应该能够发挥阻止森林退化的作用。然而，由于各种国家和地方的因素，包括腐败、贪欲和贫困等，这一点实现起来格外复杂。也许有远见的市民——尤其是消费者的行为，可能会在这些斗争中占据上风。

把树木视为一种易于管理的碳沉积的观念仅有短短几十年的历史，而碳贸易仍处于初级阶段。英国于2011年颁布的《林地碳法典》（Woodland Carbon Code）是为了实现碳捕获，把森林的种植和管理标准化的首次协调尝试。对投资者而言，支付碳管理费用可能比传统森林产品的创新收益更高，并有可能使林业和木材行业发生革命性变化。

洪涝风险管理是树木发挥积极作用的另一个领域，无论是通过拦截，利用河流集水区的树木延迟洪峰水位，减少城市地区的径流，还是通过在洪泛平原种植树木，增强那里的防洪能力。为了增加高地畜牧场的价值（树木为牲畜提供木材产品和遮蔽），一群威尔士中部的农民开始种植树木。他们发现，这些树木不仅促进了当地的生物多样性和农业经济，而且还显著减少了暴雨期间的径流。他们的发现引起了水文学家的兴趣，同时，他们得到的经验也正在被英国其他地区更大的河流集水区不断地发展和利用。

乡镇和城市里的树木可以帮助降低“城市热岛效应”，这是一种城市温度比周围农村地区高出10℃的现象，因为坚硬的地表（特别是混凝土和道路）吸收了大量的热量。随着气候变暖，扩大建筑区的树冠覆盖和其他绿地将变得越发有益，尤其是考虑到英国许多城市的树木覆盖率是欧洲最低的。

¶ 未来的树木

罗列一长串“未来树木”非常容易：那些对预计中的气候、新市场或其他目的表现出潜力的物种。但是，首先应该考虑的是已经在英国生长的树种——无论是否属于本土物种，尤其是在遗传学方面。即使在林业从业人员中，忽略遗传变异的重要性的现象依然普遍存在。我们都能意识到在我们的种族和家庭之间有所不同，却需要认知和训练有素的眼睛去分辨两棵相邻的同种树木之间的差异。这些差异要归功于特定的基因组合，它们使一个物种中的某些树能茁壮生长，另一些则出现退化，或者一些产出珍贵的木材，另一些则被证明毫无价值。

如果我们要确保树木在不确定的未来具有“适应性”，遗传多样性至关重要。它能加强森林的恢复力，不仅针对气候的变化，更针对来自新型病虫害似乎仍在不断增加的威胁。对于后面这种恢复力，其出现的原因部分在于意识和科学知识的增加，但主要还是在于植物和木材的全球贸易。在过去的20年中，新型病害呈指数级增长。2012年，两个主要威胁首次出现在英国：横节霉属欧梣顶梢枯死病和光肩星天牛。在它们之前不久，还有栗疫病、栎列队蛾、松针红斑病、疫霉属的各种病害（其属名 *phytophthora* 来源于希腊语中的“植物破坏者”）和橡树急性衰退等问题，此处仅举几例。与科学家提出的任何解决方案相比，大自然的反应更加迅速，也更善于演化，而我们可以追求的最佳目标就是通过明智的设计和管理，帮助我们的森林建立自然的恢复力。

这里存在着对“本土性”的潜在威胁。这充其量只是一种无关紧要的困扰，但在最坏的情况下，它可能导致森林的遗传多样性受限。人工造林和重新造林方案（不同规模）可以遵循一个简单的秘诀：使用三分之一本土材料（地方或局部收集），三分之一同一物种的非本土材料，以及三分之一替代品种。如此，未来将得到在物种内和物种间具有遗传多样性的森林，而这种多样性能够在面对不确定性时提供稳健性。此外，负责收集繁殖材料的人员不仅要顾及遗传多样性，还要确保收集到特定的性状，例如木材产量或质量等。应该鼓励我们的苗圃工人在产品目录中定期刊登种源信息，并说明它们的优势。如果遵循这些规则，我们的林地将会实现真正的可持续发展，源源不断地提供产品和服务。

在沉浸于对新物种的考虑之前，我们必须从历史中吸取一些教训。秉持着通过多样性实现可持续发展的理念，显而易见，没有哪个单一物种可以被视为任何挑战的解决方案。在20世纪90年代，当气候变化作为改变英国林业游戏规则的一个驱动力出现时，早期的研究表明，这带来的并非全是坏消息。毕竟，科西嘉欧洲黑松似乎会在英国南部预计变暖的气候中茁壮成长，尽管欧洲水青冈将不幸地从奇尔特恩丘陵的南部山坡消失，但欧梣会自然地取而代之。然而，在同一个10年期间，松针红斑病和横节霉属欧梣顶梢枯死病的蔓延将导致种植欧洲黑松和欧梣的计划延迟。据林业工作者推测，如果顶梢枯死病如人们担心的那样占据主导地位，那么在我们的森林中，欧梣可能会被驱疝木取代。这或许会引起争议，但有一点可以肯定，我们需要关注树木固有的遗传多样性，减少树木的压力。因为我们已经知道，这样能够降低它们对虫害和病原体的易感性。另外，在世界各地运输材料时要更加警惕，更用心地与导致新树木所受健康威胁明显激增的原因做斗争。

除了来自遗传多样性的恢复力外，我们还必须争取在我们的森林中增加结构多样性。降低对皆伐的依赖可以带来更大的年龄多样性，并实现向连续覆盖林业系统的转化。树木的种类以及混合种植得越多，就越能通过阻止害虫或病原

苹果桉（*Eucalyptus gunnii*）银蓝色的叶片富含天然的芳香油。随着成束的奶白色花朵开放后，会结出小的杯状木质果实。本图展示的是一段带有新鲜幼叶的茎[1]，一段带有干果壳的茎[2]，以及一段带有成熟叶片和花芽的茎[3]。作为最耐寒的桉树之一，它对于英国未来的森林是一种很有潜力的树种，尽管目前在一些地区受限于冬季的寒冷。

体的传播来改善森林健康，并为林地所有者提供保障。

建立未来森林的恢复力将成为我们帮助野生动物适应环境变化的决定性因素，无论这种变化是城市扩张还是气候变暖。中止林地生物多样性的衰退是英国和世界其他地区共同面临的一项巨大挑战，一张由树木和森林织成的正常运转的绿色网络，将有助于物种的适应和迁移。

第三章讨论了英国最常见的树木在未来的发展潜力。不过，还有一些其他物种可以在我们未来的森林中发挥作用。虽然有些“新奇的”种类已经有 100 多年的历史，但是它们在英国并没有得到广泛的关注和种植。原因并不在于缺乏科学知识，毕竟同一时期，英国在引进大量北美针叶树物种方面取得了相当大的成功，还开发出适当的造林和育种计划，旨在促进遗传改良。很显然，在英国，历史上对山地造林的关注使森林学的兴趣发生了偏移。

另一个影响这些新物种的因素是缺乏遗传意识。过去，如果不幸引入一个事后证明不合适的单一种源，是会导致整个物种被淘汰的。目前，科学家正在通过各种树木育种研究计划来解决这些问题，但是结果显然要缓慢地显现出来。

桉树［包括来自桉属（*Eucalyptus*）、伞房属（*Corymbia*）和杯果木属（*Angophora*）的树木］是快速生长的常绿乔木，由于其非凡的生产力而被广泛地种植在世界各地。如果被种植在不适宜的地区，一些桉树种类的单一栽培会造成破坏性的环境影响，因为这些树木对水分要求很高，并且会对周围植被产生化感作用。在容易发生火灾的地区，这种树木极不稳定，会加剧森林火灾。在所有桉树中，1846 年引进英国的塔斯马尼亚岛本土的苹果桉似乎最适合我们的气候。不过，目前它的种植仅限于温和的低地地区，主要是由于其对霜冻的敏感性。苹果桉生长迅速，但从来不会长得很高，可以轻易地进行修剪。

南部水青冈（已知有 36 个物种属于南水青冈属）是阔叶木，原产于南半球的温带和热带地区。其中有两个物种，高山南青冈（*Nothofagus alpina*）和斜叶南青冈（*N. obliqua*），在英国表现出种植的潜力。它们巨大的生产力超过了所有常见阔叶木，与许多针叶树相当，平均产量等级为每年每公顷14立方米，轮作年限大约为45年。但是，它们不具耐寒性。在英国，它们在-14℃时会受到损害，当温度低于-20℃后就会死亡，甚至冷风也能导致顶梢枯死病。它们通常会由于春季霜冻而受损，因为树木会随着春季的临近而复苏，过早失去冬季的耐寒性。

斜叶南青冈是一种生长迅速且喜光的智利本土物种。它于1849年被引入英国，但没有一棵树存活下来，直到1902年才被首次成功地引进。对于这个物种，种源的选择极其重要，森林学家建议最好选择来自智利南部的物种。在其原生范围内，斜叶南青冈深红褐色的木材具有很高的结构强度和抗腐蚀性，价值很高。在英国，它尚未被证明是一种生产性物种。但是，如果可以找到更耐寒的品系，考虑到斜叶南青冈即使在中等贫瘠的土壤上生长速度也很快，而且对灰松鼠具有抵抗力的特性，它可能会在未来的森林中成为一种有用的树木，尤其是一旦我们的气候变暖的话。

高山南青冈有相似的原生分布范围，但在智利向南延伸较少，可达阿根廷的西部边缘。它在1931年被引入英国，同样也缺乏耐寒性，可能比斜叶南青冈对霜冻更敏感，并且对较贫瘠或干旱的土壤耐受性更低。在英国较为和煦的地区，如英格兰西南部，它表现出最大的潜力。它的木材密实，纹理紧致，亮红色且界限清晰的年轮形成了具有吸引力的图案，使其在本土作为家具和地板材料非常流行。气候变暖将有利于高山南青冈，但它对霜霉（*Phytophthora pseudosyringae*）的攻击敏感。在气候变暖的情况下，高山南青冈和斜叶南青冈可以替代针叶树——如果地点适宜的话，甚至可以替代欧洲水青冈，并且可能会被一些自然环境保护主义者视为更好的选择。

还有第三种南部水青冈在英国显示出早期的潜力。矮南青冈（*Nothofagus pumilio*）是一种可以在贫瘠至中等营养的土壤上快速生长的树木，但不适合碱性土壤或泥炭土。它比高山南青冈和斜叶南青冈更耐寒，但不耐受无遮蔽的环境。在其原生地智利和阿根廷，矮南青冈是一种重要的商业木材树种。在英国，它在过去的20年里才被作为一种林木种植，并且目前对其种源选择的理解还相当有限。

日本柳杉是英国林业工作者感兴趣的另一种植物。它在原生地区是一种主要的木材生产树种，能生长到很大的尺寸，寿命很长，并且看起来与巨杉颇为相似。鉴于日本柳杉在日本和其他引进国家——包括中国、印度、新西兰和南非等均具有经济重要性，它在英国作为一个森林树种并没有更受青睐或许会令人感到奇怪。它在1842年首次被引入英国，以从中国进口的种子种植，最终没有一棵茁壮生长。1879年，第一批来自日本的种子被种植在英国，结果发现它们更加适宜。此后这个物种很快便作为一种快速生长的观赏植物受到欢迎，尤其在英格兰西南部和威尔士的大型花园里。

日本柳杉的蓬勃生长需要很高的年降雨量（超过1,200毫米）和温暖的生长条件，因此非常适合种在英国更和煦的地区。当它生长在酸碱性适中、肥沃而潮湿的土壤上时，具有很高的生产力。日本柳杉必须定期间伐，人们由此得到用于生产燃料或作为栅栏的材料。在日本，为了确保优质木材的产量，这些树木需要经常进行高修剪。它的心材具有吸引人的红色色调，耐用且易于加工，因此得到了广泛使用。当它被种植在英国后，可以与红杉和北美乔柏一起，为户外应用提供另一种自然耐用的木材。气候变化可能会令适合日本柳杉的区域向北扩展，并使英格兰北部和苏格兰西部地区更适宜种植。实际上，苏格兰已经有一些成功的种植园，例如在因弗雷里附近的克拉雷花园等。日本柳杉具有极强的耐阴性，因此可以被种植在连续覆盖系统中，并且可以与其他针叶树混合种植，如花旗松和北美乔柏

斜叶南青冈是原生于智利的南青冈的一个落叶种。它的叶片小，呈卵圆形且带锯齿，果实微小干燥，令人想起那些从欧洲水青冈上发现的果实。如果能够通过树木育种培育出更耐寒的品种，它作为一种森林树种在英国可能非常高产。

等。它对樟疫霉菌和蜜环菌易感，并且似乎也会受到铅笔柏梢枯病（*Phomopsis juniperovora*）的影响。

以科学工作确保新种植的和现有的树木拥有一个乐观的未来，无论在时间还是费用方面都要求有巨大的投入。这需要特定的专业知识，以及更广泛的森林部门的支持。前文所述的许多期望都依赖适合未来的强健森林。森林学支持的重要性，特别是在树木育种和造林技术方面，无论怎样强调都不过分。如未来树木信托等组织和森林研究所等政府主持的机构，需要来自资助者和决策者的更多支持，并且必须尽可能地从对森林的未来感兴趣的人们那里获取帮助。

¶ 新的木文化

《新森林志》的灵感来自约翰·伊夫林的《森林志》出版350周年。对大多数人而言，1664年似乎是很遥远的过去。然而，通过深入思考来获得不同的视角并没有那么困难。350年在多产的森林树木的生命中，只是5～7代的生命时间。在创作本书期间，我们走访了早在伊夫林写作《森林志》时就已经有500年树龄的树木。爱护树木和森林是一种代代相传的责任。

就文字而言，伊夫林在一片相对空白的环境中书写了关于树木文化的篇章。在《森林志》之前，技能和知识都从实践经验中获得，并世代共享，而策略仅限于个人和地方目标。他的工作永远地改变了我们与树木和森林的关系。他创建了一项以王室法令为基础的变革运动，激励了一代又一代的林业工作者和土地所有者，让他们带着深刻且深切的期望种植和管理森林。

在如今的图书馆中，树木和林业工作方面的藏书量巨大。仅关于间伐制度，一位博览群书的林业工作者就可能拥有足以占据整个书架的藏书。目前有超过50种关于树木和林业的英文科学期刊，更不用说还有相关领域的数百种刊物，每年发表数千篇同行评议的科学论文。互联网为世界各地的出版物提供了无限的访问。写作本书最大的挑战，就是决定在单独一册且相对较短的篇幅中传递多少信息。不过，在编写《新森林志》时有一个首要任务，那是受知识和理解的鸿沟启发而得到的简单初衷：向公众展示林业和植树造林的艺术、实践和科学。

伊夫林完成《森林志》后相对较短的一段时期里，社会在情感和物质方面都与森林渐行渐

光肩星天牛的幼虫对阔叶树是一种非常严重的威胁。它们源于中国和韩国，后来偶然通过木材包装引入意大利和美国，引起极大破坏。2012年，在英国南部报告了一个居群，但已经被根除。如果它再次入侵，英格兰和威尔士大部分地区更温暖的气候，以及苏格兰更温暖的沿海地区，都可能为其提供适宜的生境。

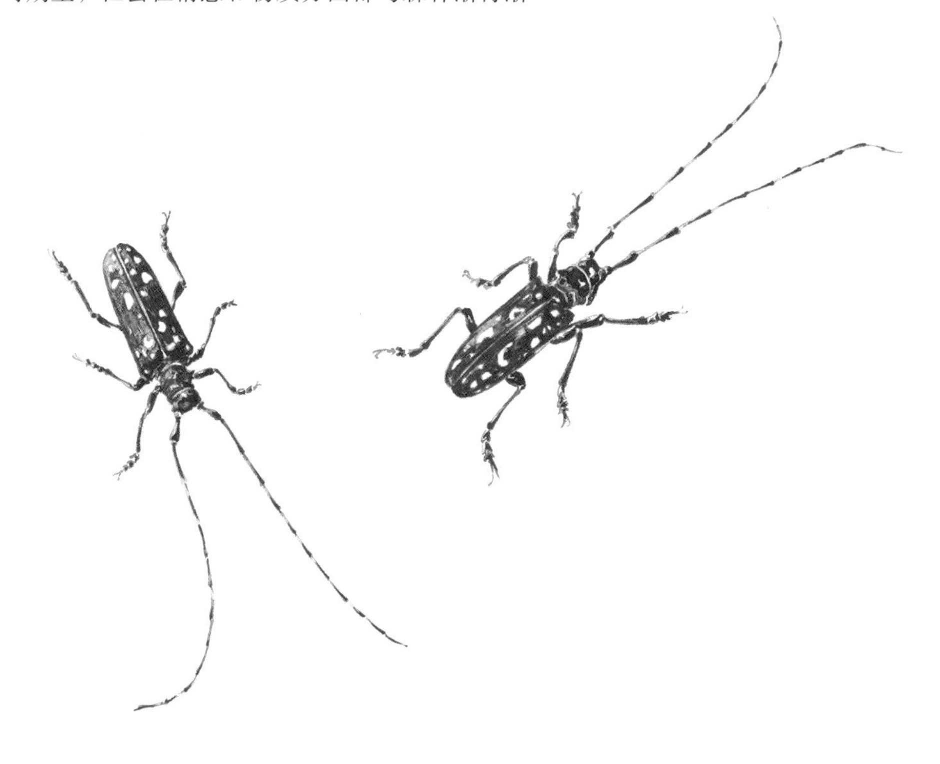

远。从更广泛的环境意义上讲，美国作家理查德·卢夫如今对这种冷漠给出了尖锐且最恰当的描述，即“大自然缺失症”。不仅木材在我们的日常生活中被广泛取代，而且我们对林地的直接体验也由于路标和光滑的路面而被削弱。儿童（及其父母）害怕在森林中玩耍和漫步。强大的团体谈论的不是积极的管理，而是如何“维持”，而且他们的会员都充满自信。很少有人有耐性使用“森林学”这个术语，并赞颂林地的生产力，尤其是当森林中的电锯轰鸣声被错误地与破坏和剥削联系在一起时。虽然大多数人都会接受这一点——即使在现代世界也不例外，即木材仍然无处不在，但是在文化层面上，人们无法把生物多样性和生活景观的宝贵观念，与森林学和林地管理联系起来。

有很多举措和组织致力于振兴英国的木文化，其中包括英国的森林学校（Forest Schools）、生长在英国（Grown in Britain）、皇家林业协会、小森林（Small Woods）、森林志基金会和林地遗产（Woodland Heritage）等。我们最伟大的大使就是那些林地所有者，他们以创新、勤奋和与当地社区合作的意愿来迎接挑战。但是，变革需要从根本上进行：通过所有的学校把环境作为课程的重要组成部分；通过在强大的会员组织中进行传递交流；通过企业社会责任活动等。

我们只能希望我们的木文化不是因为一系列危机而复苏：政府干扰公共森林，出现另一种新型害虫或病原体，甚至全球性木纤维短缺等。一个对我们的树木和森林而言成功的未来，将得益于树木栽培和森林学中有效的专业精神、林地所有者受到的培训和教育，以及公众意识的提高。从任何角度看，林业都是最高尚的职业，无论在科学研究和创造力、艺术、保护和可持续发展、社会服务和对子孙后代的无私奉献等方面，都是如此。

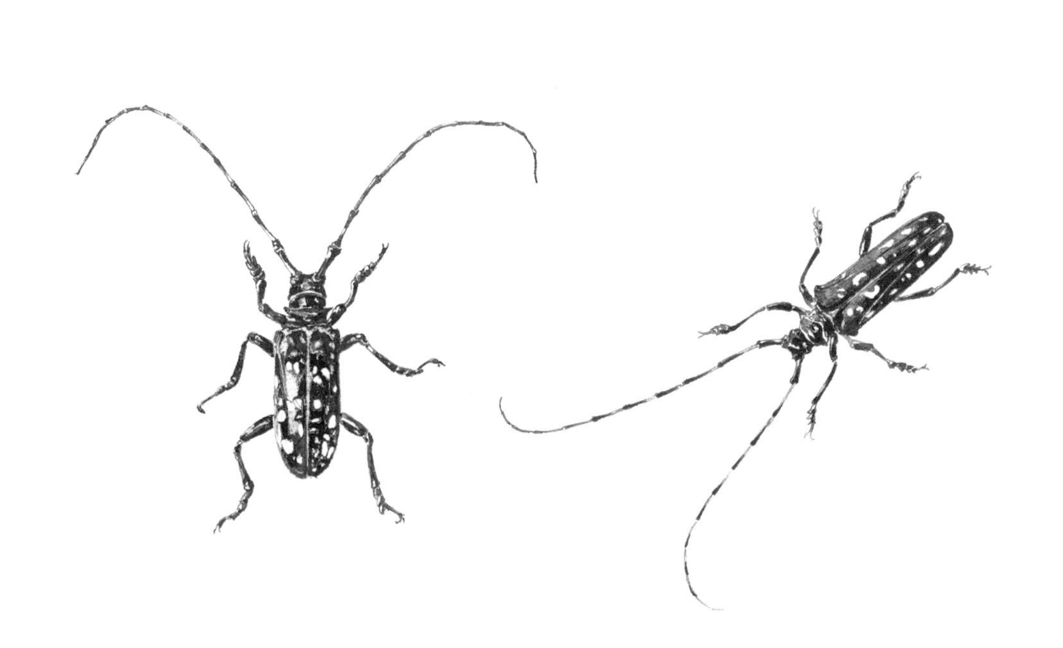

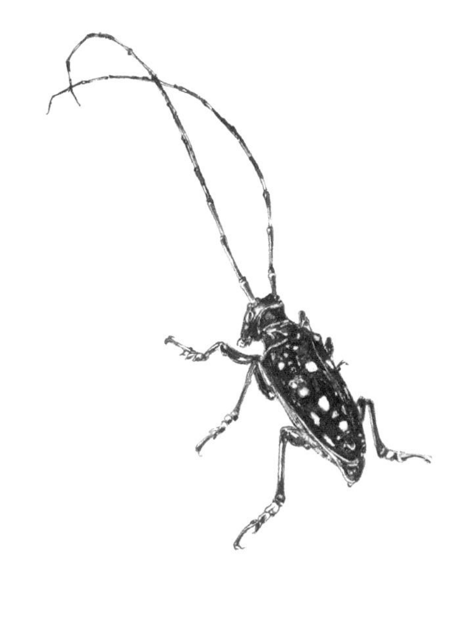

那么对其他无数的树木，我能够说些什么呢？它们符合自然界为其设计的用途，特别是作为木材和用于所有制造业的工作。但是，我不会再对这些奇迹进行更深入的阐述，我可能没有预料到，如果一位严肃沉思者的思考原本只专注于独木的生产，他将会因大自然的伟大作品，或者更确切地说，因自然之神而怎样的欣喜若狂。［J. E.］

所有人类都应该为他们在地球上生活的年年岁岁种一棵树，体验拥抱巨大的树干和坐在树冠下纳凉的喜悦和骄傲。如果你的手臂无法环绕自己种植的树木，那会是一种终极的生命荣誉。如果树木是由那些因为年事已高而无法从中受益的人种植的，可持续发展的社会便相当完善。或许对于你的后代，没有什么比建立在你的能量和决心之上的树木更伟大的遗赠了。与其为砍伐丰饶的树木而哀悼，不如让我们赞颂种植和照料它们之人的远见卓识，然后享受由此得到的无数产品。每个有幸拥有或管理森林的人，毫无疑问都会感受到责任的重担。他们必须负责提供产品和服务，行使监护权，并且全力以赴地工作，将这种资源以优于继承时的状态传递下去。任何拥有花园、公园或果园的人都有机会确保它们提供了保护，并为后代带来美丽和果实。总之，我们每个人都应该立志成为一名护林人。

在卡马森郡靠近阿伯戈勒赫的布雷赫法森林公园中，生长着一棵日本柳杉。它是日本的一个重要树种，在英国作为丰产树种表现出巨大的潜力。这些树由森林委员会于20世纪50年代种植，在靠近戈勒赫河的肥沃土壤中繁荣生长。树干直径58厘米，顶端高度27米。

术语

植物学和林业术语解释

切断术——完全切断
树艺师——修剪者，或者照顾树木的人
外来植物——奇异的，稀有的，优选的
异源——令人反感的
发源地——苗圃
施肥——施（牛马等的）粪
其他都是显而易见的［J. E.］

Adventitious：不定芽；从茎或者枝上长出的芽，在树皮和木材之间形成。

Allelopathy：化感作用；活植物对邻近植物或微生物的作用（通常是有害的或抑制性的）。

Ancient tree：古树。参见老树。

Ancient woodland：古林地；英格兰和威尔士自1600年（苏格兰自1750年）开始具有持续森林覆盖的地区。参见：半原生古林地。

Angiosperms：被子植物；以在花中的生殖器官为特征的开花植物，该器官通常被花瓣和萼片包围。在授粉之后，封闭的子房发育成果实。参见：裸子植物。

Anther：花药。参见：花。

Arboriculture：树木栽培；树木栽培家、树艺家或者树木整形专家实践的个体树木种植、管理和研究。

Archaeophyte：史前期杂草；一种在1,500年前进入英国并定植下来的杂草。

Bark：树皮；树干或者树枝的外层。由形成层外的两个主要部分组成：内树皮或韧皮部，包含运输糖分（树液）的活组织；外树皮，含有额外的具有防水作用的软木。外层部分有时有皮孔（多孔渗透组织），比如银桦树皮上的深色水平线。

Basal area：基部面积；单树干包括树皮在内的横截面积，从单一物种或林分中所有的树干在距离地面1.3米高处测量，以单位土地面积表示。

Basal sweep：基部扫描；树干从其基部到地面以上大约前2米的弯曲度。

Biomass：生物质；1. 从树木或其他植物中获取的用于能源生产的木材产品，通常包括加工成碎屑的树枝、树梢和枝条。参见：薪材。2. 表示在给定的时间内，生物体的总干有机物的生态学术语。

Bole：树干；树木的主干。

Broadleaved：阔叶树；属于被子植物的树木，

通常在英国都是落叶的，很少有例外。也被称为硬木树。

Burr：树瘤；在树干或者树枝上由成簇的芽不规则生长形成，这导致了木材中扭曲的纹理，并且经常有吸引人的图案。在美国被称为“burl”。

Calyx：花萼。参见：花。

Cambium：形成层；在树皮下的一层活组织，将树皮与木质部分开。

Canopy：冠层；林地中树冠形成的树叶覆盖层，可以由几层组成。

Carpel：心皮。参见：花。

Clear-felling：皆伐；对林地中所有树木进行一次性砍伐的操作。

Clone：克隆；由无性繁殖产生的植物，与原始材料相同。这种材料的生产被称为克隆繁殖，它可以是自然的（如萌蘖）或人工的（即人工操作）。

Close-to-nature：近自然；森林管理的适应性方法，通过与自然协作实现管理目标，同时最小化人类的干预，保护生物多样性和支持社会需求。参见：连续覆盖林业。

Cone：球果；针叶树的生殖结构，也被称为孢子叶球，可以是雌性或雄性的，前者有种子。有些球果是肉质的（如杜松）。假种皮（如在红豆杉中）属于假果，是一种含有单个种子的球果。参见：果实。

Conifer：针叶树；属于裸子植物，通常是常绿的，大多呈圆锥形并具有针叶。参见：软木。

Continuous cover forestry：连续覆盖林业；在没有砍伐的情况下，林地的冠层保持在一个或多个层次上的森林系统。参见：近自然。

Coppice：矮林作业；修剪（小树）以助长，切断树木的茎以刺激更多新茎的产生，创造一个灌木林分。也指灌木林的一个区域。参见：小灌丛。

Copse：杂树林；作为矮林管理的小规模林地（小于 0.25 公顷）。

Crown：树冠；由树枝和树叶（如果是活的）组成的树木的一部分。

Deciduous：落叶树；在一年特定的时间（如英国的秋天）落叶的树。

Diameter at breast height (dbh)：胸径；树干直径的标准林业测量，以胸高处（地面往上 1.3 米）的直径为准。参见：树围。

Dormant：休眠；植物在不利条件下新陈代谢减缓的静止状态（如种子、芽、孢子）。

Ecosystem：生态系统；不同物种的群落相互依存，并与它们相对独立和独特的非生物环境相互依赖。

Epicormic：徒长枝；从一个隐芽或休眠的芽萌发产生的枝条。

Evergreen：常绿植物；不会同时脱落所有的叶片，因此一年四季都呈绿色的植物。参见：落叶。

Extraction：开采；将木材和其他材料从林地中转移或拖走（拖拽）。

Felling：伐木；砍倒一棵树。在北美的术语为 logging。

Figure：图案；木材外观通常带有的纹理。

Firewood：木柴；收获的用于燃烧产生热量的木材，通常家用。参见：柴火。

Flower：花；植物的生殖结构。它的底部是花萼，由萼片组成，属于变态叶，通常是绿色的。在花萼上方是围绕着雄蕊（雄性生殖器官）的花瓣。每个雄蕊由花丝和花药组成，携带花粉。在花的中心是心皮（雌性生殖器官），每一个都由子房、花柱和柱头组成。

Flushing：出芽；春天露头的叶片或花芽。参见：物候学。

Forest：森林；由广泛的树木覆盖形成的生态系统，其特征可能会有所不同。包括古林地，灌木林和种植园。这个词在 12 世纪和 13 世纪的英国也是一个法律术语，指的是森林法律实施的大片土地，通常包括没有树木覆盖的重要地区。

Forester：护林人；包括从艺术、科学和实践各个方面创造、管理和保护自然林及人工林的人。参见：造林学和森林学。

Forwarding：运输；将一根原木从砍伐的树桩运送到一个收集点，通常是路边，多由传送装置（把木材抬离地面的机器）或集材机（拖着或滑动原木的机器）完成。

Fruit：果实；花的子房，已形成包含种子的状态。在树上可以有多种形式，包括瘦果（小而干的果实经常被误认为种子），蒴果（开裂暴露出种子，如柳树），核果（肉质果实，一个区室里包含一粒或多粒硬的种子，如胡桃），坚果（榛子），梨果（大部分的肉质组织，萼片和雄蕊的皱缩残余在茎的对侧，如榅桲）和翅果（带翅的种子，如欧梣）。参见：球果。

Fuelwood：薪材；用于产生能量的木材，分为家用（例如木柴）或者工业用（例如生物质）。

Gall：虫瘿；植物上的一种异常生长，由于细胞对入侵生物体的反应而出现的肿大和增生。

Genotype：基因型；有机体的遗传结构，与环境因素共同作用导致表现型。

Genus：属；密切相关物种的分类群（复数：genera）。相关的属被归类为科。

Girth：树围；树干的周长，在离地 1.5 米的高度测量，用作古树或老树的测量标准。参见：胸径。

Grain：纹理；木材中的纤维方向。参见：图案。

Gymnosperms：裸子植物；由种子定义的开花植物的划分方式，种子不包含在子房中。参见：被子植物。

Hardwood：1. 被子植物。2. 从被子植物中提取的木材，在物理上可以是硬的或软的。参见：软木材。

Heartwood：心材；见木材。

Hectare：公顷；面积单位，1 万平方米（即 100 米 × 100 米）相当于 2.47 英亩。

Heel cutting：带踵扦插；扦插，用来繁殖植物或克隆植物，在插条底部保留一部分树皮或木材。

Hybrid：杂交种；由两个不同的物种杂交后产生的植物。

Inflorescence：花序；单花的群或簇（如欧榛的柔荑花序）。

Introduced：引进物种；原本不属于某个国家的植物和动物，很可能是由人类带来的。也被称为外来或非本地物种。参见：史前期杂草。

Layering：压条法；植物营养繁殖的形式，可能是由自然原因或者人为引起的，指的是枝条接触土壤并生根。

Leaf：叶片；植物的主要光合器官，由叶柄连接到茎上。在树木中，它们通常是单叶（没有分裂的），但也可以是复叶（由几片单叶组成）。可能是羽状的（有两排小叶，如欧梣）或掌状的（有小叶或裂片在叶基部呈放射状，如七叶树）。在针叶植物中，针叶可能是平的或三维的。叶的外缘可以有各种形状，包括圆锯齿状、齿状（对称的齿）、全缘（光滑）或刺状。

Lenticel：皮孔；见树皮。

Lignin：木质素；在木质部和纤维细胞壁中发现的坚硬物质，为植物的茎干和木材提供硬度和强度。

Mast year：种子年；在这一年里出现种子的产量丰收。

Medullary ray：髓射线；木材中的细胞像丝带一样在年轮上延展。它们以放射状的方式储存和运输树液，在产生心材方面发挥了重要作用。它们使木材表现出有吸引力的图案。

Native：本土物种；（英国）在 8,200 年前未经人类干预便已经存在的物种、亚种或杂交种。参见：史前期杂草和引进种。

Naturalised：归化种；非本土物种，可以不受人类直接干预地在多个生命周期内持续繁殖并维持其种群。

Natural range：自然分布区；一个有机体或生态群落自然发生的地理区域。

Natural regeneration：自然再生；自然播种或萌蘖产生的树木。

Needle：针叶。

Nurse：保育树；用于提供保护（如面对霜冻、虫害或风灾时），并改善环境条件（如光照水平、土壤肥力）的一棵树或一群树木，能够改善主要树种的生存和形态。

Nursery：苗圃；用于培育小树的区域，或致力于此活动的企业。

Orthodox：正常型；参见：种子。

Ovary：子房；参见：花。

Palmate：掌状复叶；参见：叶片。

Petiole：叶柄；叶片的梗。

Phenology：物候学；研究生物事件的发生时间，如树木的抽芽、开花或叶片的衰老等。

Phenotype：表现型；一个有机体可见的特征。参见：基因型。

Phloem：韧皮部；参见：树皮。

Pinnate：羽状复叶；参见：叶片。

Plantation：种植园；通过种植或播种人工建立的林分。参见：自然再生。

Pole stage：杆材阶段；种植园中树冠闭合且活树的树冠高于地面 1.8 米时的生长阶段。

Pollen：花粉；由花药形成的细粉状物质。内含雄性配子，能使雌性小胚珠受精。参见：花。

Progeny：幼苗；特定树木或树木组合的后代。

Provenance：种源；树木种植材料的地理来源，包括种子、幼苗或花粉。

Pruning：修剪；通过整形修枝（去除竞争性枝条或单根分叉茎来修正树高 2 米以下的树木）等造林术和高修剪（去除 2 米以上的分枝以提高木材质量），或者通过自然方式（如由遮阴引起的自修剪）进行。

Recalcitrant：顽拗型；见种子。

Roundwood：圆材；被切割的树干，为了产生一段在横截面上是圆形的木材。

Sapwood：边材；参见：木材。

Seed：种子；由被子植物和裸子植物产生的生殖单元，包括胚、胚乳和种皮（保护性外层）。树种子可以分为正常型（易于储存），顽拗型（高度易腐烂）或中间型。

Semi-natural ancient woodland：半原生古林地；保留了未经种植的本地树木覆盖的区域，尽管可能已经被管理过。参见：老树。

Sepal：萼片；参见：花。

Silviculture：造林学；对森林的管理，包括其种植、生长、构成、健康和质量等方面。由造林学家实施。

Silvology：森林学；研究森林的科学，包括对自然森林生态系统的理解，以及造林实践的影响和发展等。由森林学家实施。

Softwood：软木材；裸子植物产生的木材，通常来自针叶树。

Spinney：灌木林；为狩猎而管理的小林地。参见：杂树林。

Stamen：雄蕊；参见：花。

Stand：林分；由造林实践以及树龄、物种组成或结构所定义的连续树木群。

Stem：茎干；参见：树干。

Stigma：柱头；参见：花。

Strobilus：孢子叶球；参见：球果。

Style：花柱；参见：花。

Sucker(ing)：萌蘖；从树干或树根在地面或地面以下处产生的枝条，在某些物种（如白杨）中很常见，并且可能受到某些管理活动的刺激（例如修剪）。它是无性繁殖的一种形式。参见："克隆"和"压条法"。

Sustainable forest management：可持续森林管理；管理并使用森林和林地的方式及速度应保持其生物多样性、生产力、再生能力，活力和潜力，以便当下和未来在地方、国家和全球层面实现相关的生态、经济和社会功能，并且不会对其他生态系统造成损害。

Sylva：森林志；来自拉丁语的古英语，意思是森林或林地。也拼写作"silva"。

Thinning：间伐；一种林地树木的造林处理，包括砍伐树木（通常是那些不太理想的），目的是提高树木的生长速度，最终改善树木的质量或健康状况。

Timber：木材；森林生产的用于工业的木头（不含薪材）。在北美被称为"Lumber"。

Top：树梢；泛指从树冠收集的木质材料，包括修剪过的树枝时，又被称为"枝梢材"。

Top height：支配木高度；标准林业测量值，基于每公顷 100 棵最大树干直径（dbh）的树木的平均高度。

Veneer：饰面薄板；薄（3 毫米或更少的厚度）木板，通过剥皮、锯切或刨切而成。

Veteran tree：老树；相对于同一物种的其他个体，通常有较大的周长、空心的或凹陷的树干，以及在树冠中有很高比例的死木。古树的同义词。

Windthrow：风倒木；被风吹倒或破坏的树。

Wood：木材；1. 树干或树枝坚硬并且一般无生命的部分，也被称为木质部。它有两个部分。最内层的心材提供机械支持，含有可以阻塞导管的树胶、树脂和多酚类物质，保护树木免受害虫和病原体的侵袭。这些物质还可以使心材的色泽变得更深。外部的边材输送通过树木的水和养分。它可能是灰白色的，不太适合用于制造，容易受到昆虫的攻击，而且在结构上比心材更弱。其他特征包括髓射线和髓（茎的中心，通常由软组织构成）。2. 森林或林地的代名词，通常带有地名。

Xylem：木质部；参见：木材。

Yield class：产量等级；按照每年最大平均增量计算的标准林业增长率，以每年每公顷的立方米数表示。

历史背景

约翰·伊夫林的生活与工作

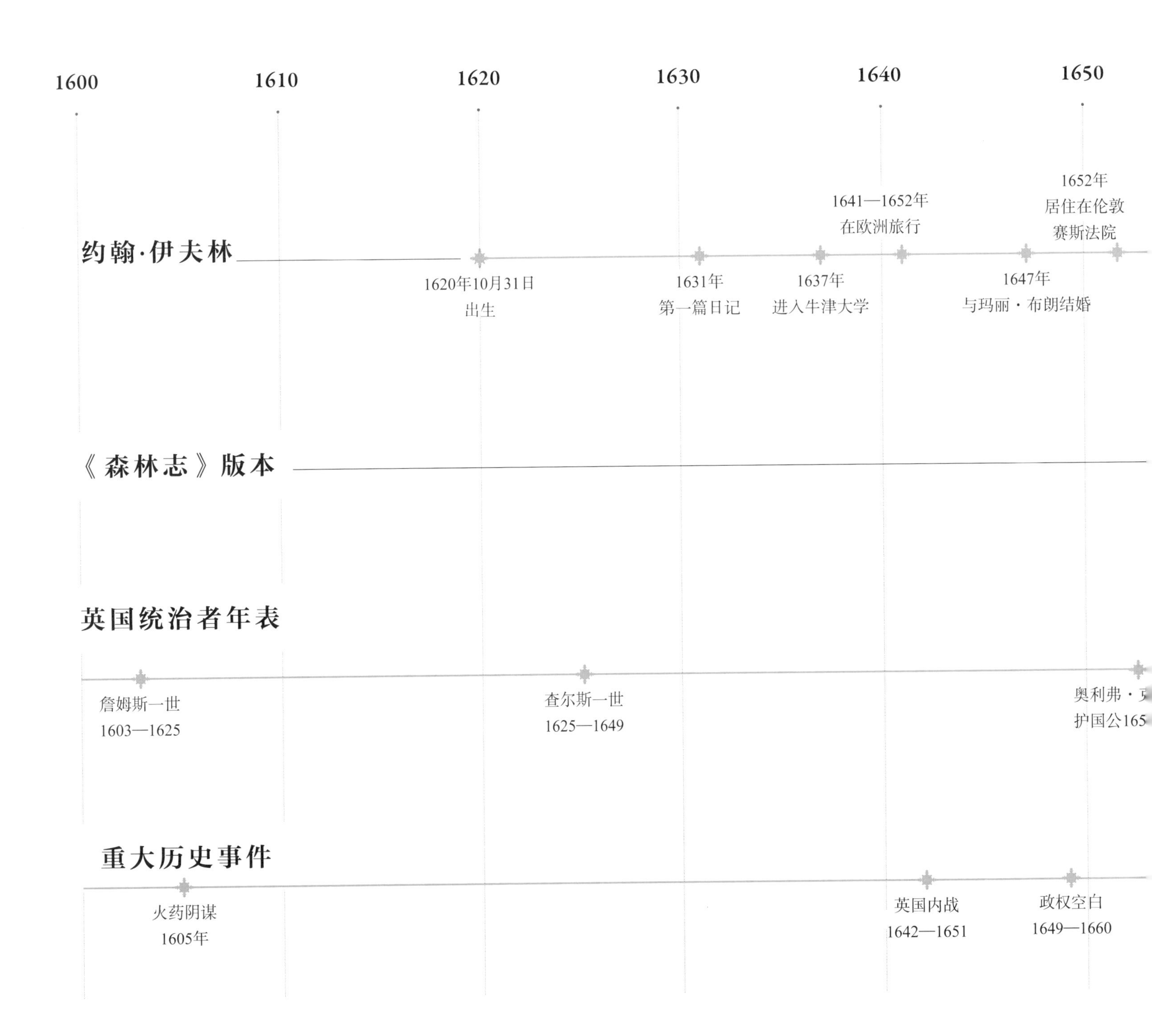

约翰·伊夫林生活在英国动荡而又充满活力的17世纪。他受到许多重大事件的影响，这些事件改变了英国的文化和自然景观，包括大瘟疫、伦敦大火和英国内战等。与此同时，他对知识的重大进步做出了重要贡献，特别是在后来所谓的“启蒙时代”成为皇家学会的创始成员之一。他来自一个有影响力的家族，其财富建立在火药制造的收益之上，并且与王室——尤其是与查尔斯二世有着密切的联系。作为一名多产的公职人员，他撰写了关于各种主题的许多报告，还写了几十年的日记，但最为人所铭记的还是《森林志》。

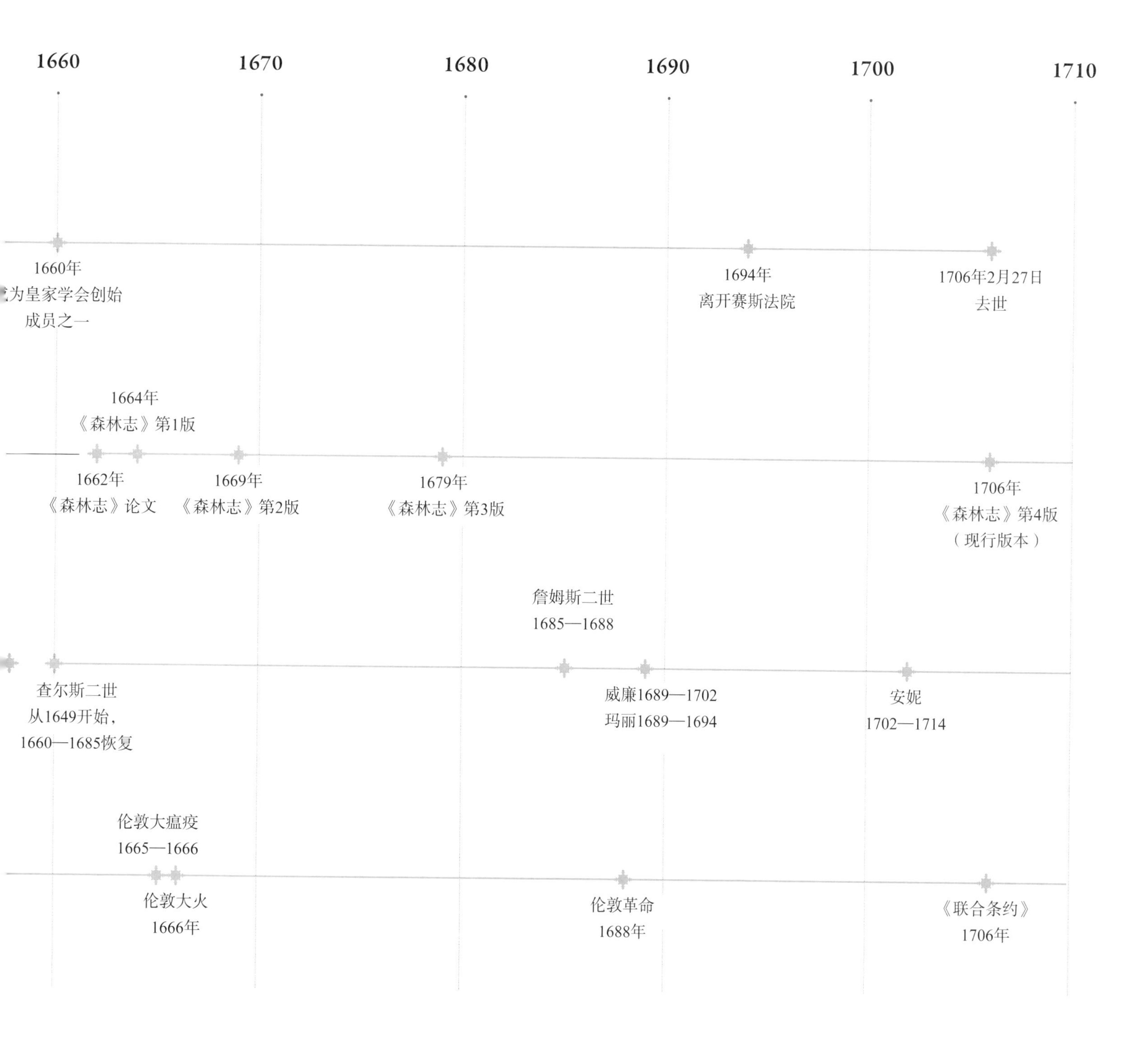

树种及其学名

Abies alba Mill. …… 欧洲冷杉
Abies fraseri (Pursh) Poiret …… 南香脂冷杉
Abies grandis (Douglas ex D.Don) Lindl. …… 大冷杉
Abies nordmanniana (Steven) Spach …… 高加索冷杉
Abies procera Rehder …… 壮丽冷杉
Acer campestre L. …… 栓皮槭
Acer griseum (Franch.) Pax …… 血皮槭
Acer macrophyllum Pursh …… 大叶槭
Acer platanoides L. …… 挪威槭
Acer pseudoplatanus L. …… 桐叶槭
Acer rubrum L. …… 红花槭
Acer saccharinum L. …… 银白槭
Acer saccharum Marshall …… 糖槭
Aesculus × carnea Zeyh. …… 红花七叶树
Aesculus hippocastanum L. …… 欧洲七叶树
Aesculus indica (Wall. ex Camb.) Hook. …… 印度七叶树
Aesculus turbinata Blume …… 日本七叶树
Alnus acuminata Kunth …… 安第斯桤木
Alnus cordata (Loisel.) Duby. …… 意大利桤木
Alnus glutinosa (L.) Gaertn. …… 欧洲桤木
Alnus incana (L.)Moench …… 灰桤木
Alnus rubra Bong. …… 红桤木
Alnus viridis (Chaix) DC. …… 绿桤木
Arbutus unedo L. …… 草莓树
Betula ermanii Cham. …… 岳桦
Betula nana L. …… 矮桦
Betula pendula Roth …… 垂枝桦
Betula pubescens Ehrh. …… 毛桦
Broussonetia papyrifera (L.) L’Hér. ex Vent. …… 构树
Buxus sempervirens L. …… 锦熟黄杨
Carpinus betulus L. …… 欧洲鹅耳枥
Carpinus orientalis Mill. …… 东方鹅耳枥
Castanea crenata Siebold &Zucc. …… 日本栗
Castanea dentana (Marshall)Borkh. …… 美洲栗
Castanea mollissima Blume …… 板栗
Castanea sativa Mill. …… 欧洲栗
Cedrela odorata L. …… 洋椿
Cedrus atlantica (Endl.) Manetti exCarrière …… 北非雪松
Cedrus brevifolia (Hook.f.) Elwes &A.Henry …… 塞浦路斯雪松
Cedrus deodara (Roxb. ex Lamb.) G.Don …… 雪杉
Cedrus libani A. Rich. …… 黎巴嫩雪松
Chaenomeles japonica (Thunb.)Lindl. …… 日本木瓜
Chamaecyparis lawsoniana (A.Murraybis) Parl. …… 美国扁柏
Cornus alba L. …… 红瑞木
Cornus mas L. …… 欧洲山茱萸
Cornus sanguinea L. …… 欧洲红瑞木
Cornus sericea L. …… 柔枝红瑞木
Corylus avellana L. …… 欧榛
Corylus colurna L. …… 土耳其榛子
Corylus maxima Mill. …… 大果榛
Crataegus brachyacantha Sarg. &Engelm. …… 短刺山楂
Crataegus laevigata(Poir.)DC. …… 红花山楂
Crataegus monogyna Jacq. …… 单柱山楂
Cryptomeria japonica (Thunb. ex L.f.) D.Don …… 日本柳杉
Cydonia oblonga Mill. …… 榲桲
Dalbergia melanoxylon Guill.& Perr. …… 非洲黄檀
Davidia involucrata Baill. …… 珙桐
Elaeagnus rhamnoides (L.)A.Nelson …… 沙棘
Elaeagnus umbellata Thunb. …… 牛奶子
Eucalyptus gunnii Hook.f. …… 苹果桉
Euonymus europaeus L. …… 欧洲卫矛
Fagus orientalis Lipsky …… 东方水青冈
Fagus sylvatica L. …… 欧洲水青冈
Frangula alnus Mill. …… 欧鼠李
Fraxinus americana L. …… 美国白梣

Fraxinus angustifolia Vahl …… 窄叶梣
Fraxinus excelsior L. …… 欧梣
Fraxinus ornus L. …… 花梣
Fraxinus pennsylvanica Marshall …… 美国红梣
Gingko biloba L. …… 银杏
Glyptostrobus pensilis (Staunton ex D.Don)K.Koch …… 水松
Ilex aquifolium L. …… 欧洲枸骨
Juglans cinerea L. …… 白胡桃
Juglans major (Torr.) A.Heller …… 大果胡桃
Juglans mandshurica Maxim. …… 胡桃楸
Juglans nigra L. …… 黑胡桃
Juglans regia L. …… 胡桃
Juniperus chinensis L. …… 圆柏
Juniperus communis L. …… 欧洲刺柏
Larix decidua Mill. …… 欧洲落叶松
Larix decidua × kaempferi Coaz …… 杂种落叶松
Larix kaempferi (Lamb.) Carrière …… 日本落叶松
Liriodendron tulipifera L. …… 北美鹅掌楸
Maclura pomifera (Raf.) C.K.Schneid …… 橙桑
Malus coronaria (L.) Mill. …… 花环海棠
Malus coronaria (L.) Mill. var. *angustifolia* (Aiton) Ponomar. …… 狭叶花环海棠
Malus floribunda Siebold ex Van Houette …… 多花海棠
Malus pumila Mill.(*domestica* Borkh.) …… 苹果
Malus sylvestris Mill. …… 欧洲野苹果
Mespilus germanica L. …… 欧楂
Metasequoia glyptostroboides Hu &W.C.Cheng …… 水杉
Morus alba L. …… 桑
Morus nigra L. …… 黑桑
Morus rubra L. …… 红果桑
Nothofagus alpina (Poepp. & Endl.)Oerst. …… 高山南青冈
Nothofagus obliqua (Mirb.) Oerst. …… 斜叶南青冈
Nothofagus pumilio (Poepp. & Endl.)Krasser …… 矮南青冈
Picea abies (L.) H.Karst. …… 欧洲云杉
Picea obovata Ledeb. …… 新疆云杉
Picea omorika (Pancic) Purk. …… 塞尔维亚云杉
Picea schrenkiana Fisch. &C.A.Mey. …… 雪岭杉
Picea sitchensis (Bong.) Carrière …… 巨云杉
Pinus contorta Douglas ex Loudon …… 扭叶松
Pinus contorta Douglas ex Loudon var.contorta …… 扭叶松原变种
Pinus jeffreyi A.Murray bis …… 加州黄松
Pinus longaeva D.K.Bailey …… 长寿松
Pinus muricata D.Don …… 糙果松
Pinus nigra J.F.Arnold …… 欧洲黑松
Pinus nigra J.F. Arnold subsp. *nigra* …… 欧洲黑松原亚种
Pinus nigra J.F.Arnold subsp. *Salzmannii* (Dunal) Franco …… 科西嘉欧洲黑松
Pinus peuce Griseb. …… 扫帚松
Pinus radiata D.Don …… 辐射松
Pinus strobus L. …… 北美乔松
Pinus sylvestris L. …… 欧洲赤松
Platanus × hispanica Mill. ex Münchh. …… 二球悬铃木（英国梧桐）
Platanus occidentalis L. …… 一球悬铃木（美国梧桐）
Platanus orientalis L. …… 三球悬铃木（法国梧桐）
Populus alba L. …… 银白杨
Populus × Canadensis Moench …… 加杨
Populus × canescens (Aiton) Sm. …… 银灰杨
Populus deltoides W.Bartram ex Marshall …… 东方白杨
Populus nigra L. subsp. *betulifolia*(Pursh) W.Wettst. …… 桦叶黑杨
Populus nigra L. var. italic Münchh. …… 钻天杨
Populus tremula L. …… 欧洲山杨
Populus trichocarpa Torr. &A.Gray …… 毛果杨
Prunus avium (L.) L. …… 欧洲甜樱桃
Prunus cerasifera Ehrh. …… 樱桃李
Prunus cerasus L. …… 欧洲酸樱桃
Prunus domestica L. …… 欧洲李
Prunus domestica L. subsp.*domestica* …… 欧洲李原亚种
Prunus domestica L. subsp. *Insititia* (L.) C.K.Schneid. …… 乌荆子李
Prunus domestica L. subsp. × *italic* (Borkh.) Gams ex Hegi …… 意大利李
Prunus domestica L. subsp. *Syriaca* (Borkh.) Janch. …… 布拉斯李
Prunus padus L. …… 稠李
Prunus serotina Ehrh. …… 秋樱桃
Prunus spinosa L. …… 黑刺李
Pseudotsuga japonica (Shiras.)Beissn. …… 日本黄杉
Pseudotsuga macrocarpa (Vasey)Mayr …… 大果黄杉
Pseudotsuga menziesii (Mirb.) Franco …… 花旗松
Pseudotsuga menziesii (Mirb.) Franco var.*menziesii* …… 花旗松原变种（海岸花旗松）

关于插画的说明

—

来自萨拉·西蒙伯尔特

本书所有插画的主题都是通过直接观察生活得到的。我定期观察树木，监测它们的生长情况，以便在恰当的时间采集花朵、叶片、球果或果实。植物组织要在褪色之前迅速画完，而景观可以考虑更长的时间，经过数周或数月的绘制。

我总是左手拿着植物，同时右手描绘它们，这样就可以直接调动我对质地、重量和对称性的体验，仔细分析它们的结构，观察它们逐渐的变化并感知它们的气味。画出的线条是对所有感官体验做出的响应，触觉和视觉同样重要。

树木和景观最初是用铅笔在现场开始绘制的，通常是在冰天雪地的环境中，这会削弱手部肌肉的控制，所以线条仅仅是一种示意，并且靠肩部推动来完成创作。接下来，我回到温暖的工作室中使用墨水继续绘画，铅笔线稿被逐渐擦除。冬季的树木显示出一个物种典型的生长模式和形状，个体会被我们选中的原因在于其具有的力量和形式的清晰度。我凭借记忆和想象完成这些插画，同时以对实际地点的了解和以往的经验为依据，并使用了一些照片作为备忘录。

除了一台双目显微镜外，我没有再使用其他透镜，因为这已经足够让我看到微小的部分并将其拼凑在一起。显微镜会抑制观察主体和图像之间正常的快速眼球活动，因此需要一种不同的工作方法，更具概念性而不是观察性。

每张插画都使用稀释的日本墨水绘制在特别厚的绘画纸上，这种表面可以承受返工的压力并保持平整。每张插画都由多层构成。所有线条，包括笔触的外观，均由一支蘸水笔的笔尖两侧完成。如果采用正确的握持方式，笔尖可以分开，将墨水注入更宽的笔画中。如果倒置，它会合在一起，将墨水挤成针状的细线。为了防止意外飞溅，笔尖大部分时间都保持相当干燥。有时墨水可能被故意滴在纸上，通过笔尖使其扩散，形成平滑的色调和光泽，例如果实的表皮等。使用橡皮擦令干燥的稀释墨水褪色，表现已经减弱的光线。

对于所画的每一种植物，我都寻找其内在特征和积极的表现方式，并尝试在纸上生动地将这些表现出来。我只以黑白两色绘画，但诠释的是我看到的各种颜色。在已经完成的作品中，我仍能看到这些色彩。

关于每幅插画的说明

扉页，黎巴嫩雪松：由牛津郡谢尔斯韦尔公园庄园冯·马尔灿男爵和男爵夫人提供。

P184 桑树：由牛津郡利特威滕汉自然保护区马丁爵士和伍德女士提供。

P188 欧洲栗：由牛津郡利特威滕汉自然保护区约翰斯顿家族提供。

P244 小叶椴：由北安普敦郡考特恩霍尔庄园赫里沃德爵士和韦克女士提供。

P295 林地昆虫：根据来自牛津大学自然历史博

物馆的收藏绘制。

[1] *Nowickia ferox* 在开阔的林地、沙丘和兔洞穴周围常见的咬蝇种类。收集自牛津郡，1898年。

[2] *Nowickia ferox*（同一物种的另一个典型）

[3] *Hemaris fuciformis* 宽边蜂鹰蛾，一种喜欢开放林地和晴天的白日飞蛾。幼虫偏爱忍冬科植物。在5月和6月出现。收集自肯特郡，1889年。

[4] *Attelabus nitens* 栎卷象。它只在叶片的边缘产1枚卵，并可以把叶片切割并卷起来，保护正在发育的幼虫。收集自新森林，1907年。

[5] *Mimas tiliae* 钩翅天蛾，粉绿色，常见于英国南部的林地和城市郊区栖息地。它偏爱椴树、桦树、桤木和榆树。在5月和6月化羽。采集自伦敦温布尔登，1940年。

[6] *Mimas tiliae* 这个更大的收藏展示了同一物种的形态变化。收集自伯克郡伊顿，1935年。

[7] *Synanthedon scoliaeformis* 威尔士透翅蛾。幼虫钻入成熟的桦树，以树皮为食。雌性的尾巴是橙色的。化羽季节是每年的6月和7月。收集自珀斯郡兰诺赫，1915年。

[8] *Miris striatus* 捕食性昆虫，以蚜虫、甲虫和飞蛾的卵和幼虫为食。它与橡树和山楂树有关。卵在4月孵化，在5月或6月成虫。全英国都有发现它的踪迹。采集自伯克郡，1960年。

[9][10] *Ledra aurita* 耳叶蝉。它与青苔覆盖的树木有关，尤其是橡树。在5月至9月成虫。采集自新森林，1933年。

[11][12] *Vespa crabro* 黄边胡蜂。它经常在老树的洞里筑巢，以其他群居的黄蜂以及在树上捕捉的蜜蜂、苍蝇、蝴蝶、飞蛾和蜘蛛为食。人们错误地认为它很有攻击性，但实际并非如此。采集自牛津郡，1903年。

[13] *Tabanus sudeticus* 黑巨马蝇，是一种叮咬马的咬虫。在新森林里很常见。采集自伯克郡，1918年。

[14] *Tabanus sudeticus* 黑巨马蝇，采集自康沃尔郡，1910年。

[15][16] *Clytus rhamni* 圆颈长角甲虫，会模仿黄蜂的颜色。幼虫以死木头为食，成虫以鼠李、樱桃、栗树、榆树、橡树、梨和欧李为食。采集自德文郡伊尔弗勒科姆，1909年。

[17][18][19] *Centrotus cornutus* 英国仅有的两种角蝉之一，5月到8月间在林地中常见。它喜欢以金雀花为食。采集自新森林，1906年。

[20] *Polygonia c-album* 白钩蛱蝶。它闭合的翅膀呈深色且有斑点，像一片枯叶。在4月到10月化羽。采集自牛津，1923年。

[21] *Leptomorphus walker* 一种被称为蕈蚊的飞虫，常见于林地。它的幼虫以植物的根和真菌为食，帮助分解有机物。1918年采集。

[22] *Ptychoptera paludosa* 淡水食腐飞虫。它的幼虫以深度达3厘米的沉积物中的有机物质为食，再通过粪便将其释放到地表。成虫出现在5月。采集自伯克郡，1948年。

[23][24][25] *Attelabus nitens* 栎卷象。如上述[4]。

[26] *Strangalia aurulenta* 被金毛的长角甲虫，也叫大黄蜂甲虫。幼虫在腐烂的树桩中生长，通常是桤木、欧桦、白杨、欧洲水青冈、桦树、七叶树、胡桃和柳树等。发现于英格兰南部。采集自普利茅斯，1926年。

[27] *Prionus coriarius* 一种被称为褐色墨天牛的长角甲头虫。幼虫以树桩为食，通常是阔叶树种，很少有针叶树。成虫在夏天的夜晚飞行。采集自伯克郡，1961年。

延伸阅读

British Library, John Evelyn archive, www.bl.uk/onlinegallery/features/evelynnotes.html.

Brown, J., *The Forester or, a practical treatise on the planting, rearing, and general management of forest-trees* (William Blackwood & Sons,1882).

Bryson, B. (ed.), *Seeing Further: the Story of Science and The Royal Society* (HarperPress,2010).

Burley, J., Evans, J. and Youngquist, J.A. (eds.),*Encyclopedia of Forest Sciences* (Elsevier Academic Press, 2004).

Carlowitz, H., *Sylvicultura Oeconomica, oder hauswirthliche Nachricht und Naturmasige Anweisung zur wilden Baum-Zucht* (1713).

Clifford, S. and King, A., *England in Particular*(Hodder & Stoughton, 2006).

Darley, G., *John Evelyn: Living for ingenuity*(Yale University Press, 2006).

Earle, C. J., The Gymnosperm Database, www.conifers.org

Eve, J., *The Diary of John Evelyn* (Everyman,2006).

Evelyn, J., *Silva: or a discourse of forest-trees andthe propagation of timber in his Majesty'sdominions*, &c.With notes by A. Hunter(1776).

Farjon, A., *World Checklist and Bibliography of Conifers* (Kew Publishing, 2001).

Halle, F., *In Praise of Plants* (Timber Press,2002).

Hartley, B., *Exploring and communicating knowledge of trees in the early Royal Society*,Notes and Records of the Royal Society of London 64, No. 3, 229–250 (2010).

Juniper, B.E. and Mabberley, D.J., *The Story of the Apple* (Timber Press, 2006).

Lea, A., *Craft Cider Making* (Good Life Press,2010).

Leathart, S., *Whence Our Trees* (Foulsham, 1991).

Louv, R., *Last Child in theWoods: Saving Our Children from Nature-deficit Disorder*(Atlantic Books, 2010).

Pollard, E., Hooper, M.D. and Moore, N.W.,*Hedges* (Collins, 1974).

Nail, S., *Forest Policies and Social Change in England* (Springer, 2008).

Nisbet, J., *British Forest Trees and their Sylvicultural characteristics and treatment* (Macmillan & Co., 1893).

Nyland, R.D., *Silviculture: concepts and applications* (McGraw-Hill, 1996).

Rackham, O., *The History of the Countryside* (Dent, 1986).

Rackham, O., *Trees and Woodland in the British Landscape* (Phoenix, 2001).

Savill, P., *The Silviculture of Trees used in British Forestry* (CAB International, 2013).

Savill, P. et al., *Plantation Silviculture in Europe* (Oxford University Press, 1997).

Southey, R., 'Evelyn's Memoirs', Quarterly Review 19, 1–54 (April 1818).

Stace, C., *New Flora of the British Isles*(Cambridge University Press, 2010).

Stamp, D., *Nature Conservation in Britain*(Collins, 1969).

Thomas, P.A., *Trees: Their Natural History*(Cambridge University Press, 2000).

Troup, R.S., *Silvicultural Systems* (Oxford University Press, 1952).

Warde, P., 'Fear of Wood Shortage and the Reality of the Woodland in Europe,c.1450–1850', History Workshop Journal 62,28–57 (2006)

树木栽培、林业和木材相关

Arboricultural Association

trees.org.uk

培植树木的实践权威，为专业人士和普通大众提供标准和指导。

BritishWoodworking Federation

bwf.org.uk

木工和细木工行业协会。

Coed Cymru

coedcymru.org.uk

倡议将威尔士阔叶林引入可持续管理的组织。

Confor

confor.org.uk

代表木材供应链所有部分的会员组织，从树木苗圃和森林所有者到锯木厂和木材使用者。

Country Land & Business Association

cla.org.uk

英格兰和威尔士的土地、财产和企业主的会员组织。

Deer Initiative

thedeerinitiative.co.uk

旨在提升认知，并对鹿的管理提供各方面建议的组织。

Forest Stewardship Council

fsc-uk.org

促进对世界森林进行负责管理并运行全球FSC认证系统的国际非政府组织。

Forestry Commission

forestry.gov.uk

负责保护和扩展英格兰和苏格兰森林和林地的政府部门。其中Natural Resources Wales负责威尔士的森林（naturalresourceswales.gov.uk）。

Forestry Contracting Association

fcauk.com

英国林业和木材相关产业贸易协会。

Fund4Trees

fund4trees.org.uk

通过科学和教育促进可持续发展的慈善事业。

Future Trees Trust

futuretrees.org

由慈善机构监督的组织网络，共同努力提高英国和爱尔兰阔叶树的质量和恢复力。

Institute of Chartered Foresters

charteredforesters.org

英国皇家特许的林业和树木栽培专业机构。

National Forest Company

nationalforest.org

由政府赞助的非官方公共机构，通过创建新林地，改造了德比郡、莱斯特郡和斯塔福德郡200平方英里的土地。

National Hedgelaying

Society hedgelaying.org.uk

提供有关树篱、树篱工具、类型、保护和管理信息的保护组织，并协调树篱竞争。

Programme for the Endorsement of Forest Certification

pefc.co.uk

致力于通过独立的第三方认证（PEFC）促进可持续森林管理的国际非营利非政府组织。

ProSilva

prosilvaeurope.org

倡导近地森林管理原则的专业林业工作者联合会。

Royal Forestry Society

会员制教育慈善机构，旨在促进对树木和林地的明智和可持续的管理。

Royal Scottish Forestry Society

致力于苏格兰林业发展的慈善和会员组织。

Scottish Forestry Trust

提供资金支持英国各地的林业研究、教育和培训项目的慈善信托基金。

SmallWoods Association

smallwoods.org.uk

促进小林地利益，并支持其更好管理的慈善机构。

Sylva Foundation

sylva.org.uk

致力于通过开展教育和科学活动，提供在线林地管理工具，以及支持木材创新来重振英国木文化的慈善机构。

Timber Trade Federation

支持和代表木材工业的会员组织。

Tree Council

参与植树、爱护和保护树木的英国政府的保护组织。

Trees for Life

treesforlife.org.uk

通过与志愿者合作，恢复古苏格兰松林的慈善机构。

Structural Timber Association

structuraltimber.co.uk

代表木结构行业，并提供技术信息的会员组织。

Wildlife Trusts

wildlifetrusts.org

英国47个地区野生动物信托基金的综合机构。

Woodland Heritage

woodlandheritage.org

由内阁成员创立，旨在改善英国树木的种植、维护和收获方式的慈善机构。

Woodland Trust

woodlandtrust.org.uk

致力于植树造林、保护森林、鼓励人们享受自然的慈善保护组织和会员组织。

关于作者

加布里埃尔·赫梅吕博士是一位森林学家，也是树木和林业的热情拥护者。他的职业生涯从自然保护区管理领域开始，此后越来越多地专注于树木，成为一位阔叶林专家。他凭借对胡桃的遗传学和造林学方面的研究，被牛津大学授予哲学博士学位。此后，加布里埃尔撰写了70多篇技术论文和文章，并广泛参与国际研究项目的合作。20世纪90年代，加布里埃尔在牛津郡设计了一片30公顷的独特林地：福境林地，并且亲自种植了成千上万棵树。他由此发展出一个愿景，希望这能成为英国第一个致力于阔叶树的独立田野研究中心，并在英国各地进行了大量配套的田间实验，例如在卢特的国家森林公园进行的美洲虎胡桃实验（Jaguar walnut trials）。在“松树项目”（PINE project）中，他帮助开创了将肉鸡引入农场林地的先河。他曾担连续6年担任林业委员会（Forestry Commission）区域咨询委员会（Regional Advisory Committee）成员，并且是特许林务员协会（Institute of Chartered Foresters）的研究员。作为他在2008年共同创立的森林志基金会的首席执行官，他监督了多项新方案，其中包括“我的森林”——面向林地所有者和管理人员的在线资源，以及“一棵橡树”项目。他的个人博客，GabrielHemery.com，已成为大受欢迎的林业和树木资料库。2011年，他与其他著名环保人士一起成立了核心小组“我们的森林”（Our Forests），为所有关心英国森林未来的人们发声。他如今生活在牛津郡的乡村，婚后有3个孩子。

萨拉·西蒙伯尔特博士是一位优秀的艺术家、作家、广播员和解剖学家，她的作品探索了科学、历史和艺术之间的关系。她是《艺用解剖全书》（*Anatomy for the Artist*，2001）、《素描之书》（*The Drawing Book*，2005）和《艺术家的植物学》（*Botany for the Artist*，2001）等书的作者，致力于通过她的绘画、教学和广播在世界各地分享和鼓励人们发展视觉智能。她是牛津大学拉斯金艺术学院（Ruskin School of Art）的解剖学导师，在那里教授每年的夏季课程，并且是伦敦国家美术馆（National Gallery）的讲演员。在那里，她和孩子们一起工作。作为一名学术顾问，她曾为维康信托基金会（Wellcome Trust）和科学博物馆（Science Museum）等主办的国家展览做出贡献，并于2005年担任哲尔伍德绘画奖（Jerwood Drawing Prize）的评委。萨拉参与促成了英国和海外制作的许多有关艺术、科学和文化的广播和电视节目，其中包括具有里程碑意义的BBC2系列《素描的秘密》（*The Secret of Drawing*），这档节目以她的著作《素描之书》为基础。她修复了一些有争议的艺术作品，例如最近被视为达·芬奇作品的《美丽公主》（*La Bella Principessa*），并且研究这些作品是如何以及何时创作完成的。另外，在与解剖学家贡特尔·冯·哈根斯（Gunther von Hagens）的合作中，她还参与了有关公共教育和获取科学知识的现场辩论。她的画作被国家和私人收藏，其中包括英国皇家艺术学院（Royal Academy of Art）、阿什莫林博物馆（Ashmolean Museum），以及维多利亚和阿尔伯特博物馆（V&A）等。如今，她在牛津郡工作和生活，并与艺术家兼作家布赖恩·卡特林（Brian Catling）结婚。

致谢

……得到了各位可敬之人的帮助（我很愿意向他们的名字致以其应得的敬意）……［J. E.］

我们有幸与布鲁姆斯伯里出版社（Bloomsbury Publishing）和格雷德设计公司（Grade Design）一支令人惊叹的团队合作，他们的远见、指导和全力支持促成了这本书的创作。我们要特别感谢理查德·阿特金森（Richard Atkinson）、纳塔莉·贝洛（Natalie Bellos）、雷切尔·奥克顿（Rachael Oakden）、皮特·道森（Pete Dawson）、路易丝·埃文斯（Louise Evans）、艾利森·格洛索普（Alison Glossop）、芭芭拉·罗比（Barbara Roby）、玛丽娜·阿森霍（Marina Asenjo）、维基·鲁滨逊（Vicki Robinson）、林西·萨瑟兰（Lynsey Sutherland）和玛德琳·菲尼（Madeleine Feeny）。我们也非常感谢联合代理人公司（United Agents）的罗斯玛丽·斯库拉（Rosemary Scoular）一直以来对我们的支持。

许多人慷慨地付出了他们的时间和专业知识，为我们担任顾问，或者帮助寻找绘画材料，提供获取接触收藏品、进入庄园和森林的机会等，尤其是彼得·巴克斯特（Peter Baxter）、安东尼·贝奇瓦日（Anthony Becvar）、詹姆斯·宾宁、弗朗西斯·切斯特（Francis Chester-Master）、罗伊·考克斯（Roy Cox）、伊恩·爱德华兹（Ian Edwards）、布赖恩·弗雷泽（Brian Fraser）、保利娜（Pauline）和彼得·汉密尔顿–莱格特（Peter Hamilton-Leggett）、斯蒂芬·哈里斯（Stephen Harris）、本·亨德森（Ben Henderson）和丽塔·亨德森（Rita Henderson）、尼克·霍尔（Nick Hoare）、理查德·金克斯（Richard-Jinks）、本·琼斯（Ben Jones）、罗宾·莱恩·福克斯（Robin Lane Fox）、卡尔·洛夫特豪斯（Karl Lofthouse）、基尔斯蒂·蒙克（Kirsty Monk）、罗德尼·梅尔维尔（Rodney Melville）、菲尔·摩根（Phil Morgan）、本·奥利弗（Ben Oliver）、保罗·奥尔西（Paul Orsi）、凯瑟琳·欧文（Katherine Owen）、戴维·皮尔曼（David Pearman）、戴维·彭杰利（David Pengelly）、安迪·普尔（Andy Poore）、汤姆·普赖斯（Tom Price）、戴维·赖斯（David Rice）、彼得·萨维尔、克莱尔·谢泼德（Claire Shepherd）、佐薇·西蒙斯（Zoë Simmons）、格雷厄姆·泰勒、克里斯蒂娜·蒂尔伯里（Christine Tilbury）、特里斯坦·韦塔（Tristan Vetta）、冯·马尔灿男爵和男爵夫人、赫里沃德爵士和韦克夫人（Sir Hereward and Lady Wake）、蒂莫西·沃克（Timothy Walker）、约翰·韦尔（John Weir）、马丁爵士和伍德女士。

《新森林志》得到了众多组织的支持，尤其是来自森林志基金会的赞助，我们非常感谢其受托人。我们还要感谢本莫尔植物园（Benmore Botanic Garden）、布莱尼姆宫（Blenheim Palace）、英国植物学会（Botanical Society of the British Isles）、契克斯庄园（Chequers Estat）、地球信托组织、东萨塞克斯郡议会（East Sussex County Council）、艾坪森林、森林研究所（Forest Rese arch）、英格兰林业委员会（Forestry Comm-ission England）、苏格兰林业委员会（Forestry Commission Scotland）、威尔士林业委员会/威尔士自然资源部（Forestry Commission Wales/Natural Resources Wales）、大图庄园（Great Tew Estate）、特许林务员协会（Institute of Chart-ered Foresters）、牛津大学莫德林学院［Magdalen College (Oxford)］、牛津大学新学院［New College (Oxford)］、全国托管协会（National Trust）、奥克

欧弗苗圃（肯特郡）[Oakover Nurseries (Kent)]、牛津大学自然历史博物馆（Oxford University Museum of Natural History）、爱丁堡皇家植物园（Royal Botanic Garden Edinburgh）、皇家学会、斯托海德风景园（西部）[Stourhead (Western) Estate]、牛津大学植物园（University of Oxford Botanic Garden）和哈克特树园（Harcourt Arboretum）、牛津大学植物学系和标本收藏（University of Oxford Department of Plant Sciences and Herbaria Collections）、温斯特顿伯特国家植物园（Westonbirt National Arboretum）、英国林地信托（Woodland Trust）。

加布里埃尔·赫梅吕

为了在整个工作过程中得到的灵感、鼓励和指导，我要向林业同仁们致敬。借用约翰·伊夫林的一句话，没有比这更伟大的职业了，包括这般“罕有和绝佳”的男女。有太多人以各种可能的方式为这本书做出了贡献，我欠他们所有人一个大人情。其中最主要的是我在森林志基金会的同事们：莱斯利·贝斯特（Lesley Best）、理查德·皮戈特（Richard Pigott）、保罗·奥尔西和阿利斯泰尔·约曼斯（Alistair Yeomans）。我对森林志基金会的创始受托人马丁爵士和伍德夫人的远见，以及他们 20 多年来的个人支持深表感谢。我的妻子简（Jane），孩子埃拉（Ella）、汤姆（Tom）和威尔（Will）苦中作乐地忍受着我的写作活动——它发生在白天和黑夜的任何时候，以及任何可以想象的地方。没有他们的爱和支持，我完成《新森林志》的野心永远不会实现。

萨拉·西蒙伯尔特

我深深地感谢我的家人、朋友和同事们自始至终的支持、富有洞见的批评，以及耐心和幽默。还要感谢我的丈夫布赖恩（Brian），继子女弗洛西（Flossie）、芬恩（Finn）和杰克·卡特林（Jack Catling），我的母亲戴安娜·西蒙伯尔特（Dianne Simblet）和兄弟克里斯（Chris），以及米兰达·巴克斯特（Miranda Baxter）、丹尼斯·布莱克（Denys Blacker）和图·汶纳（Tew Bunnag）、帕特·鲍尔班克（Pat Bowerbank）、迈克尔（Michael）和保利娜·布里格斯（Pauline Briggs）、迈克尔·布林特（Michael Brint）、奥德丽·巴特勒（Audrey Butler）、克里斯托弗（Christopher）和吉莲·巴特勒（Gillian Butler）、安妮-玛丽·卡特罗尔（Anne-Marie Catterall）、拉尔夫·科巴姆（Ralph Cobham）和苏·科巴姆（Sue Cobham）、卡伦·柯林斯（Karen Collins）、妮古拉·康奈利（Nicola Connelly）、内莉·克鲁克（Nelly Crook）、迪迪埃·费洛（Didier Fellot）和尼古拉斯·汤姆林森（Nicholas Tomlinson）、朱丽叶·弗兰克斯（Juliet Franks）、多布罗赫纳·富特罗（Dobrochna Futro）、贾森·盖格（Jason Gaiger）、乌娜·格兰姆斯（Oona Grimes）和托尼·格里索尼（Tony Grisoni）、谢娜·吉尔德（Shena Guild）、西蒙·海格斯（Simon Heighes）、丽贝卡·欣德（Rebecca Hind）、乔纳森·豪厄特（Jonathan Howat）、尼克·肯特（Nick Kent）、贝恩德·孔齐希（Bernd Künzig）、卡贾·莱曼（Katja Lehmann）和本·摩根（Ben Morgan）、西蒙·刘易斯（Simon Lewis）、塞雷娜·马尔纳（Serena Marner）、安迪·摩根（Andy Morgan）、赫曼特·纳格帕尔（Hemant Nagpal）、塞缪尔·鲁滨逊（Samuel Robinson）、乔恩·鲁姆（Jon Roome）、詹姆斯·朗西（James Runcie）和玛丽莲·伊姆里（Marilyn Imrie）、约翰（John）、琼（Joan）和阿曼达·索尔特（Amanda Salter）、陶马什·维拉尼（Tamas Villányi）和韦罗妮卡·萨斯（Veronika Sas）、莱恩·西摩（Len Seymour）、安娜（Anna）和蒂姆·谢泼德（Tim Shepherd）、米米（Mimi）和安东尼·谢泼德（Anthony Shepherd）、克莱尔-路易丝·希夫林（Claire-Louise Shifrin）、阿莉塞·冯·马尔灿（Alice von Maltzahn）、斯特拉（Stella）、康拉德（Conrad）和索菲娅·沃尔弗拉姆（Sophia Wolfram）。

图书在版编目（CIP）数据

新森林志：遇见树木的科学、历史与艺术 /（英）加布里埃尔·赫梅吕,（英）萨拉·西蒙伯尔特著；陈朋译著. -- 福州：海峡书局, 2023.12（2024.7 重印）

书名原文：The New Sylva

ISBN 978-7-5567-1145-1

Ⅰ. ①新… Ⅱ. ①加… ②萨… ③陈… Ⅲ. ①森林—普及读物 Ⅳ. ① S7-49

中国国家版本馆 CIP 数据核字 (2023) 第 160422 号

THE NEW SYLVA: A Discourse of Forest & Orchard Trees for the Twenty-First Century

By Gabriel Hemery and Sarah Simblet

著作权合同登记号 图字：13-2023-109

出 版 人：林 彬
选题策划：后浪出版公司
出版统筹：吴兴元
责任编辑：廖飞琴 龙文涛
编辑统筹：费艳夏
特约编辑：马 楠
装帧设计：墨白空间·杨和唐
排版制作：李会影
营销推广：ONEBOOK

新森林志：遇见树木的科学、历史与艺术
XIN SENLINZHI : YUJIAN SHUMU DE KEXUE、LISHI YU YISHU

作　　者：［英］加布里埃尔·赫梅吕　［英］萨拉·西蒙伯尔特
译　　者：陈　朋
审　　校：陈莹婷　李方方
出版发行：海峡书局
地　　址：福州市白马中路 15 号海峡出版发行集团 2 楼
邮　　编：350004
印　　刷：北京盛通印刷股份有限公司
开　　本：1000mm × 1220mm　1/16
印　　张：24.5
字　　数：283 千字
版　　次：2023 年 12 月第 1 版
印　　次：2024 年 7 月第 2 次
书　　号：ISBN 978-7-5567-1145-1
定　　价：368.00 元

后浪出版咨询(北京)有限责任公司